ECAD与MCAD设计案例教程（微课版）

——基于嘉立创EDA专业版

王　静　刘亭亭　赖鹏威　莫志宏　主　编
赵鹏举　曾剑峰　副主编

清华大学出版社
北　京

内 容 简 介

本书以嘉立创 EDA（专业版）电子产品设计工具为基础，从实用角度出发，以学生熟悉的 LM7805 降压电路、51 单片机温度计、第十四届蓝桥杯 EDA 国赛真题为导向，以任务为驱动，以案例为线索，深入浅出地介绍了嘉立创 EDA（专业版）软件的设计环境、原理图设计、原理图符号的修改、多页原理图设计；PCB 设计、封装符号的修改、交互式布线；全在线模式下的工程管理；原理图的环境参数及设置方法；3D 外壳设计、面板设计、生产文件的输出、面板下单等相关技术内容。本书配套资源丰富，包括操作视频、电子教案、PPT 和案例素材。

本书内容全面、图文并茂、通俗易懂、实用性强，可作为高校电子、电气、计算机、通信等专业的教材，也可作为从事电子线路设计相关工作人员的参考用书。

图书在版编目（CIP）数据

ECAD 与 MCAD 设计案例教程：微课版：基于嘉立创 EDA 专业版 / 王静等主编 . -- 北京：清华大学出版社，2025. 4. -- ISBN 978-7-302-68953-9

Ⅰ . TN702.2

中国国家版本馆 CIP 数据核字第 20251R5P33 号

责任编辑：张龙卿
封面设计：刘代书　陈昊靓
责任校对：刘　静
责任印制：沈　露

出版发行：清华大学出版社
网　　址：https://www.tup.com.cn，https://www.wqxuetang.com
地　　址：北京清华大学学研大厦 A 座　　**邮　　编：**100084
社 总 机：010-83470000　　**邮　　购：**010-62786544
投稿与读者服务：010-62776969, c-service@tup.tsinghua.edu.cn
质量反馈：010-62772015, zhiliang@tup.tsinghua.edu.cn
课件下载：https://www.tup.com.cn, 010-83470410
印 装 者：三河市龙大印装有限公司
经　　销：全国新华书店
开　　本：185mm×260mm　　**印　　张：**18.5　　**字　　数：**421 千字
版　　次：2025 年 6 月第 1 版　　**印　　次：**2025 年 6 月第 1 次印刷
定　　价：59.80 元

产品编号：104559-01

前言

党的二十大报告指出：到 2035 年，我国发展的总体目标是经济实力、科技实力、综合国力大幅跃升，人均国内生产总值显著提升，达到中等发达国家水平；实现高水平科技自立自强，进入创新型国家前列。

要进入创新型国家前列，人才是关键。青年强，则国家强。育人的根本在于立德，因此，要注重培养学生的爱党爱国情怀，同时锤炼其德才兼备的综合素质。

嘉立创 EDA 是一款由中国人独立开发且拥有独立自主知识产权的软件。嘉立创 EDA 团队最早于 2010 年立项，为了让软件使用更加便利，推出了云端开发设计的概念，并于 2011 年推出了在线原理图工具 DrawSCH，完善 PCB 设计功能后在 2014 年推出了 EasyEDA，这也是当时推出较早的在线原理图和 PCB 设计工具。嘉立创 EDA 团队在 2017 年加入立创商城，随后快速发展。嘉立创 EDA 在 2020 年推出基于全新架构开发的专业版，让软件更加符合专业工程师设计需求，逐步成为一款专业的国产 EDA 设计工具。

为了推广该软件的使用，编写有关嘉立创 EDA（专业版）的教材并推广该软件的使用，不仅具有广阔的市场前景，还能助力工业界突破关键领域的技术瓶颈，解决“卡脖子”难题。

本书第一主编在企业从事与电子产品设计相关工作 15 年，其间主持设计了 30 余块 PCB；后转入高校从事 EDA 相关教学与科研工作 20 余年，具有丰富的实践和教学经验。在 Protel 99 SE 发展到 Altium Designer 23 的过程中，第一主编撰写了一系列相关教材，对 PCB 设计具有较为深入的研究。第一主编在使用嘉立创 EDA（专业版）软件的过程中，发现该软件不仅功能强大、界面友好、操作简单、上手方便，充分发挥了工具的易用性优点，还具有强大的库搜索功能。该软件把原理图设计、PCB 设计、PCB 制板（下单）、购买元器件（元件下单）、机箱设计、面板设计及制作等功能统一在一个交互界面，实现了电子设计与机械设计的完美融合。

本书编写的思路是将知识与技能结合，把知识难点融入实际案例中，以案例为主线来讲授知识点，案例的讲授贯穿整本书。传统教材把原理图设计与 PCB 设计分离，前半部分讲原理图设计，后半部分讲 PCB 设计，缺乏整体性。而本书打破传统教材的编写方式，从实际电路设计的需求出发，将原理图设计与 PCB 设计看作一个整体，通过 3 个案例由浅入深、由易到难进行学习，使读者在案例训练中掌握了知识并提高了能力。

本书共为 12 章，具体内容如下。

第 1 章讲解该软件客户端的下载及安装，包括软件使用界面、系统常规参数设置等

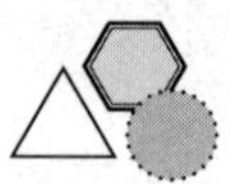

内容。学习完本章后，读者可对嘉立创 EDA（专业版）软件形成直观认识，消除新手对软件使用的陌生感。

第 2~3 章以“LM7805 降压电路”为例，讲解原理图及 PCB 设计的基础知识，帮助读者掌握软件基本功能，熟悉从原理图到 PCB 的设计流程，并能完成简单的原理图及 PCB 设计。

第 4 章介绍全在线模式下的工程管理，包括云端工程保存到本地及本地工程导入；在云端工程的自动或手动保存、删除、恢复；嘉立创 EDA 标准版的文件及 Altium Designer 工程文件的导入。通过本章的学习，读者能够完成线上版本的更新、线上 / 线下版本的切换等操作。

第 5 章介绍原理图的环境参数及设置方法，包括原理图绘制的操作界面配置、主工具栏的设置，以及修改、创建原理图图纸模板等，帮助读者根据自己的使用习惯进行参数设置，得心应手地使用该软件。

第 6 章用自定义原理图图纸模板绘制基于 51 单片机温度计的原理图，进一步讲解原理图的绘制流程，介绍查找器件的两种方法；介绍器件库、符号库、封装库的含义及编辑原理图符号的方法。学完本章后，将能够快捷高效地使用嘉立创 EDA 的原理图编辑器进行原理图的设计。

第 7 章完成基于 51 单片机温度计的 PCB 设计，通过 PCB 的 3D 预览，检查封装是否正确，对不合适的封装进行修改，熟悉原理图与 PCB 的交叉选择、布局传递、自动布局、手动布局、自动布线、手动布线等知识要点，并能更加流畅地进行 PCB 设计。

第 8 章介绍 PCB 的优化，放置泪滴，放置尺寸标注，设置坐标原点，放置 Logo，绘制多边形铺铜区域，异形铺铜的创建，对象快速定位等内容，让 PCB 的设计更加美观、实用。

第 9 章介绍生产文件的导出与使用，物料清单（BOM）导出，Gerber 文件导出等内容，为 PCB 的后期制作、元件采购、文件交流等提供方便。

第 10 章介绍嘉立创 EDA（专业版）提供的 3D 建模功能，以“温度计”案例为基础设计适配“温度计”的 3D 外壳结构，熟悉圆形及矩形外壳设计、螺丝柱放置、侧面（顶层 / 底层）挖槽等内容。学完本章后，读者能够将 PCB 与 3D 结构设计结合起来，熟悉外壳设计的基本理念，掌握结构设计的基本方法。

第 11 章以如何为“温度计”案例设计合适的面板为主要内容，讲解如何使用嘉立创 EDA（专业版）创建面板工程，完成面板设计和生产。学完本章后，读者能够基本掌握亚克力面板的工艺、设计和生产。

第 12 章以“第十四届蓝桥杯 EDA 国赛真题”为例，介绍多页原理图的设计方法，并完成相应的 PCB 设计。本书第 1 个和第 2 个案例的原理图设计是将整个原理图绘制在一张原理图纸上，这种设计方法对小规模、简单的电路图较为适合。当设计大规模、复杂的电路图时，整个原理图绘制在一张图纸上就会使图纸尺寸变得很大，可读性差，不利于电路的分析。嘉立创 EDA（专业版）支持多页原理图设计，可以有效解决这个问题。采用多页原理图设计可以简化电路，使电路的各个功能部分更加清晰，增强电路图的可读性。

深圳嘉立创科技集团股份有限公司的工程师对每一章节的内容精心录制了微课视频，详细讲解了重点和难点知识，帮助读者进行学习。

本书由高校教师与深圳嘉立创科技集团股份有限公司联合编写，重庆大学微电子与通信工程学院的万俊博士任技术顾问，在此对其给予编者的无私指导、关心和帮助表示感谢。在本书编写过程中，编者参阅了同行专家的相关文献资料，在此真诚致谢。

由于时间仓促及编者水平有限，书中不妥甚至错误之处在所难免，恳请读者批评指正。

编 者

2025 年 1 月

目　录

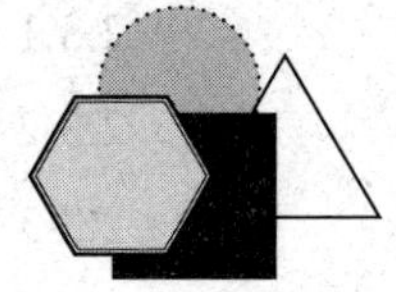

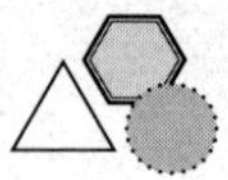

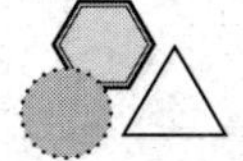

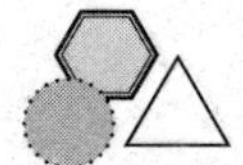

第 1 章

认识嘉立创 EDA（专业版）软件

本章的主要任务是认识深圳嘉立创科技集团股份有限公司（以下简称嘉立创）EDA（专业版）软件，了解该软件的浏览器版本和客户端版本，熟悉客户端软件的下载、安装方法，熟悉软件界面、软件的常用参数设置方法。通过本章的学习，读者能够完成客户端软件的安装和使用，正确地打开、收起各个工作面板，通过软件丰富的帮助资源尽快掌握该软件的使用。

1.1　了解嘉立创 EDA

"老师，有没有国产的 PCB 软件呀？"这是多年前一位同学在课堂上向老师提出的问题。是呀，作为一个科技强国，怎么能没有一款国产的 PCB 设计软件呢？国外软件用起来极为烦琐，从软件的安装到激活，从画库到设计 PCB，不知道浇灭了多少同学对电路设计软件的学习热情。所以，国产 PCB 软件是一定要做的，而且要做一款具有中国特色的 PCB 软件，要将软件做得足够简单，让更多的学生和爱好者感受到电子制作的魅力，进而培养出高素质人才；让教师教学更加便利，提高教学效率；同时也能让工程师群体用起来更加顺手，提高研发与生产效率。

假如没有国产 PCB 软件，中国连个设计电饭煲的电路软件都没有，"落后就要挨打"，这句话放在任何时候都是适用的。随着中美贸易战的开启，多家公司及高校被美国列入实体制裁清单，企图以此限制中国的快速发展及软件的使用。在科技强国的号召下，国产 EDA 软件的研发及推广尤为重要，而嘉立创 EDA 经过十余年的发展，已经成为国产板级 EDA 设计软件的先驱力量，给 PCB 设计软件的国产化替换提供了一整套完整的解决方案，极大地推动着电子领域的发展与改革。

嘉立创 EDA 是一款由中国人独立开发，拥有独立自主知识产权的软件，嘉立创 EDA 网站主页如图 1-1 所示。嘉立创公司承诺永久免费使用，彻底解决高校以及企业的软件版权困扰，提供了中国特色的软件解决方案。

1.1.1　发展历程

嘉立创 EDA 团队于 2010 年成立，为了让软件使用更加便利，推出了云端开发设计的概念，并于 2011 年推出了在线原理图工具 DrawSCH，完善了 PCB 设计功能。后在 2014 年推出了 EasyEDA，这也是较早推出的在线原理图和 PCB 设计工具。嘉立创

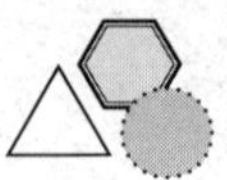

图 1-1　嘉立创 EDA 网站主页

EDA 团队在 2017 年加入立创商城，随后得到了快速地发展。嘉立创 EDA 在 2020 年推出基于全新架构开发的专业版，让软件更加符合专业工程师设计需求，逐步成为一款专业的国产 EDA 设计工具。嘉立创 EDA 发展历程如图 1-2 所示。

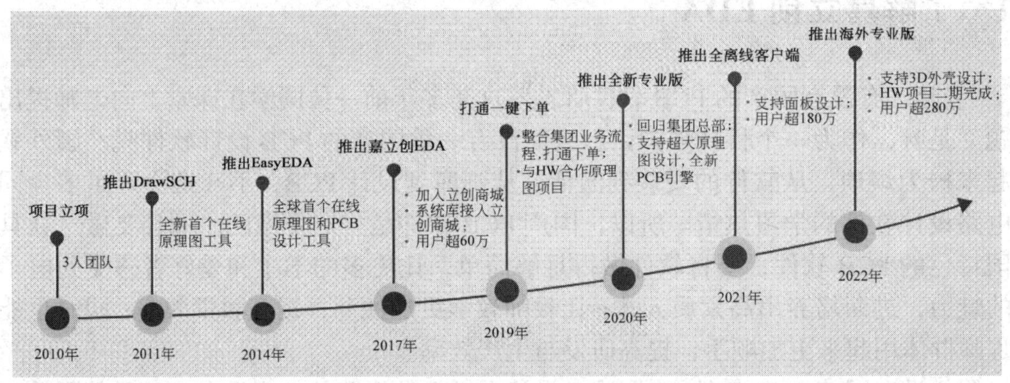

图 1-2　嘉立创 EDA 发展历程

从最开始的 3 个人到现在 100 多人的研发团队，嘉立创 EDA 秉承着简单易用的原则，不断进行软件的优化与完善，积极听取用户的建议，全天技术支持在线答疑，提供大量软件入门、进阶以及电子学习视频，帮助更多人学习电子知识，让学习不再困难。

目前嘉立创提供了标准版和专业版两个版本，可以直接在浏览器上使用，也可以下载客户端版本离线使用，满足不同场景的使用需求。

（1）标准版：简单实用，快速上手。其适合高校开发人员使用，支持 300 个器件或 1000 个焊盘以下的设计规模。

（2）专业版：流畅支持超过 3 万器件或 10 万焊盘的设计规模，有严谨的设计约束和流程，面向企业和专业开发人员。

提示：标准版客户端支持在线和工程离线版本，专业版支持全离线单机版本的使用。

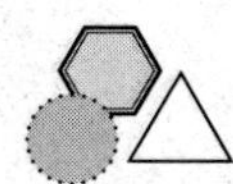

1.1.2 特点

作为一款国产的 PCB 设计工具，嘉立创 EDA 立志打造一个高效的设计工具，相比于国外的传统 PCB 设计工具，嘉立创更适合中小型项目和满足快速打样需求。

嘉立创集团产业链结构如图 1-3 所示。

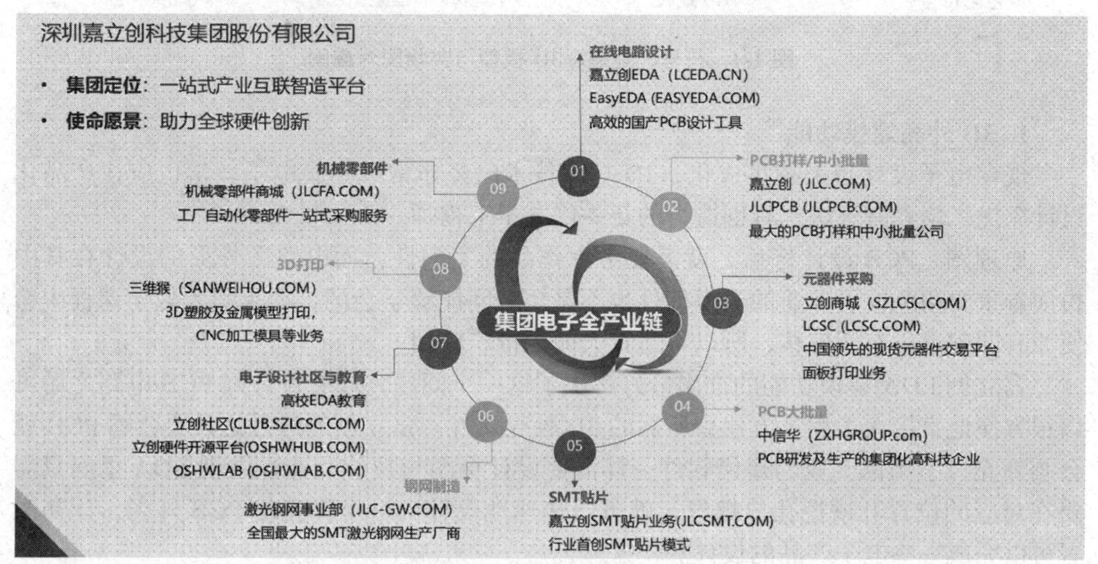

图 1-3 嘉立创集团产业链结构

1.1.3 自主知识产权且免费使用

嘉立创 EDA 是由中国人自主设计研发的，对国内承诺永久免费使用，嘉立创 EDA 由强大的嘉立创生态体系所支持，公司不以 EDA 软件版权盈利，嘉立创有责任与担当支持国产 EDA 软件的发展。嘉立创 EDA 的出现，打破了国外软件垄断的局面，企业和高校都可以用上国产 PCB 工具进行生产和教学应用，走出 PCB 设计工具国产化的一小步。

1.1.4 百万免费元件库且随查随用

元件库和封装库是组成电路图最基础的一个单元，以往的设计软件需要安装大量的库文件用于不同的设计场景，而嘉立创 EDA 直接提供了上百万的电子元器件的元件符号、封装和 3D 模型，更是与立创商城庞大的物料库相结合，每一个器件都有对应的实物图和数据手册，帮助设计人员进行元件选型，让初学者能更直观地看到元器件的电路符号、封装与实物图的一一对应关系，如图 1-4 所示，从而提高初学者的认知能力，做到了元器件设计过程中的所见即所得，更有助于提高设计效率。

1.1.5 功能强大且资源丰富

嘉立创 EDA 专业版除了设计原理图与 PCB 外，还支持 3D 外壳设计及面板设计。

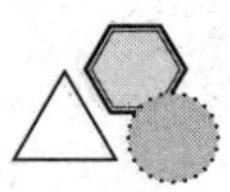

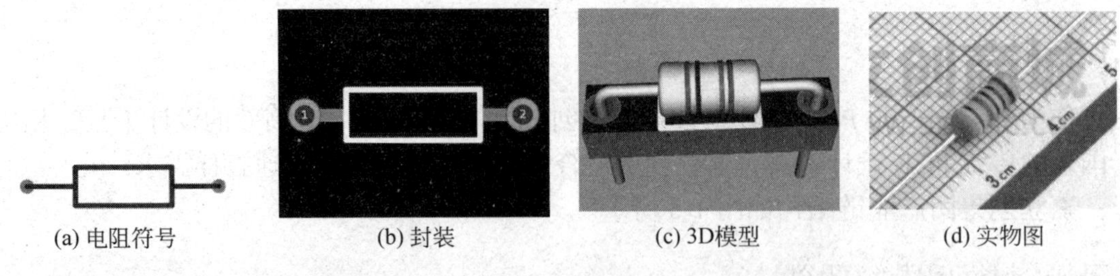

(a) 电阻符号　　(b) 封装　　(c) 3D模型　　(d) 实物图

图 1-4　符号、封装、3D 模型与实物图对应图

1. 3D 外壳建模功能

现在电子设计越来越集成化，3D 打印技术已经非常成熟，电子教学也应往产品化设计靠拢，培养有想法、有创造力的新一代电子工程师。

原理图、PCB 设计好后，就需要考虑作品的完整性，而电路图外形的设计在其中扮演着重要角色，可专业的建模软件也不是短时间能够学会的，如果引入教学课程中会使原有课程重心有所偏移，所以不适宜大面积推广应用。

嘉立创 EDA 建模功能的推出恰好解决了这一个问题，读者设计好 PCB 电路之后可以很方便地直接在工程下方建立所需的 3D 外壳文件。嘉立创的口号是只要会画 PCB 就会画外壳，不用像专业的建模软件一样需要设计草图与拉伸，在嘉立创 EDA 里面只需要在对应的位置开槽挖孔放螺丝，就可以快速地设计出一个漂亮的 PCB 外壳，让初学者可以完成一些电子产品的设计。

在图 1-5 中的 PCB 设计图外侧有一些在屏幕上显示为绿色的线条与图形，这些就是对应外壳中的开口位置与开孔大小，选择对应的基准面后放置一些挖槽形状，预览图（图 1-6）中还会实时更新设计情况，便于调整。为了解决外壳的固定问题，嘉立创 EDA 支持各种不同规格的螺钉柱的放置，通过螺钉就可以将上下层的外壳与 PCB 固定在电路板上。文件设计好后可以直接导出 3D 打印所需的 STL 文件进行打印，也可以直接到嘉立创 3D 打印平台进行下单打印，价格便宜，有多种打印耗材可选。

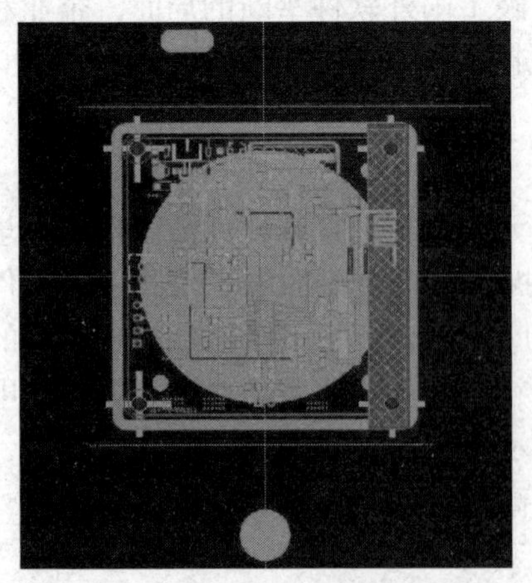

图 1-5　语音蓝牙音箱 PCB 图

图 1-6　语音蓝牙音箱外壳预览图

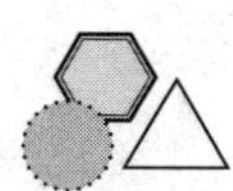

2. 丰富的学习资源

嘉立创 EDA 提供了丰富的教学视频（图 1-7）和专业的技术支持指导，帮助初学者快速上手软件设计，解决学生在软件学习上遇到的问题。

图 1-7　嘉立创 EDA 教学视频

嘉立创始终相信开源平台是展示自己最好的方式，通过开源平台的学习可以开阔学生的视野，使他们接触到更多优秀的电子作品，进而提升自己的设计能力，如图 1-8 所示。

图 1-8　嘉立创开源硬件平台项目

1.2　嘉立创 EDA（专业版）客户端的下载及安装

嘉立创 EDA（专业版）客户端的下载及安装

1.2.1　嘉立创 EDA（专业版）客户端的下载

登录嘉立创 EDA 官网，弹出如图 1-9 所示界面，如果是首次运行且还没有账号，需要先注册，再登录；如果运行浏览器版本，单击“嘉立创 EDA 编辑器”按钮；如果是运行客户端版本，单击“立即下载”按钮，弹出如图 1-10 所示客户端下载界面。

图 1-9　嘉立创 EDA 官网

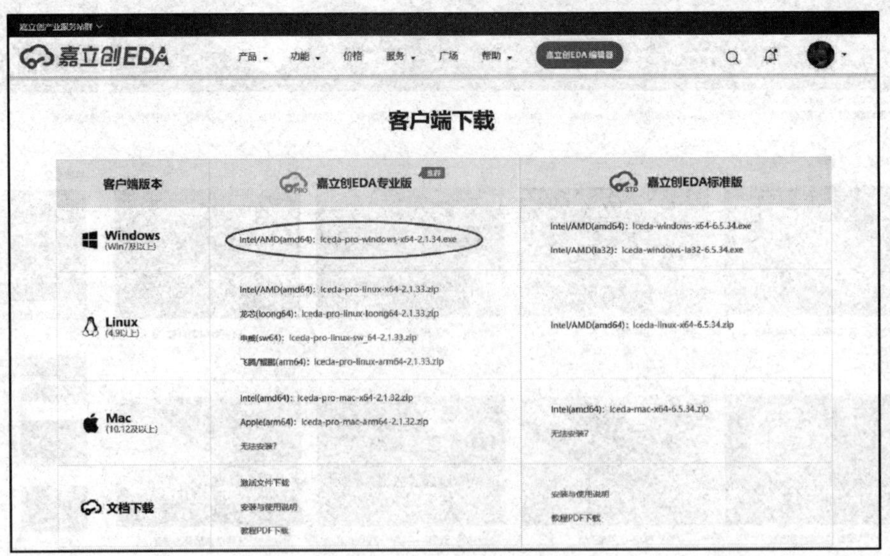

图 1-10　客户端下载界面

在图 1-10 所示“客户端下载”界面，客户端版本分为嘉立创 EDA 专业版和标准版两种选择；根据计算机操作系统的不同，提供了 Windows、Linux、Mac 版本选择，还有文档下载；有激活文件下载、安装与使用说明、教程 PDF 下载。本书讲授嘉立创 EDA（专业版），根据需要，单击专业版的 Windows 版本，弹出如图 1-11 所示的下载任务对话框，单击“下载”按钮，开始下载 lceda-pro-windows-x64-2.1.34.exe 安装文件到指定的文件夹内（安装文件的版本随着软件的更新而不断在发生改变）。

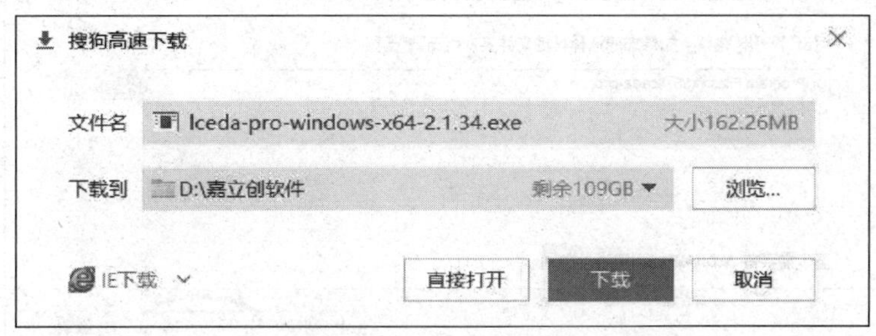

图 1-11　下载任务图标

1.2.2　嘉立创 EDA（专业版）客户端的安装

（1）进入下载文件夹，运行 lceda-pro-windows-x64-2.1.34.exe 安装文件进行软件安装。当出现提示为“现在将安装嘉立创 EDA（专业版）。你想继续吗？”时，单击 Y 按钮，弹出“选择安装程序模式”对话框，如图 1-12 所示；单击“为所有用户安装”按钮，弹出“欢迎使用 嘉立创 EDA（专业版）安装向导”对话框，如图 1-13 所示；单击“下一步”按钮，弹出“选择目标位置”对话框，如图 1-14 所示。

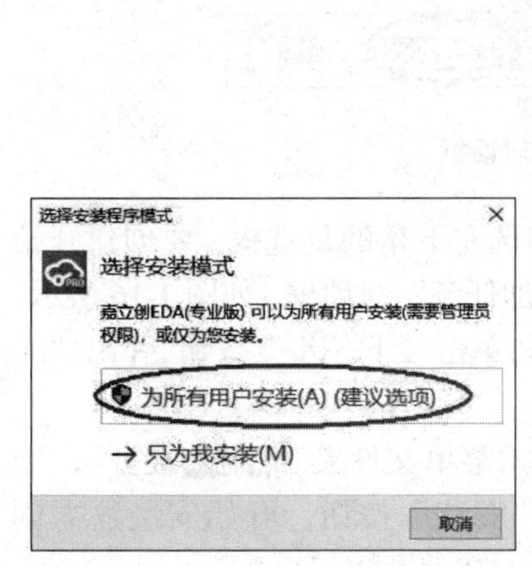

图 1-12　选择安装程序模式

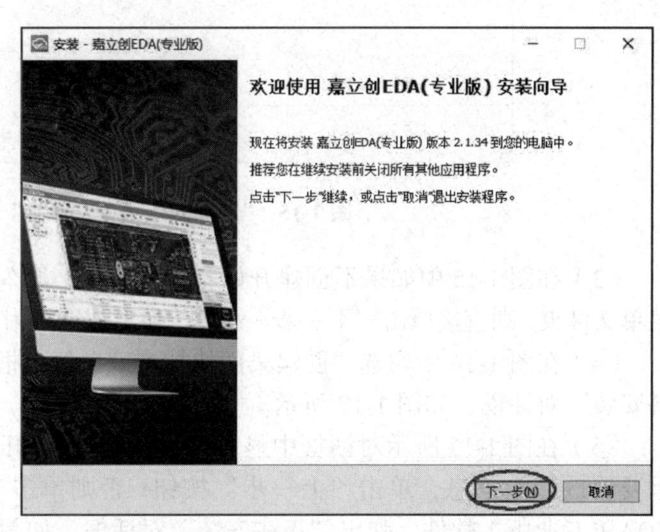

图 1-13　“欢迎使用 嘉立创 EDA（专业版）安装向导”对话框

（2）在图 1-14 中，软件安装路径默认是 C 盘，可以保持默认值，也可直接修改为

D 盘，效果是一样的，具体要根据硬盘空间来决定。这里修改为 D 盘，单击“下一步”按钮，弹出“选择开始菜单文件夹”对话框，如图 1-15 所示。

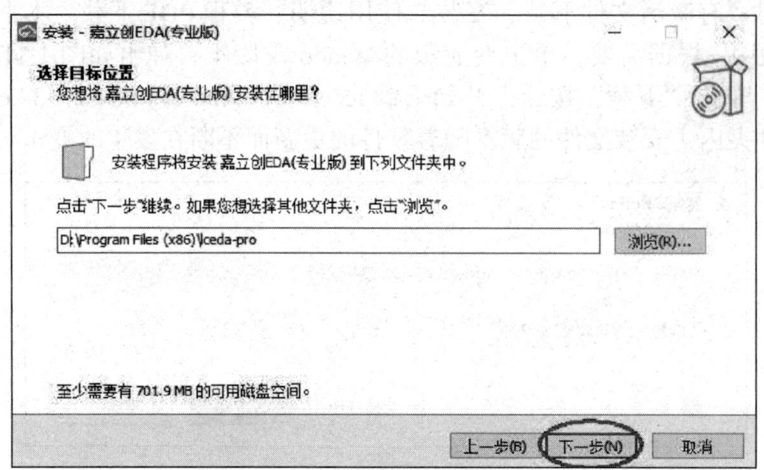

图 1-14 “选择目标位置”对话框

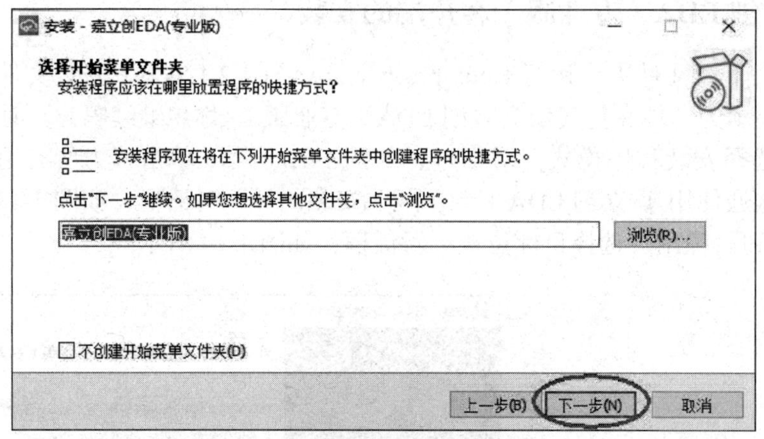

图 1-15 “选择开始菜单文件夹”对话框

（3）在图 1-15 中如果不创建开始菜单文件夹，则勾选左下角的复选框；要创建开始菜单文件夹，则直接单击“下一步”按钮，弹出“选择附加任务”对话框，如图 1-16 所示。

（4）在图 1-16 中勾选“创建桌面快捷方式”复选框，单击“下一步”按钮，弹出“准备安装”对话框，如图 1-17 所示。

（5）在图 1-17 所示对话框中显示“目标位置”“开始菜单文件夹”“附加任务”，如果要修改以上信息，单击“上一步”按钮；否则单击“安装”按钮，开始安装嘉立创 EDA（专业版）软件，弹出“正在安装”对话框，如图 1-18 所示。

（6）安装大约需要几分钟，安装完后弹出“嘉立创 EDA（专业版）安装完成”对话框，如图 1-19 所示。如要立即运行嘉立创 EDA（专业版），勾选中部的复选框，否则取消勾选复选框，单击“完成”按钮。

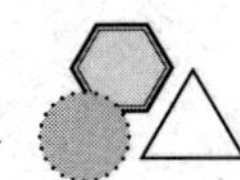

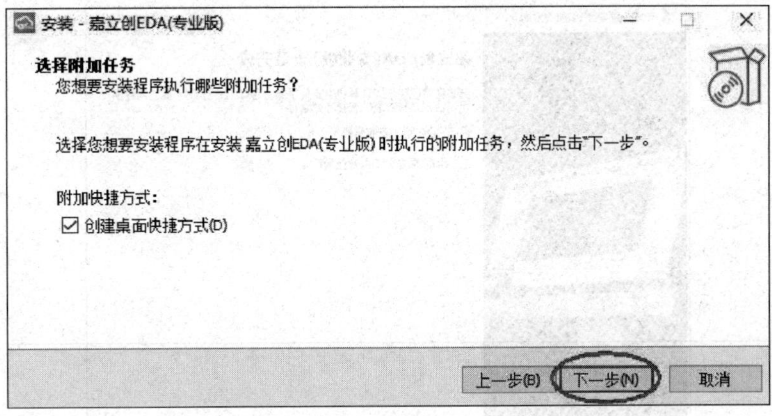

图 1-16　“选择附加任务”对话框

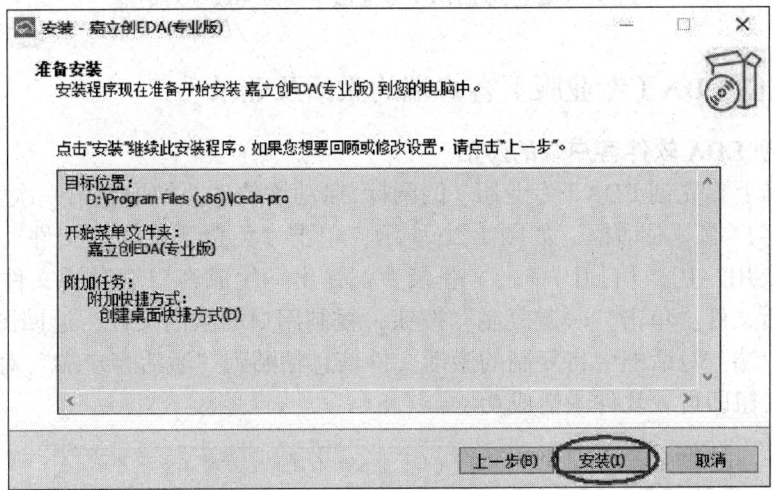

图 1-17　“准备安装”对话框

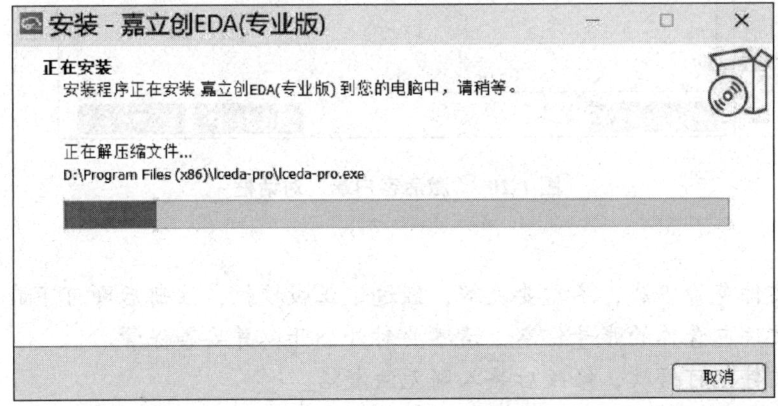

图 1-18　“正在安装”对话框

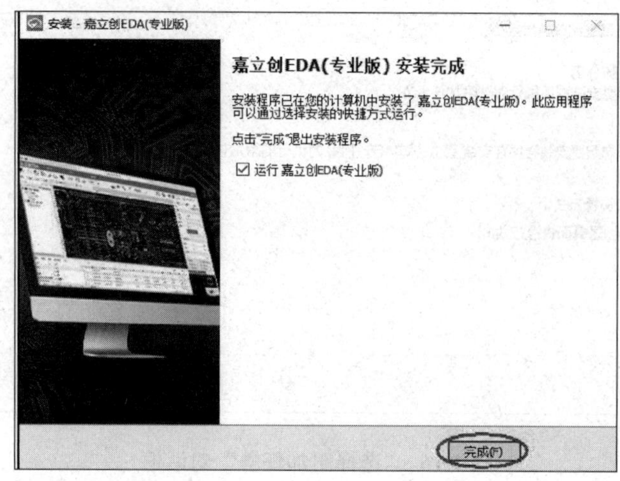

图 1-19 “嘉立创 EDA（专业版）安装完成”对话框

1.2.3 嘉立创 EDA（专业版）客户端的激活及登录

1. 嘉立创 EDA 软件客户端的激活

双击桌面上嘉立创 EDA（专业版）的图标，启动该软件。如果是第一次安装该软件，弹出“激活客户端”对话框，如图 1-20 所示，单击“免费下载激活文件”按钮，弹出二维码，需要用户用微信扫码登录。登录后，弹出“生成客户端激活文件”窗口，显示用户的激活文件。单击“一键复制”按钮，复制用户的激活文件，返回图 1-20 界面，在“激活客户端”对话框中将复制的激活文件信息粘贴到“激活客户端”对话框中，单击“激活”按钮即可，软件激活成功。

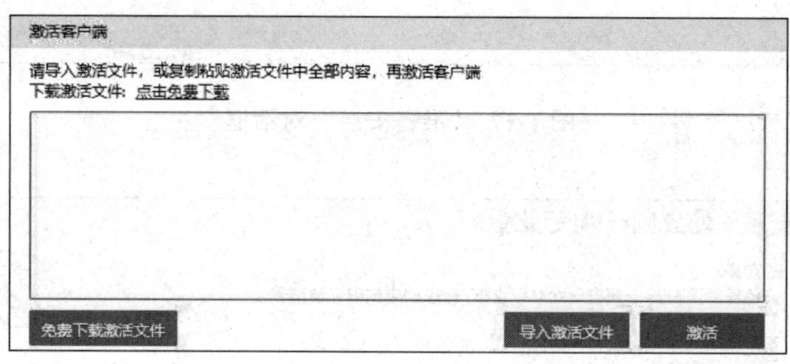

图 1-20 “激活客户端”对话框

注意：

- 激活文件免费下载，不需要破解，经过了正版授权，注册后即可下载。
- 激活文件包含你的账号信息，请不要对外公开，并妥善保管。
- 激活文件不可修改，修改后导入则无法激活。

2. 嘉立创 EDA 软件客户端的登录

嘉立创 EDA 软件激活成功，可以启动嘉立创 EDA 软件，如图 1-21 所示。

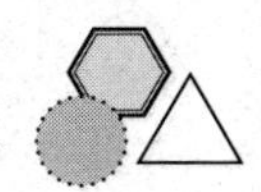

图 1-21　启动成功的嘉立创 EDA 软件

如果已经注册，在主菜单右侧单击“登录”按钮，弹出“登录”对话框，如图 1-22 所示。登录有三种方式：微信登录、账号登录、手机号登录，读者根据自己的喜好选择一种即可。

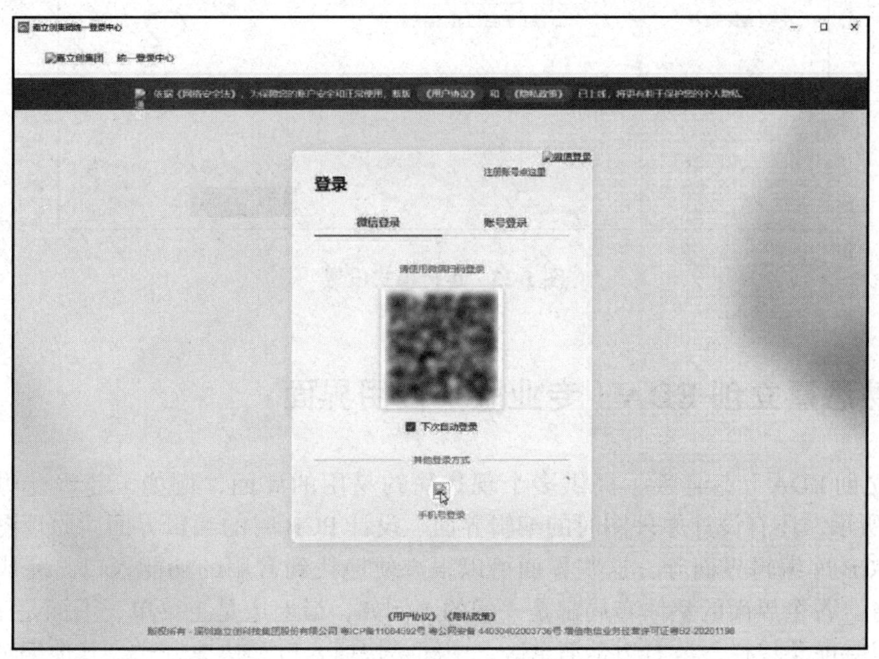

图 1-22　登录界面

1.3　设置运行模式

嘉立创 EDA（专业版）客户端支持三种运行模式。

（1）全在线模式：需要登录；库和工程都保存在云端；支持团队协作；数据也全部存储在云端服务器；支持自动备份云端工程到本地；编辑器会根据设置的备份间隔把工程压缩包备份在该文件夹下。

（2）半离线模式：不需要登录；库和工程都保存在本地；不支持协作；支持使用云端系统库。推荐使用该模式。

（3）全离线模式：不需要登录；库和工程都保存在本地；不支持协作；不支持使用云端系统库。内置 1 万多个常用的系统库。

在图 1-21 中，单击主菜单栏右侧的“设置”按钮或单击快速开始页的“设置”按钮，可以设置运行模式，弹出“客户端设置”对话框，可根据读者需要进行选择，这里选择“全在线模式（工程和库均保存在服务器）”。在线工程的备份路径可以通过单击“…”按钮进行指定，如图 1-23 所示。

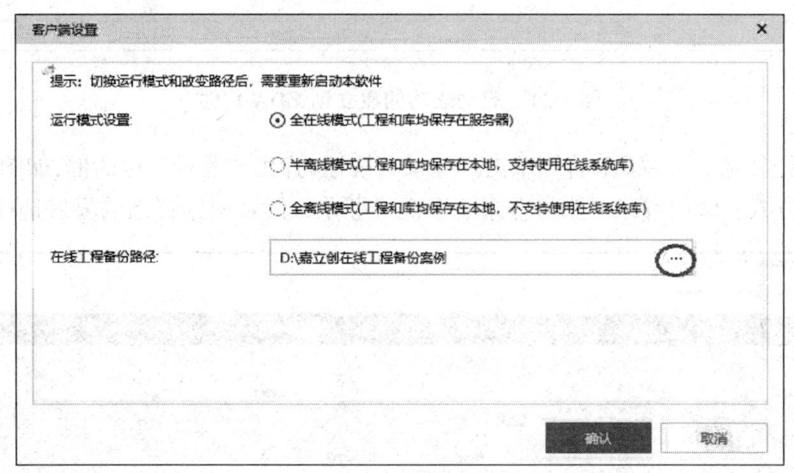

图 1-23　运行模式设置

1.4　熟悉嘉立创 EDA（专业版）使用界面

嘉立创 EDA（专业版）提供多个现代简约易用的界面，例如，启动成功界面如图 1-24 所示，还有设计原理图时的编辑界面、设计 PCB 时的编辑界面、原理图库编辑界面、PCB 库编辑界面等，这些界面可以很方便地找到常用的功能入口，完成相应的设计任务。各个界面的整体布局都是一样的，例如，最上边是主菜单，下面是工具栏；最左边是导航菜单栏，最右边是消息区，中间是快捷入口和快捷方式。其他编辑界面在相应的章节进行介绍，这里主要介绍启动成功的界面。

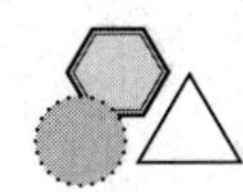

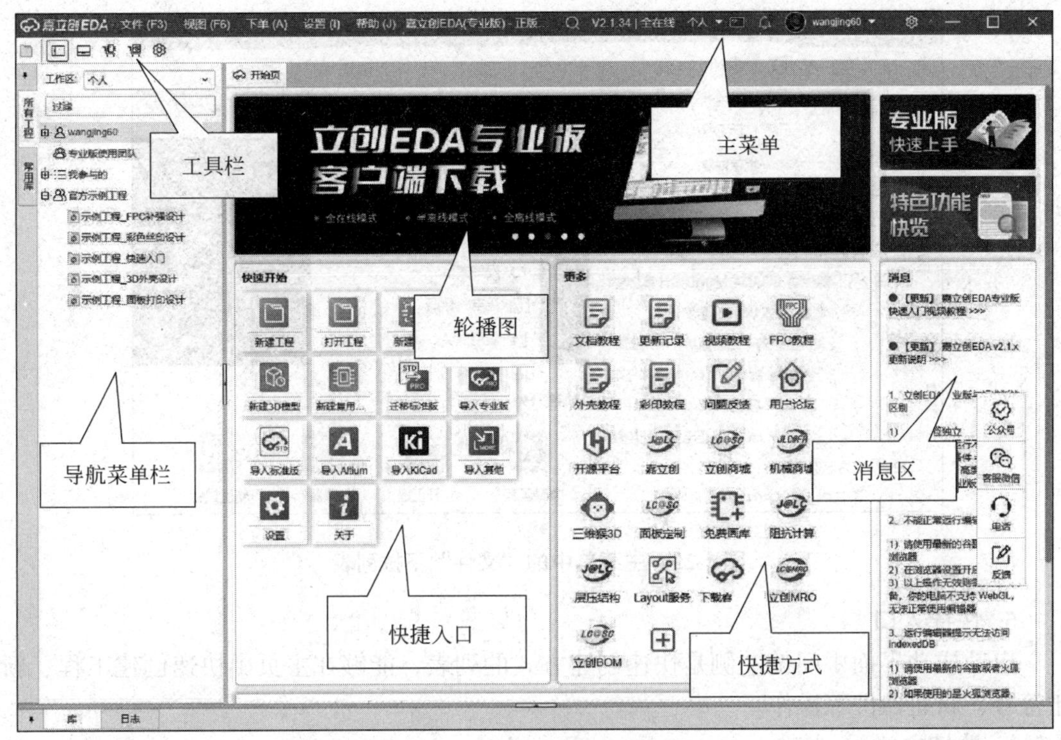

图 1-24 启动成功界面

1. 主菜单

启动成功界面提供左上角的主菜单和右上角的用户菜单。

左上角的主菜单如图 1-25 所示，包含“文件”“视图”“下单”“设置”“帮助”等下拉菜单，每个下拉菜单都完成相应的功能，如“文件”菜单包含“新建”“迁移标准版”“打开工程”等下拉菜单；“文件”的“新建”下拉菜单又包含下一级菜单，如“工程”“元件”“封装”等。读者通过主菜单的一级套一级的下拉菜单，可以完成相应的功能。

右上角的用户菜单支持打开个人中心和工作区，以及退出登录功能。头像左侧可以切换编辑器语言和工作区，头像右侧有“设置”按钮。

2. 工程列表

嘉立创 EDA（专业版）的左侧面板用于显示当前用户的所有工程、示例工程。所有工程包括加入的团队工程、个人工程，双击可打开工程；示例工程包含面板打印设计、快速入门、3D 外壳设计等内容，帮助用户了解嘉立创 EDA（专业版）功能。

3. 轮播图

轮播图区域轮播显示相应的提示内容。

嘉立创 EDA（专业版）使用界面介绍

4. “专业版快速上手”及“特色功能快览”的链接

右上侧图标是嘉立创专业版快速上手教程及特色功能快览的链接，单击相应的图标可以跳转至嘉立创 EDA（专业版）的视频教程及特色功能快览的文字使用教程中。

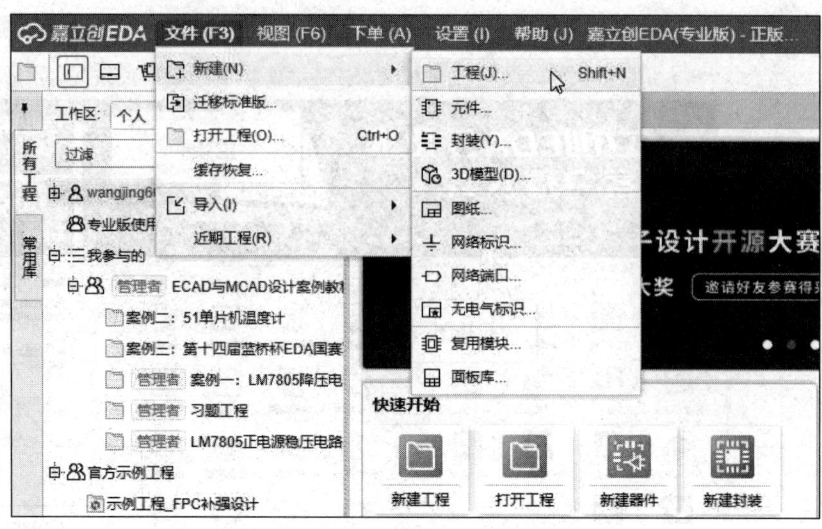

图 1-25　主菜单中的“文件”下拉列表

5. 快捷入口

启动成功界面中间偏左侧是快速创建方式的列表，能够在主页中快速创建工程、新建符号、新建器件等操作。

6. 快捷方式

启动成功界面中间偏右侧是一些常用的网站快捷方式，可手动添加自己常用的网站。单击⊞按钮，弹出“添加工具 / 服务”对话框，如图 1-26 所示，在该对话框中输入需要添加的网站名称、网址并更换图标。图标的尺寸建议为 48px×48px，载入图标尺寸过大可能会出现显示错误的问题。

图 1-26　添加网站

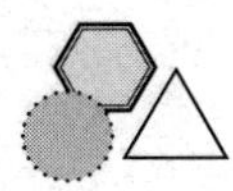

7. 消息区

启动成功界面右下角显示嘉立创 EDA（专业版）公布的一些信息，公众号、客服微信、电话等，方便用户咨询、交流、反馈。

1.5　嘉立创 EDA（专业版）参数设置

嘉立创 EDA（专业版）客户端的运行模式可以切换成全在线模式运行，工程和库均保存在服务器中，无论读者在哪台计算机上的浏览器登录都可以自动同步，减少多次配置计算机，方便查看和使用。

单击快捷入口内的“设置”按钮或按 I 键，弹出图 1-27 所示“设置”对话框，可以对嘉立创 EDA（专业版）所有功能模块进行设置。本章只进行系统“常规”模块的设置介绍，其他设置在相应的章节进行介绍。

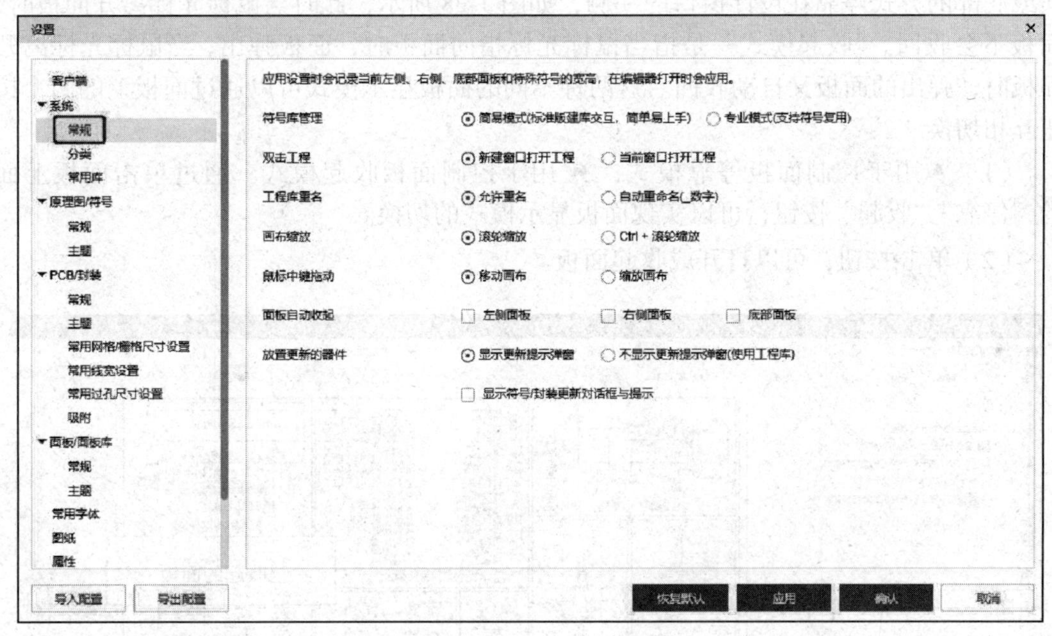

图 1-27　“设置”对话框 1

1.5.1　系统模块常规设置

单击图 1-27 设置对话框的“常规”选项，对该选项进行设置。

部分功能说明如下。

（1）符号库管理：简易模式（标准版建库交互，简单易上手）——建符号库时用该模式（标准版）交互方便，简单易上手；专业模式（支持符号复用）——支持符号复用。默认为简易模式。

（2）双击工程：新建窗口打开工程——双击工程时在新建窗口中打开工程，默认为该模式；当前窗口打开工程——双击工程时在当前窗口打开工程。

（3）工程库重名：允许重名——默认允许重名；自动重命名（_数字）——根据导入的名称和图元形状自动区分，名称后面加数字区分名称相同但是图形有差异的元件。

（4）画布缩放：默认移动鼠标滚轮进行画布缩放，可根据个人喜好修改为“Ctrl+滚轮”缩放。在绘制过程中，长按鼠标右键可移动画布；绘制时默认右击取消绘制。

（5）鼠标中键拖动：可以设置鼠标按下中键并拖动时画布操作的类型，可以设置为拖动画布或缩放画布。

（6）面板自动收起：支持设置从左侧、从右侧或从底部自动收起面板。设置完并打开面板后，3 秒会自动收起。

1.5.2 面板的管理

为了在工作空间管理多个面板，各种不同面板的显示模式和管理技巧操作如下。

面板显示模式有两种，即“停靠模式”和“收起模式”。“停靠模式”是指面板以纵向或底部的方式停靠在设计窗口的一侧，如图 1-28 所示，此时当鼠标光标离开面板时，面板不会收回。“收起模式”是指当鼠标光标指向面板时，面板弹出；当鼠标光标离开面板时，弹出的面板又自动收回。这两种不同的面板显示模式可以通过面板上的两个按钮互相切换。

（1）用于控制面板停靠模式；用于控制面板收起模式。通过单击面板上面的“停靠”“收起”按钮，可以实现面板显示模式的切换。

（2）单击按钮，可以打开或收起面板。

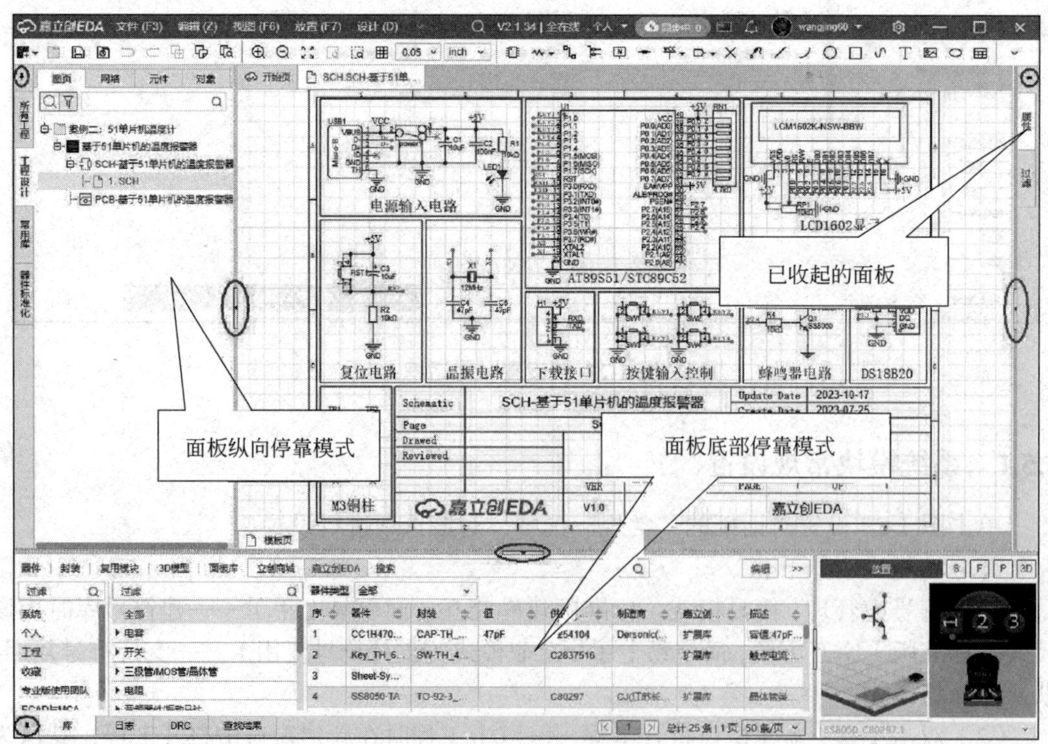

图 1-28　面板的停靠模式 1

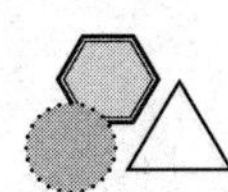

1.5.3　快捷键的配置

嘉立创 EDA 支持切换快捷键风格，能够兼容 Altium Designer 快捷键的功能。从主菜单选择“设置”→“快捷键”命令，弹出“设置”对话框，如图 1-29 所示。快捷键的配置有嘉立创 EDA 专业版、嘉立创 EDA 标准板、Altium Designer、自定义四种模式，用户根据使用习惯进行配置。这里配置为嘉立创 EDA 标准版，设置好后单击“确认”按钮即可。

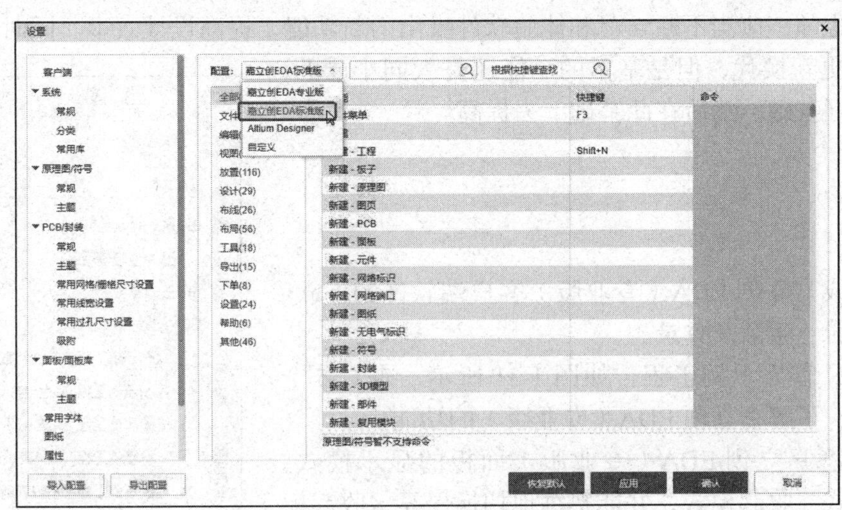

图 1-29　“设置”对话框 2

1.5.4　客户端数据目录说明

嘉立创 EDA（专业版）客户端安装后默认会在计算机文档中的 LCEDA-Pro 目录下创建数据文件夹，如图 1-30 所示。注意不要删除或修改该目录下的文件，避免产生错误。

LCEDA-Pro

文件　主页　共享　查看

此电脑 › 文档 › LCEDA-Pro

快速访问　WPS云盘　此电脑　3D 对象　视频　图片　文档　下载　音乐　桌面　Win 10 Pro x64 (C:)　文档 (D:)　数据 (E:)　软件 (F:)

名称	修改日期	类型	大小
cache.2	2023/10/27 9:37	文件夹	
cache.model.1	2022/6/23 14:14	文件夹	
database	2023/10/27 10:31	文件夹	
example-projects	2023/10/19 16:33	文件夹	
images	2023/4/4 17:17	文件夹	
libraries	2022/9/14 16:35	文件夹	
logs	2023/2/22 10:22	文件夹	
online-projects-backup	2023/10/8 10:36	文件夹	
projects	2022/6/24 9:42	文件夹	
projects-recovery	2023/10/18 16:22	文件夹	
reuse-blocks	2022/3/11 9:45	文件夹	
updater	2023/7/30 17:11	文件夹	
config.json	2023/10/8 10:40	JSON 文件	1 KB
editorConfig.json	2022/3/11 9:45	JSON 文件	248 KB
lceda-pro-activation.txt	2022/3/11 9:49	文本文档	1 KB

图 1-30　嘉立创 EDA（专业版）客户端安装后默认会创建数据文件夹

本章小结

本章介绍了嘉立创 EDA（专业版）软件发展历程、特点，讲解了该软件的下载、安装、激活及设置运行模式的方法；熟悉软件的使用界面及常规参数的设置；熟悉左、右及底部面板的停靠方式；熟练地打开及收起面板；了解客户端数据目录说明。

随着时间的推移，相信会有更多的新功能推出以满足工程师们的需求。作为电子线路设计工程师，应当不断学习和体验软件推出的新功能，提高设计效率。同时，虽然软件在不断更新换代，但是基本的功能还是大同小异的，应该先打好基础，然后在此基础上去提高。

习题

1. 完成嘉立创 EDA（专业版）客户端软件的下载、安装、注册、激活及登录。

2. 打开官方示例工程，如图 1-31 所示，查看 5 个示例工程，了解嘉立创 EDA（专业版）的功能。

3. 熟悉嘉立创 EDA（专业版）面板的显示模式，即停靠模式、收起模式，并能熟练地切换停靠、收起模式；打开示例工程 _ 快速入门，设置左、右和底部面板都处于停靠模式，如图 1-32 所示，然后单击按钮把这三个面板都切换为收起模式。

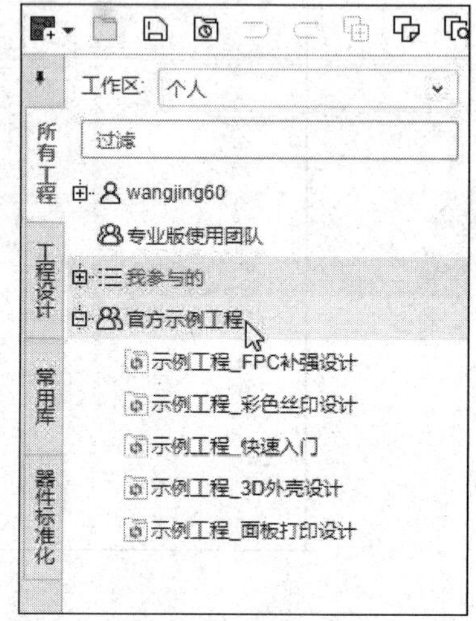

图 1-31 官方示例工程

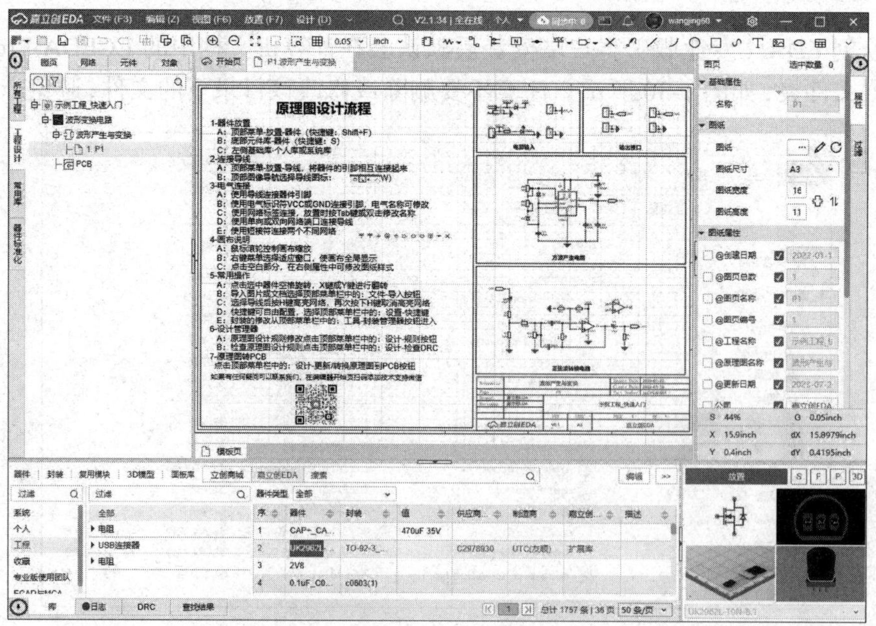

图 1-32 面板的停靠模式 2

第 2 章

LM7805 降压电路原理图设计

为了了解原理图的绘制流程，本章通过一个简单的案例讲解如何在嘉立创 EDA（专业版）中创建工程文件，完成 LM7805 降压电路原理图的绘制，检查电路原理图中的错误。LM7805 降压电路原理图如图 2-1 所示。通过本章的学习，读者能进行简单原理图的绘制，了解原理图模块的基本功能。

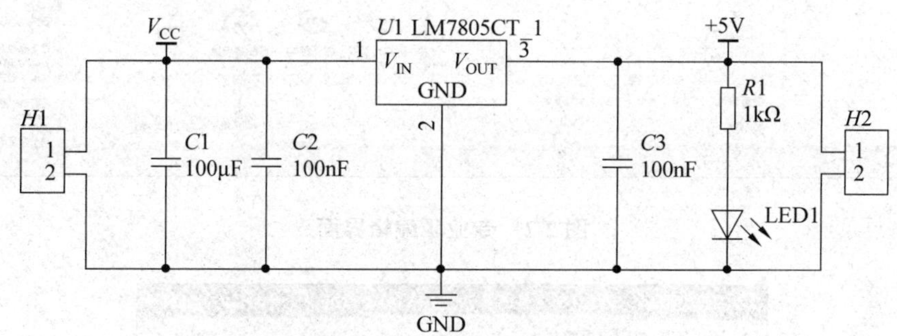

图 2-1　LM7805 降压电路原理图

提示：本书只修改手绘电路图及正文描述中的变量为斜体，软件对应的线路图和电路板中变量不再修改。

2.1　创建工程

嘉立创 EDA 分为浏览器版本和客户端版本，下面介绍的原理图设计在客户端安装嘉立创 EDA 专业版，启动嘉立创 EDA 专业版，启动成功的界面如图 2-2 所示，以在线模式使用。

LM7805 降压电路原理图设计

嘉立创 EDA（专业版）创建工程时会默认创建一个板子、一个原理图和一个 PCB。

创建工程的方法如下。

从主菜单中选择“文件”→“新建”→“工程”命令，如图 2-3 所示；或者在图 2-2 中双击“新建工程”按钮，弹出“新建工程”对话框，如图 2-4 所示。在“新建工程”对话框中，“所有者”选项选择“个人”，“工程”文本框中输入工程的名称

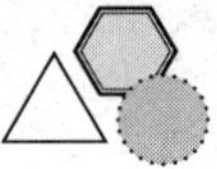

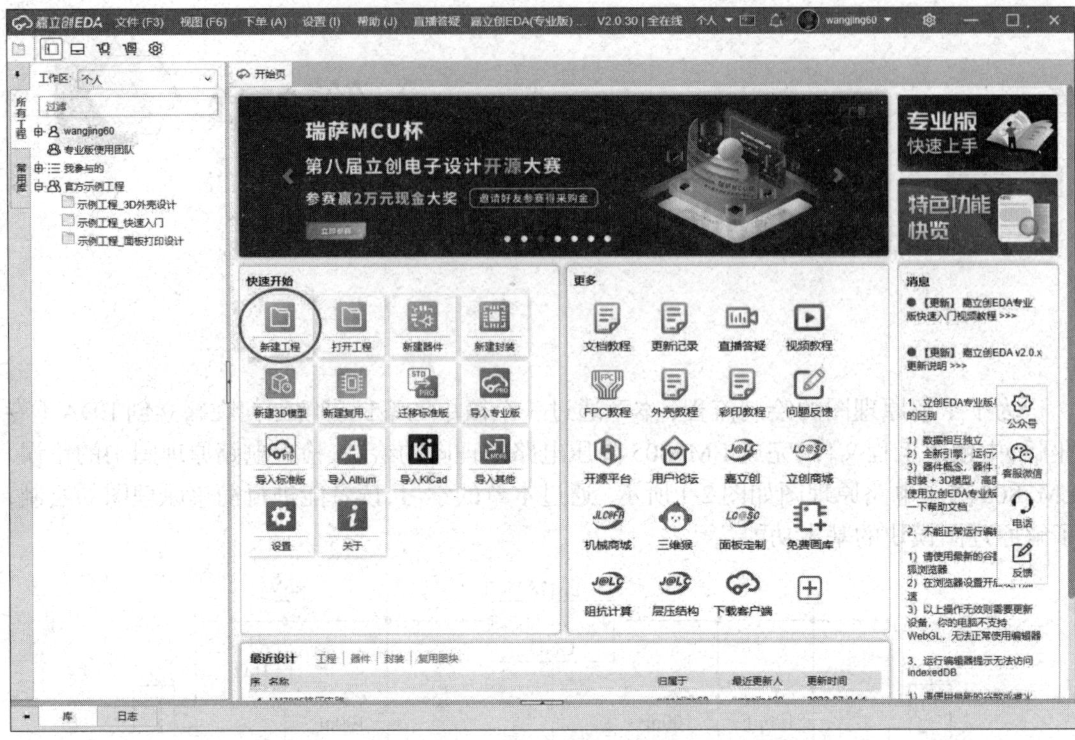

图 2-2　专业版编辑界面

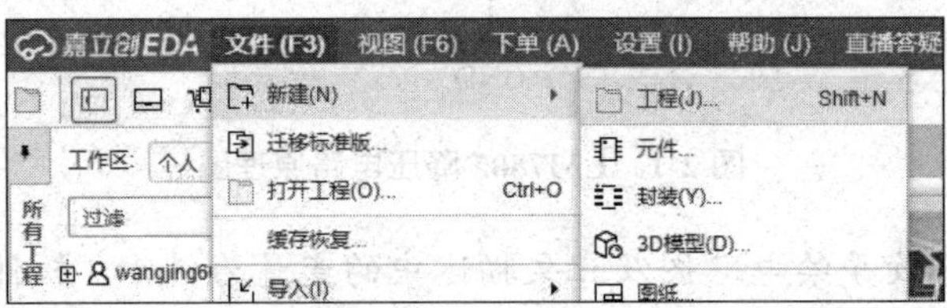

图 2-3　“新建”→“工程”命令

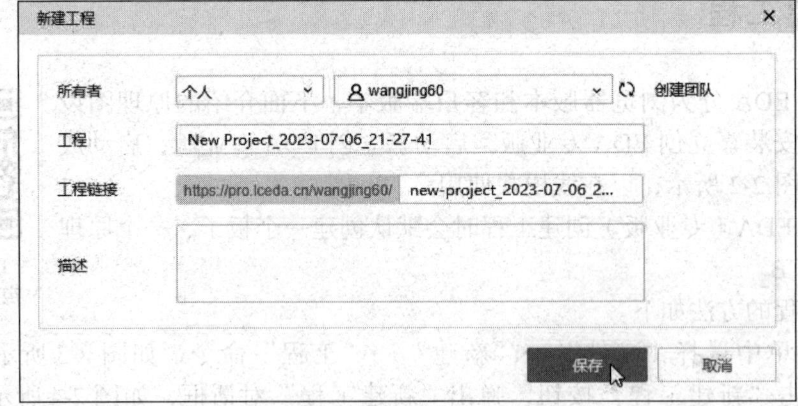

图 2-4　“新建工程”对话框

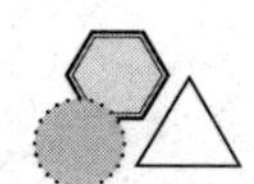

“LM7805 降压电路”；“工程链接”选项显示该工程保存在云端的路径，后面的名称用在工程栏输入名称的拼音表示；“描述”文本框中输入对该工程的描述，即“第 1 个案例”，如图 2-5 所示。单击“保存”按钮，进入原理图及 PCB 图编辑界面，如图 2-6 所示。

图 2-5　对新建工程命名

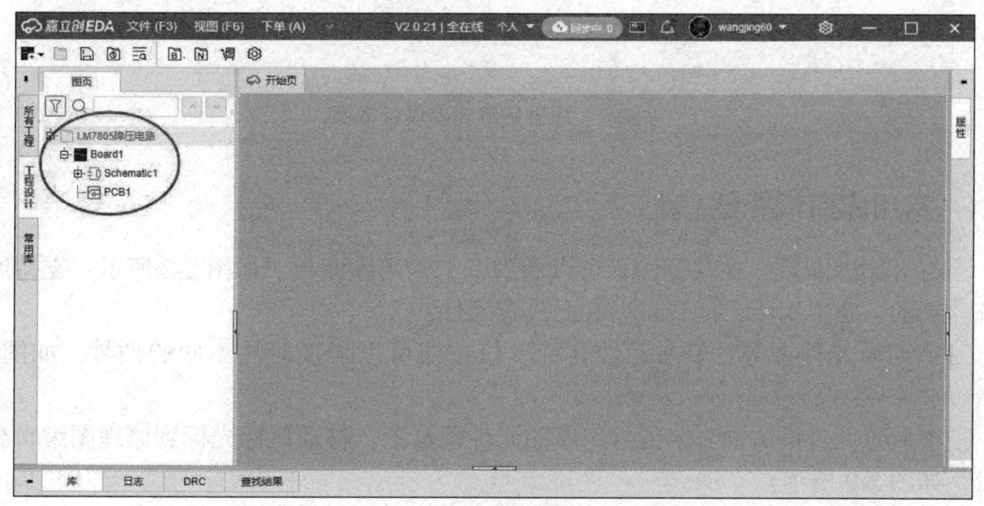

图 2-6　新建的工程文件

2.2　原理图编辑器

原理图是由若干电子元器件符号和导线构成的电路图，是用来表示电路原理的。在原理图中的每一个元器件和每一根导线都对应 PCB 中的实物元件和实物导线，都不是多余的。

读者可以简单地理解为原理图中不仅包含“元件符号”和“导线”，还可以根据需要添加必要的说明文字，对电路或功能进行解释。

原理图编辑器设计界面如图 2-7 所示。原理图的界面非常简洁，中间是绘制区域，上边是工具栏，左边是导航面板，右边是属性面板，还有一个悬浮工具栏。

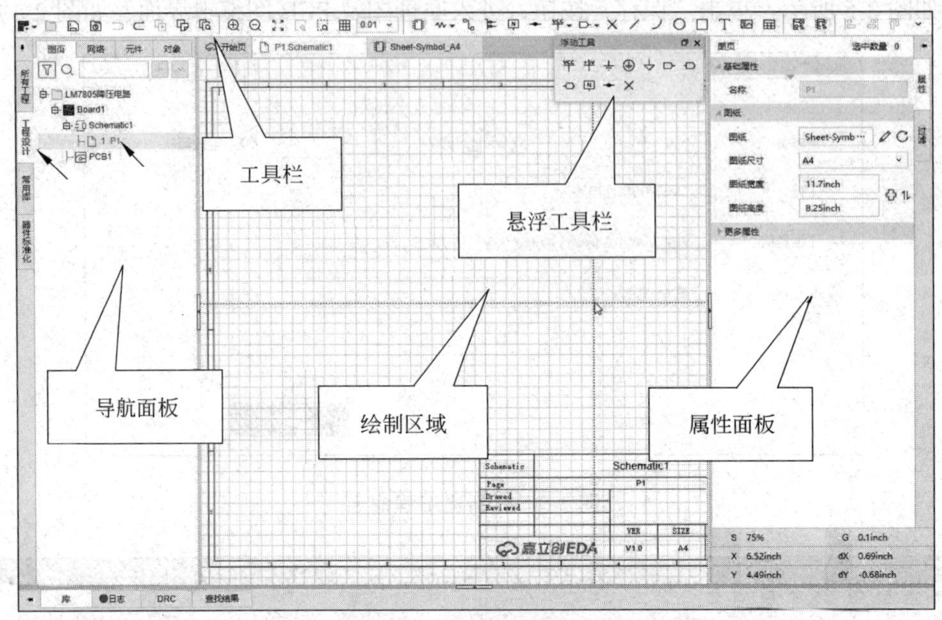

图 2-7　原理图编辑器设计界面

2.2.1　常用库面板介绍

当打开原理图后，在左侧面板可以看到一个常用库面板，如图 2-8 所示，支持展示系统内置的一些常用库，读者可以在此放置元件。

（1）切换元件型号：单击元件名称下拉按钮可以切换元件不同的型号，如图 2-8 所示。

（2）放置元件的方法：单击常用库的元件预览图，移动鼠标光标到原理图编辑界面即可，如图 2-9 所示。

2.2.2　设置原理图图纸尺寸

由于原理图图纸的幅面大小可以根据电路的规模进行设置，默认创建的图纸大小为 A4，在本工程中使用 A5 图纸即可。下面讲解如何修改原理图图纸幅面。

（1）从主菜单中选择“设置”→“图纸”命令，如图 2-10 所示，弹出“设置”对话框，如图 2-11 所示。单击“…”按钮，弹出“选择图纸”对话框，如图 2-12 所示，在“过滤”栏选择“系统”，在“标题”栏选择 Sheet-Symbol_A5，单击“确认”按钮。返回“设置”界面，图纸模板变为 Sheet-Symbol_A5，单击“确认”按钮，弹出“提示”对话框，如图 2-13 所示，提示新建图纸模板的应用范围，根据读者的需要进行选择，这里选择“当前页 P1. Schematic1”，单击“确认”按钮即可。

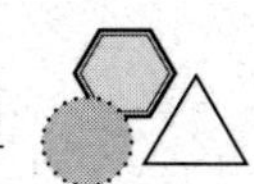

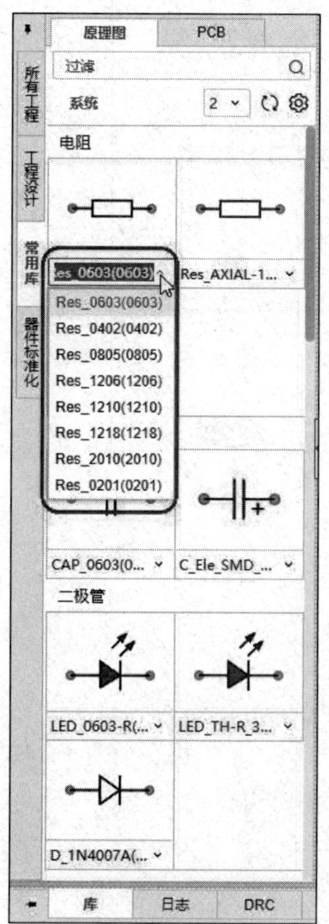

图 2-8　常用库面板

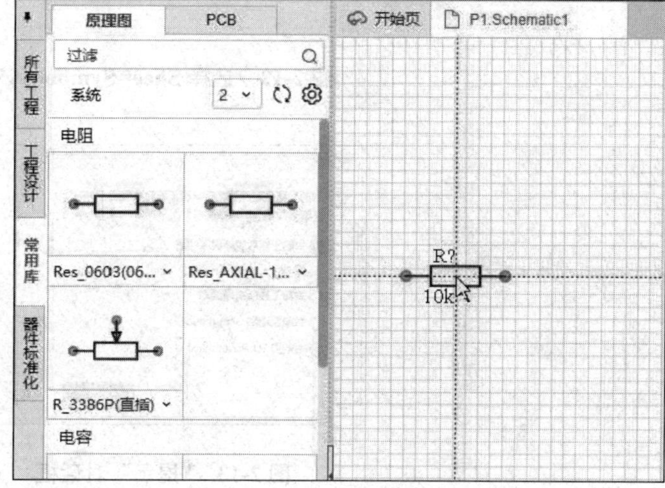

图 2-9　放置元件

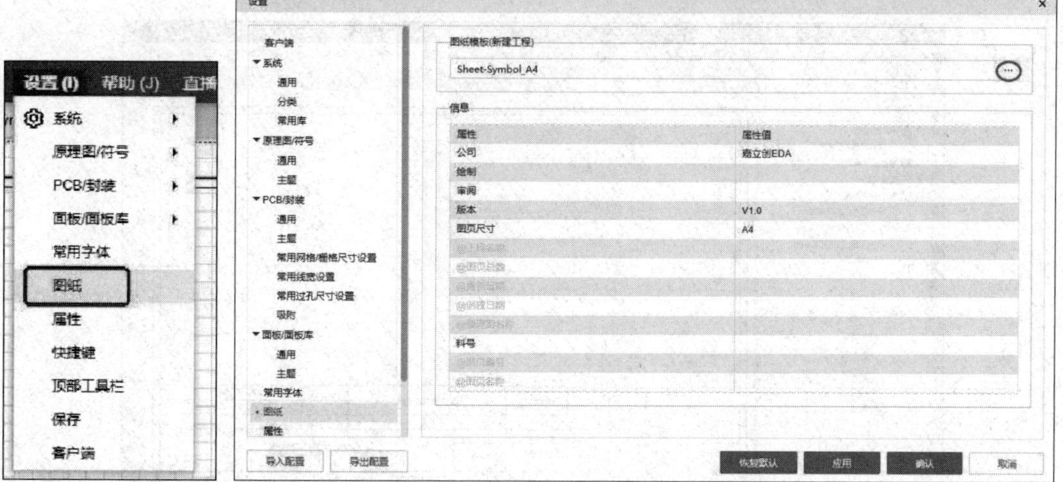

图 2-10　设置图纸

图 2-11　原理图图纸“设置”对话框

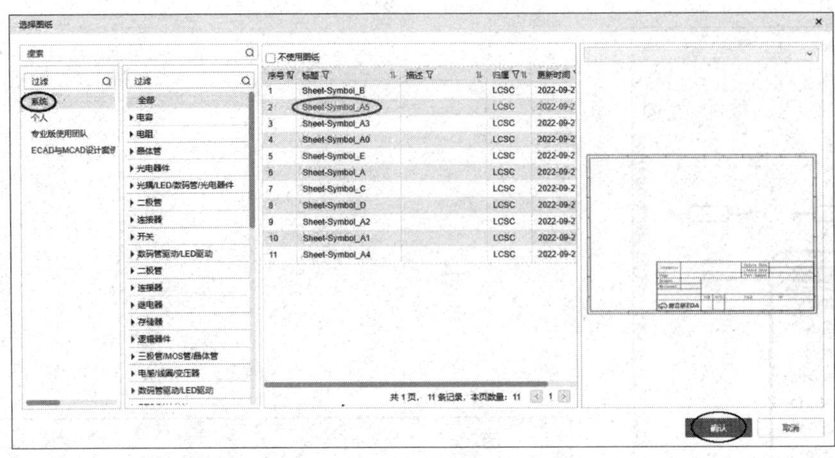

图 2-12　选择 Sheet-Symbol_A5

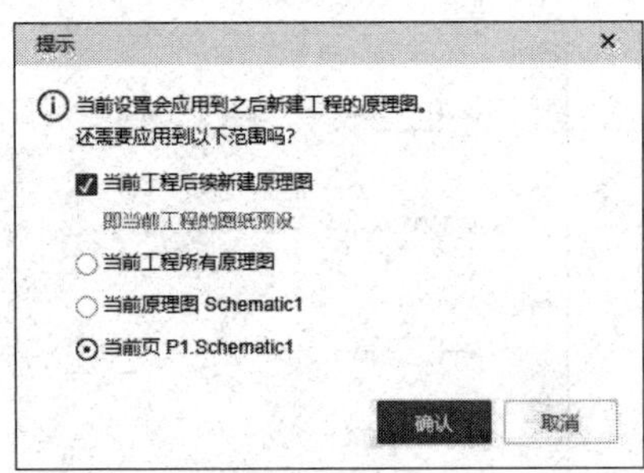

图 2-13　“提示”对话框

（2）在主菜单中选择“视图”→“适合全部”命令，即可显示全部图纸幅面，如图 2-14 所示。

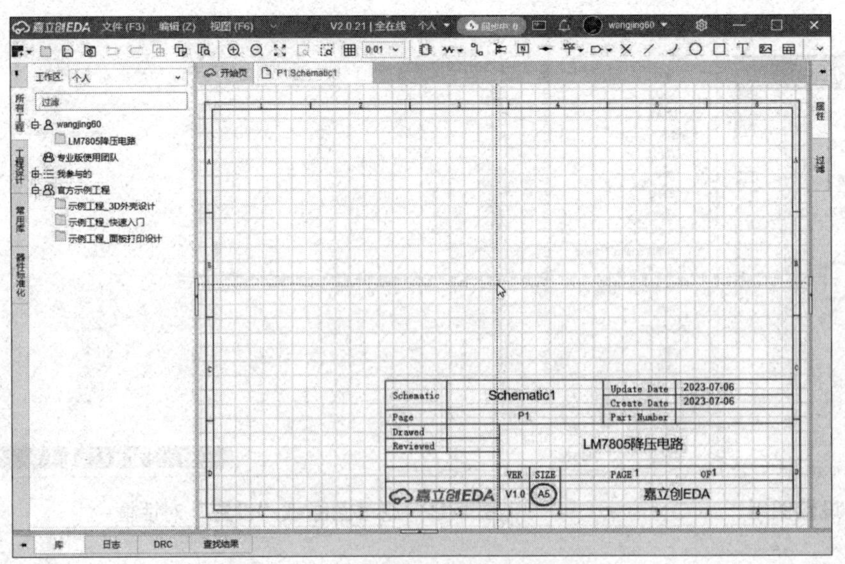

图 2-14　选择的图纸幅面大小为 A5

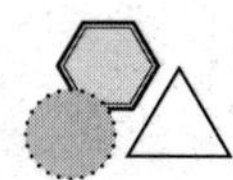

2.3　绘制原理图

现在准备开始绘制如图 2-1 所示的电路原理图。

2.3.1　在原理图中放置元件

1. 放置 LM7805

（1）从主菜单中选择“放置”→“器件”命令，弹出“器件”对话框，在搜索栏中输入 LM7805，单击“搜索”按钮，搜索结果如图 2-15 所示。

图 2-15　搜索 LM7805 的结果

（2）从搜索结果中查找读者满意的元件，单击“数据手册”按钮 数据手册，弹出该元件的参数，如图 2-16 所示，如果满意就关闭该界面，返回图 2-15，单击“放置”按钮，返回原理图编辑界面。现在处于元件放置状态，此时鼠标光标上面会悬浮该元件的轮廓，如图 2-17 所示，如果移动光标，元件轮廓也会随之移动，在合适的位置单击即可把该元件放置到原理图内，同时可通过元件“属性”面板了解元件的参数，如图 2-18 所示。

（3）选中该元件，元件“属性”面板中会自动显示其位号 U1。如果在原理图上要显示器件名 LM7805，勾选 LM7805 器件前面的复选框即可；单击封装行右边的“…”按钮，弹出“封装管理器”对话框，可检查封装的尺寸是否合适，如图 2-19 所示。如果封装合适，单击“取消”按钮，该器件放置完毕。

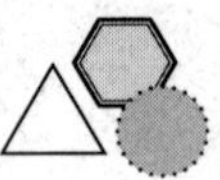

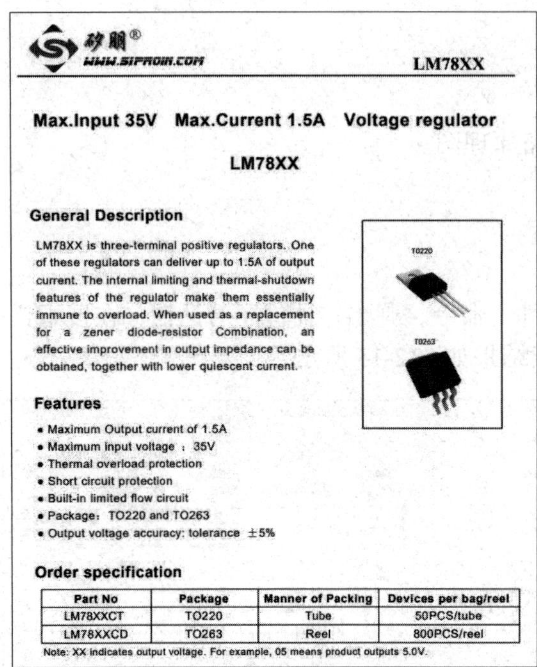

矽朋®
WWW.SIPROIN.COM

LM78XX

Max.Input 35V Max.Current 1.5A Voltage regulator

LM78XX

General Description

LM78XX is three-terminal positive regulators. One of these regulators can deliver up to 1.5A of output current. The internal limiting and thermal-shutdown features of the regulator make them essentially immune to overload. When used as a replacement for a zener diode-resistor Combination, an effective improvement in output impedance can be obtained, together with lower quiescent current.

TO220

TO263

Features

- Maximum Output current of 1.5A
- Maximum input voltage ：35V
- Thermal overload protection
- Short circuit protection
- Built-in limited flow circuit
- Package：TO220 and TO263
- Output voltage accuracy: tolerance ±5%

Order specification

Part No	Package	Manner of Packing	Devices per bag/reel
LM78XXCT	TO220	Tube	50PCS/tube
LM78XXCD	TO263	Reel	800PCS/reel

Note: XX indicates output voltage. For example, 05 means product outputs 5.0V.

图 2-16　LM7805 数据手册

图 2-17　光标上面会悬浮元件轮廓

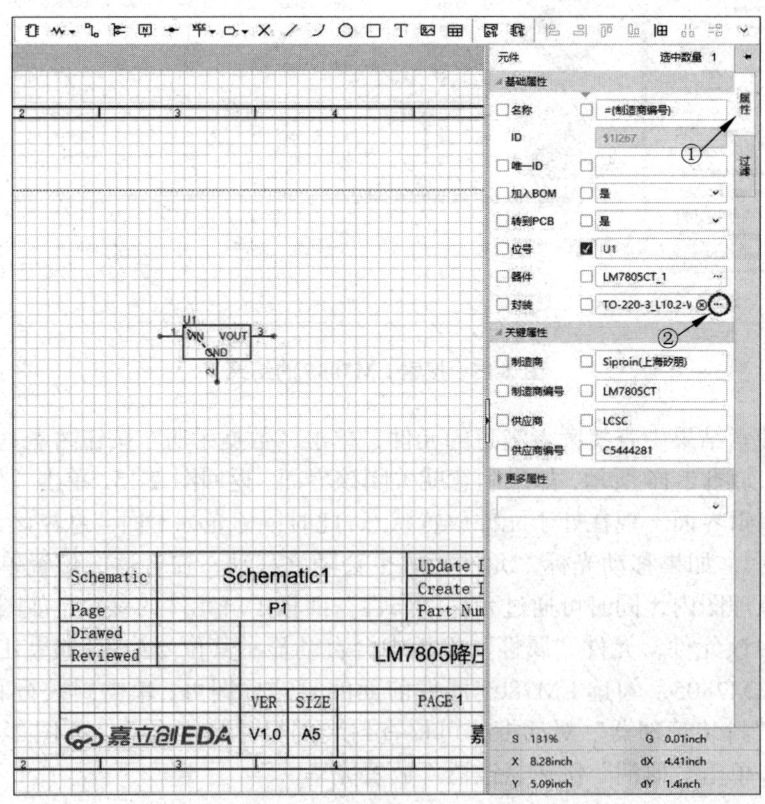

图 2-18　元件“属性”面板

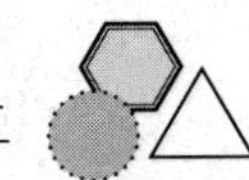

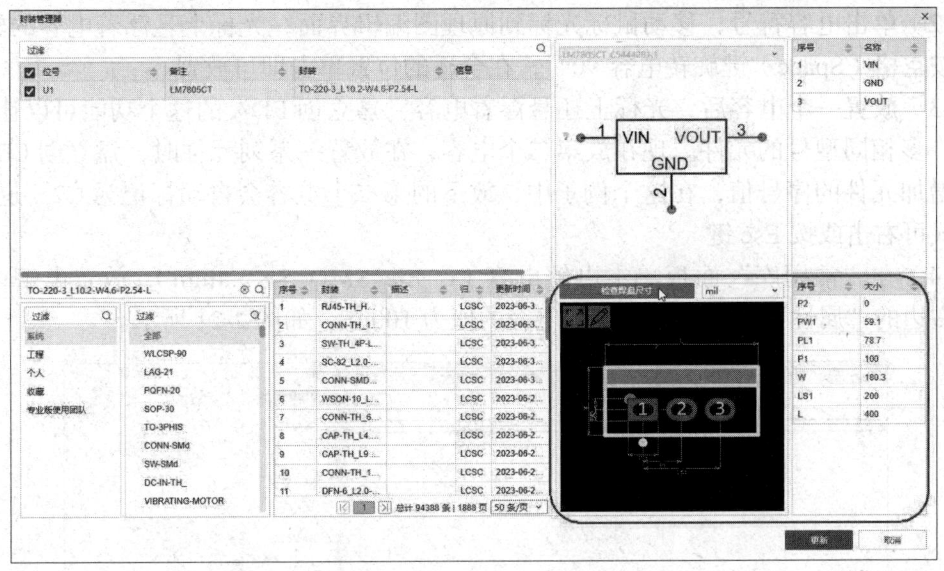

图 2-19　检查封装尺寸

2. 在“常用库”面板中放置电容

（1）在“常用库”面板中，选择电容，单击电容名称的下拉按钮可以查看电容的封装，如图 2-20 所示。电容的封装在常用库面板上只有贴片元件，这里选择 CAP_0805(0850) 的封装。

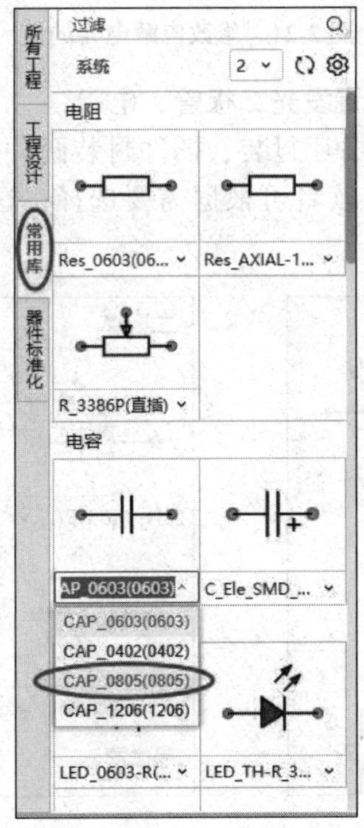

图 2-20　电容的封装

（2）单击电容符号，移动鼠标光标到原理图编辑界面，光标上悬浮着电容的轮廓，可以按空格（Space）键旋转电容 90°，在合适的位置单击即可放置。

（3）放置一个电容后，光标上还悬浮着电容，嘉立创 EDA 的这个功能可以让读者放置许多相同型号的元件。现在放第二个电容，在放置一系列元件时，嘉立创 EDA 会自动增加元件的序号值，在这个例子中，放下的第二个电容会自动标记为 C2。退出放置模式可右击或按 Esc 键。

（4）在“常用库”面板单击电解电容（C_Ele_SMD_5×5.4mm），放置电解电容，单击右边的“属性”面板，修改电解电容的值为 100μF，如图 2-21 所示。

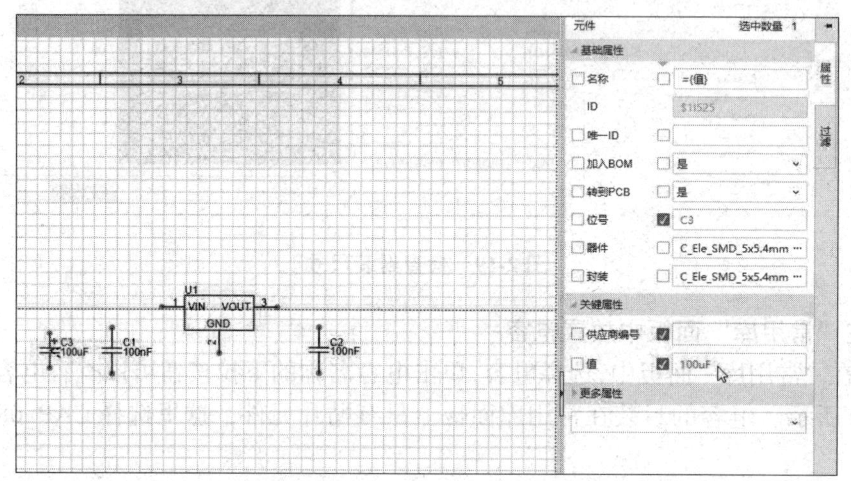

图 2-21　修改电解电容的值

3. 在“常用库”面板中放置发光二极管、电阻

（1）发光二极管的封装有贴片封装、插件封装两种方式，并有红、绿、蓝三种颜色可供选择，如图 2-22 所示。读者可根据需要选择，这里选择红色 LED_TH-R_3mm（插件）发光二极管。

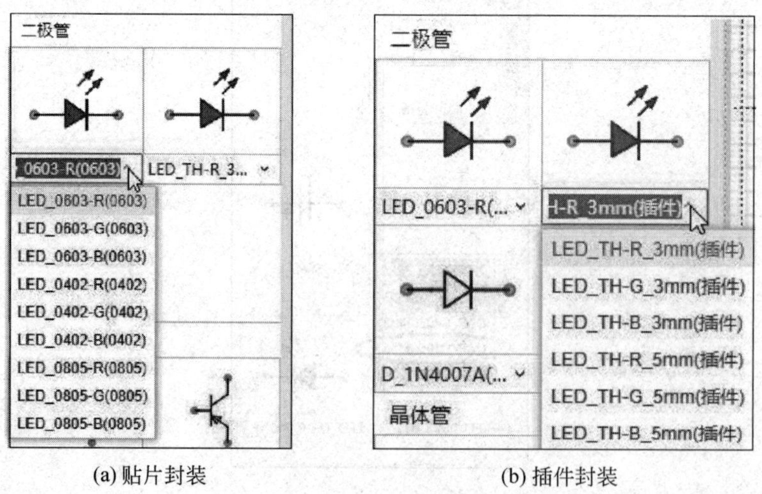

(a) 贴片封装　　(b) 插件封装

图 2-22　发光二极管封装与颜色

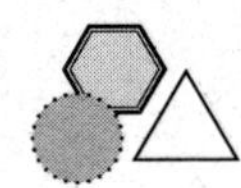

（2）电阻的封装有贴片、插件，读者可以根据需要选择，这里选择直插元件功率 1/4W 的封装（Res_AXIAL-1/4W）。放置的电阻值默认是 10kΩ，可以双击 10K 值，弹出修改值的对话框，如图 2-23 所示，修改电阻值为 1kΩ。

4. 放置连接器

（1）在“常用库”面板上查看连接器的封装，如图 2-24 所示，这里选择一个 2 插件（HDR-F_ 2.54_1×2P）的封装。

（2）如果查阅原理图，读者会发现 *H*1 与 *H*2 是镜像的。要将悬浮在光标上的连接器翻转过来，可按 X 键，这样可以使元件水平翻转；如按 Y 键，可以使元件垂直翻转。

（3）单击选中的插件符号，鼠标光标移动到原理图编辑器，光标上悬浮着一个插件的轮廓，按 X 键使元件水平翻转，在原理图编辑界面的左边放置连接器，然后将鼠标光标移动到右边放置第 2 个连接器，放好后右击或按 Esc 键退出放置模式。

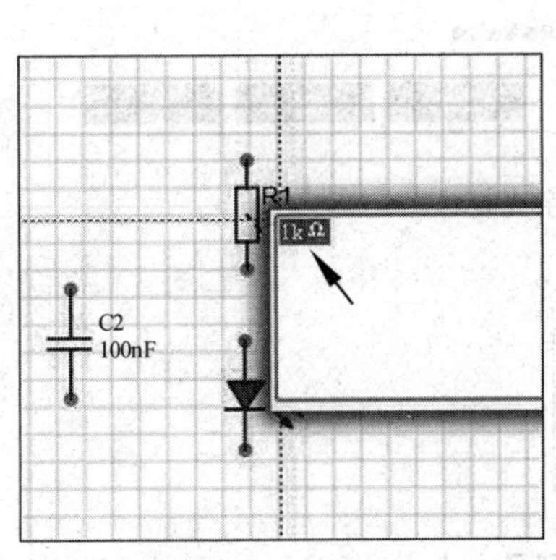

图 2-23 修改电阻值

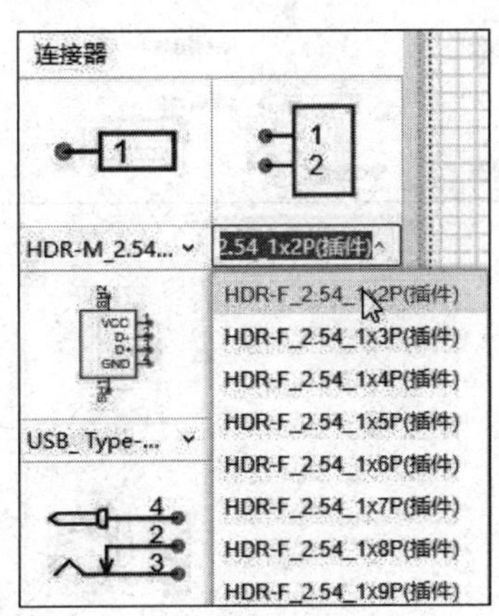

图 2-24 连接器的种类

2.3.2 元件的位置调整

（1）滑动鼠标滚轮可以放大 / 缩小原理图。右击，可以任意移动原理图。

（2）如果要删除多余的元件，选中该元件并按 Delete 键。

（3）调整元件位置时，鼠标光标最好是大十字形状，便于元件的对齐。要设置大十字光标，可从主菜单中选择“设置”→“原理图 / 符号”→“通用”命令，弹出“设置”对话框，如图 2-25 所示，在“十字光标”选项区中选择“大”单选按钮，勾选“始终显示十字光标”复选框。

（4）移动元件时为了精确对位，可以在顶部工具栏设置网格的尺寸为 0.1、0.05、0.01；也可以单击网格▦按钮，设置原理图编辑界面的网格为点状、网格、无网格，如图 2-26 所示。

（5）要移动元件，可用鼠标拖动元件，拖到需要的位置放开左键即可。元件的摆放如图 2-27 所示，从图中可以看出元件之间留有间隔，这样就有大量的空间用来将导线连接到每个元件引脚上。

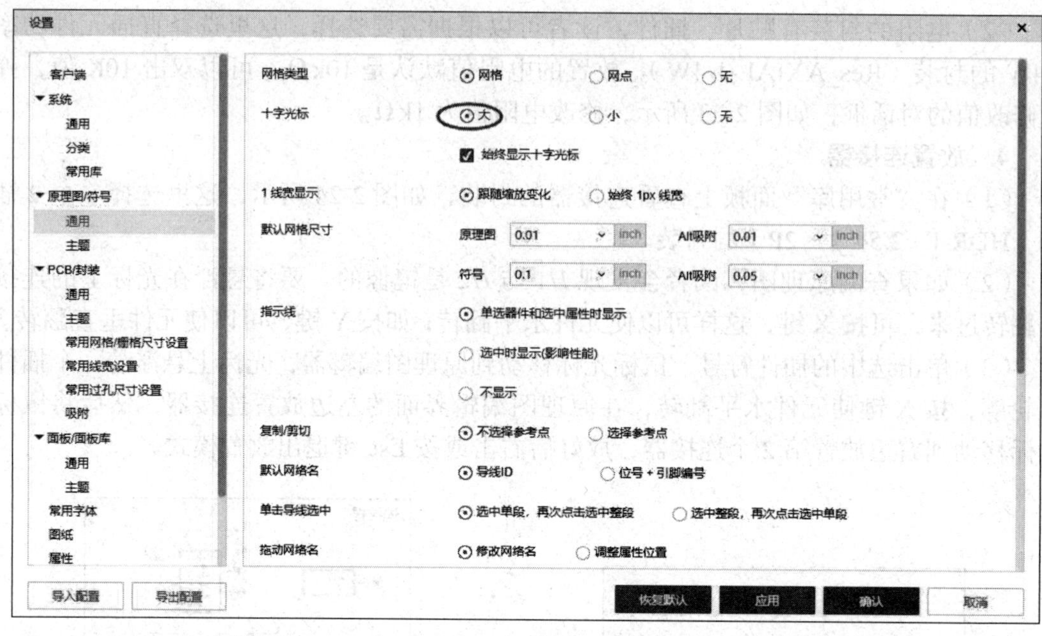

图 2-25　设置大十字光标

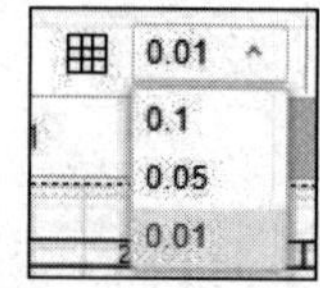

图 2-26　设置网格类型及大小

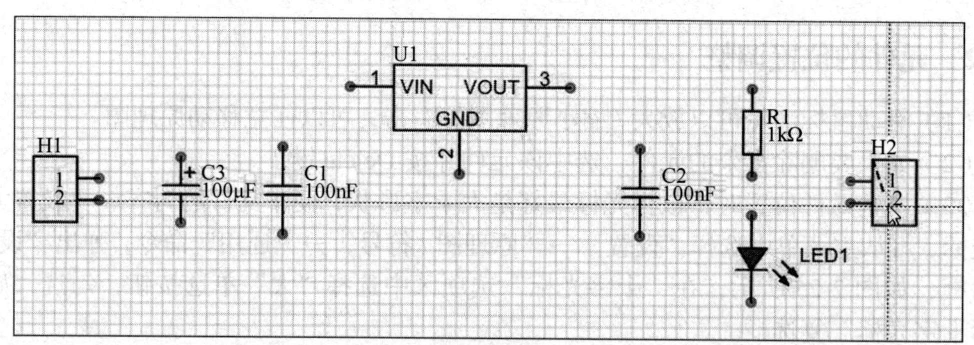

图 2-27　元件摆放完后的电路图

2.3.3　连接电路

连线起着在电路中的各种元器件之间建立连接的作用。要在原理图中连线，可参照图 2-1，并完成以下步骤。

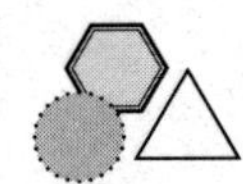

为了使电路图清晰，使用鼠标的滑轮可以放大或缩小电路图；如果要查看全部视图，从主菜单中选择“视图”→“适合全部”命令。

（1）将电容 *C*1 与 LM7805 的 1 脚连接起来。

① 从主菜单中选择“放置”→“导线”命令或在顶部工具栏（或称主工具栏）单击按钮，进入“连线”模式，光标将变为十字形状并悬浮一个“连线”标志。

② 将光标放在 *C*1 的上端，单击固定第一个导线点。移动光标读者会看见一根导线从光标处延伸到固定点，如图 2-28 所示。

③ 将光标移到 *C*1 的上边与 *U*1 的 1 脚的水平位置上，单击在该点固定导线。第一个和第二个固定点之间的导线就放好了，连接好后导线变为红色。

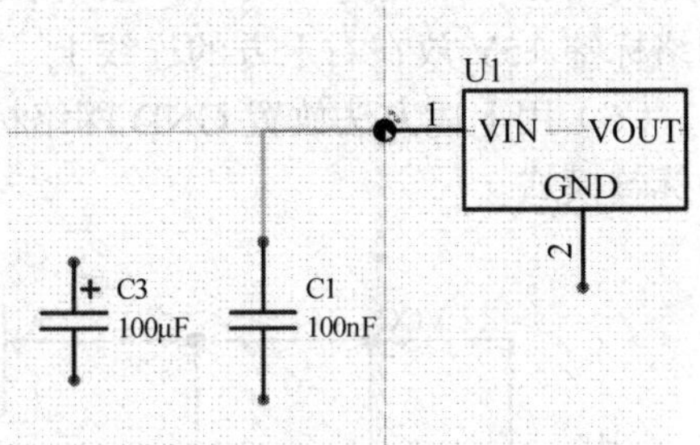

图 2-28　连线状态

完成了这根导线的放置，注意光标仍然为十字形状，表示读者准备放置其他导线。要完全退出放置模式并恢复箭头光标，可以再一次右击或按 Esc 键，但现在还不能这样做。

（2）将 *C*3 连接到 *C*1 和 *U*1 的连线上。

① 将光标放在 *C*3 上边的连接点上，单击开始新的连线。

② 水平移动光标一直到 *C*1 与 *U*1 的连线上，单击放置导线段，然后右击或按 Esc 键，表示已经完成该导线的放置。注意两条导线是怎样自动连接上的，前面连接好的导线变为绿色。

（3）参照图 2-1 连接电路中的剩余部分。

在完成所有的导线连接之后，右击或按 Esc 键退出放置模式。

2.3.4　网络与网络标签

彼此连接在一起的一组元件引脚的连线称为网络。

在设计中识别重要的网络是很容易的，可以放置网络标签帮助识别。

在电源网络上放置网络标签的方法如下。

（1）从主菜单中选择“放置”→“网络标签”命令或者在顶部工具栏上单击按钮，一个带点的 NET1 框将悬浮在光标上。

（2）在放置网络标签之前应先编辑，按 Tab 键，弹出“网络标签”对话框，如图 2-29 所示。

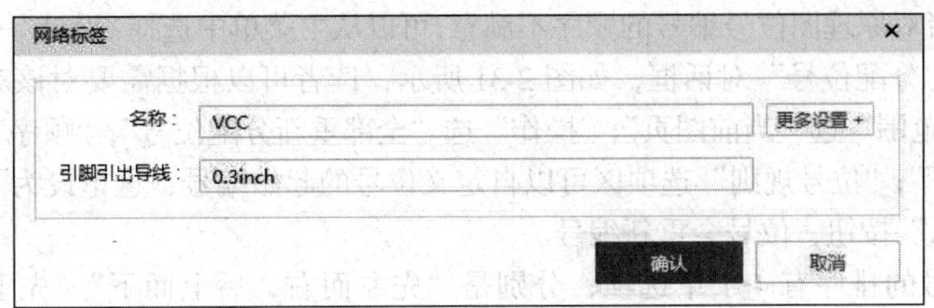

图 2-29　“网络标签”对话框

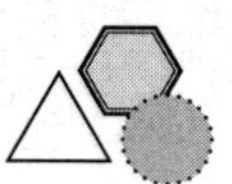

（3）在“名称”栏输入 VCC，单击“确认”按钮返回原理图。

（4）在电路图上，把网络标签放置在左上方连线的上面，当网络标签跟连线接触时单击，连线颜色会变红，确认即可。

注意：网络标签一定要放在连线上。

（5）放完第一个网络标签后，读者仍然处于网络标签放置模式，在放第二个网络标签之前再按 Tab 键进行编辑，在“名称”栏输入 +5V，单击“确认”按钮返回原理图，网络标签 +5V 放在右上方的连线上。

（6）用上述方法放置 GND 网络标签，如图 2-30 所示，右击或按 Esc 键退出放置网络标签模式。

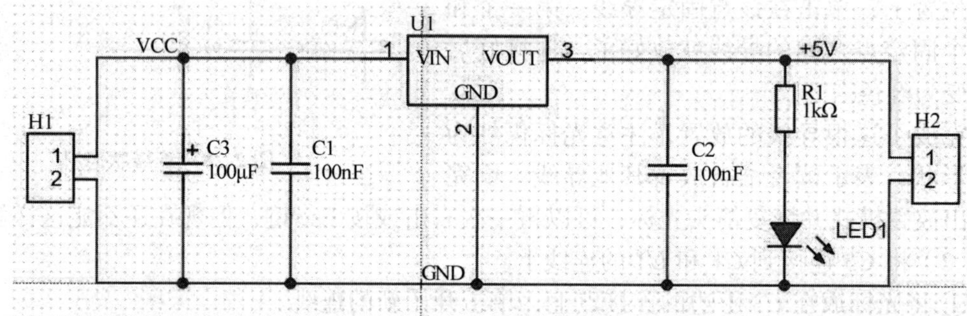

图 2-30　放置 GND 网络标签

2.3.5　放置电源及接地

对于原理图设计，嘉立创 EDA 在“浮动工具栏”上专门提供一种电源和接地的符号，是一种特殊的网络标签，可以让读者比较形象地识别。

（1）单击按钮⏚，可以直接放置接地符号。

（2）单击按钮，可以直接放置电源符号。

（3）单击按钮，可以直接放置 +5V 符号。

网络标签与电源、接地符号的功能是相同的，可以把刚放置的网络标签删除，重新放置 V_{CC}、+5V、接地符号。

2.3.6　原理图位号的重新编号

如果读者对原理图位号编号的顺序不满意，可以从主菜单中选择“设计”→“分配位号”命令，弹出“分配位号”对话框，如图 2-31 所示，读者可以根据需要对该对话框的选项进行选择。“范围”选“当前图页”；“操作”选“全部重新分配位号”；“顺序”选“先左而右，后上而下”；“位号规则”选项区可以自定义位号的起始编号，这里设为“1”。设置好后单击“确认”按钮，位号会重新编号。

注意位号的排序有 4 个单选项，分别是“先左而右，后上而下”“先上而下，后左而右”“先左而右，后下而上”“先下而上，后左而右”，如图 2-32 所示为后三项效果。

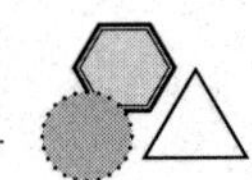

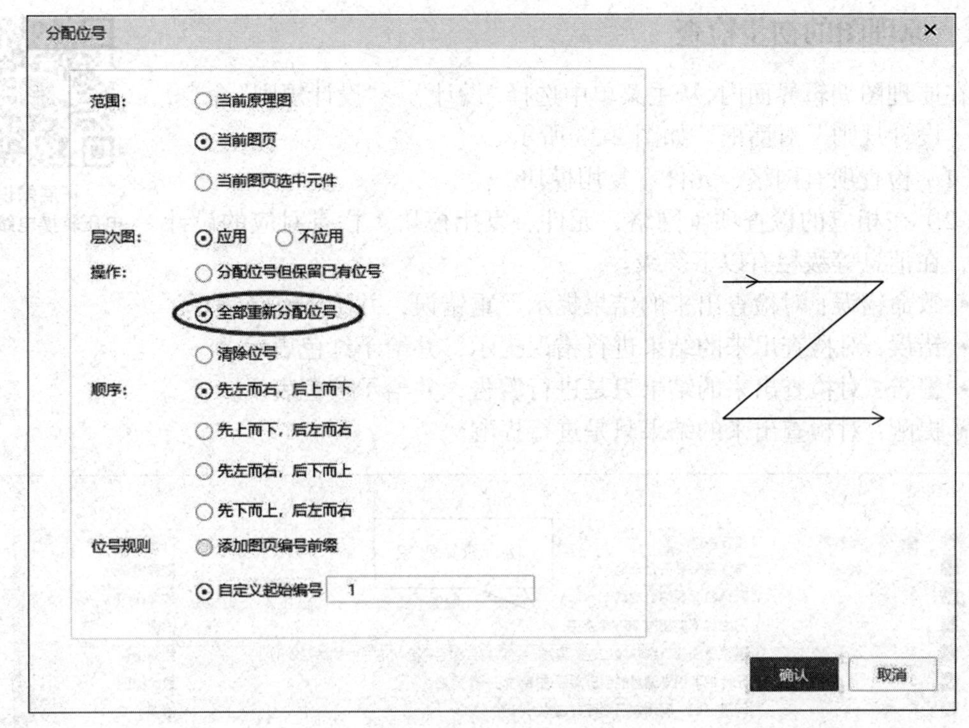

图 2-31　分配位号

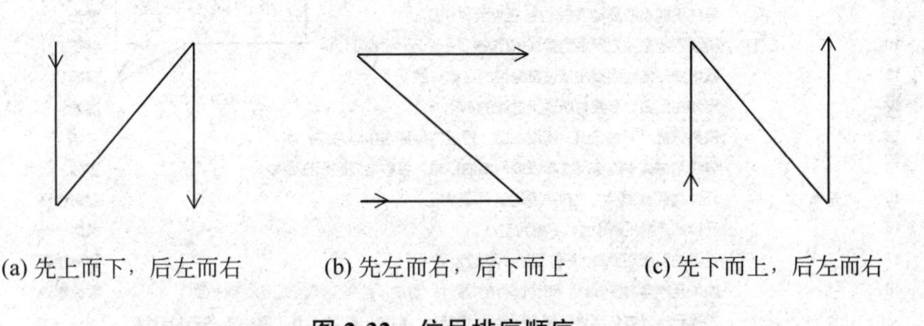

图 2-32　位号排序顺序

至此，已经用嘉立创 EDA（专业版）完成了第一张原理图，如图 2-1 所示。在读者将原理图转为 PCB 之前，需要进行工程的检查。

2.4　原理图的反复检查

在设计完原理图之后及设计 PCB 之前，可以利用软件自带的设计规则检查 DRC（design rule check，设计规则检查）功能对常规的一些电气性能进行检查，避免一些常规性错误和查漏补缺，以及为正确完整地导入 PCB 进行电路设计做准备。

2.4.1 原理图的初步检查

拓展知识
电压转换电路设计

在原理图编辑界面内，从主菜单中选择"设计"→"设计规则"命令，弹出"设计规则"对话框，如图 2-33 所示。

（1）检查项有网络、元件、复用模块。

（2）在相应的检查项（网络、元件、复用模块）栏有对应的设计规则，在消息等级栏有以下等级。

- 致命错误：对检查出来的结果提示严重错误，并给予红色表示。
- 错误：对检查出来的结果进行错误提示，并给予红色表示。
- 警告：对检查出来的结果只是进行警告，并给予黄色表示。
- 提醒：对检查出来的结果只是进行提醒。

设计规则

检查查错对象

报告显示类型

No.	检查项	设计规则	消息等级
1	网络	总线名需要符合规则	致命错误
2		网络名需要符合规则	致命错误
3		网络名不能超过 255 个字符	错误
4		通过总线分支跟总线相连的导线，必须有名称且符合所连总线的命名规则	致命错误
5		元件相同引脚编号的引脚需要连接到同一个网络。	致命错误
6		网络标识，网络端口需要有名称	错误
7		网络标识，网络端口含有"全局网络名"属性时，所连导线的名称需要与"全局网络名"的值一致	错误
8		引脚的连接端点不能重叠且未连接	致命错误
9		导线不能是游离导线(未连接任何元件引脚)	警告
10		导线不能是独立网络的导线(仅连接了一个元件引脚)	警告
11		网络端口名称需要与所连接导线的名称一致	提醒
12		网络端口名称需要与所连接总线的名称一致	提醒
13		网络标签、网络标识、网络端口、短接符需要连接导线或总线	警告
14		导线和总线未连接网络标识或网络端口时，名称需要显示在画布	提醒
15	元件	元件需要有"器件"、"封装"属性，不能为空	致命错误
16		元件如果有"值"属性，不能为空	提醒
17		元件的引脚需要有"编号"属性，不能为空	致命错误
18		如果元件含有多部件，每个部件的"器件，封装，位号"这几个属性必须一致	致命错误
19		如果元件含有多部件，每个部件除了"器件，封装，位号"这几个属性外，其他属性必须一致	警告
20		元件的属性需要与供应商编号匹配	警告

导入配置　导出配置　恢复默认　立即校验　确认　取消

图 2-33 "设计规则"对话框

如果需要对某项进行检查，建议选择"致命错误"，这样比较明显并具有针对性，方便查找定位。

对于初学者，建议设计规则检查用默认值，在图 2-33 所示对话框中单击"立即校验"按钮，弹出"立即校验"对话框，如图 2-34 所示，"范围"选项是新设计的原理图，单击"立即校验"按钮，返回"设计规则"对话框；单击"确认"按钮，在屏幕的下方弹出检查结果，如图 2-35 所示。

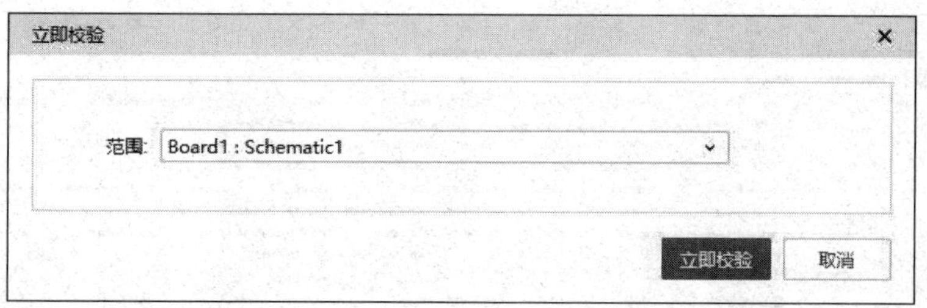

图 2-34　“立即校验”对话框

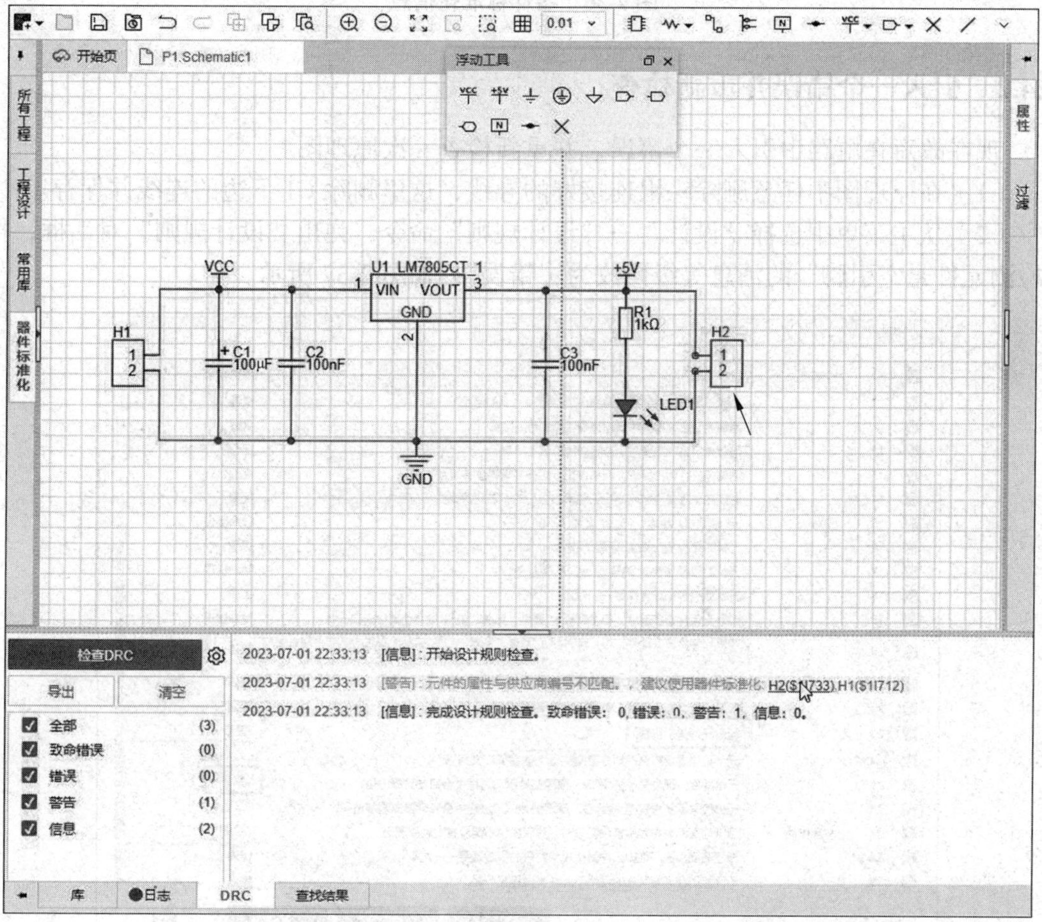

图 2-35　原理图“检查 DRC”结果

从图 2-35 原理图的检查结果可以看出，有一个警告信息提示元件的属性与供应商的编号不匹配，建议使用器件标准化。嘉立创 EDA 有错误信息追踪功能，如果不知道 *H*2 在原理图的什么位置，可以单击 *H*2，原理图自动跳到 *H*2 的位置。

单击左边“器件标准化”面板，显示的信息如图 2-36 所示。这里的案例仅仅是了解原理图的绘制步骤，不需要制作 PCB 及购买元件，所以这个信息可以忽略。

全部 (6) | 待确定 (1) | 待分配编号 (4) | 完全匹配 (1) | 不检查 (0)　☑ 位号聚合 ☑ 显示推荐

刷新列表　设置为不检查　设置为检查

序号	位号	操作	供应商编号	供应商	库存/贴片	备注	封装	数量	制造商编号	制造商
1	C1	分配立创编号				100uF	C_Ele_SMD_5x5.4mm	1		
推荐		使用推荐器件	C2929350	LCSC		CA45-E-16V-100UF	CAP-SMD_L7.3-W4.3-...		CA45-E-16V-100UF	
2	C2,C3	分配立创编号				100nF	C0805	2		
推荐		使用推荐器件	C49678	LCSC		100nF	C0805		CC0805KRX7R9BB104	YAGEO(国巨)
3	H1,H2	分配立创编号	C49661			HDR-F_2.54_1x2P	HDR-TH_2P-P2.54-V-F	2		
推荐		使用推荐器件	C49661	LCSC		2.54-1*2P母	HDR-TH_2P-P2.54-V-F		2.54-1*2P母	BOOMELE(博穆精密)
4	LED1	分配立创编号				LED_TH-R_3mm	LED_TH-3mm	1		
5	R1	分配立创编号				1kΩ	Res_1/4W	1		
推荐		使用推荐器件	C1882573	LCSC		0Ω	0402		AA0402JR-070RL	YAGEO(国巨)
6	U1	分配立创编号	C5444281	LCSC		LM7805CT	TO-220-3_L10.2-W4.6-...	1	LM7805CT	Siproin(上海矽朋)

图 2-36　器件标准化信息

2.4.2　引入一个错误并重新检查

现在故意在电路中引入一个错误，并重新检查一次原理图。

（1）在原理图中任意删除一根连接好的导线，这里删除 *C*1 下边的连线并保存。

（2）从主菜单中选择“设计”→“设计规则”命令，弹出“设计规则”对话框，把“检测元件悬空引脚”的消息等级修改为“错误”，如图 2-37 所示。

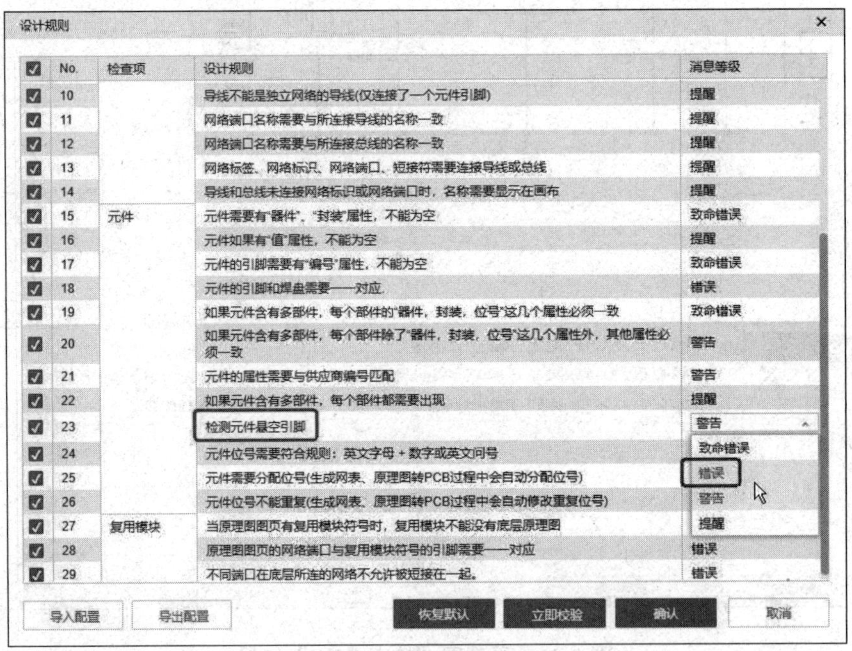

设计规则

No.	检查项	设计规则	消息等级
10		导线不能是独立网络的导线(仅连接了一个元件引脚)	提醒
11		网络端口名称需要与所连接导线的名称一致	提醒
12		网络端口名称需要与所连接总线的名称一致	提醒
13		网络标签、网络标识、网络端口、短接符需要连接导线或总线	提醒
14		导线和总线未连接网络标识或网络端口时，名称需要显示在画布	提醒
15	元件	元件需要有“器件”、“封装”属性，不能为空	致命错误
16		元件如果有“值”属性，不能为空	提醒
17		元件的引脚需要有“编号”属性，不能为空	致命错误
18		元件的引脚和焊盘需要一一对应	错误
19		如果元件含有多部件，每个部件的“器件，封装，位号”这几个属性必须一致	致命错误
20		如果元件含有多部件，每个部件除了“器件，封装，位号”这几个属性外，其他属性必须一致	警告
21		元件的属性需要与供应商编号匹配	警告
22		如果元件含有多部件，每个部件都需要出现	提醒
23		检测元件悬空引脚	警告
24		元件位号需要符合规则：英文字母 + 数字或英文问号	
25		元件需要分配位号(生成网表、原理图转PCB过程中会自动分配位号)	
26		元件位号不能重复(生成网表、原理图转PCB过程中会自动修改重复位号)	
27	复用模块	当原理图图页有复用模块符号时，复用模块不能没有底层原理图	
28		原理图图页的网络端口与复用模块符号的引脚需要一一对应	错误
29		不同端口在底层所连的网络不允许被短接在一起。	错误

图 2-37　修改设计规则

（3）在底部 DRC 面板中单击“清空”按钮，将以前的提示信息清空。从主菜单中选择“设计”→“检查 DRC”命令，屏幕下方自动弹出检查结果，如图 2-38 所示，这时将会以红色报告错误信息“发现元件引脚悬空，建议放置非连接标识在引脚上：C1.2”。

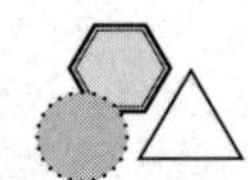

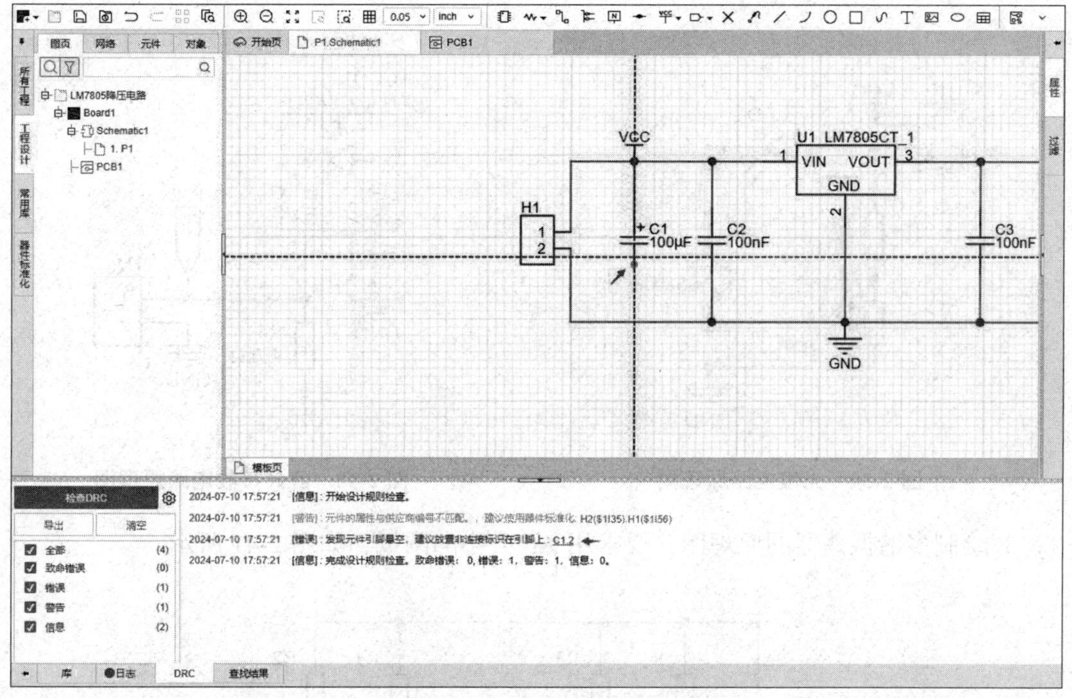

图 2-38 报告 DRC 错误信息

（4）单击错误信息 C1.2，直接跳转到原理图相应位置去检查或修改错误。

（5）将删除的线段连通后，重新选择“设计”→“检查 DRC”命令来检查，没有错误警告信息。

现在已经完成了设计并且检查了原理图，第 3 章将介绍创建 LM7805 降压电路的 PCB 设计。

本章小结

本章主要介绍了工程及原理图的创建，认识常用库面板，知晓了创建原理图的步骤为建立工程，设置原理图图纸尺寸，放置元器件，连接电路，设置网络标签，检查原理图，等等。

习题

1. 简述电路原理图绘制的一般过程。

2. 绘制以下光敏电路原理图、红外接收电路原理图，要求用 A5 大小的图纸，如图 2-39 和图 2-40 所示。

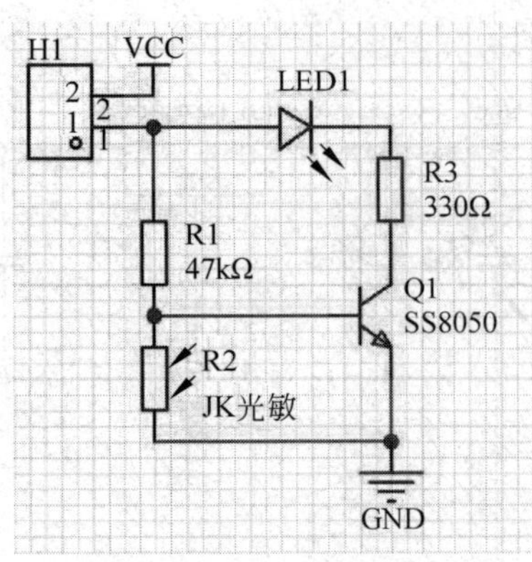

图 2-39　光敏电路原理图

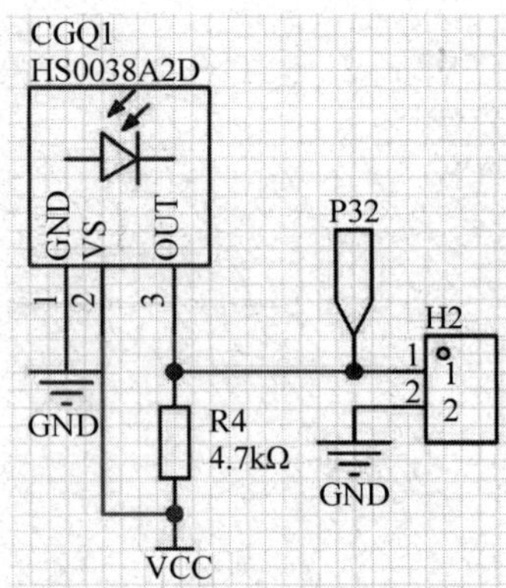

图 2-40　红外接收电路原理图

3. 绘制多谐振荡器的原理图，要求用 A5 大小的图纸，如图 2-41 所示。

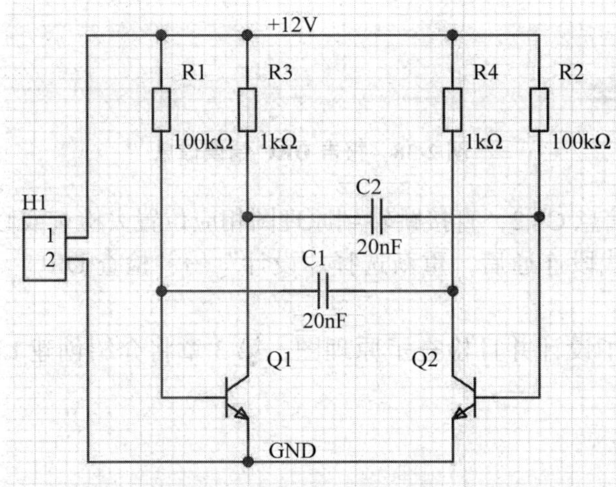

图 2-41　多谐振荡器的原理图

第3章

LM7805 降压电路的 PCB 设计

本章利用第 2 章所画的 LM7805 降压电路原理图，完成 LM7805 降压电路印制电路板（PCB）的设计，如图 3-1 所示。本章介绍 PCB 的基础知识，用封装管理器检查元件的封装，把原理图的设计信息更新到 PCB 文件中，并说明如何在 PCB 中布局、布线，如何设置 PCB 图的设计规则，如何实现 PCB 图的 3D 显示等内容。通过第 2、3 章的学习，读者可以初步了解电路原理图、PCB 图的设计过程。

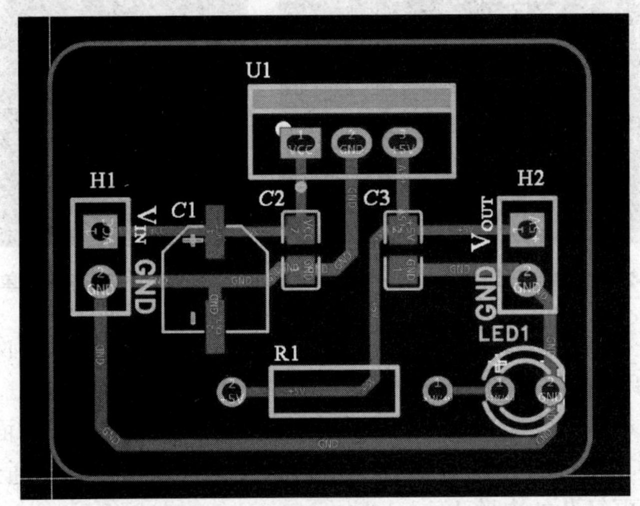

图 3-1　LM7805 降压电路的 PCB 图

3.1　PCB 基础知识

印制电路板（printed circuit board，PCB）简称印制板，如图 3-2 所示，是电子工业领域中的重要部件之一。几乎每种电子设备，小到电子手表、计算器，大到计算机、通信电子设备、军用武器系统，只要有集成电路等电子元件，为了使各个元件进行互连，都要使用印制板。印制板由绝缘底板、连接导线和装配焊接电子元件的焊盘组成，具有导电线路和绝缘底板的双重作用。

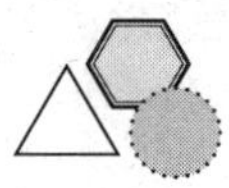

1. 印制电路板的种类

根据电路层数分类，印制电路板分为单面板、双面板和多层板。常见的多层板一般为四层板或六层板，复杂的多层板可达几十层。

（1）单面板。单面板是最基本的 PCB，零件集中在其中一面，导线则集中在另一面上（有贴片元件时和导线为同一面，插件器件在另一面）。因为导线只出现在其中一面，所以这种 PCB 叫作单面板，如图 3-3 所示。

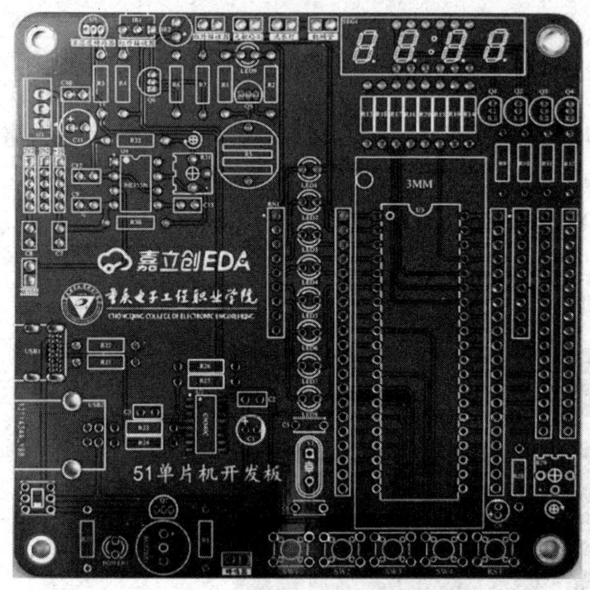

图 3-2 PCB（双层板）

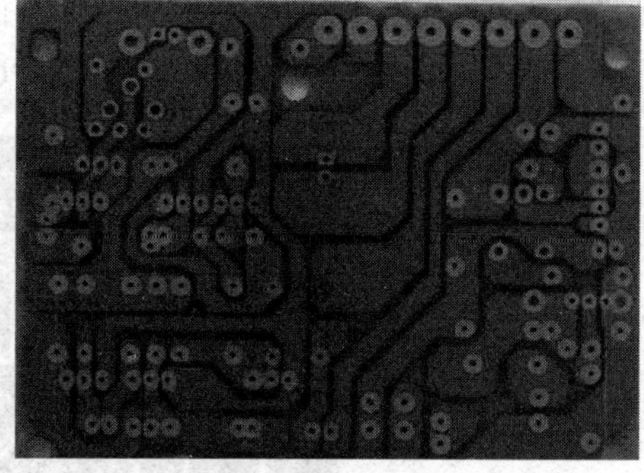

图 3-3 单面板

（2）双面板。双面板这种电路板的两面都有布线，不过要用上两面的导线，必须要在两面间有适当的电路连接才行。这种电路间的“桥梁”叫作过孔。过孔是在 PCB 上充满或涂上金属的小洞，它可以与两面的导线相连接。因为双面板的面积比单面板大了一倍，双面板解决了单面板中因为布线交错的难点（可以用过孔导通到另一面），它更适合用在比单面板更复杂的电路上。

（3）多层板。多层板为了增加可以布线的面积，用上了更多单面或双面的布线板。用一块双面作内层、两块单面作外层，或者两块双面作内层、两块单面作外层，通过定位系统及绝缘黏结材料交替在一起且导电图形按设计要求进行互连的印刷线路板，就成为四层、六层印刷电路板了，也称为多层印刷线路板。两层板及四层板的结构示意图如图 3-4 所示。

根据软硬分类，印制电路板分为刚性电路板、柔性电路板（图 3-5）、软硬结合板（图 3-6）。柔性电路板（flexible printed circuit board）简称“软板”，行业内俗称 FPC，是用柔性的绝缘基材（主要是聚酰亚胺或聚酯薄膜）制成的印刷电路板，具有许多刚性印刷电路板不具备的优点。刚性 PCB 与柔性 PCB 的区别是柔性 PCB 可以弯曲、卷绕、折叠。利用 FPC 可大大缩小电子产品的体积，适应电子产品向高密度、小型化、高可靠方向发展的需要。因此，FPC 在航天、军事、移动通信、笔记本电脑、计算机外设、

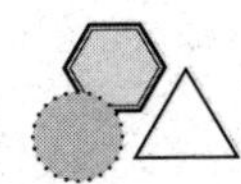

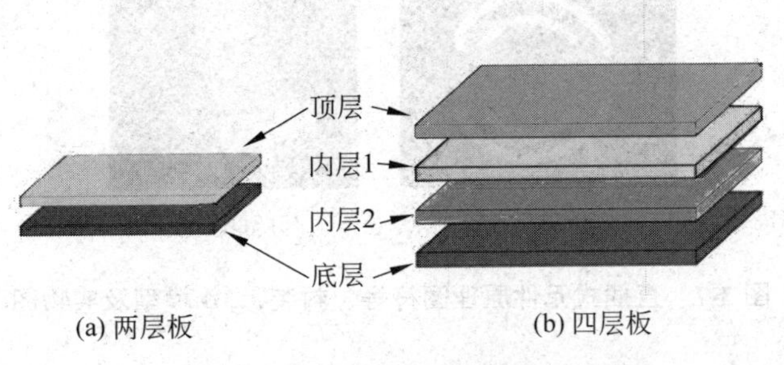

图 3-4　两层板及四层板结构示意图

PDA、数字相机等领域或产品上得到了广泛的应用。

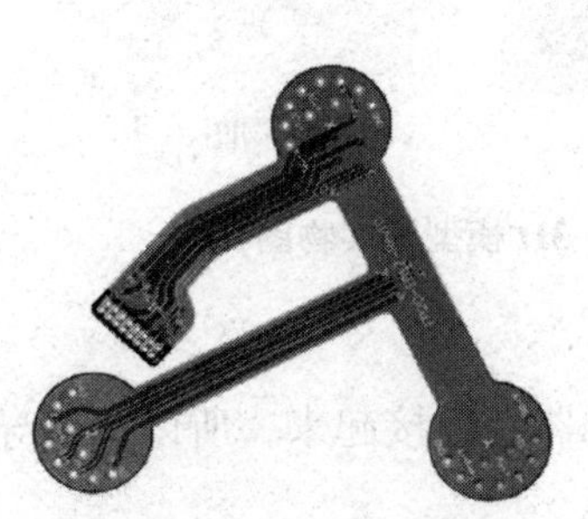

图 3-5　柔性电路板

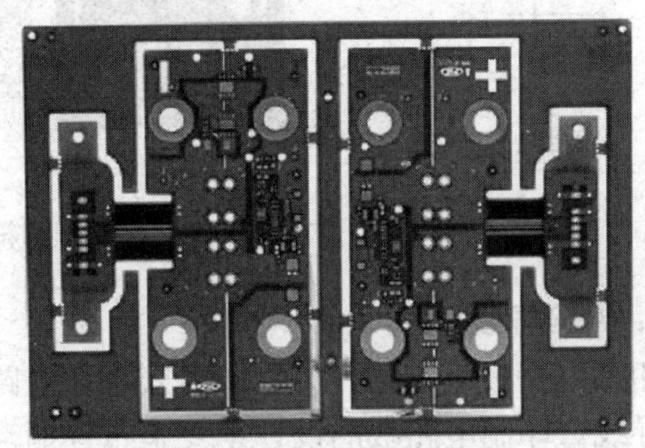

图 3-6　软硬结合板

2. 元器件的封装

封装是指把硅片上的电路管脚用导线接引到外部接头处，以便于其他器件连接。封装形式是指安装半导体集成电路芯片用的外壳，它不仅起着安装、固定、密封、保护芯片及增强电热性能等方面的作用，而且通过芯片上的接点用导线连接到封装外壳的引脚上，这些引脚又通过印刷电路板上的导线与其他器件相连接，从而实现内部芯片与外部电路的连接。

而在设计 PCB 时用与实际元件形状和大小相关的符号表示元件。这里的形状与大小是指实际元件在印制电路板上的投影，这种与实际元件形状和大小相同的投影符号称为元件封装。例如，电解电容的投影是一个圆形，那么其元件封装就是一个圆形符号。

按照元器件安装方式，元器件封装可以分为直插式和表面粘贴式两大类。

典型直插式元件原理图符号、封装、3D 模型及实物图如图 3-7 所示。直插式元件焊接时先要将元件引脚插入焊盘通孔中，然后焊锡。由于焊点过孔贯穿整个电路板，所以其焊盘中心必须有通孔，焊盘至少占用两层电路板。

典型表面粘贴式元件（OP07C 低偏移电压运算放大器）的原理图符号、封装的 PCB 图如图 3-8 所示。此类封装的焊盘只限于表面板层，即顶层或底层。采用这种封装的器件的引脚占用板上的空间小，不影响其他层的布线，一般引脚比较多的器件常采用这种封装形式。但是，这种封装的器件手工焊接难度相对较大，多用于大批量机器生产。

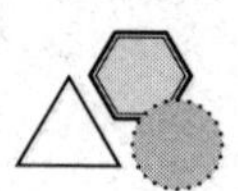

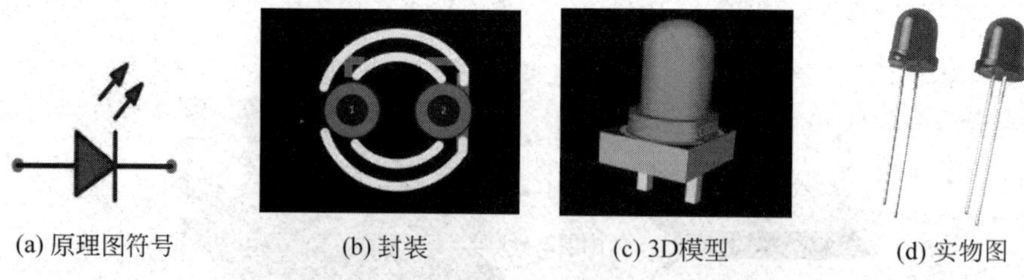

(a) 原理图符号　(b) 封装　(c) 3D模型　(d) 实物图

图 3-7　直插式元件原理图符号、封装、3D 模型及实物图

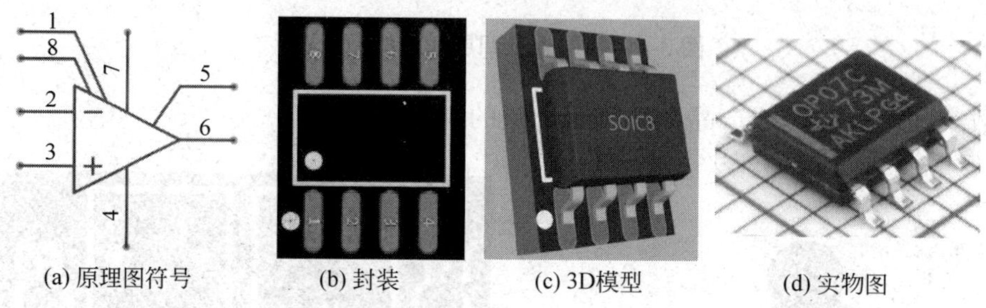

(a) 原理图符号　(b) 封装　(c) 3D模型　(d) 实物图

图 3-8　表面粘贴式元件原理图符号、封装、3D 模型及实物图

3. 铜箔导线

印制电路板以铜箔作为导线将安装在电路板上的元器件连接起来，所以铜箔导线简称为导线。印制电路板的设计主要是布置铜箔导线。

与铜箔导线类似的还有一种线，称为飞线（又称预拉线）。飞线主要用于表示各个焊盘的连接关系，指引铜箔导线的布置，它不是实际的导线。

4. 焊盘

焊盘的作用是在焊接元件时放置焊锡，将元件引脚与铜箔导线连接起来。焊盘的形式有方形、圆形、长圆形和表面粘贴焊盘，常见的焊盘如图 3-9 所示。焊盘有针脚式和表面粘贴式两种，表面粘贴式焊盘无须钻孔；而针脚式焊盘要求钻孔，它有过孔直径和焊盘直径两个参数。

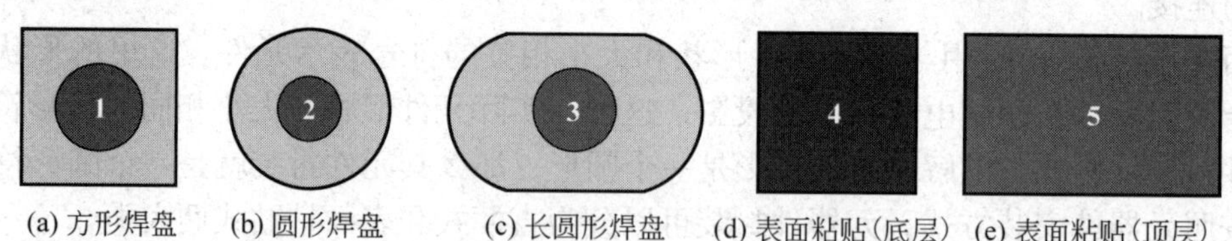

(a) 方形焊盘　(b) 圆形焊盘　(c) 长圆形焊盘　(d) 表面粘贴（底层）　(e) 表面粘贴（顶层）

图 3-9　常见的焊盘

在设计焊盘时，要考虑到元件形状、引脚大小、安装形式、受力及振动大小等情况。例如，如果某个焊盘通过电流大、受力大并且易发热，可设计成泪滴状焊盘。

5. 锡膏层和阻焊膜

为了使印制电路板的焊盘更容易粘上焊锡，通常在焊盘上涂一层锡膏层。另外，为了防止印制电路板不应粘上焊锡的铜箔不小心粘上焊锡，在这些铜箔上一般要涂一层绝

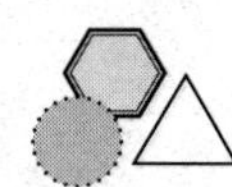

缘层（通常是绿色透明的膜），这层膜称为阻焊膜。

6. 过孔

双面板和多层板有两个以上的导电层，导电层之间相互绝缘，如果需要将某一层和另一层进行电气连接，可以通过过孔实现。过孔的制作方法为：在多层需要连接处钻一个孔，然后在孔的孔壁上沉积导电金属（又称电镀），这样就可以将不同的导电层连接起来。过孔主要有通孔、盲孔和埋孔三种形式，如图 3-10 所示。穿透式过孔从顶层一直通到底层，而盲孔可以从顶层通到内层，也可以从底层通到内层，埋孔将中间层连接。

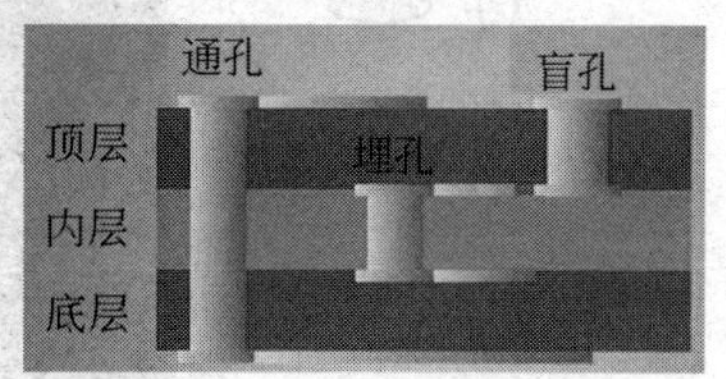

图 3-10　过孔的三种形式

过孔有内径和外径两个参数，过孔的内径和外径一般要比焊盘的内径和外径小。

7. 丝印层

除了导电层外，印制电路板还有丝印层。丝印层主要采用丝印印刷的方法在印制电路板的顶层和底层印制元件的标号、外形和一些厂家的信息。

PCB 各层的结构名称及说明如表 3-1 所示。

表 3-1　PCB 各层的结构名称及说明

图　层	类　型	材　质	厚度/mm	介电常数	损耗切线
顶层丝印层	丝印层	—	0	—	—
顶层锡膏层	锡膏层	—	0	—	—
顶层阻焊层	阻焊层		0.010	3.3	0.02
顶层	铜箔层	—	0.035	—	—
介电 1	基板	FR4	1.510	4.5	0
底层	铜箔层	—	0.035	—	—
底层阻焊层	阻焊层	—	0.010	3.3	0.02
底层锡膏层	锡膏层	—	0	—	—
底层丝印层	丝印层	—	0	—	—

3.2　打开 PCB 文件

在将原理图设计转换为 PCB 设计之前，需要创建一个有基本的板子轮廓的空白 PCB。

LM7805 降压电路的 PCB 设计

由于在第 2 章新建一个工程（LM7805 降压电路）时，就自动建立了 Board1（板 1）的 Schematic1（原理图）及 PCB1（印制电路板），所以在屏幕左边导航栏的“工程设计”面板上双击 PCB1，即可打开 PCB1 图，如图 3-11 所示。

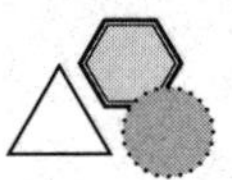

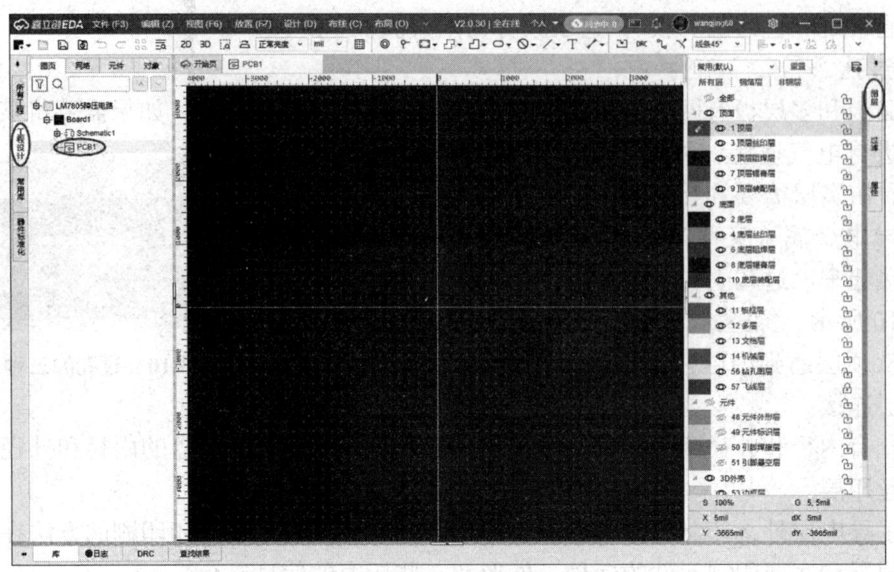

图 3-11　PCB 编辑器

3.3　用封装管理器检查所有元件的封装

在将原理图信息导入新的 PCB 之前，先要检查元件的封装。在原理图编辑器内，从主菜单选择“工具”→“封装管理器”命令，弹出“封装管理器”对话框，如图 3-12 所示。在该对话框的元件列表区域，显示原理图内的所有元件。用鼠标选择每一个元件，当选中一个元件时，在图 3-12 右下方的封装管理编辑框内显示该元件的封装效果。如果所有元件的封装检查完全正确，没有更新封装，单击“取消”按钮关闭对话框；如果更改了封装，可单击“更新”按钮关闭对话框。

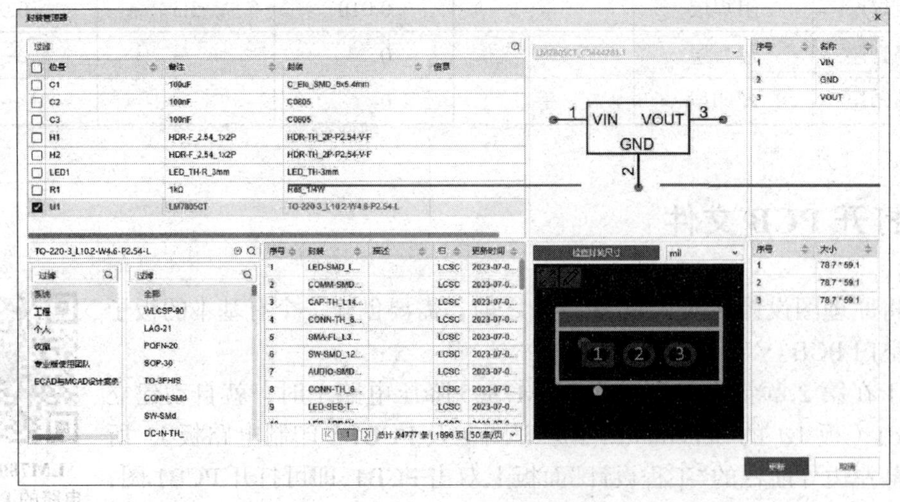

图 3-12　“封装管理器”对话框

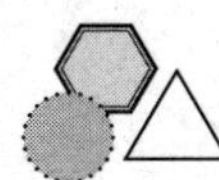

3.4　原理图信息导入 PCB

在第 2 章已经对原理图进行了设计规则检查（DRC），确认在原理图中没有任何错误，则可以选择“设计”→“更新 / 转换原理图到 PCB”命令，把原理图信息导入目标 PCB 文件。

将工程中的原理图信息发送到目标 PCB 的步骤如下。

（1）打开原理图文件，从主菜单中选择“设计”→“更新 / 转换原理图到 PCB”命令，弹出“确认导入信息”对话框，如图 3-13 所示。

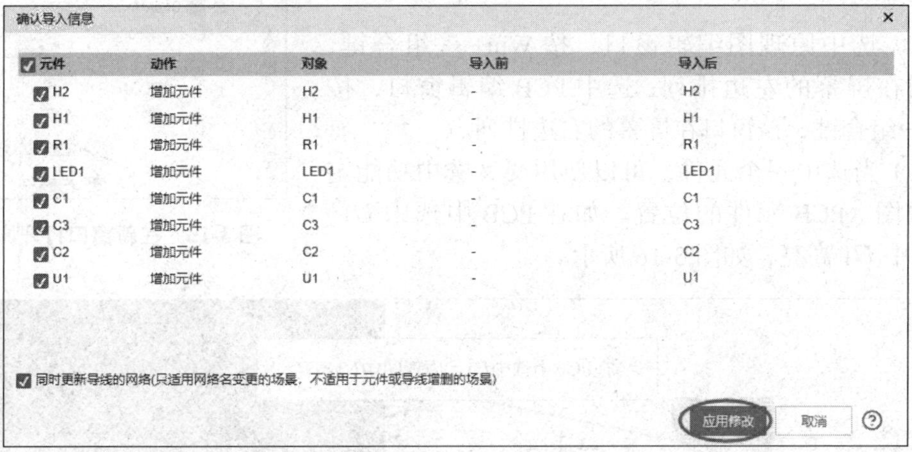

确认导入信息
元件
动作
对象
导入前
导入后
H2　增加元件　H2　-　H2
H1　增加元件　H1　-　H1
R1　增加元件　R1　-　R1
LED1　增加元件　LED1　-　LED1
C1　增加元件　C1　-　C1
C3　增加元件　C3　-　C3
C2　增加元件　C2　-　C2
U1　增加元件　U1　-　U1
同时更新导线的网络(只适用网络名变更的场景，不适用于元件或导线增删的场景)
应用修改
取消

图 3-13　“确认导入信息”对话框

（2）单击“应用修改”按钮，把原理图信息导入 PCB，如图 3-14 所示。

0
500
1000
1500
2000
-500
-1000
U1
R1
C1
H1
C2
C3
H2
LED1

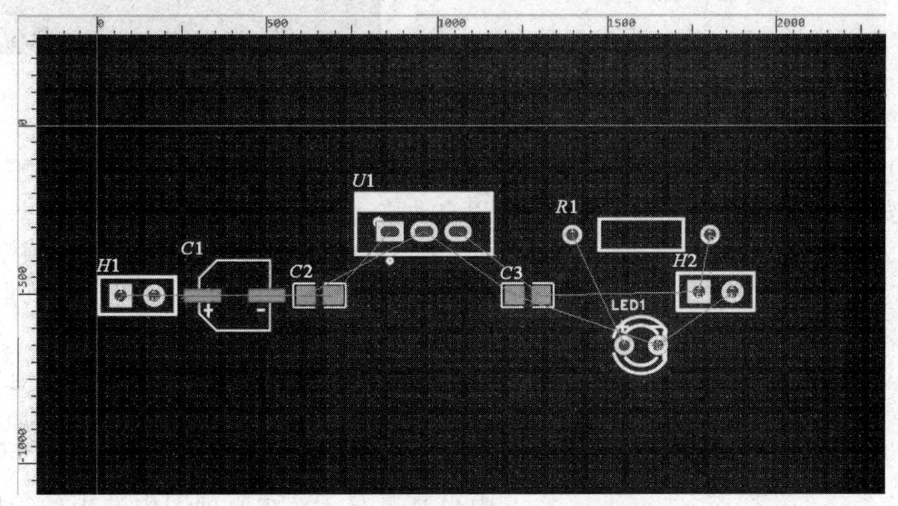

图 3-14　把原理图信息导入 PCB

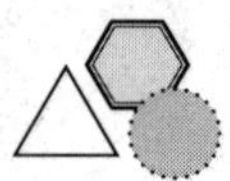

3.5 原理图与 PCB 图的交叉选择

嘉立创 EDA 拥有强大的交叉选择功能。为了方便元件的寻找，需要把原理图与 PCB 图对应起来，使两者之间能相互映射，简称交叉。利用交叉式布局可以比较快速地定位元件，从而缩短设计时间，提高工作效率。

（1）如果当前 PCB 板是打开的，用户需要在另一个窗口打开原理图，在需要打开的原理图上右击，从弹出的快捷菜单中选择“在新窗口打开”命令，如图 3-15 所示。

图 3-15 在新窗口打开原理图

（2）选中原理图编辑窗口，按 Win+←组合键，原理图在屏幕的左边排列；选中 PCB 编辑窗口，按 Win+→组合键，该窗口在屏幕的右边排列。

（3）当选中一个元件，可以使用交叉选中功能定位原理图、PCB 元件的位置。如在 PCB 中选中 *U*1，原理图中 *U*1 高亮，如图 3-16 所示。

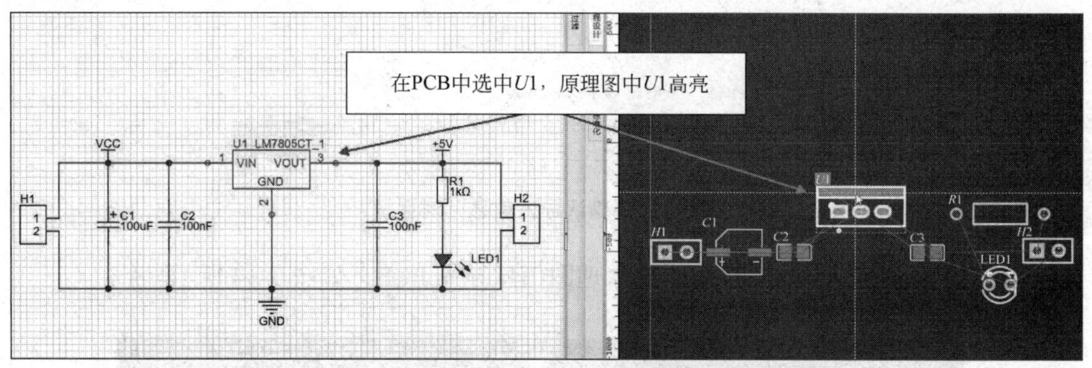

图 3-16 在 PCB 中选中的元件在原理图中高亮显示

（4）如果直接单击原理图中的元件，PCB 窗口的元件也会进行定位，但不会移动画布，按 Shift+X 组合键进行交叉选中可以自动移动画布，使元件放在画布中央。

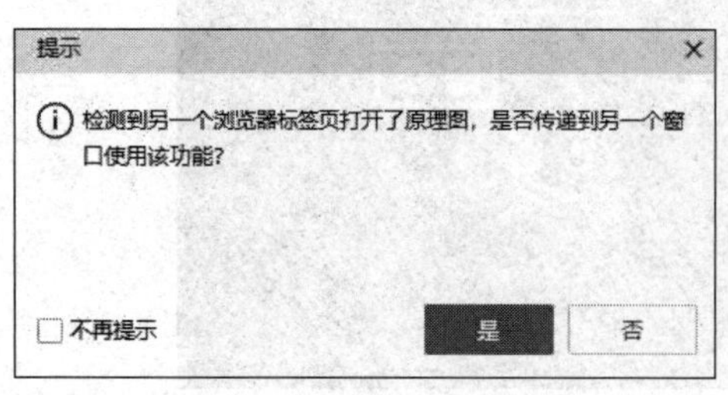

图 3-17 “提示”对话框

按 Shift+X 组合键进行交叉选中，弹出“提示”对话框，如图 3-17 所示，单击“是”按钮即可。

这样在原理图中选中的元件在 PCB 中高亮显示；反之，在 PCB 中选中的元件在原理图中也高亮显示。在原理图中选中的网络，在 PCB 中也高亮显示；在原理图中选中的管脚，在 PCB 中也高亮显示。可实现动态交叉探测，即

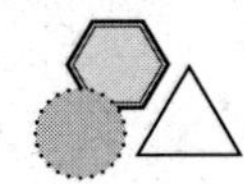

原理图中选中的元件，在 PCB 中可以直接移动并进行布局。

注意：PCB 布局的好坏直接关系到板子的成败，布局摆放元器件时，应使元器件之间的飞线距离最短，交叉线最少，这样布局比较合理且便于排版。

3.6　PCB 设计

3.6.1　布局传递

布局传递是一个非常实用的功能。读者在手动布局的时候，其实大部分情况下，都会按照原理图的各个元件摆放位置在 PCB 中放置元件。布局传递命令可以快速把原理图中的布局传递到 PCB 中，使得单元电路的元器件都按照原理图中的相对位置摆放，不用一个一个寻找元器件并拖动，大大提高了布局效率。

把原理图的信息导入 PCB 时，自动应用了布局传递功能，从图 3-14 中可以看出 PCB 元件的布局与原理图的元件布局相似。

3.6.2　手动布局

一块 PCB 能否设计成功，元器件的布局是关键。

手动布局需要用鼠标一个一个地把元器件拖放到合适的位置。一般情况下，可以按照原理图中的元器件相对位置摆放元器件。下面是一些基本的布局原则。

（1）需要插接导线或者其他线缆的接口元器件，一般放到电路板的外侧，并且接线的一面要朝外。

（2）元器件就近原则。元器件就近放置，可以缩短 PCB 导线的距离，如果是去耦电容或者滤波电容，越靠近元器件效果越好。

（3）整齐排列。一个 IC 芯片的辅助电容、电阻电路，围绕此 IC 芯片整齐地排列电阻、电容会更美观。

（4）布局的一般规则：大器件、芯片优先布局，元件之间的摆放要求元件之间的飞线距离越短且交叉线越少越好。

下面通过实例进行说明。

（1）调整元件 *C*1、*C*2、*C*3 的位置，将光标放在 *C*1 轮廓的中部，按下左键不放，移动鼠标拖动元件到合适位置，放开左键即可移动元件。

（2）移动连接器 *H*1。再选择 *H*1，拖动连接时，按下空格键将其旋转 90°，然后将其定位在板子的左边。

（3）参照图 3-1 所示位置放置其余的元件。当拖动元件时，如有必要，使用空格键来旋转元件，让该元件与其他元件之间的飞线距离最短，交叉线最少，这样布局比较合理，方便布线，如图 3-18 所示。

（4）元器件文字可以用同样的方式来重新定位。按下鼠标左键不放来拖动文字，按空格键旋转文字。

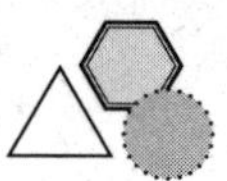

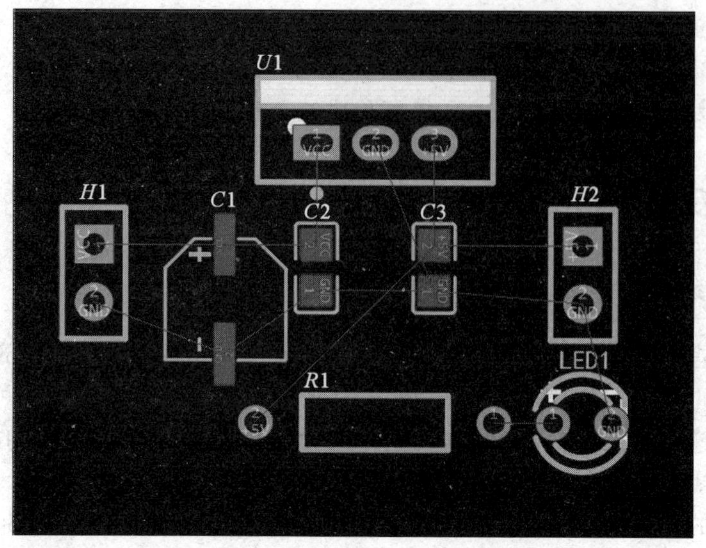

图 3-18　PCB 元件预布局

3.6.3　自定义绘制板框

元件布局好后，可以在板框层绘制 PCB 的板框，有两种方法绘制板框：一种是放置线条；另一种是从主菜单中选择“放置”→“板框”→“矩形”命令，或者单击顶部工具栏上的放置“板框”按钮。这里介绍第 1 种方法，第 2 种方法在第 7 章介绍。

（1）在顶部工具栏中将单位切换为公制 mm ，在右边的“图层”面板激活板框层，如图 3-19 所示。

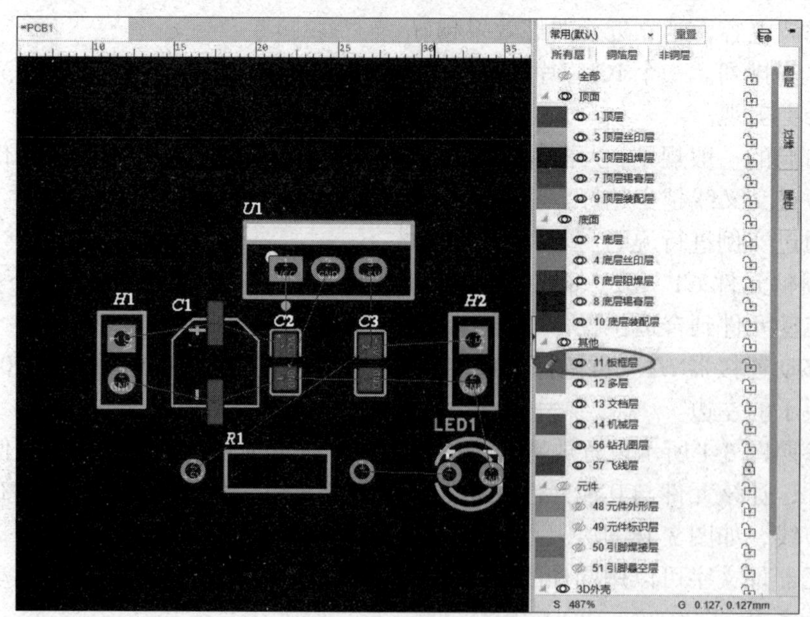

图 3-19　激活板框层

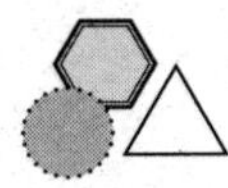

（2）从主菜单中选择“放置”→“线条”→“矩形”命令，光标上悬浮一个矩形，在合适的位置单击，确定矩形的一个起点，移动鼠标显示矩形的宽、高尺寸，尺寸大概合适后，再次单击确定矩形的第 2 个点，如图 3-20 所示。

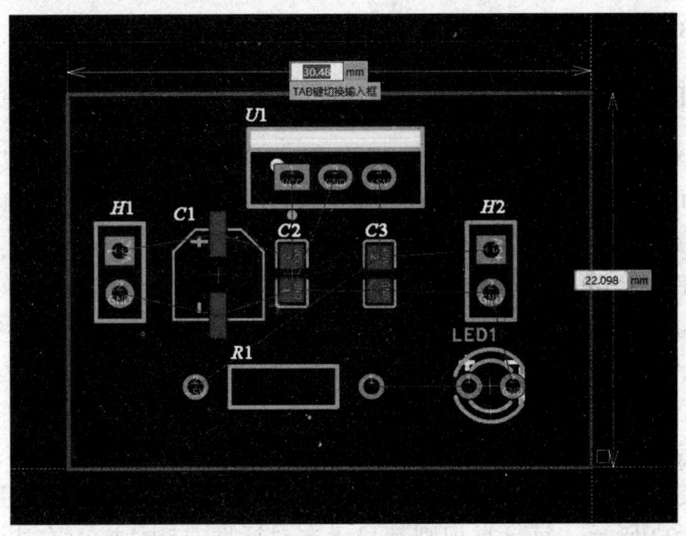

图 3-20　绘制矩形

（3）矩形的准确尺寸可以通过“属性”面板修改。选中矩形,单击右边的“属性”面板，如图 3-21 所示。设置宽为 27mm、高为 22mm、圆角半径为 2mm。

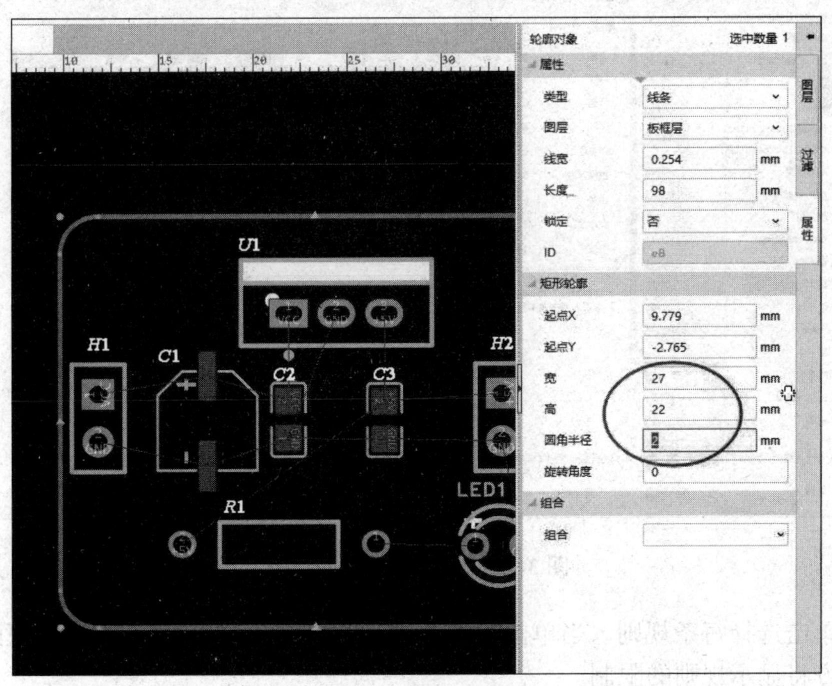

图 3-21　“属性”面板中修改矩形的尺寸

注意：PCB 的单位有英制（inch、mil）和公制（m、cm、mm）两种。

1inch=1000mil（千分之一英寸）=2.54cm

现在读者可以开始在 PCB 上布线。在开始设计 PCB 之前有一些设置需要做，本章只介绍设计 PCB 的重要设置，其他的设置使用默认值。

3.6.4 设置新的设计规则

嘉立创 EDA 的 PCB 编辑器是一个规则驱动环境。设计规则是 PCB 设计中至关重要的一个环节，可以通过 PCB 设计规则保证 PCB 符合电气要求和机械加工（精度）要求，为布局、布线提供依据，也为 DRC 检查提供依据。

这意味着在改变设计的过程中，如放置导线、移动元件或者自动布线，嘉立创 EDA 都会监测每个动作，并检查设计是否完全符合设计规则。如果不符合，则会立即警告，强调出现错误。在设计之前先设置设计规则以让读者集中精力设计，因为一旦出现错误，软件就会提示。

现在来设置必要的新的设计规则，指明电源线、地线的宽度。具体步骤如下。

（1）激活 PCB 文件，从主菜单中选择“设计”→“设计规则”命令，弹出“设计规则”对话框，如图 3-22 所示，每一类规则都显示在对话框左侧栏中，右边栏显示选中规则的信息。

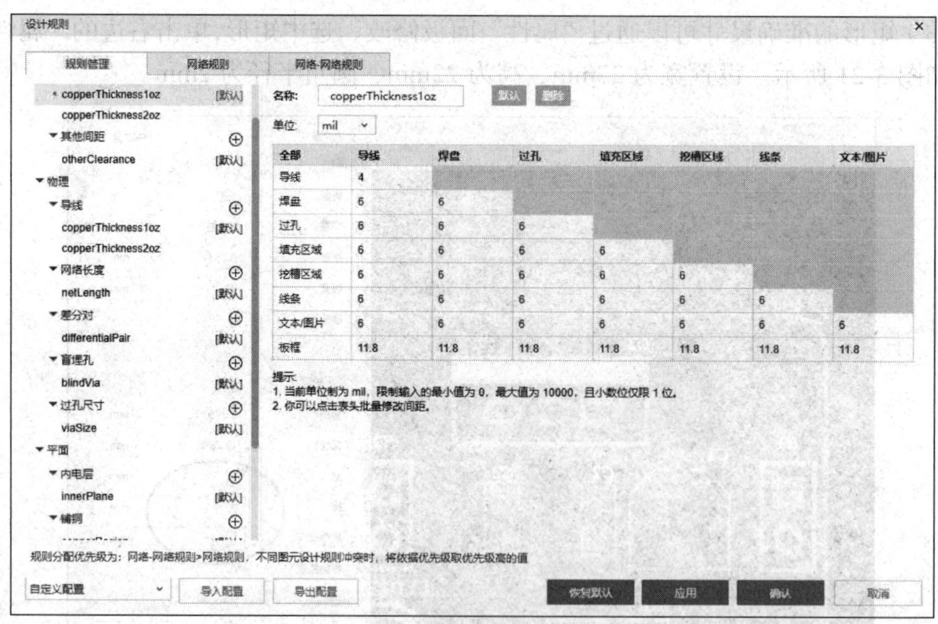

图 3-22 “设计规则”对话框

（2）单击选择每条规则。当单击每条规则时，对话框右边的上方将显示规则的名称、单位，下方将显示规则的限制。

（3）单击 copperThicknessloz 规则，右边栏上显示它的名称、单位和约束，设置默认线宽为 15mil，如图 3-23 所示，本规则适用于整个 PCB。

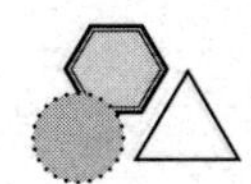

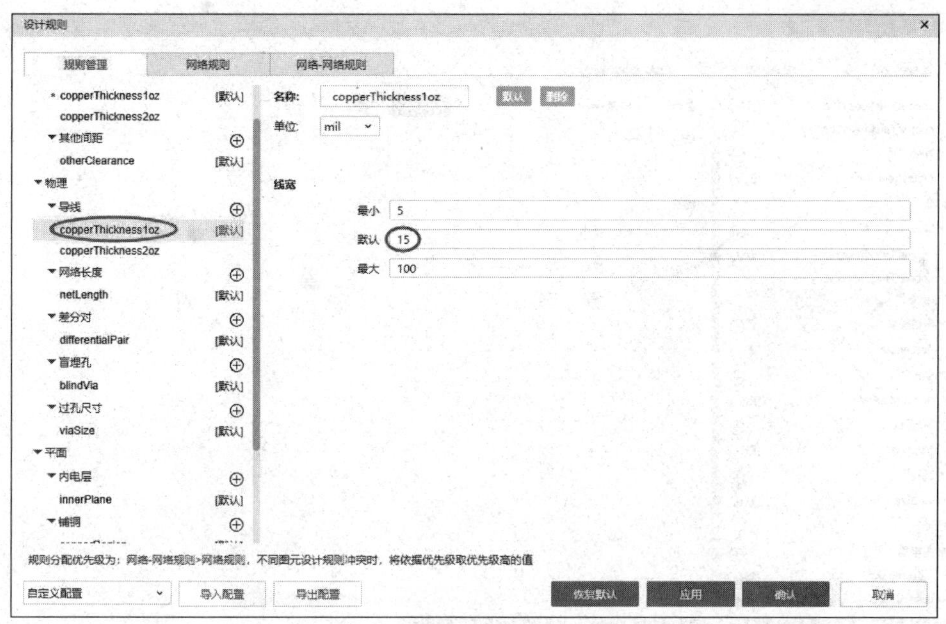

图 3-23　设置默认线宽为 15mil

嘉立创 EDA 设计规则系统的一个强大功能是：同种类型可以定义多种规则，每个规则有不同的对象，每个规则目标的确切设置是由规则的范围决定的。

例如，可以有对电源线（V_{CC}、+5V）的宽度约束规则，也可以有对接地网络（GND）的宽度约束规则，还可以有一个对整个板的宽度约束规则，即所有的导线除电源线和地线以外都必须是这个宽度。

如果要为“电源”、GND 网络各添加一个新的宽度约束规则，步骤如下。

（1）在“设计规则”对话框的“导线”右边单击⊕按钮，一个新的名为 TrackWidth1 的规则出现，将“名称”改为“电源”，默认线宽改为 20mil，如图 3-24 所示。

（2）用以上方法将 GND 默认线宽改为 25mil。

为了让电源线、GND 在布线时起作用，还需要进行以下操作。在“设计规则”对话框中选择“网络规则”标签，单击“导线”按钮，在右边栏名称为 +5V 的规则栏中选择“电源”的线宽规则，如图 3-25 所示；用同样的方法，名称为 GND 的规则栏选择 GND 的线宽规则，名称为 V_{CC} 的规则栏选择“电源”的线宽规则，如图 3-26 所示，单击“确认”按钮，退出“设计规则”对话框。

3.6.5　自动布线

布线是在板上通过走线和过孔以连接元件的过程。嘉立创 EDA 通过提供先进的交互式布线工具以及自动布线器来简化这项工作，只需轻触一个按钮就能对整个板或其中的部分进行最优化布线。

在 3.6.4 小节中已把导线的规则设置好，无论是手动布线还是自动布线，都可以按设计好的线宽进行布线（当然也可以进行修改）。

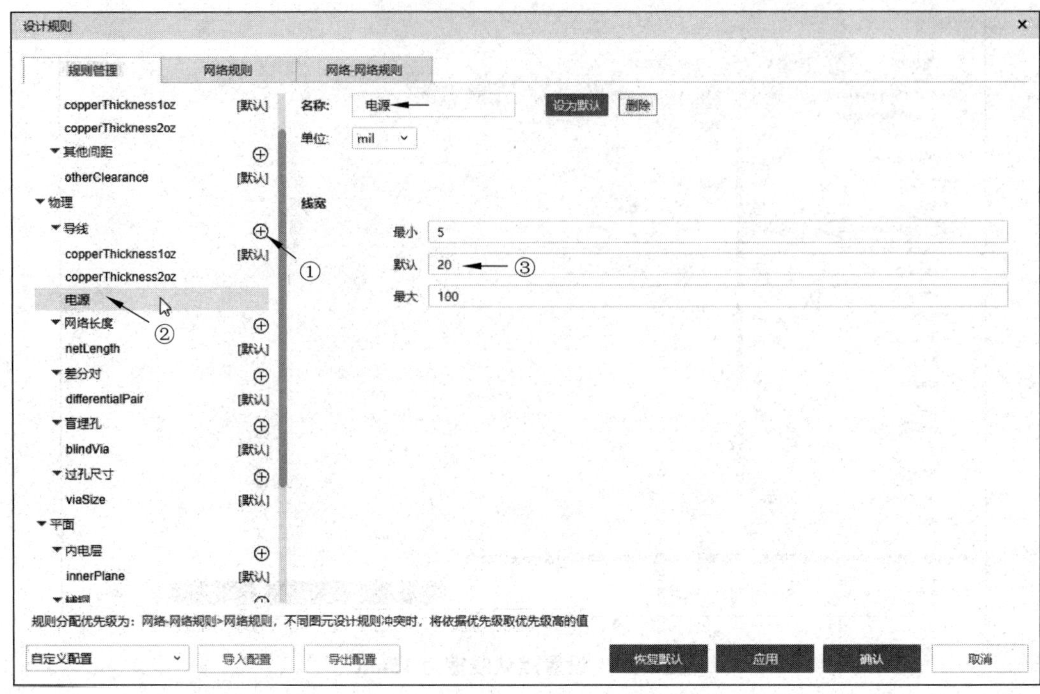

图 3-24　添加电源规则

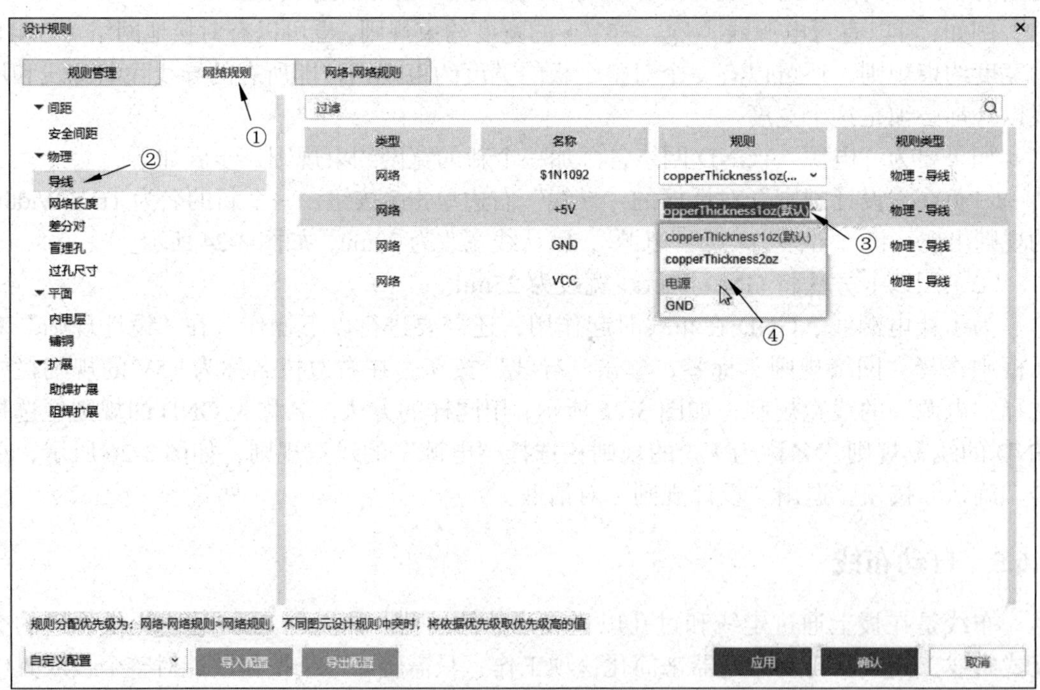

图 3-25　绑定相应的线宽规则

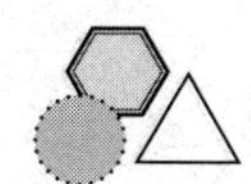

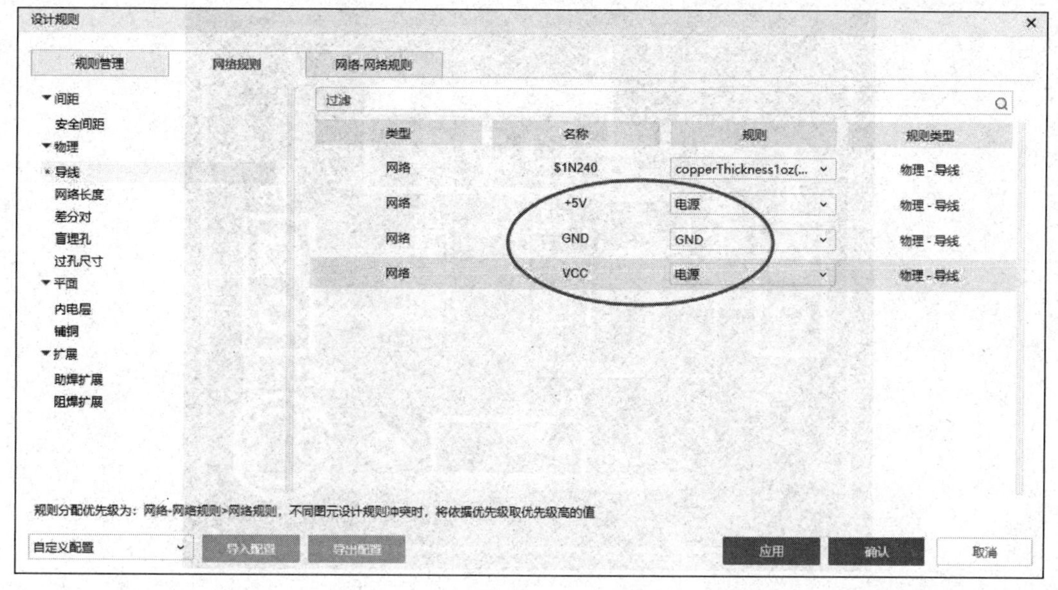

图 3-26　电源、GND 选择相应的规则

自动布线器提供了一种简单而有效的布线方式。通过以下步骤进行自动布线。

（1）从主菜单中选择“布线”→“自动布线”命令，弹出“自动布线”对话框。

（2）可以对“自动布线”对话框的选项进行设置，把布线拐角设为 90°，效果优先级设为“完成度优先”，其他选默认值，如图 3-27 所示。单击“运行”按钮，自动关闭“自动布线”对话框，弹出 PCB，飞线全部布通，布线效果如图 3-28 所示。

布局对布线的影响非常大，如果自动布线的效果不好，可以重新调整布局再自动布线，直到布线结果满意。

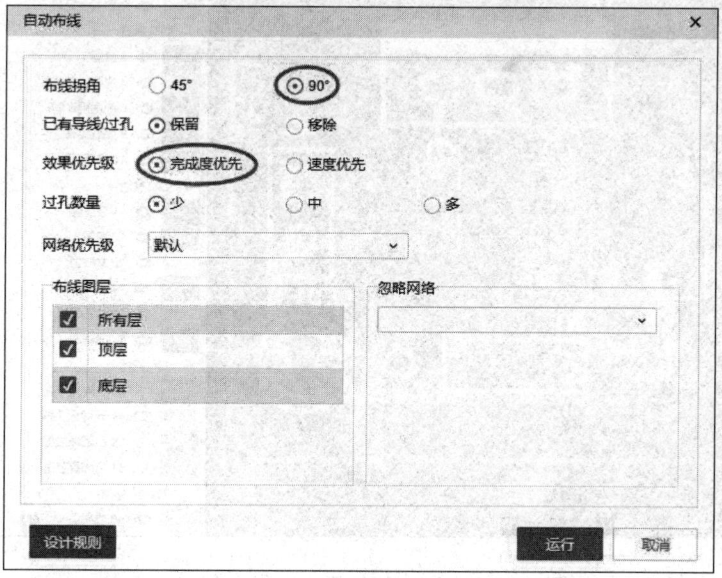

图 3-27　“自动布线”对话框

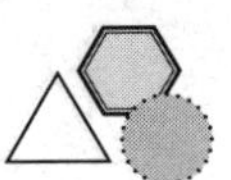

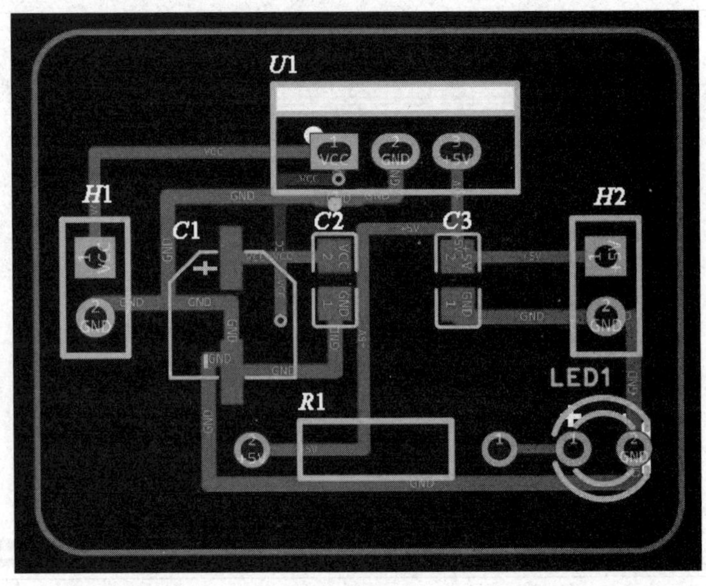

图 3-28　自动布线结果（布线拐角 90°）

（3）从主菜单中选择“布线”→“清除布线”→“全部”命令，取消 PCB 的布线。重新自动布线，把布线拐角设为 45°，效果优先级设为完成度优先，其他选默认值，单击“运行”按钮，布线效果如图 3-29 所示。

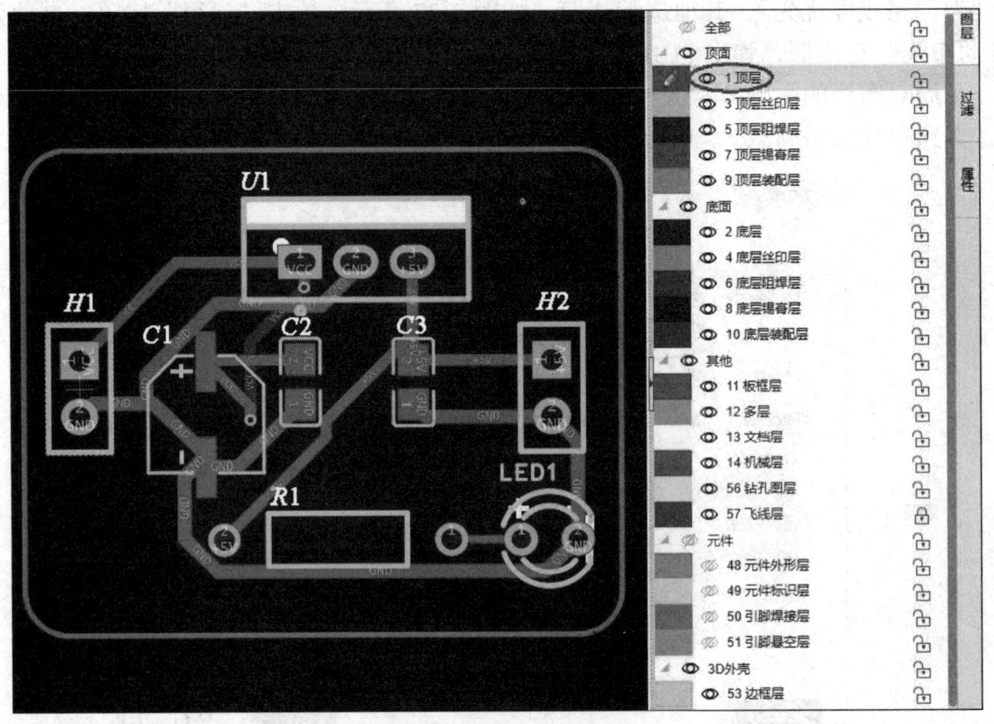

图 3-29　自动布线结果（布线拐角 45°）

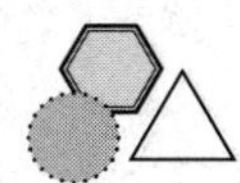

注意： 线的放置由自动布线通过两种颜色来呈现。红色表明该线在顶端的信号层，蓝色表明该线在底部的信号层。读者也会注意到 GND、V_{CC}、+5V 导线要粗一些，这是由读者所设置的两条新的线宽规则所指明的。

3.6.6　手动布线

为了仔细检查顶层、底层的布线情况，可以单层显示 PCB。在图层面板中激活顶层，同时按两次 Shift+S 组合键，单层显示顶层的效果如图 3-30 所示，用圆框住的地方需要修改一下。

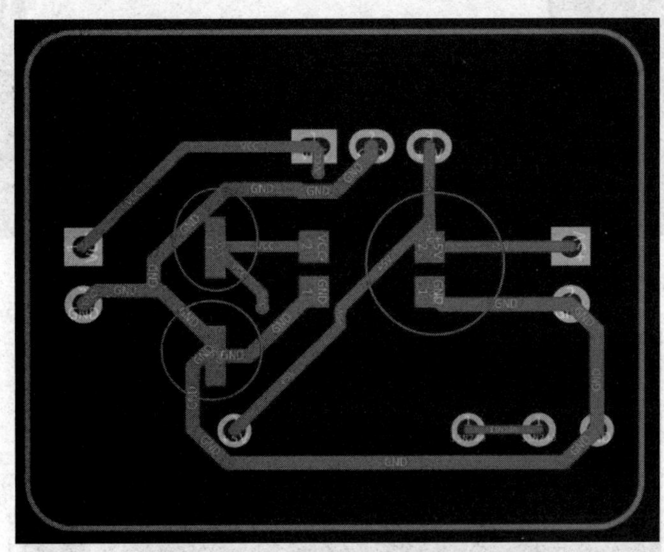

图 3-30　顶层图修改前的布线

从主菜单中选择“布线”→“单路布线”命令或在顶部工具栏单击单路布线按钮，进入手动布线模式，在需要布线的位置单击，移动鼠标到导线的另一端单击即可，绘制好后右击退出布线模式。

把 *U*1 的 GND 的导线移动到外围，让底层的 V_{CC} 导线变到顶层，执行下面的操作。

（1）在工具栏单击单路布线按钮，光标上悬浮导线轮廓，单击 *U*1 的 GND，按 Tab 键，弹出“输入值”对话框，如图 3-31 所示，修改导线的宽度为 25mil，单击“确认”按钮，返回布线模式。在导线拐角的地方单击，再光标移动到 *H*1 的 GND 上单击，弹出“警告”对话框，如图 3-32 所示，提示“存在回路，是否删除选定的回路线段。”，单击“确认”按钮，以前的 GND 导线（回路线段）自动删除，如图 3-33 所示。

图 3-31　修改导线宽度

图 3-32　把 $U1$ 的 GND 的导线移动到外围

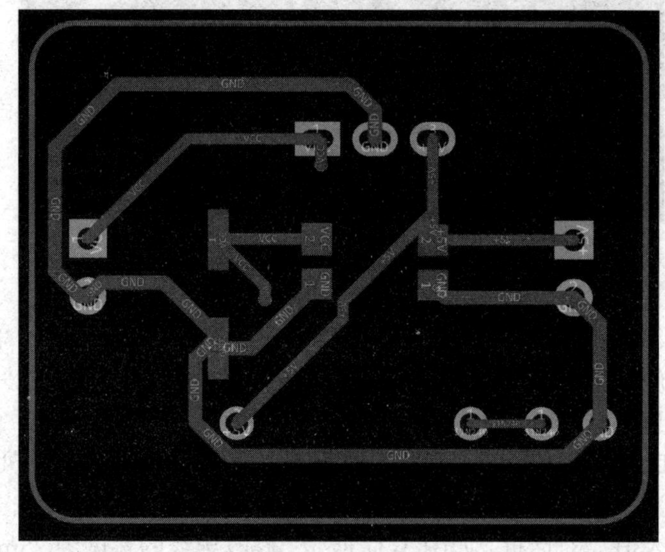

图 3-33　移除回路

（2）在顶层把 $U1$ 的 V_{CC} 导线与电容 $C2$、$C1$ 的 V_{CC} 连通，重新调整 GND、+5V 的布线，如图 3-34 所示。

（3）如果用手动调整布线不能解决布线的问题，可以通过移动元件来解决。

3.6.7　设置坐标原点并放置文本

因为把原理图的信息导入 PCB 时，元件的摆放是在直角坐标系的右下角。PCB 的左下角不是坐标原点，可以从主菜单中选择“放置”→“画布原点”→“从坐标”命令，

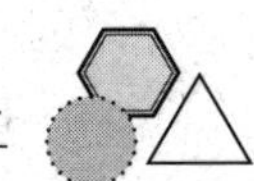

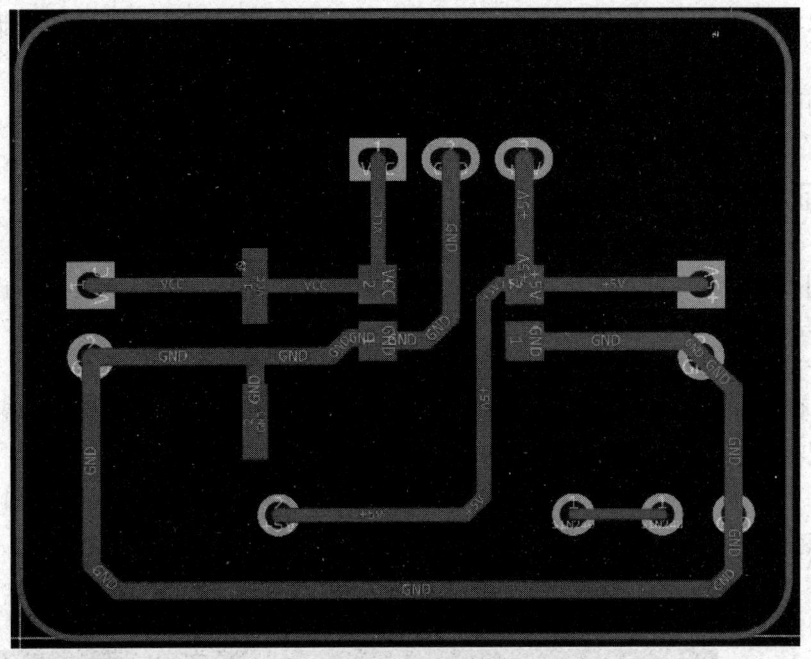

图 3-34　手动调整布线后的 PCB

光标上会悬浮直角坐标的轮廓，在 PCB 的左下角单击即可。

可以在 PCB 的 $H1$ 上标注 V_{IN}、GND，$H2$ 上标注 V_{OU}、GND。

（1）在图层面板中激活顶层丝印层，从主菜单中选择“放置”→“文本”命令或在顶部工具栏上单击“文本”按钮T，弹出“文本”对话框。在“内容”行输入 V_{IN}，“高”设为 1.5，单击“确认”按钮，如图 3-35 所示。光标上悬浮 V_{IN} 的轮廓，按空格键旋转文字，角度、位置合适后单击即可。

文本　×

内容　V_{IN}

Ctrl / Shift / Alt + Enter 换行

字体　默认

线宽　0.203

高　1.5

确认　取消

图 3-35　“文本”对话框

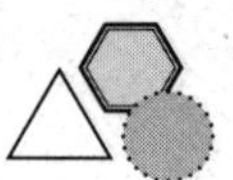

（2）放置好 V_{IN} 后，光标上继续悬浮文字，按 Tab 键弹出“文本”对话框，修改内容为 GND，在 *H*1 的接地端放置 GND。

（3）用同样的方法在 *H*2 的旁边放置 V_{OUT}、GND，现在 PCB 设置完成。

3.7　验证用户的板设计

嘉立创 EDA 提供一个规则驱动环境来设计 PCB，并允许用户定义各种设计规则来保证 PCB 设计的完整性。比较典型的做法是：在设计过程的开始就设置好设计规则，然后在设计进程的最后用这些规则来验证设计。

在 3.6.4 小节已经添加了两个新的线宽约束规则。为了验证所布线的电路板符合设计规则，现在要运行设计规则检查 DRC 命令。

从主菜单选择“设计”→“检查 DRC”命令，检查结果在底部面板自动弹出，如图 3-36 所示。从检查结果可以看出，该 PCB 的设计没有规则错误。

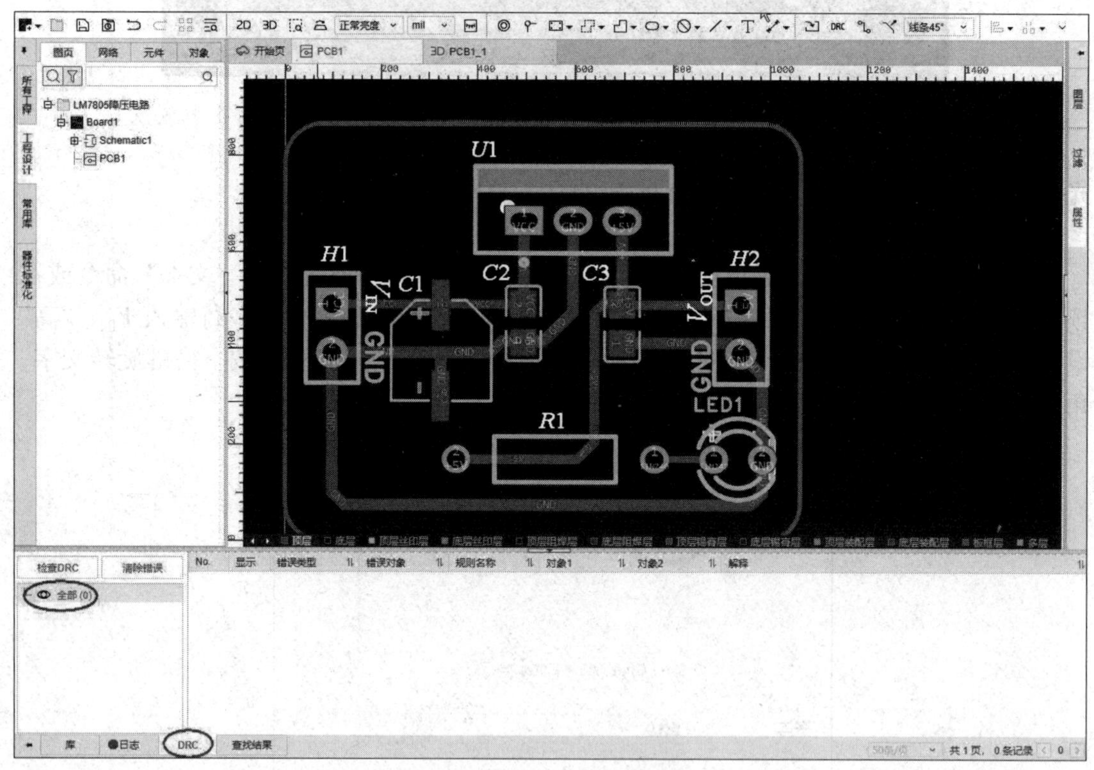

图 3-36　DRC 检查没有错误

3.8　在 3D 模式下查看电路板设计

如果用户能够在设计过程中使用设计工具直观地看到自己设计板子的实际情况，将能够有效地帮助他们的工作。嘉立创 EDA 软件提供了这方面的功能，下面研究它的 3D 模式。在 3D 模式下可以让用户从任何角度观察自己设计的 PCB。

要在 PCB 编辑器中切换到 3D 模式，只需从主菜单中选择“视图”→“3D 预览”命令或者在顶部工具栏上单击3D按钮，弹出 3D 预览效果，如图 3-37 所示。如果要返回二维模式，单击 3D 预览标签上的“返回”按钮。

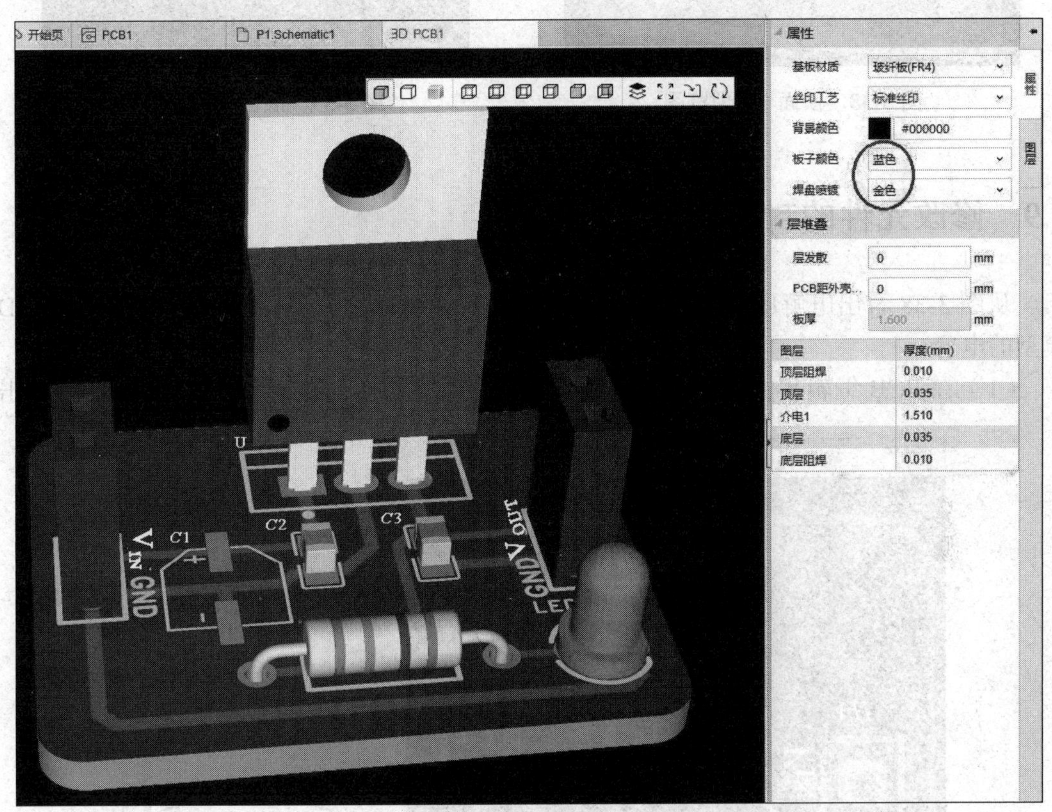

图 3-37　PCB“3D 预览”

单击“属性”面板的“板子颜色”处，可以修改 PCB 3D 显示的底色，这里修改为红色，显示效果如图 3-38 所示。

对 3D 显示画面的控制包括以下方法。

（1）缩放：按鼠标滚轮。

（2）平移、上下移：按住鼠标右键。

（3）旋转：按住鼠标左键。

按鼠标左键旋转后的 PCB 底面如图 3-39 所示。

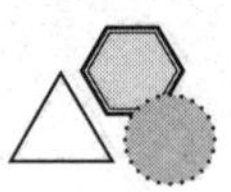

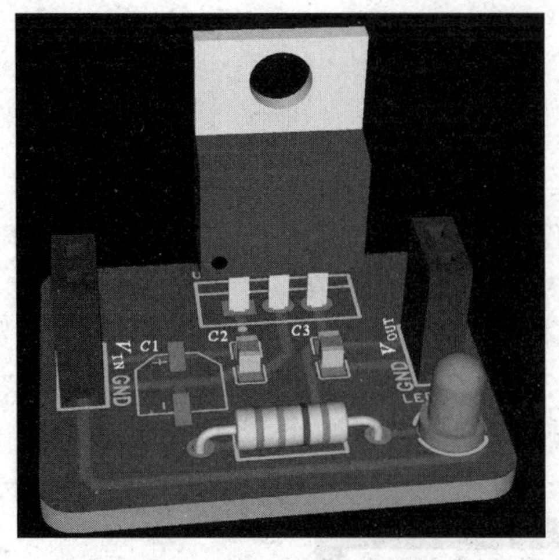

图 3-38　顶面 3D 预览图

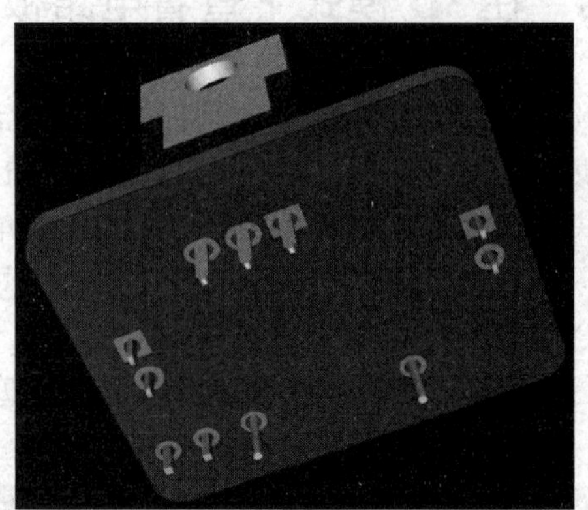

图 3-39　底面 3D 预览图

3.9　修改元件的封装

从图 3-38 看出电解电容 *C*1 没有 3D 模型，现在可以修改 *C*1 的封装，换一个有 3D 模型的电容。

（1）在 PCB 编辑界面选择电容 *C*1，打开右边的属性面板，如图 3-40 所示，双击

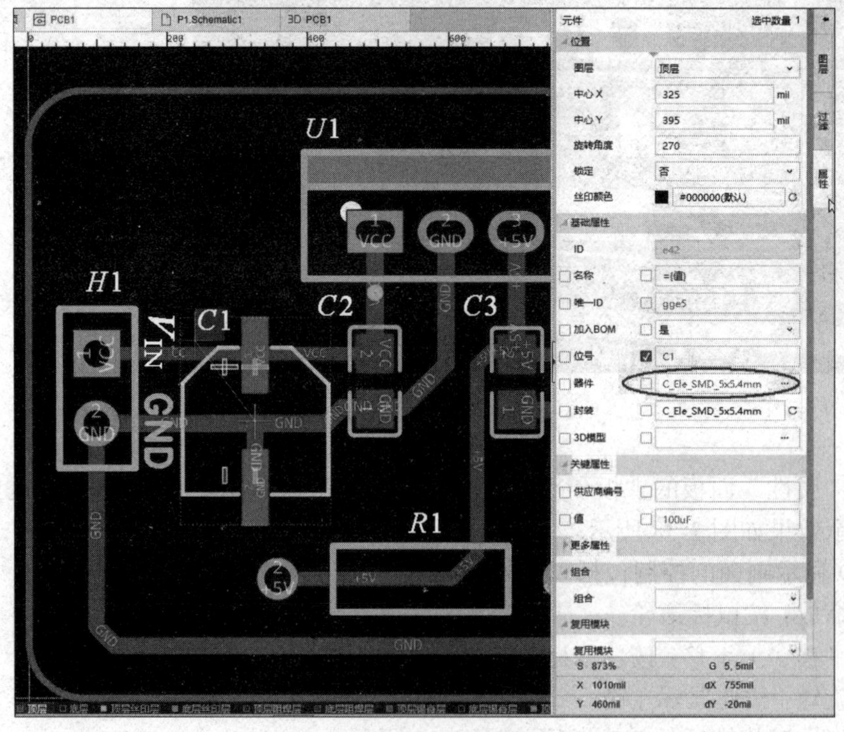

图 3-40　修改电容封装

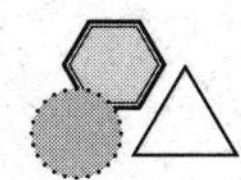

器件右边的型号，弹出“器件”对话框，如图 3-41 所示。

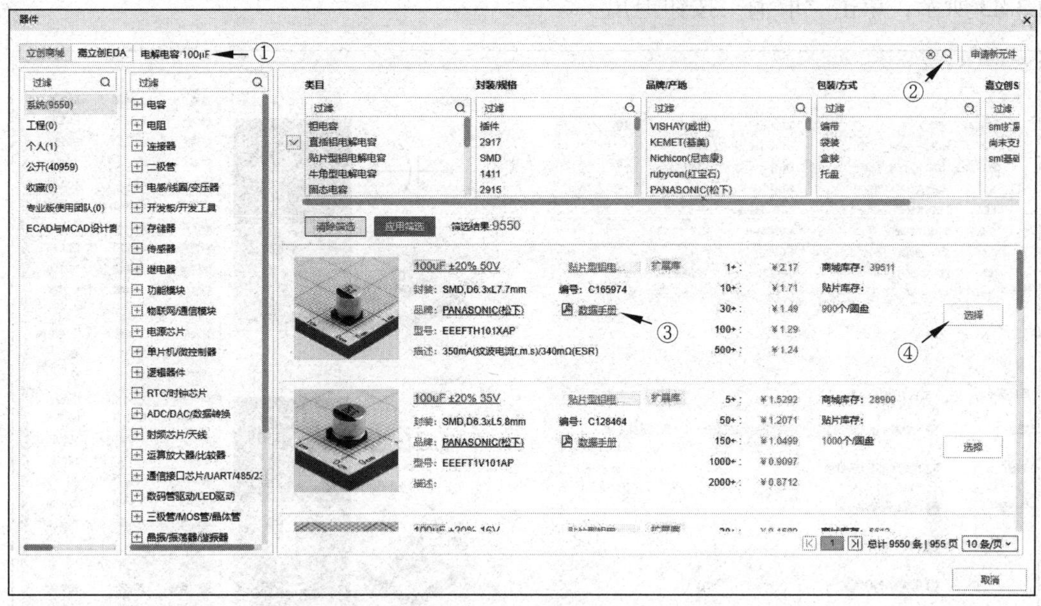

图 3-41　查找需要的器件

（2）在图 3-41 的搜索栏中输入“电解电容 100μF”，单击“搜索”按钮Q，会显示搜索结果，对选择的元件查看数据手册进行对照，如果满意，单击“选择”按钮，弹出“器件管理器”对话框，如图 3-42 所示。

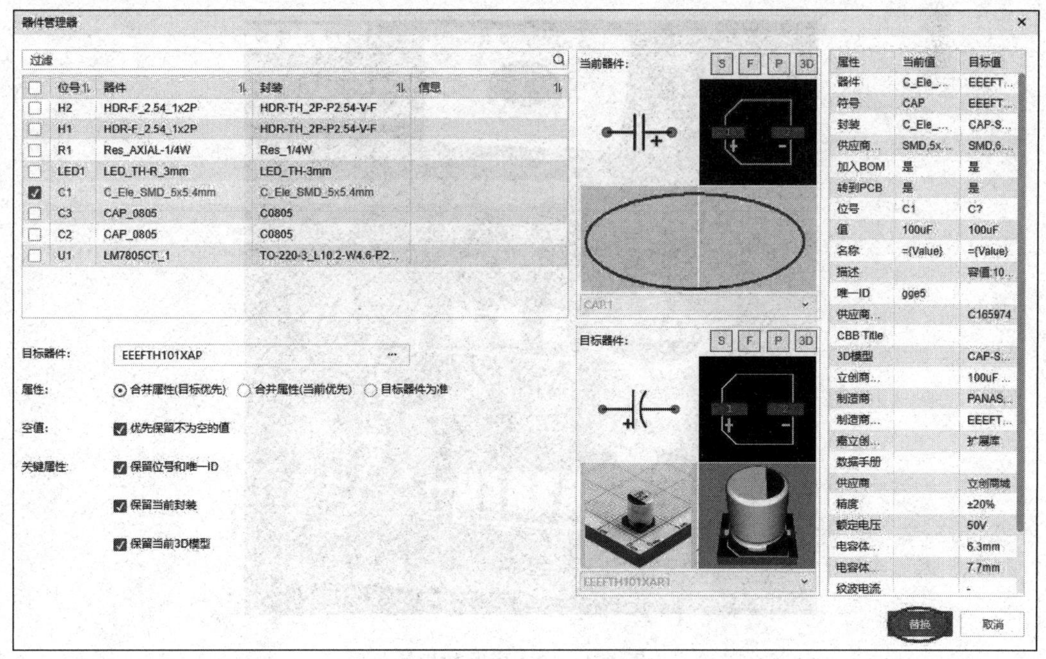

图 3-42　电容 *C*1 替换前

（3）在图 3-42 中查看替换的参数，如果满意则单击“替换”按钮，替换结果如图 3-43 所示，单击“取消”按钮退出。

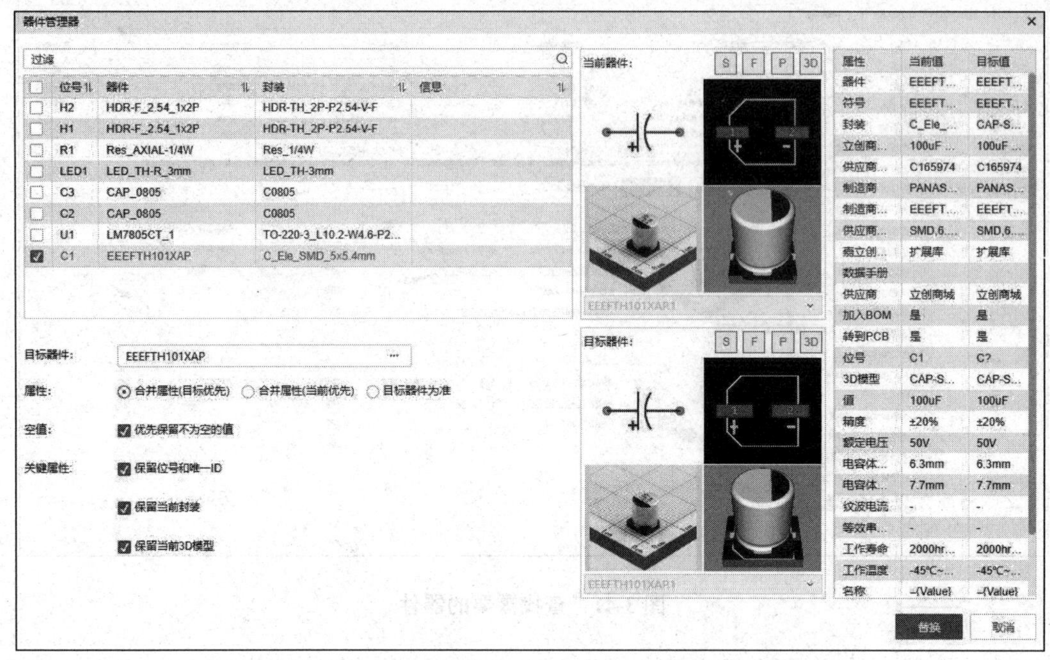

图 3-43 电容 C1 替换后

（4）在顶部工具栏上单击3D按钮，弹出 3D 预览效果，如图 3-44 所示。

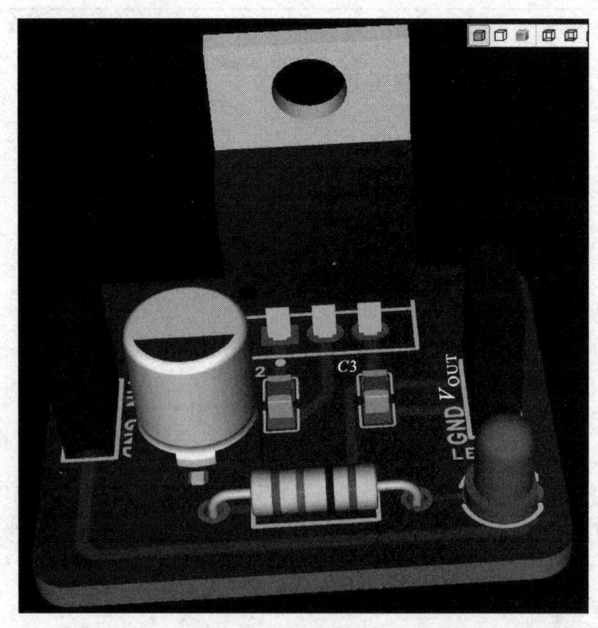

图 3-44 3D 预览效果

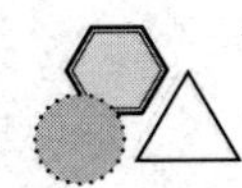

保存设计好的 PCB 图，至此完成了第一块 PCB 的设计任务。

如果要把保存在云端的工程文件（包括原理图、PCB 文件）保存在计算机上，在主菜单中选择“文件”→“另存为”→“工程另存为（本地）”命令，弹出“工程另存为（本地）”对话框，如图 3-45 所示。单击“确认”按钮，弹出“导出文件夹”对话框，确认导出的文件名（也可修改文件名）及位置，单击“保存”按钮即可。

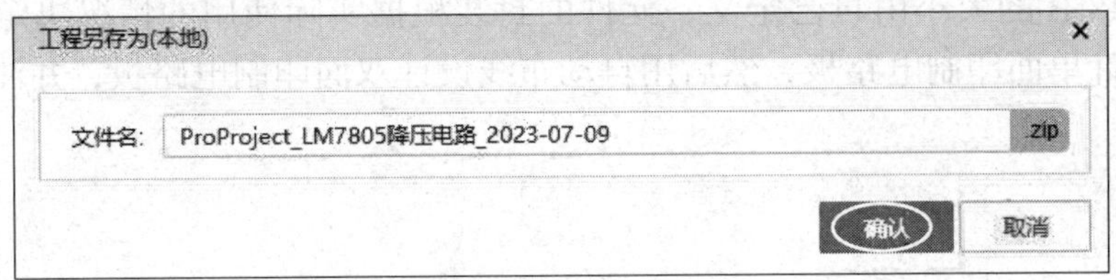

图 3-45　“工程另存为（本地）”对话框

导出的工程文件为压缩文件，找到压缩文件，解压后的文件内容如图 3-46 所示。

ADRIVE1 (D:) › 清华 嘉立创案例 › ProProject_LM7805降压电路_2023-07-09 ›

名称	修改日期	类型	大小
BLOB	2023/7/9 3:15	文件夹	
FONT	2023/7/9 3:15	文件夹	
FOOTPRINT	2023/7/9 11:17	文件夹	
INSTANCE	2023/7/9 3:15	文件夹	
PANEL	2023/7/9 3:15	文件夹	
PCB	2023/7/9 3:15	文件夹	
POUR	2023/7/9 3:15	文件夹	
SHEET	2023/7/9 11:17	文件夹	
SYMBOL	2023/7/9 11:17	文件夹	
project.json	2023/7/9 3:15	JSON 文件	17 KB

图 3-46　工程文件导出到本地

本章小结

本章介绍了印制电路板的基础知识，打开 PCB 文件，用封装管理器检查元件的封装，把原理图的信息导入 PCB 内（网络表同步），建立导线的粗细规则，进行 PCB 的布局及布局传递，设置自动、手动布线，验证 PCB，修改元件封装等内容。

习题

1. 简述 PCB 的设计流程。
2. 设计一个双层板时，一般的设计层面有哪些？

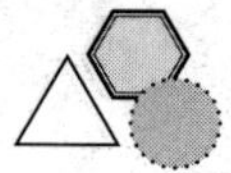

3. 原理图中的“导线”与“折线”的区别是什么？在 PCB 中“线条”与“飞线”的区别是什么？

4. 在主菜单中选择“设计”→“更新 / 转换原理图到 PCB”命令的作用是什么？

5. 在设计 PCB 的时候，“*”键的作用是什么？

6. 完成第 2 章习题中光敏电路原理图、红外接收电路原理图、多谐振荡器的 PCB 设计任务，PCB 的大小由自己定义，元件的封装根据实际使用的情况决定。要求先用手动布线设计单面印制电路板，然后用自动布线设计双面印制电路板，并注意比较两者的异同。

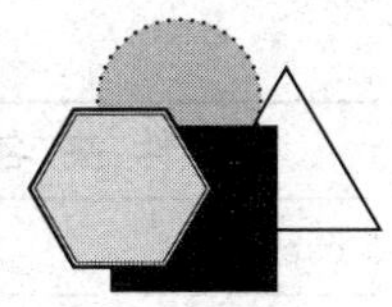

第4章

全在线模式下的工程管理

由于全在线模式下创建的工程保存在云端，数据全部存储在云端服务器中。本章主要介绍备份云端工程到本地，云端的工程管理，导入嘉立创 EDA 标准版文件，导入 Altium Designer 文件等内容。通过本章的学习，读者能够完成的操作包括网上工程的管理，把工程保存到本地，把误删除的版本恢复等。

4.1 数据目录说明

全在线模式下的工程管理

嘉立创 EDA（专业版）客户端安装后会默认创建数据文件夹 Documents\LCEDA-Pro，如图 4-1 所示，请不要删除或修改该目录下的文件，避免产生错误。

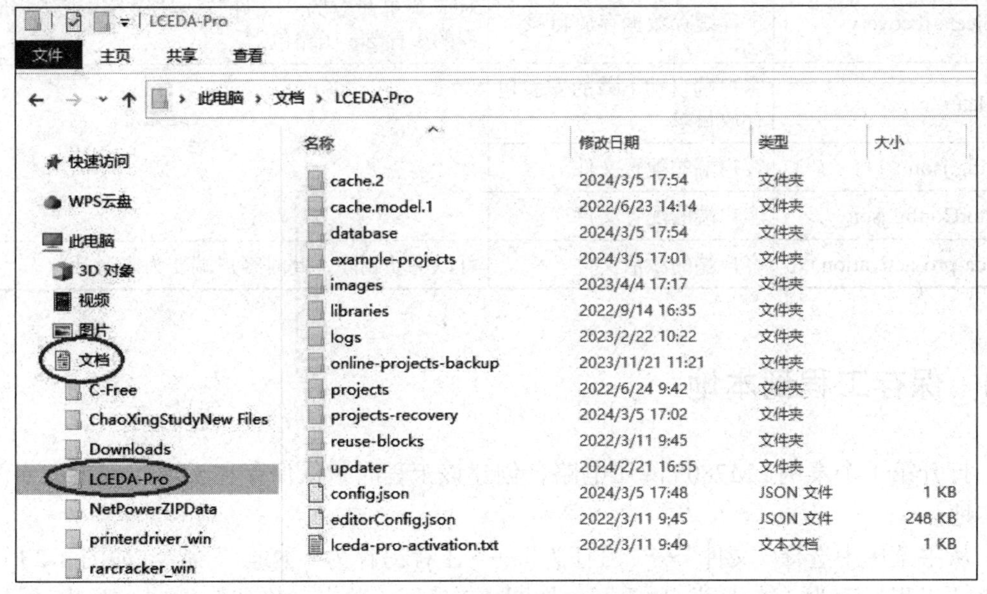

图 4-1　嘉立创 EDA（专业版）客户端安装后会默认创建数据文件夹

该目录内的文件夹说明见表 4-1。

表 4-1 文件夹说明

文 件 夹 名	类 型	备注 / 说明
cache.2	数据缓存目录	
cache.model.1	数据缓存目录	
database	数据库目录	
example-projects	示例工程目录	
image	图片目录	
libraries	默认的库文件目录	个人创建的库文件存放目录。注：从 1.9 版本客户端开始，系统库文件 lceda-std.elib 不再放在该目录
logs	运行日志目录	存放客户端的运行日志。注：从 1.9 版本客户端开始，该配置不再使用，已改为直接在 log 文件夹下创建 trace、error 或 debug 文件夹。当客户端检测到有 trace 等文件夹时会自动生成对应的日志文件。该文件夹使用完毕需要将其删除，避免客户端运行性能降低
online-projects-backup	在线工程备份目录	默认为全在线模式时，在线工程自动备份工程 zip 文件存放的目录
projects	默认的工程文件存放目录	对应菜单命令为“文件”→“版本切换（备份恢复）”。目录内有“工程名 backup”文件夹，是该工程的备份 zip 文件存放目录
projects-recovery	工程缓存数据存放目录	对应菜单命令为“文件”→“缓存恢复”，是工程的缓存 zip 压缩包
updater	客户端自动下载的安装包存放目录	
config.json	客户端的配置文件	
editorConfig.json	客户端的配置文件	
lceda-pro-activation.txt	客户端的激活文件	可以手动删除，此时客户端变为未激活状态

4.2 保存工程到本地

打开第 1 个案例 LM7805 降压电路，创建该工程时默认保存在云端，现在需要保存在本地。

从主菜单中选择“文件”→“另存为”→“工程另存为（本地）”命令，如图 4-2 所示，弹出“工程另存为（本地）”对话框，如图 4-3 所示；单击“确认”按钮，弹出“导出”对话框，如图 4-4 所示；选择需要保存的路径，单击“保存”按钮，即可将工程里面的文件压缩保存到本地。压缩包里包括放置在工程中的原理图及 PCB 文件。

注意：当在图 4-2 中选择“文档另存为（本地）”命令，如果打开的是原理图，就把原理图保存在本地；如果打开的是 PCB 文件，就把 PCB 文件保存在本地。

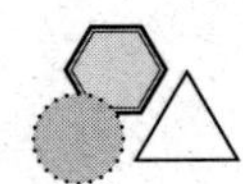

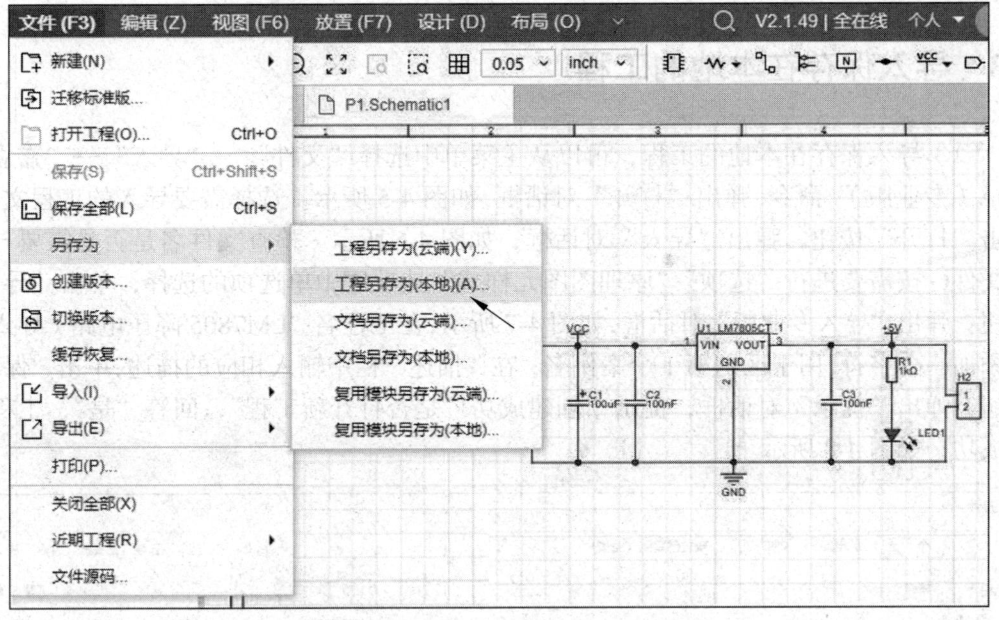

图 4-2 “工程另存为（本地）”命令

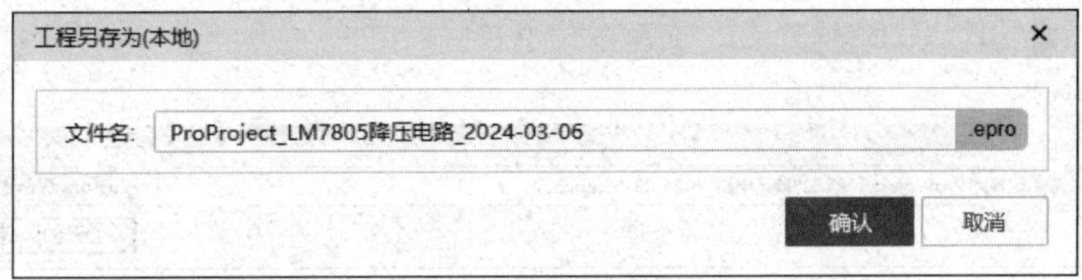

图 4-3 “工程另存为（本地）”对话框

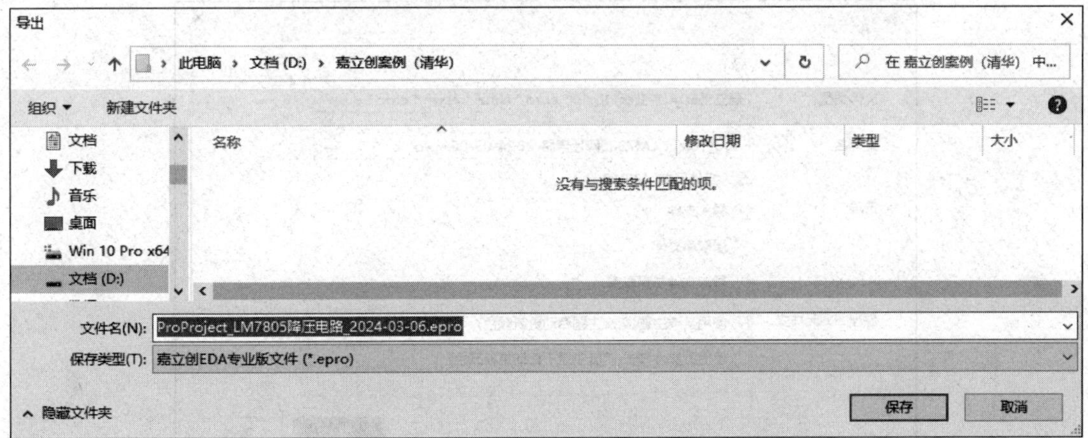

图 4-4 “导出”对话框

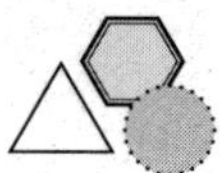

4.3 导入保存在本地的工程

（1）导入保存在本地的工程，可以从主菜单中选择“文件”→“导入”→“嘉立创EDA（专业版）”命令，弹出“打开”对话框，如图 4-5 所示。选择需要导入的工程文件，单击“打开”按钮，弹出“导入”对话框，如图 4-6 所示。检查文件名是否是需要导入的文件，按需要进行“选项”“原理图图元样式”选项区中单选项的选择，单击“导入”按钮。弹出“导入专业版”对话框，如图 4-7 所示，在工程名“LM7805 降压电路（导入）”后添加一个字符，用于区别第 1 个案例名；在“描述”栏中输入相应的描述，单击“保存”按钮。弹出“提示”对话框，提示“创建成功！是否打开新工程”，回答“是”，工程导入成功，如图 4-8 所示。

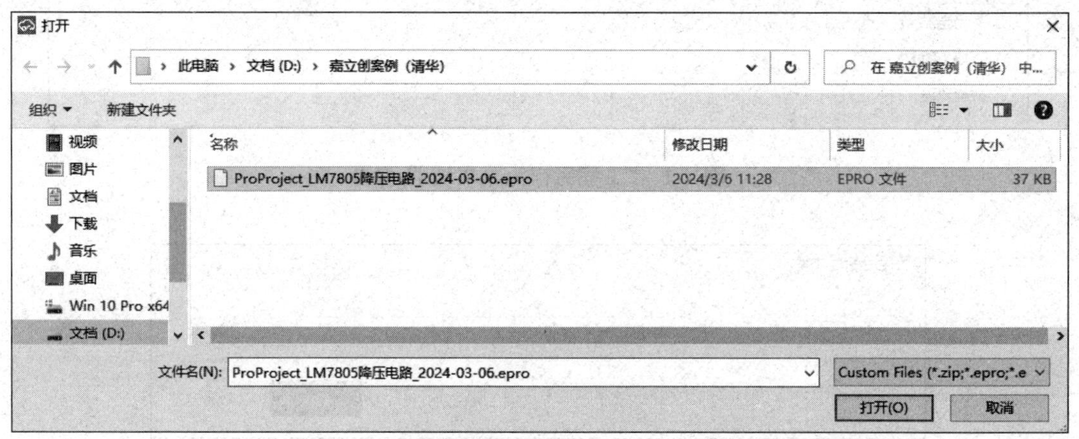

图 4-5 “打开”对话框 1

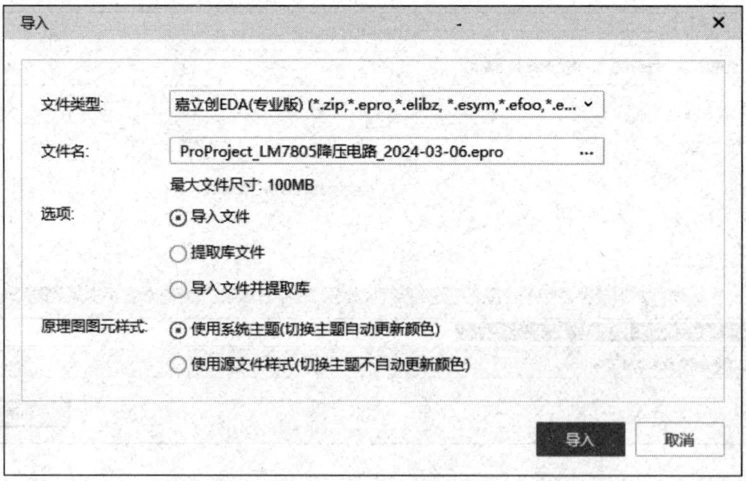

图 4-6 “导入”对话框 1

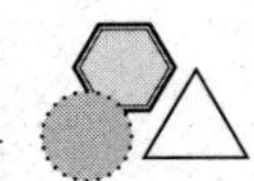

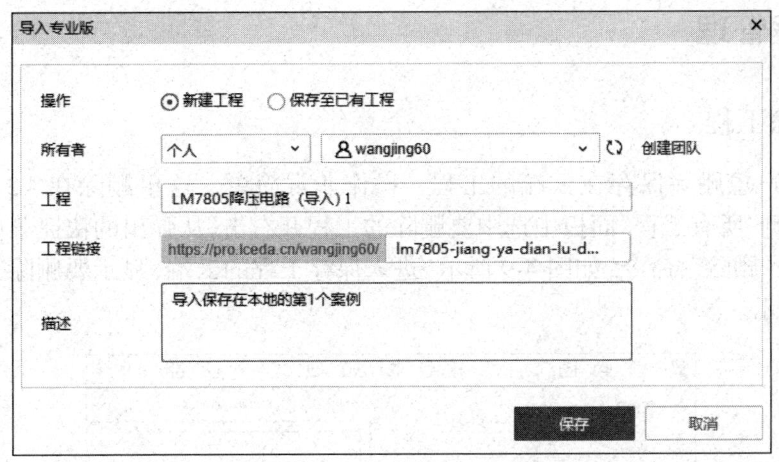

图 4-7　“导入专业版”对话框 1

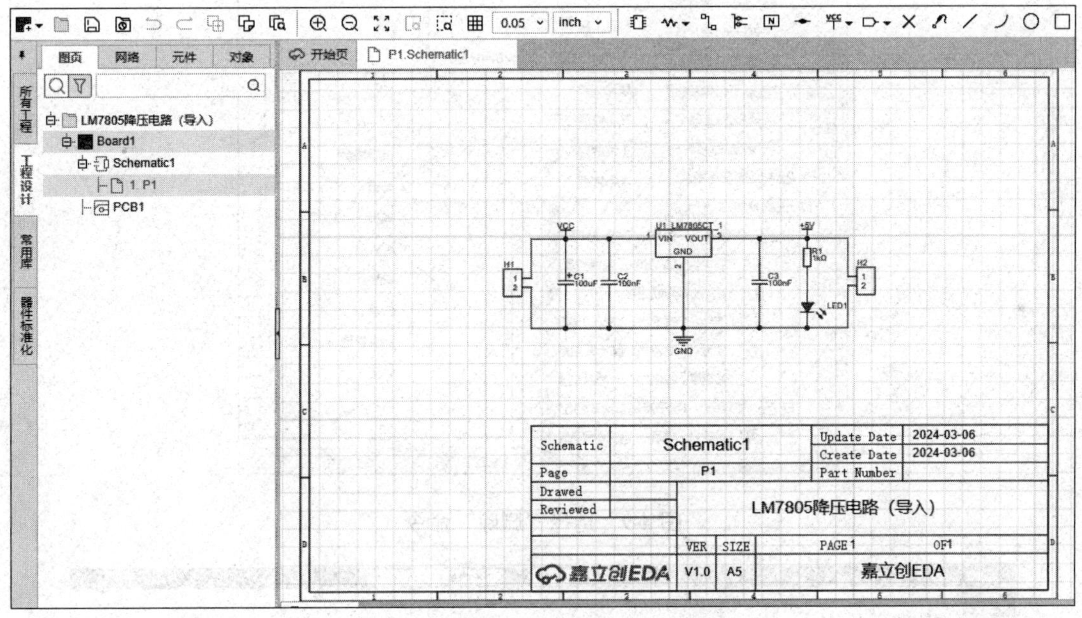

图 4-8　导入保存在本地的工程

（2）把线上云端的工程导入到客户端的离线模式。把线上全在线模式下保存在本地的工程，导入客户端全离线模式，在全离线模式下从主菜单中选择“文件”→“导入”→“嘉立创 EDA（专业版）”命令，弹出“打开”对话框，选择需要导入的工程，以下操作方式与上面介绍的方法相同，在此不赘述。

（3）导出本地工程到云端。在打开本地工程后，选择“文件”→“另存为”→“工程另存为（本地）”命令后，得到工程压缩包文件；在全在线模式下，选择“文件”→“导入”→“嘉立创 EDA（专业版）”命令，把工程导入在线版编辑器中即可。

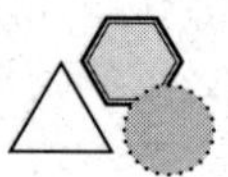

4.4　工程管理

4.4.1　删除工程

如果用户想删除保存在云端的工程，操作非常简单，这里删除在 4.3 节中导入的工程。在左侧“所有工程”面板中选中要删除的工程并右击，从弹出的快捷菜单中选择“工程管理”→“删除”命令，如图 4-9 所示，进入保存工程的云端，显示要删除工程的信息，如图 4-10 所示。

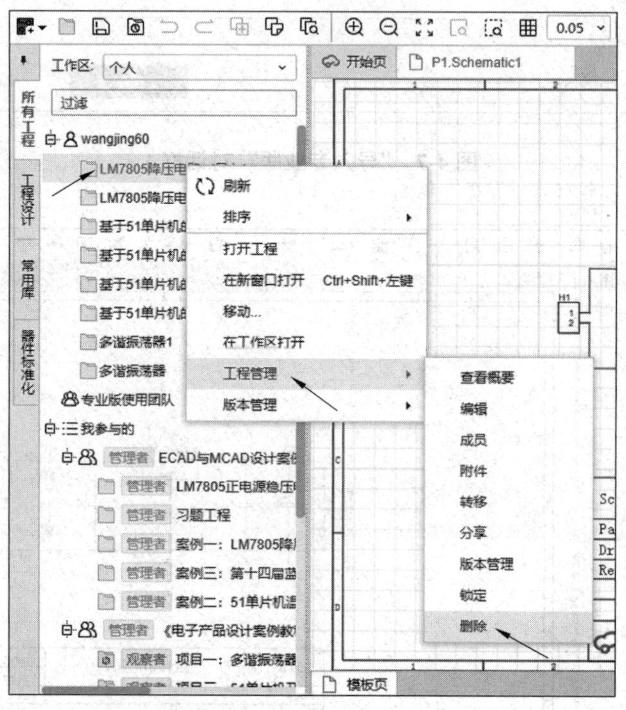

图 4-9　选择“删除”命令

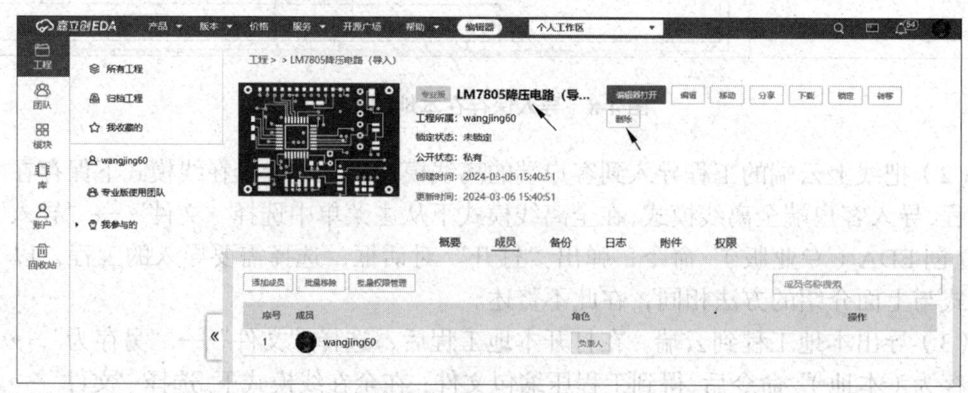

图 4-10　云端个人工作区

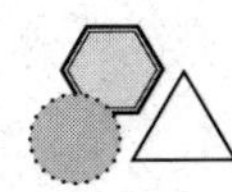

在图 4-10 中，用户可以对工程进行“编辑”“移动”“分享”“下载”“锁定”“转移”“删除”等操作。如果用户选择“分享”，可以将该工程分享给其他人员使用。如果要删除工程，单击“删除”按钮，弹出“删除工程”对话框，如图 4-11 所示，在该对话框中勾选“我已知悉，继续操作”复选框，单击“确认”按钮即可删除选中的工程。

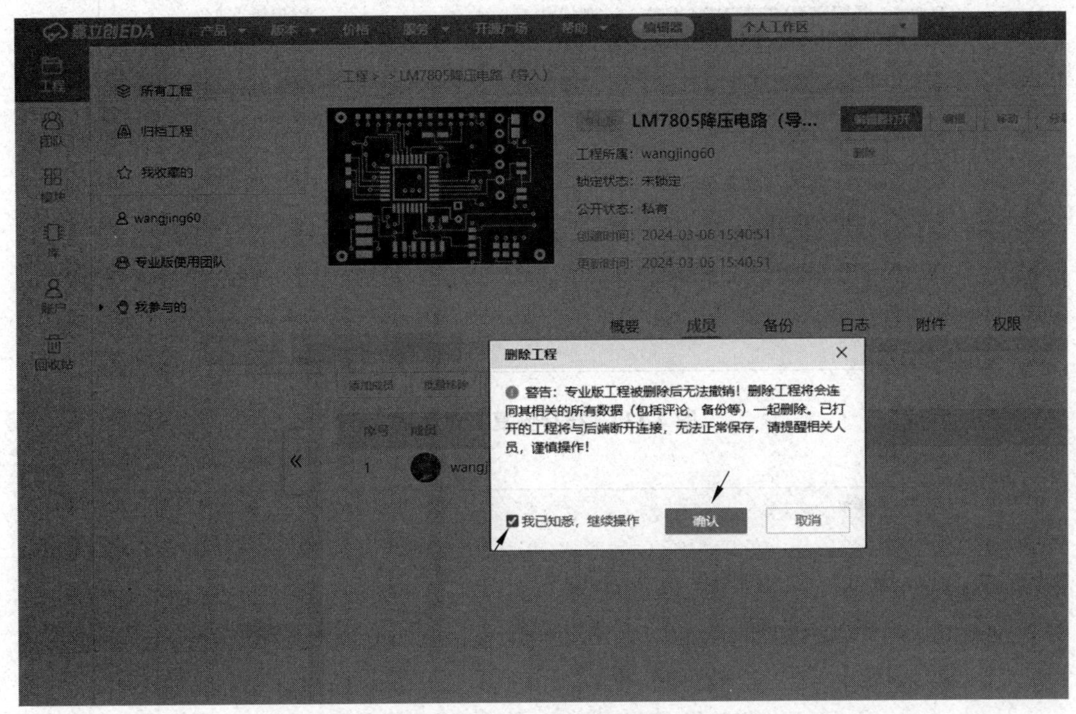

图 4-11　确认删除工程

工程删除后，用户还是在云端，可以把用户的其他工程进行归档，也可以把工程锁定。

4.4.2　把误删除的工程恢复

如果把一个工程文件误删除，想恢复，进行以下操作。

从主菜单中选择“文件”→“缓存恢复”命令，如图 4-12 所示，弹出“缓存恢复”对话框，如图 4-13 所示。

在图 4-13 所示的对话框中选择需要恢复的工程，单击“恢复”按钮，弹出“导入专业版”对话框，如图 4-14 所示。恢复的工程可以是新建工程或保存至已有工程，用户根据需要选择。单击“保存”按钮，弹出“提示”对话框，如图 4-15 所示，提示是否打开新工程，用户根据需要进行选择，弹出成功恢复的工程的编辑界面，如图 4-16 所示。

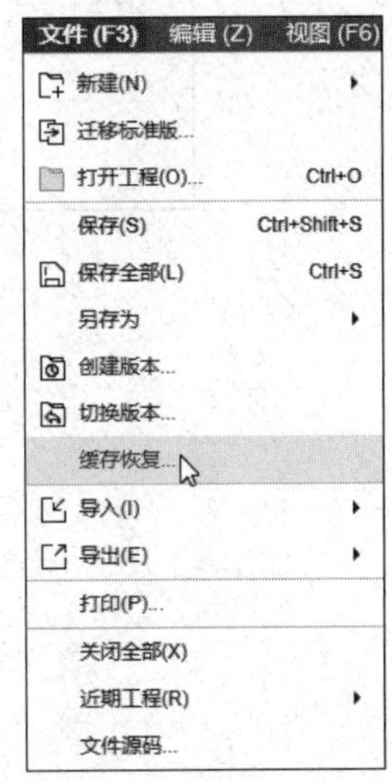

图 4-12　“缓存恢复”命令

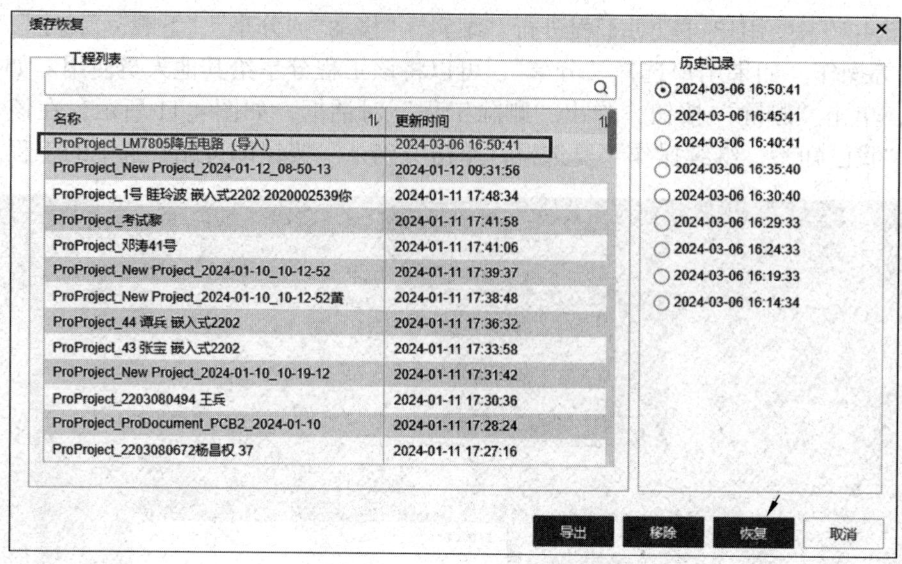

图 4-13 “缓存恢复”对话框

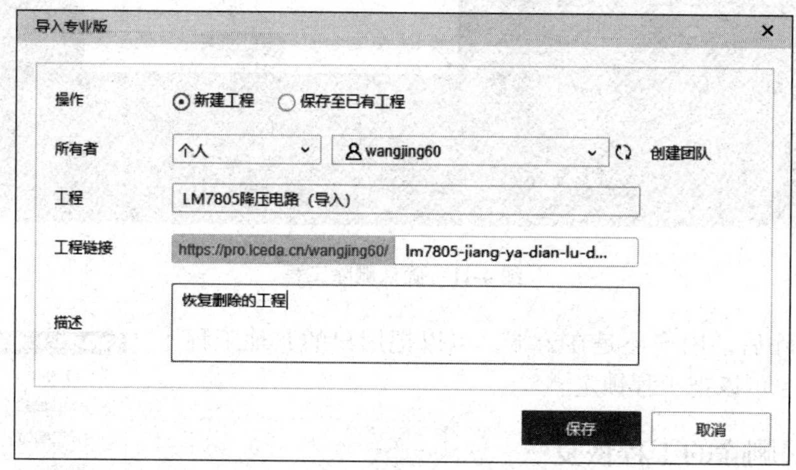

图 4-14 “导入专业版”对话框 2

图 4-15 “提示”对话框 1

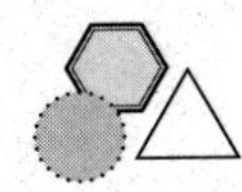

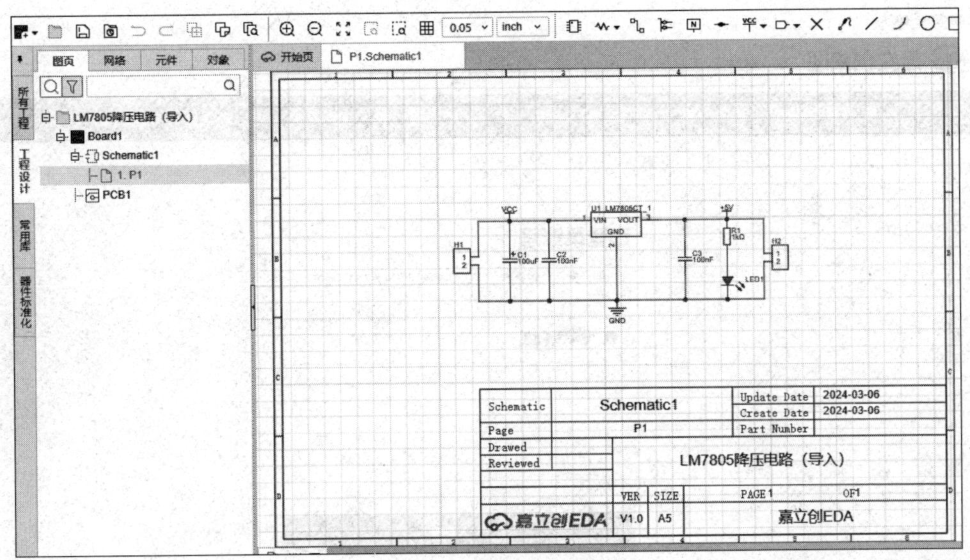

图 4-16　成功恢复的工程

4.5　下载并导入嘉立创 EDA（标准版）的工程文件

4.5.1　下载嘉立创 EDA（标准版）的工程文件

启动嘉立创 EDA（标准版），打开需要导入专业版的工程，右击，从弹出的快捷菜单中选择“工程管理”→“下载”命令，如图 4-17 所示，弹出“已登录账号”对话框，如图 4-18 所示。单击“进入系统”按钮，进入云端个人工作区，如图 4-19 所示。

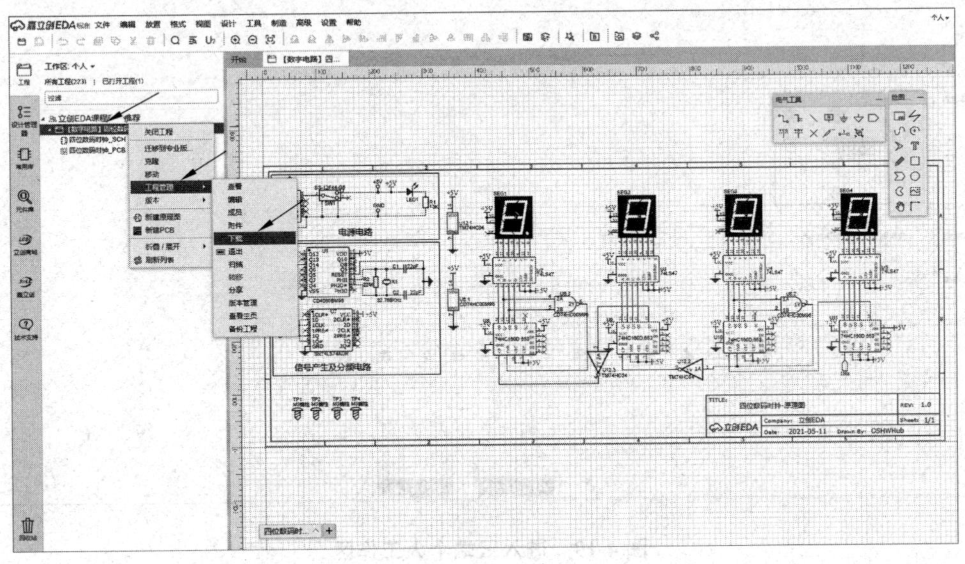

图 4-17　在标准版中下载工程

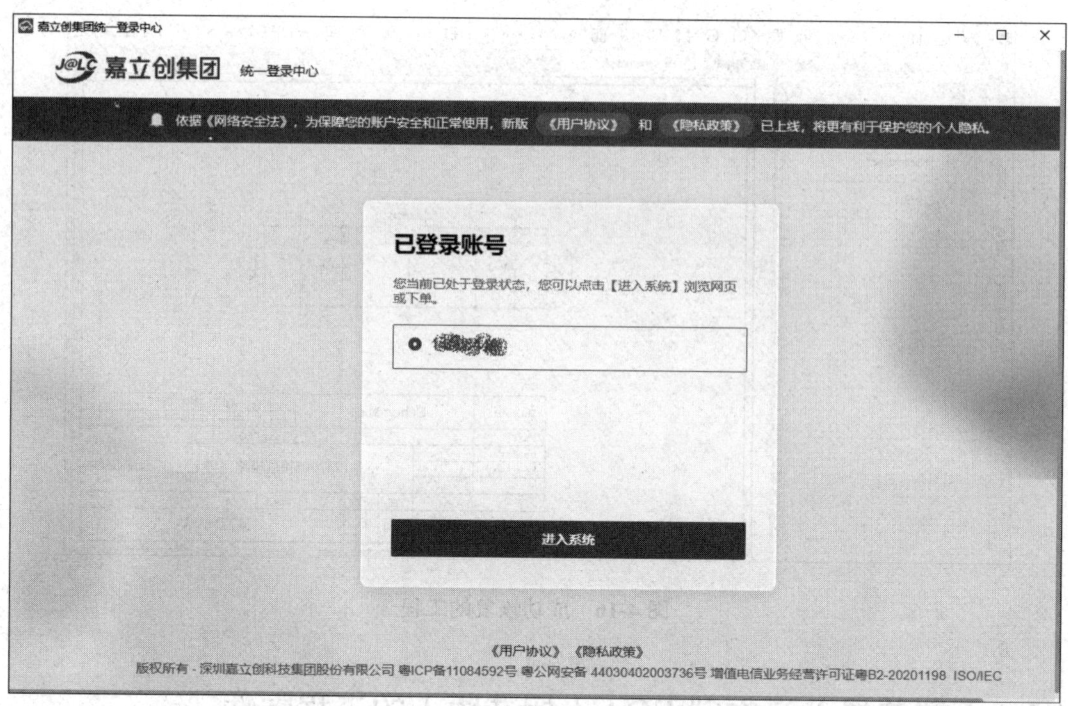

图 4-18 “已登录账号”对话框

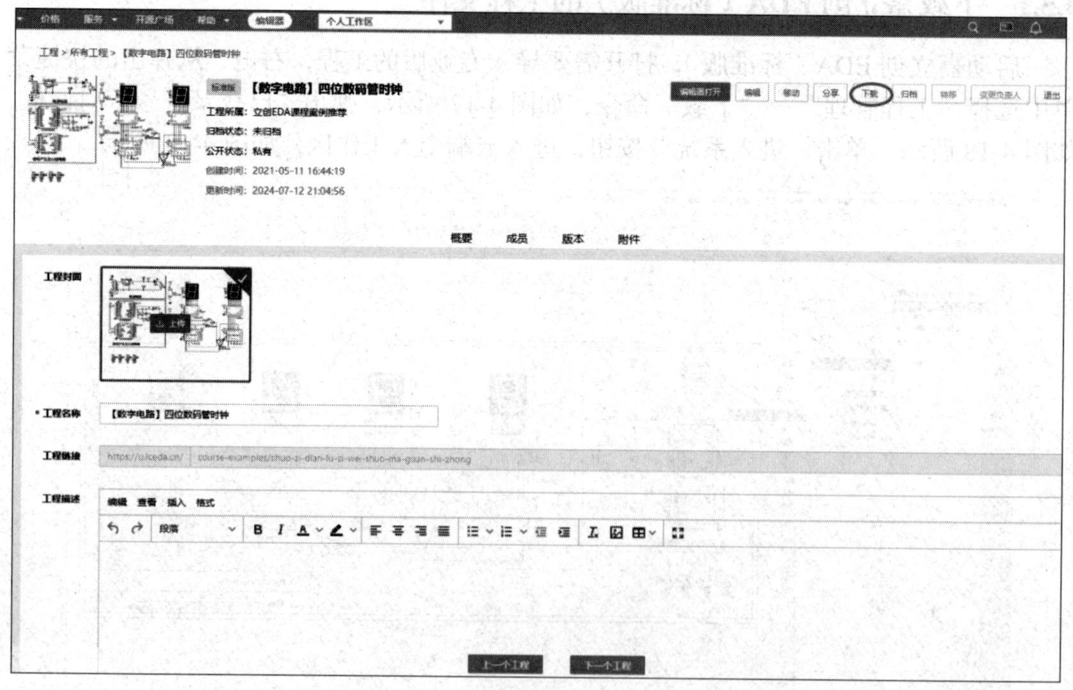

图 4-19 进入云端个人工作区

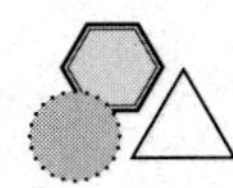

在图 4-19 中单击“下载”按钮，弹出下载提示信息，如图 4-20 所示。

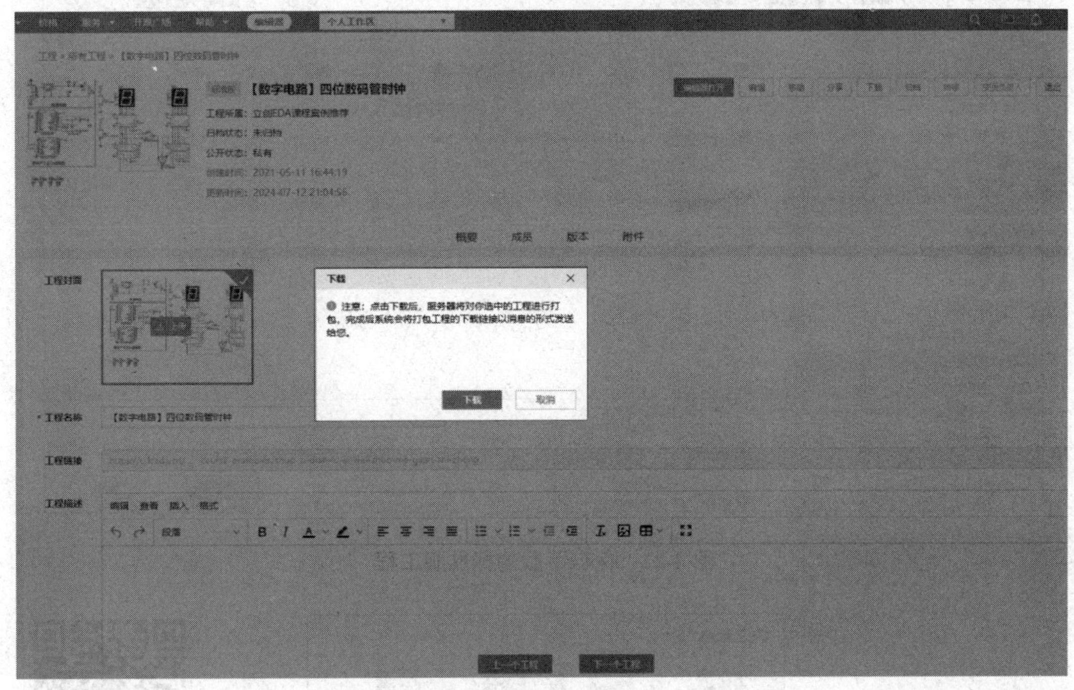

图 4-20　下载提示信息

在图 4-20 中，单击“下载”按钮，提示信息为“工程备份成功！请点击链接下载，链接 3 天内有效。”提示信息后为标准版工程压缩包，如图 4-21 所示。

图 4-21　单击“下载”按钮后的提示信息

在图 4-21 中，单击压缩包，弹出“保存路径”对话框，如图 4-22 所示，单击“保存”按钮，保存下载的标准版工程，标准版工程下载成功。

4.5.2　导入嘉立创 EDA（标准版）的工程文件

启动嘉立创 EDA（专业版），在“快速开始”区单击“导入标准版”图标，如图 4-23 所示，弹出“提示”对话框，如图 4-24 所示。

在图 4-24 中，认真阅读提示信息，单击“确认”按钮，弹出“打开”对话框，选择正确的路径，如图 4-25 所示。

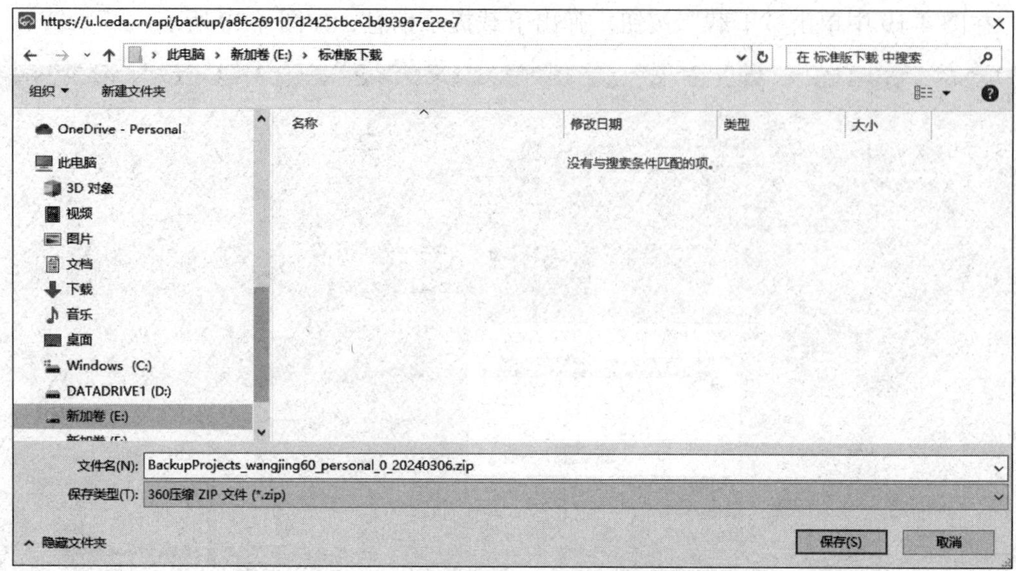

图 4-22　保存下载的标准版工程

图 4-23　快速开始区

导入嘉立创 EDA（标准版）的工程文件

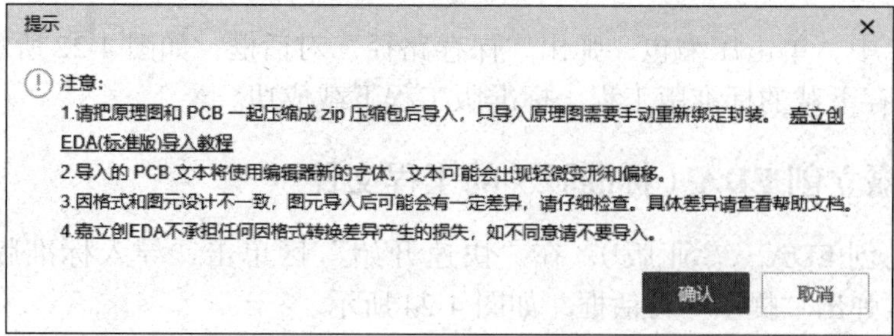

图 4-24　“提示”对话框 2

打开
此电脑 › 新加卷 (E:) › 标准版下载 ›
在 标准版下载 中搜索
组织 ▾
新建文件夹
3D 对象
视频
图片
文档
下载
音乐
名称
修改日期
类型
大小
BackupProjects_wangjing60_personal_0_20240306.zip
2024/3/6 22:21
360压缩 ZIP 文件
325 KB
文件名(N):
BackupProjects_wangjing60_personal_0_20240306.zip
Custom Files (*.json;*.zip)
打开(O)
取消

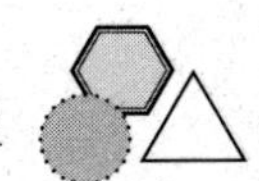

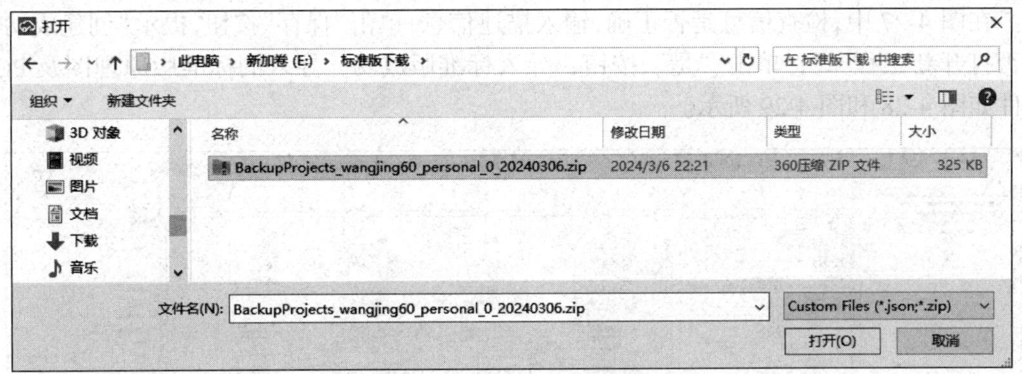

图 4-25　“打开”对话框 2

在图 4-25 中，选择需要导入的 ZIP 压缩包文件，单击“打开”按钮，弹出“导入”对话框，如图 4-26 所示。

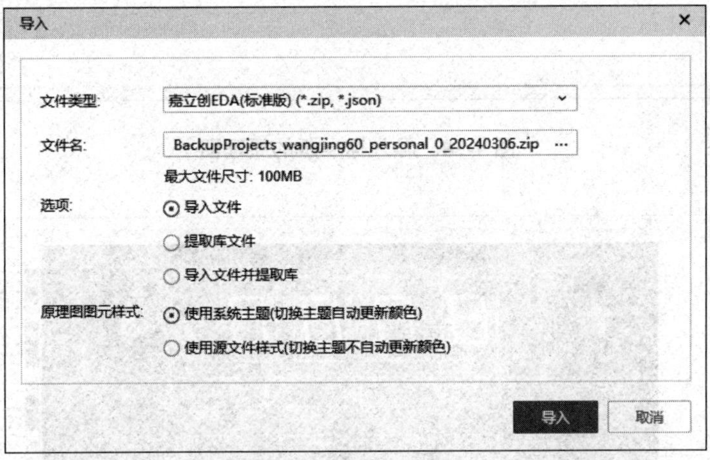

导入
文件类型:
嘉立创EDA(标准版) (*.zip, *.json)
文件名:
BackupProjects_wangjing60_personal_0_20240306.zip
最大文件尺寸: 100MB
选项:
导入文件
提取库文件
导入文件并提取库
原理图图元样式:
使用系统主题(切换主题自动更新颜色)
使用源文件样式(切换主题不自动更新颜色)
导入
取消

图 4-26　“导入”对话框 2

在图 4-26 中单击“导入”按钮，弹出“新建工程”对话框，如图 4-27 所示。

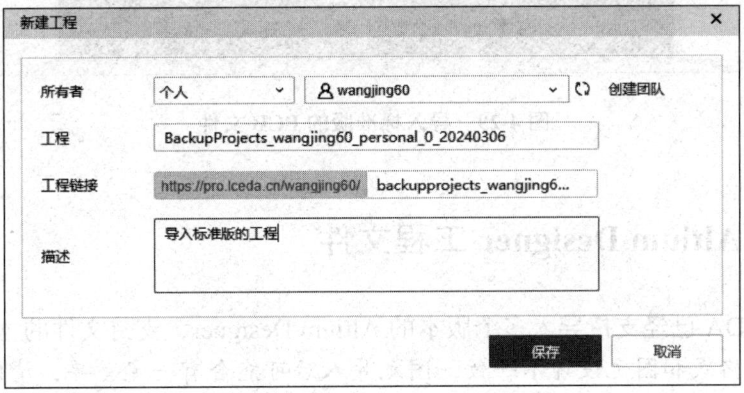

新建工程
所有者
个人
wangjing60
创建团队
工程
BackupProjects_wangjing60_personal_0_20240306
工程链接
https://pro.lceda.cn/wangjing60/
backupprojects_wangjing6...
描述
导入标准版的工程
保存
取消

图 4-27　“新建工程”对话框 1

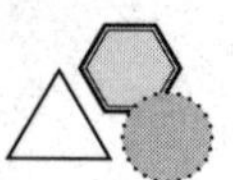

在图 4-27 中，检查信息是否正确，输入描述信息，单击“保存”按钮，提示“创建成功！是否打开新工程？”，单击“是”按钮，导入标准版成功，导入的标准版原理图及 PCB 文件如图 4-28 和图 4-29 所示。

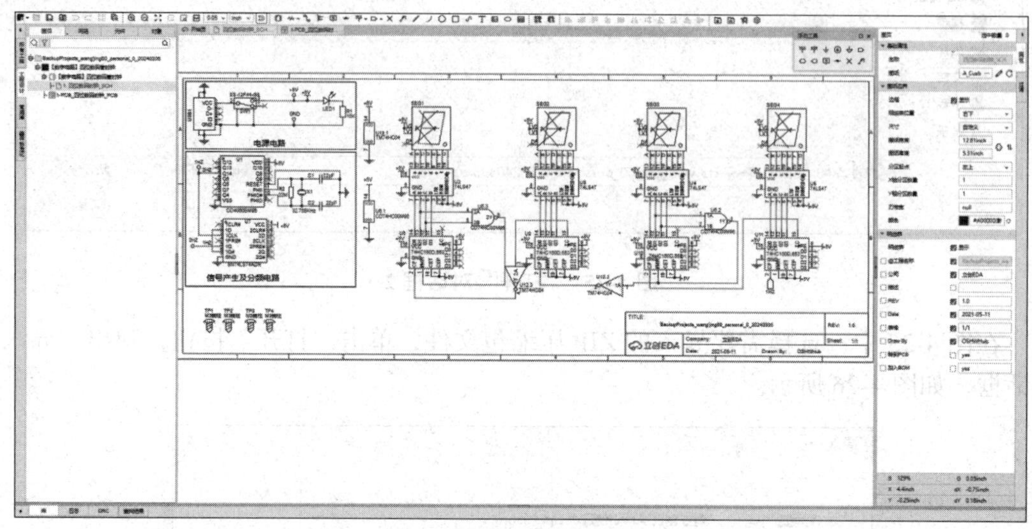

图 4-28　导入标准版的原理图

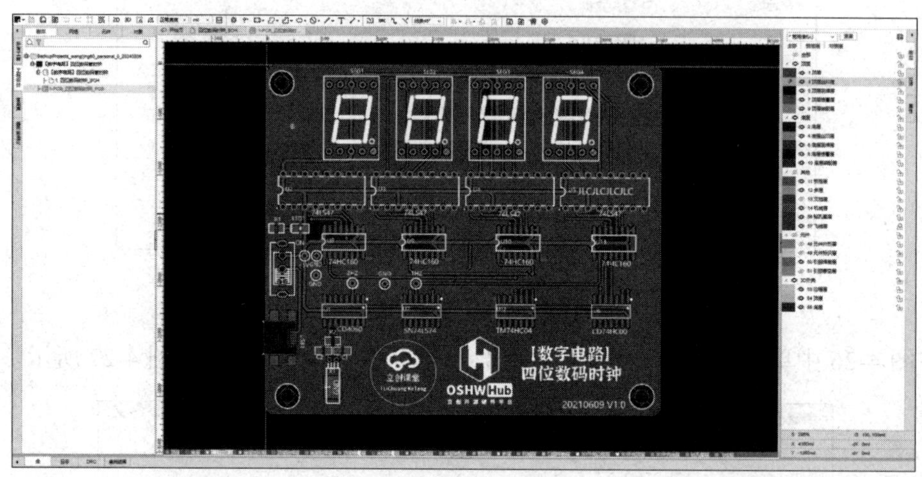

图 4-29　导入标准版的 PCB 文件

4.6　导入 Altium Designer 工程文件

嘉立创 EDA 已经支持导入多个版本的 Altium Designer，支持文件的 ASCII 格式。

注意：因格式和图元设计不一致，图元导入后可能会有一定差异，请仔细检查。具体差异请查看帮助文档。

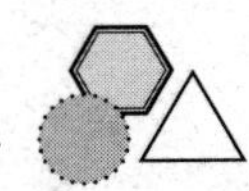

嘉立创 EDA 不承担任何因格式转换差异产生的损失，如不同意请不要导入。

导入 Altium Designer 工程文件的方法如下。

（1）启动 Altium Designer 22 软件，打开原理图及 PCB 文件，选择“文件”→“另存为”命令，弹出“保存”文件对话框，如图 4-30 所示，原理图文件选择 Advanced Schematic ascii(*.SchDoc)，PCB 文件选择 PCB ASCII File(*.PcbDoc) 文件类型。

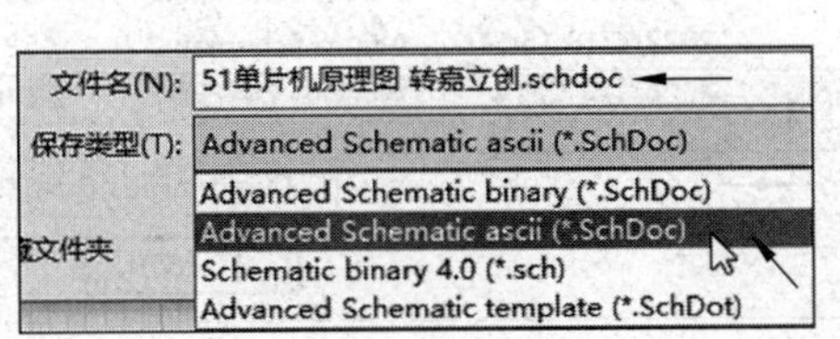

图 4-30　选择保存文件类型

（2）把导出的原理图和 PCB 文件打包成压缩包 ZIP 格式，压缩格式只支持该格式。

（3）在嘉立创 EDA（专业版）的快速开始页面中单击“导入 Altium”图标，弹出“提示”对话框，如图 4-31 所示；单击“确认”按钮，弹出“打开”对话框，如图 4-32 所示；选择压缩的 ZIP 文件，单击“打开”按钮，弹出“导入”对话框，如图 4-33 所示，该页面的信息如下。

① 选项。

- 导入文件。导入需要的文件。
- 提取库文件。从库中提取文件。
- 导入文件并提取库。导入需要的文件并从库中提取文件。

② 过孔阻焊扩展。

- 全部默认盖油。会强制把全部过孔都设置为盖油（阻焊扩展设置为 −1000）。
- 跟随原设置。会根据原本 Altium Designer 文件里面过孔的阻焊参数设置。

③ 边框来源。

- 从 Keepout 层。很多用户使用 Keepout 层绘制边框，所以默认该层作为边框。
- 从机械层 1。选择机械层 1 时，闭合的 Keepout 层将转为禁止区域，未闭合的将转到机械层。

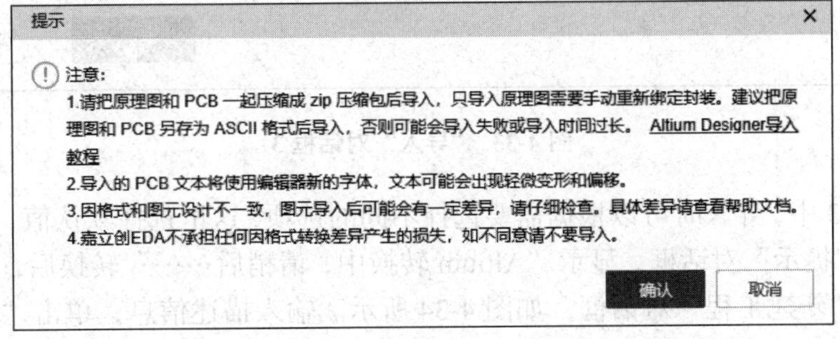

图 4-31　导入时的“提示”对话框

打开
« 软件 (F:) › AD22案例 › 基于51单片机实验板 ›
在 基于51单片机实验板 中...
组织
新建文件夹
桌面
Win 10 Pro x64
文档 (D:)
数据 (E:)
软件 (F:)
名称
修改日期
类型
大小
51单片机-任务.IntLib
2022/4/5 0:25
Altium Compiled...
1,968 KB
51单片机原理图 转嘉立创.schdoc
2024/3/7 11:07
Altium Schemati...
509 KB
51单片机原理图1.schdoc
2022/4/18 15:51
Altium Schemati...
537 KB
基于51单片机实验板转嘉立创.zip
2024/3/7 15:14
WinRAR ZIP 压缩...
3,618 KB
文件名(N): 基于51单片机实验板转嘉立创.zip
Custom Files (*.zip;*.schdoc;*
打开(O)
取消

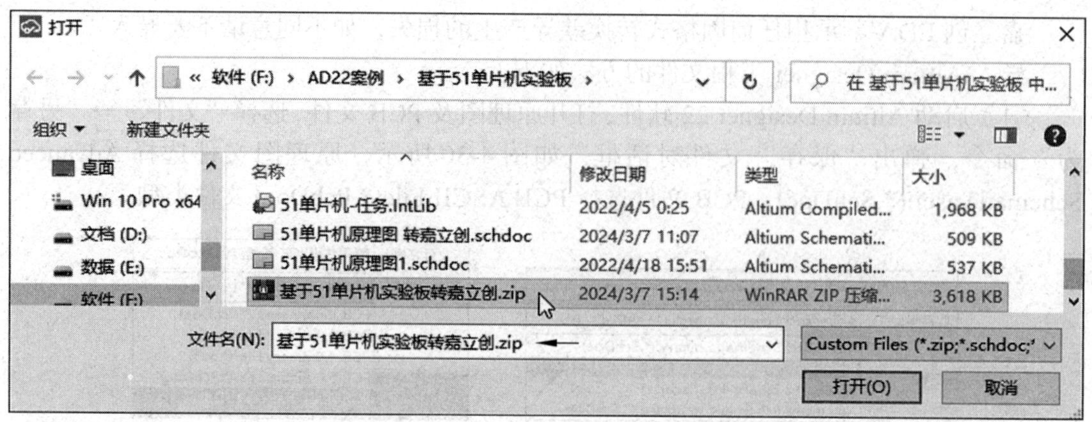

图 4-32　选择需要导入的 ZIP 文件

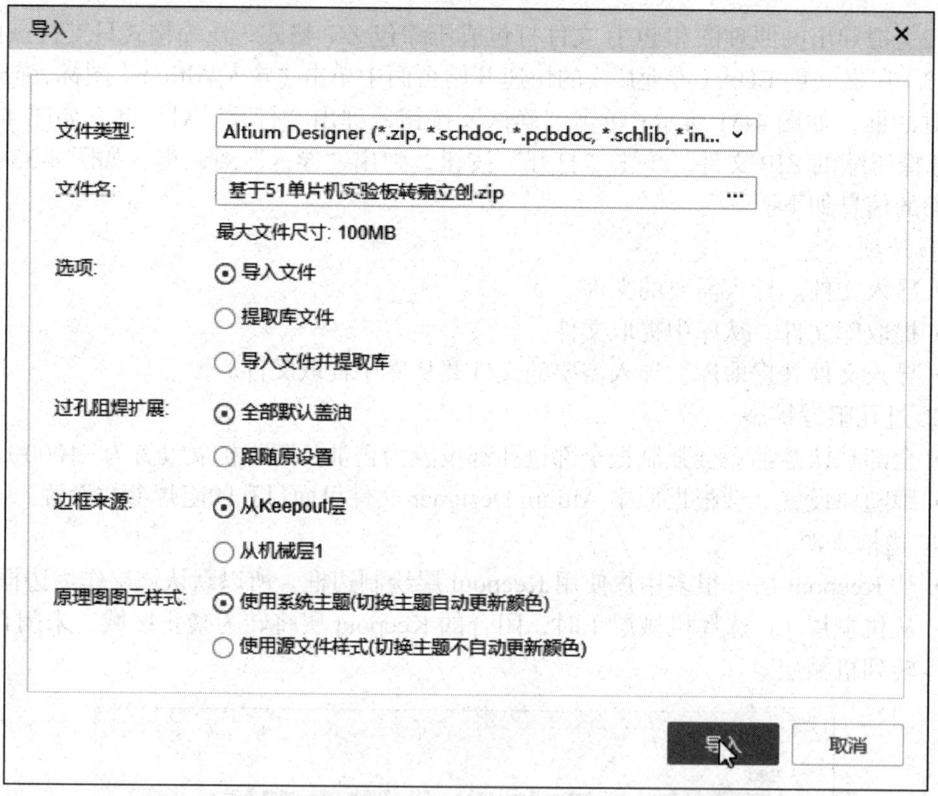

导入
文件类型:
Altium Designer (*.zip, *.schdoc, *.pcbdoc, *.schlib, *.in...
文件名:
基于51单片机实验板转嘉立创.zip
最大文件尺寸: 100MB
选项:
导入文件
提取库文件
导入文件并提取库
过孔阻焊扩展:
全部默认盖油
跟随原设置
边框来源:
从Keepout层
从机械层1
原理图图元样式:
使用系统主题(切换主题自动更新颜色)
使用源文件样式(切换主题不自动更新颜色)
导入
取消

图 4-33　“导入”对话框 3

在图 4-33 中，导入时可以根据需要选择不同的选项，这里选择默认值，单击“导入”按钮，弹出“提示”对话框，显示“Altium 转换中，请稍后……”转换后，单击“确认”按钮，弹出“新建工程”对话框，如图 4-34 所示。输入描述信息，单击“保存”按钮，弹出“导入成功！是否打开新工程？”的提示信息，单击“是”按钮，打开导入成功的原理图及 PCB，如图 4-35 和图 4-36 所示。

新建工程

所有者　个人　wangjing60　创建团队

工程　基于51单片机实验板转嘉立创

工程链接　https://pro.lceda.cn/wangjing60/　ji-yu-51-dan-pian-ji-shi-ya...

描述　Altium Designer工程转嘉立创

保存　取消

图 4-34　“新建工程”对话框 2

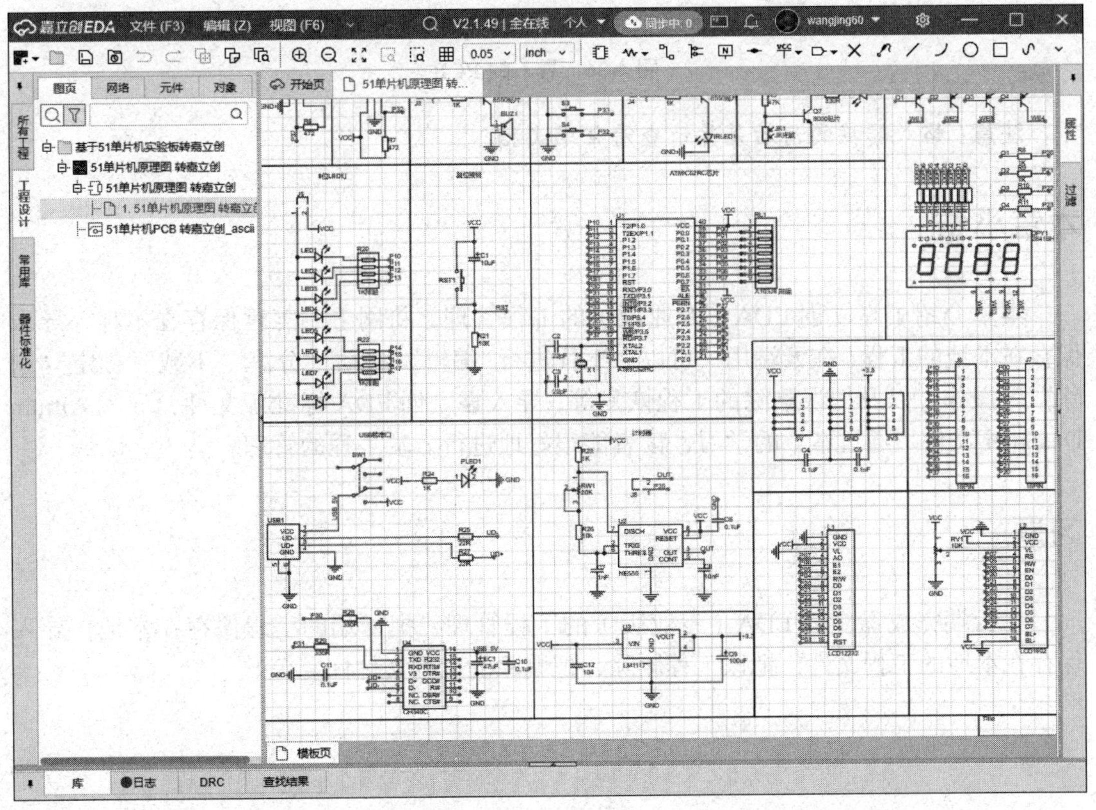

图 4-35　导入的原理图

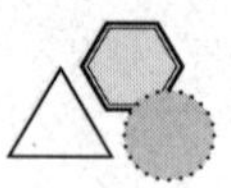

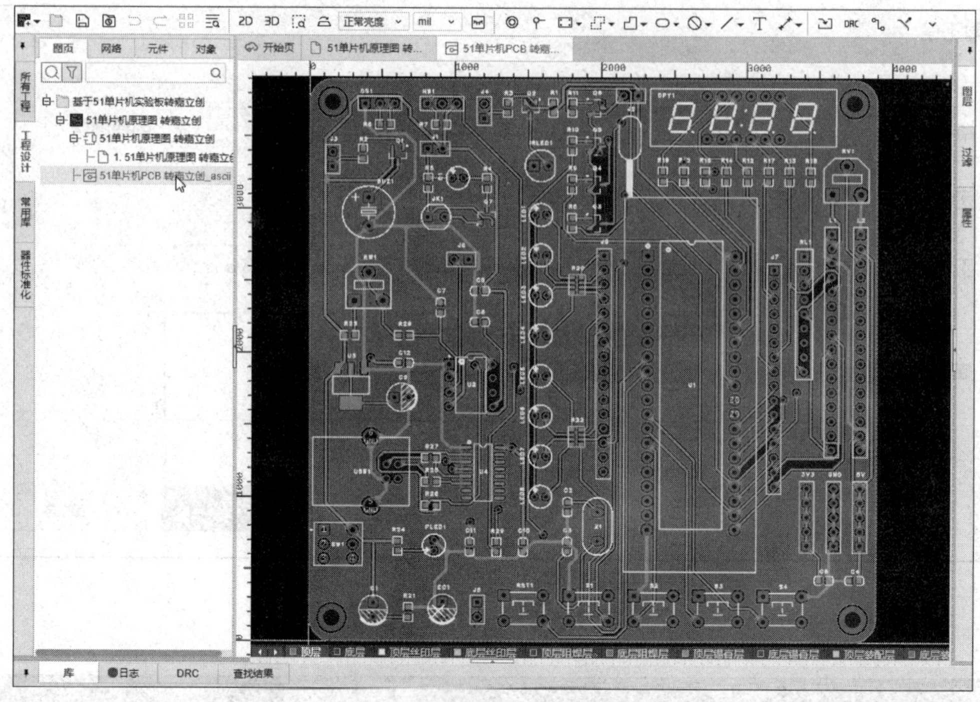

图 4-36　导入的 PCB

注意：格式转换的前后差异请查看帮助文档。

本章小结

本章介绍了嘉立创 EDA（专业版）的工程管理，将网上的工程保存在本地，导入保存在本地的工程；在云端用户可以对工程进行“编辑”“移动”“分享”“下载”“锁定”“删除”等操作，以及把误删除的工程恢复等；导入嘉立创 EDA 标准版文件，导入 Altium Designer 文件。通过本章的学习，读者能很好地进行云端工程的管理。

习题

在云端完成嘉立创 EDA（专业版）的工程管理，把云端的工程保存在本地，导入保存在本地的工程文件，把该工程删除，把删除的工程文件恢复等。

第 5 章

原理图的环境参数及设置方法

第 1 个案例（LM7805 降压电路）是在全在线模式下完成的，第 2 个案例（51 单片机温度计）准备在半离线模式下设计完成。为了设计复杂的电路图，提高用户的工作效率，把该软件的功能充分发掘出来，在开始设计第 2 个案例之前先了解原理图环境下的相关参数设置及定义，以及修改原理图图纸模板等内容，磨刀不误砍柴工。

5.1 半离线模式的设置

从主菜单中选择“设置”→“系统”→“通用”命令，进入“设置”界面，如图 5-1 所示。选择“客户端”选项，单击“半离线模式（工程和库均保存在本地，支持使用在线系统库）”单选按钮，单击库路径、工程路径旁边的“…”按钮，在弹出的对话框中进行库路径与工程路径的指定（库路径与工程路径的命名由用户决定），设置好后单击“确认”按钮，弹出提示信息“切换运行模式和改变路径后，需要重新启动本软件”，单击“确认”按钮，即进入半离线模式，如图 5-2 所示。

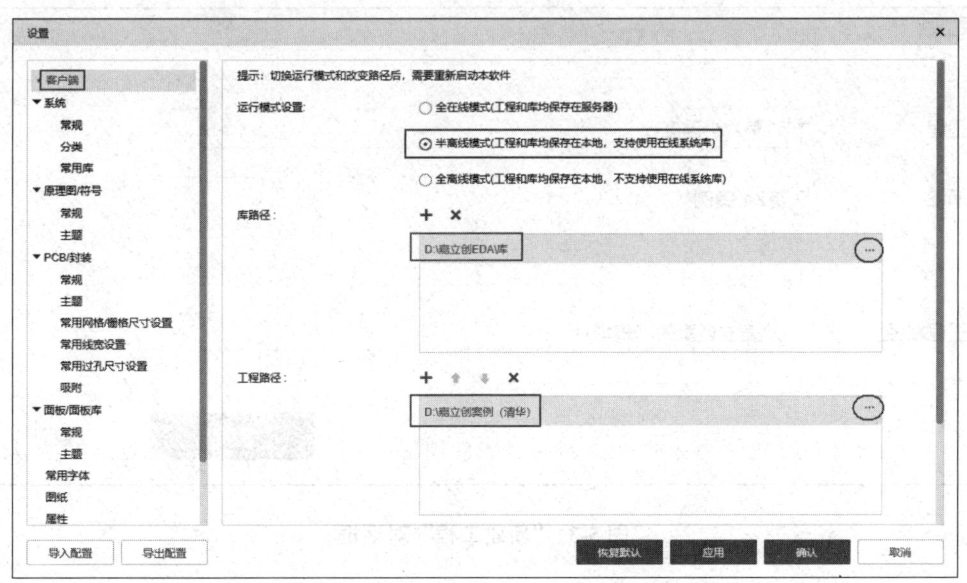

图 5-1　设置“半离线模式”

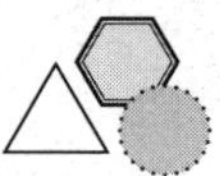

图 5-2　半离线模式

从主菜单中选择“文件”→“新建”→“工程”命令，弹出“新建工程”对话框，如图 5-3 所示，在“工程”文本框中输入“51 单片机温度计”，“描述”文本框中输入“第 2 个案例”，“工程路径”栏选默认值，单击“保存”按钮，工程创建成功。

新建工程

工程　51单片机温度计

描述　第2个案例

工程路径　D:\嘉立创案例（清华）

保存　取消

图 5-3　“新建工程”对话框

在原理图编辑界面，将原理图（Schematic1）改名为“SCH- 基于 51 单片机的温度

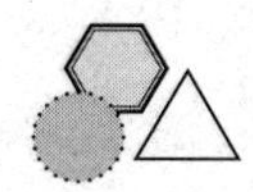

报警器”，如图 5-4 所示。改名方法是右击 Schematic1 图标，弹出快捷菜单，选择“重命名”命令即可。

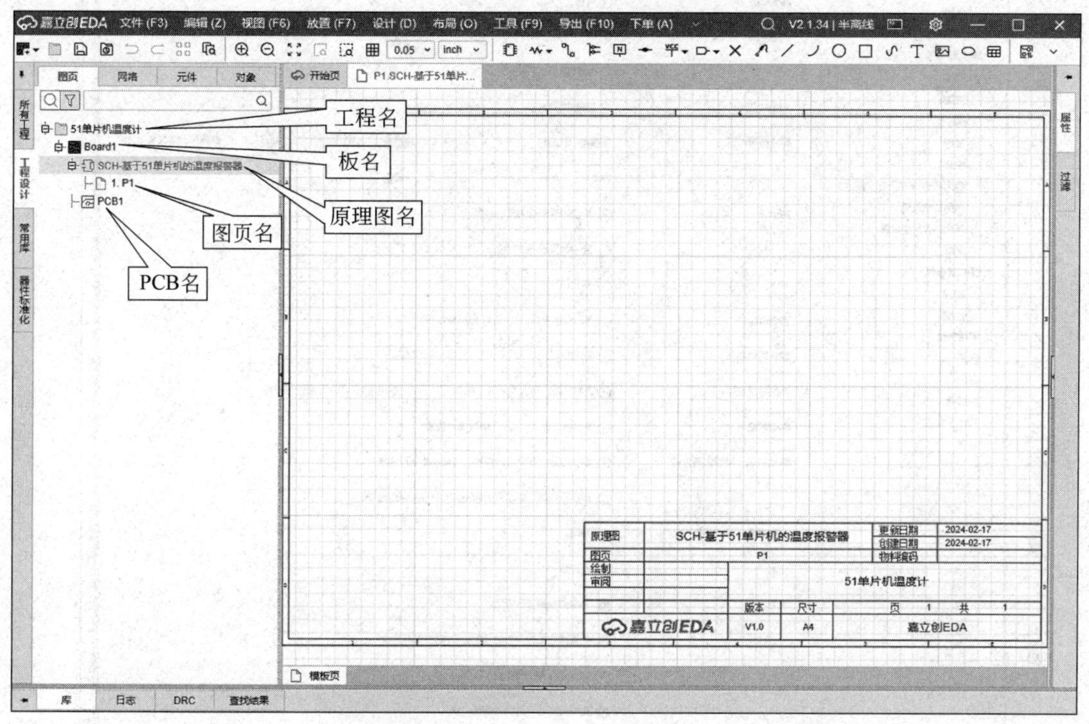

图 5-4　原理图命名为“SCH- 基于 51 单片机的温度报警器”

5.2　原理图 / 符号的参数设计

从主菜单中选择“设置”→“原理图 / 符号”→“通用”命令，进入“设置”界面，如图 5-5 所示。其中“原理图 / 符号”部分包括“常规”和“主题”两个选项卡。

5.2.1　“常规”选项卡

（1）单位：设置原理图和符号默认使用的单位是英制还是公制，默认值是 inch（英寸），修改后应用到新打开的页。

（2）网格类型：设置原理图和符号默认的画布网格类型，修改后应用到新打开的页。

“网格类型”的设置选项为“网格”“网点”“无”，如图 5-6 所示。设置好后单击“确认”按钮即可。要修改画布的网格类型，最好单击顶部工具栏上的“网格类型”按钮。

（3）十字光标：设置原理图编辑器的光标大小，如图 5-7 所示。在绘制原理图并放置元件时，为了元件的摆放、对齐，最好设置为大光标。

图 5-5　通用设置

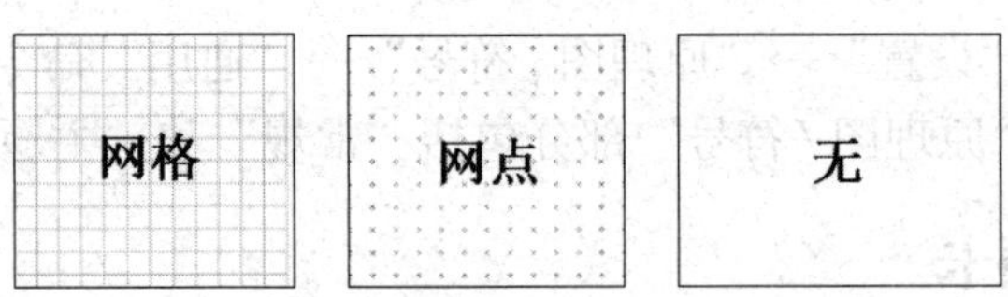

图 5-6　网格类型

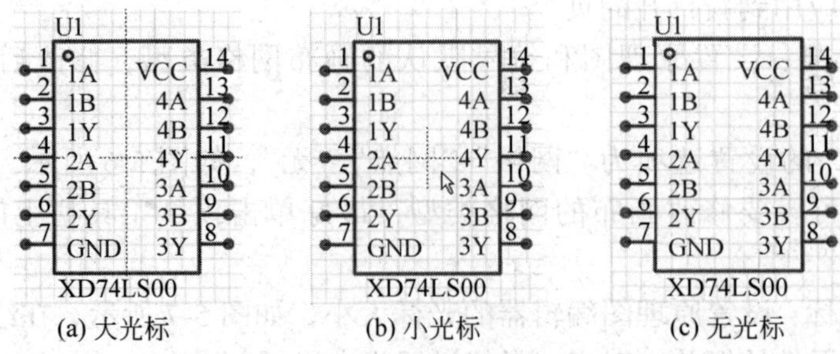

(a) 大光标　(b) 小光标　(c) 无光标

图 5-7　光标类型

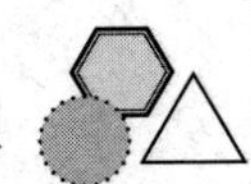

大、小光标的显示要在图 5-5 中勾选“始终显示十字光标”复选框才有效。

（4）1 线宽显示：“跟随缩放变化”选项指原理图画面在进行放大或缩小时，导线的粗细会发生改变；“始终 1px 线宽”选项指原理图画面在进行放大或缩小时，线的宽度始终是 1px 线宽，不会跟随原理图画面的放大或缩小而改变。

（5）默认网格尺寸：打开原理图或者符号库时的网格尺寸。“Alt 吸附”选项用于设置按住 Alt 键进行绘制或者移动图元时吸附网格的大小。

吸附网格是决定打开原理图或者符号库时所有操作是否对网格进行吸附。可以在主菜单选择“编辑”→“吸附”命令或用顶部工具栏中工具进行临时修改，修改并不会影响设置中的吸附网格选项。吸附功能包括吸附焊盘的中心、过孔中心和线条的中心点。

（6）指示线：在绘制原理图时，为了避免出错，嘉立创 EDA 设计了指示线。指示线是元件原点和元件属性之间的指示线，如图 5-8 所示。根据设置可以显示或不显示指示线。

- “单选器件和选中属性时显示”：选中该选项，选择元件时显示指示线，如图 5-8（a）所示。
- “选中时显示（影响性能）”：选中该选项，选择元件时显示指示线，如图 5-8（a）所示。
- “不显示”：选中该选项，选择元件时不显示指示线，如图 5-8（b）所示。

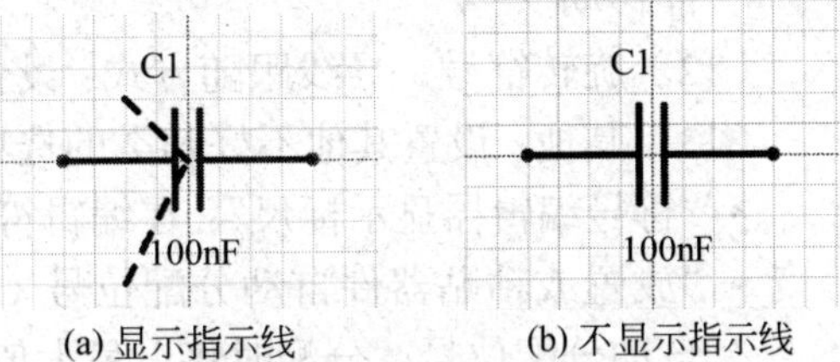

(a) 显示指示线　(b) 不显示指示线

图 5-8　指示线的显示设置

（7）复制 / 剪切：复制 / 剪切时可以设置选择或不选择参考点，如果选择了参考点，粘贴时就以参考点为中心进行。

（8）默认网络名：设置原理图中未命名的导线在导出网表和导入 PCB 时最终的网络命名规则。可以在右侧属性面板和网络树中查看，如图 5-9 所示。

默认网络名可以设置为“导线 ID”或“位号 + 引脚编号”。

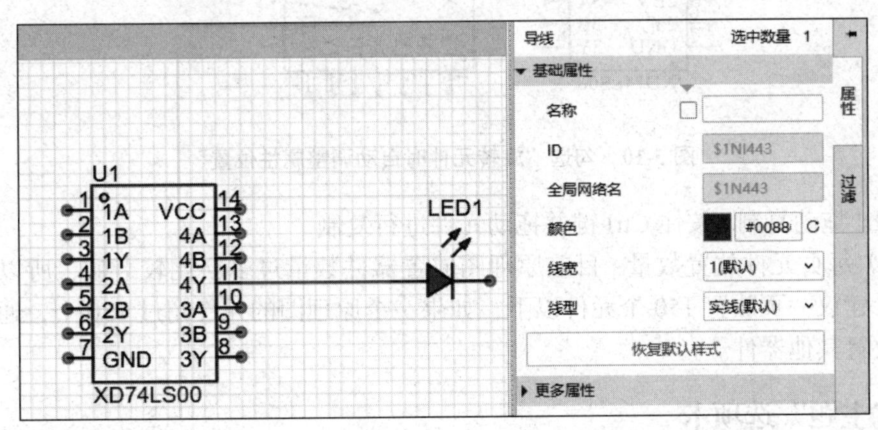

图 5-9　默认网络名

（9）单击导线选中：可以根据自己的使用习惯，切换单击导线时的选中范围，可以单段选中或者整段选中。

（10）拖动网络名：当拖动导线的网络名离开导线时的处理方式。

- “修改网络名”：离开导线上时，导线的网络名会被清空，类似 Altium 的网络标签行为。
- “调整属性位置”：只移动属性名的位置，不影响导线的网络名。专业版之前的行为和 PADS、Orcad 的网络标签行为类似。

（11）移动符号，导线跟随方式：设置导线是否跟随元件移动。

- 默认跟随，移动开始前按住 Ctrl+Alt 断开连接：移动元件符号时，导线跟随元件移动；移动元件符号开始前按住 Ctrl+Alt 组合键，移动元件时，导线不跟随元件移动。
- 默认不跟随，移动开始前按住 Ctrl+Alt 保持连接：移动元件符号时，导线不跟随元件移动；移动元件符号开始前按住 Ctrl+Alt 组合键，移动元件时，导线跟随元件移动。

（12）旋转符号，导线跟随方式：设置旋转符号时，相连导线是否跟随保持连接。

（13）其他：设置其他不好归类的选项。

- “符号编辑器显示标尺”：在编辑符号时，确定是否显示画布标尺。
- “放置或粘贴器件自动分配位号（实例页不支持）”：确定在放置器件的时候是否自动分配位号。分配时将以最大值开始分配。
- “鼠标悬浮导线高亮整个网络”：当鼠标光标悬浮到导线上面时，高亮显示当前画布的全部相同网络名的导线。
- “旋转元件时自动调整属性位置”：如果勾选该选项，元件旋转的时候，属性也跟随旋转，如图 5-10 所示。

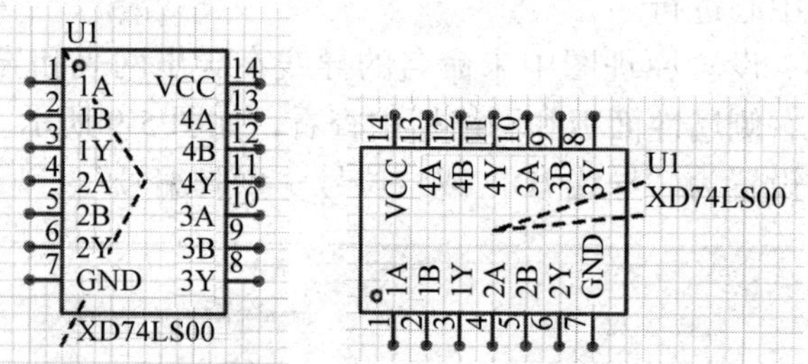

图 5-10　勾选“旋转元件时自动调整属性位置”

- Ctrl 拖动复制：按住 Ctrl 键并拖动元件进行复制。

（14）每页元件放置数量：目前原理图放置器件数量过多会比较卡顿，所以加了数量检测，建议一页放置 150 个元件以下，如果一个原理图的元件超过 150 个，通过创建分页来放置其他器件。

5.2.2 “主题”选项卡

原理图的主题设置是为了满足用户的个人喜好需求而设计的，用户可根据个人喜好设置原理图界面的一些颜色配置，可以设置原理图图页的背景色、网格颜色及文本的颜色等内容。

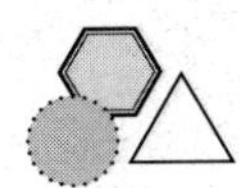

在半离线模式下，导入在全在线模式下设计的第 1 个案例。在“快速开始”列表栏单击“导入专业版”按钮，弹出“打开”对话框，选择在全在线模式下保存的文件，单击“打开”按钮，弹出“导入”对话框，如图 5-11 所示。根据需要选择“选项”与“原理图图元样式”选项区的单选项，单击“导入”按钮，弹出“导入专业版”对话框，如图 5-12 所示。按图 5-12 的选项进行设置。单击“保存”按钮，弹出提示信息“创建成功！是否打开新工程？”单击“是”按钮，工程导入成功，如图 5-13 所示。

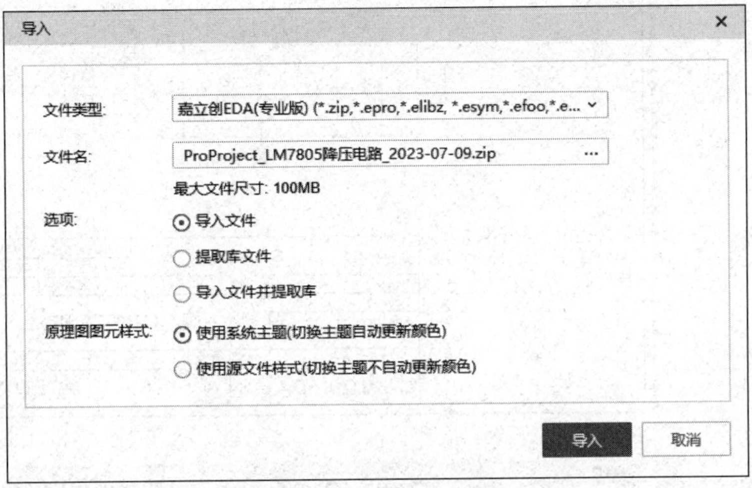

导入
文件类型: 嘉立创EDA(专业版) (*.zip,*.epro,*.elibz, *.esym,*.efoo,*.e...
文件名: ProProject_LM7805降压电路_2023-07-09.zip
最大文件尺寸: 100MB
选项: 导入文件 / 提取库文件 / 导入文件并提取库
原理图图元样式: 使用系统主题(切换主题自动更新颜色) / 使用源文件样式(切换主题不自动更新颜色)
导入　取消

图 5-11　“导入”对话框

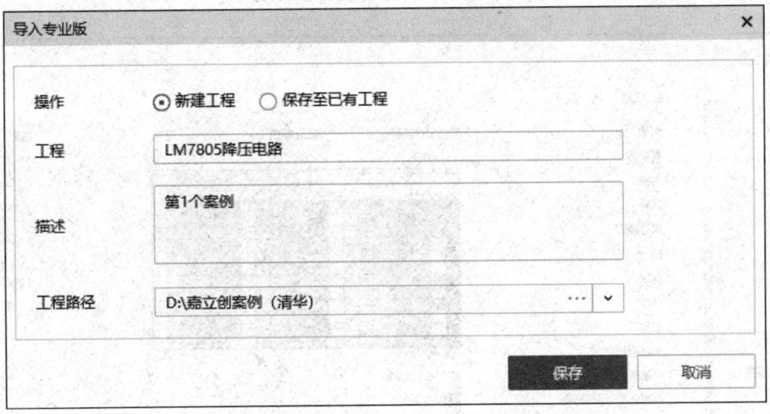

导入专业版
操作: 新建工程 / 保存至已有工程
工程: LM7805降压电路
描述: 第1个案例
工程路径: D:\嘉立创案例（清华）
保存　取消

图 5-12　导入第 1 个案例

如果要修改原理图图页背景色，按 I 键，弹出下拉菜单，选择“原理图 / 符号”→“主题”选项卡，进入主题设置界面，单击背景色对应的颜色框，弹出颜色画布，选择需要的颜色，单击“应用”及“确认”按钮即可，如图 5-14 所示。设置完成，原理图的背景色改为浅蓝色，如图 5-15 所示。

原理图画布的网格、导线、连接点的颜色都可以用以上方法进行设置。如果要恢复原理图画布的默认值，单击“恢复默认”按钮，弹出“是否恢复当前页设置为默认设置？”对话框，单击“是”按钮即可。

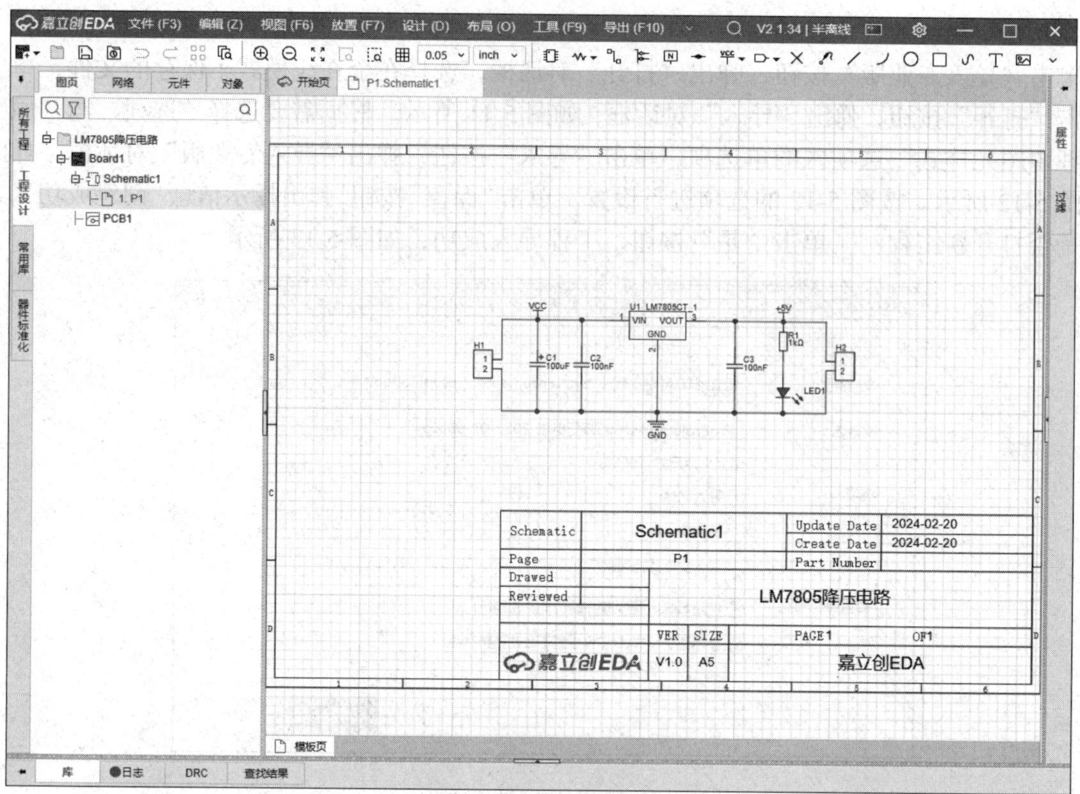

图 5-13　第 1 个案例导入成功

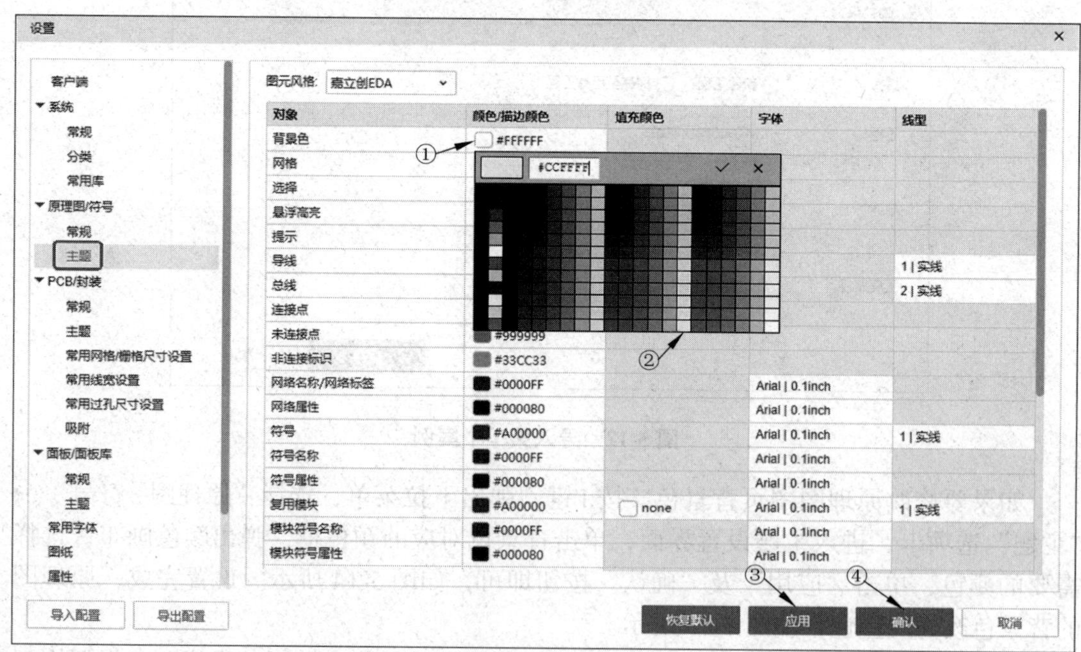

图 5-14　原理图背景颜色改为 #CCFFFF

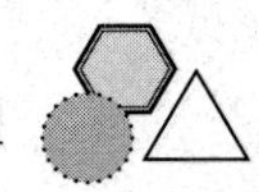

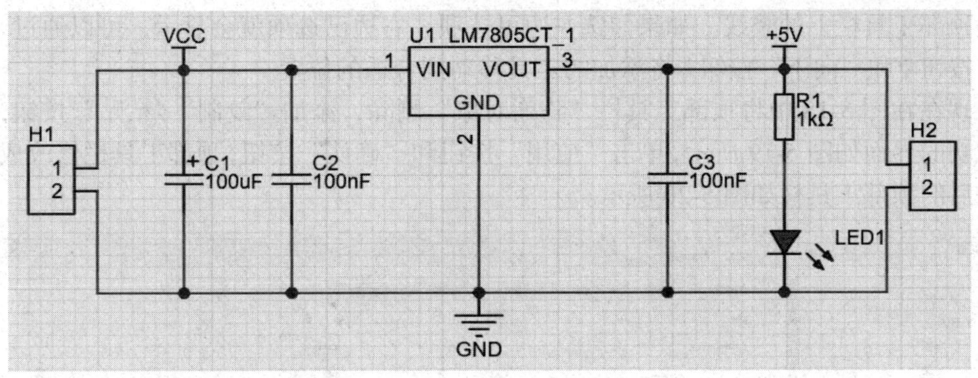

图 5-15　修改原理图背景色

5.3　顶部工具栏

嘉立创 EDA（专业版）的原理图、PCB、符号、封装编辑的操作界面都类似，顶部为主菜单栏和主工具栏，并包括左侧面板、右侧面板和底部面板，中心区域为编辑区。工作区面板与编辑区之间的界线可根据需要左、右、上、下拖动。除主菜单外，上述主工具栏和各面板均可根据需要打开或关闭。

5.3.1　顶部工具栏及面板的打开及关闭

打开与关闭顶部工具栏可以通过主菜单的“视图”下拉菜单完成。例如，在原理图编辑界面下，在主菜单栏单击“视图”图标，弹出下拉菜单，如图 5-16 所示，顶部工具栏、浮动工具，以及左侧、右侧、底部面板都可以打开、关闭，相应栏左边的复选框勾选表示打开，未勾选表示关闭。还可以通过此菜单对编辑页面的网格尺寸、网络类型进行设置。

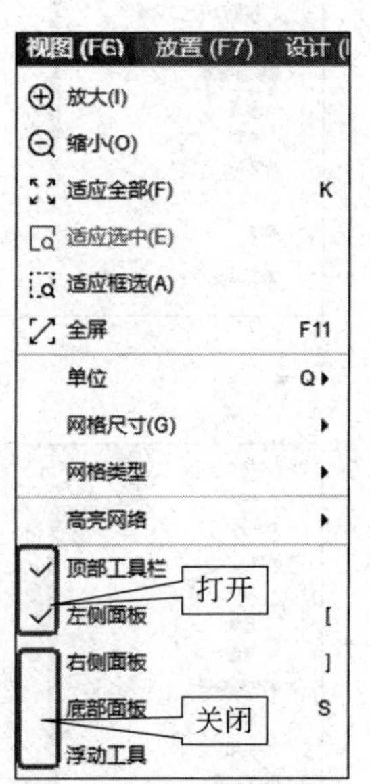

图 5-16　“视图”下拉菜单

5.3.2　顶部工具栏上快捷按钮的添加及删除

用户可以对顶部工具栏的快捷按钮进行添加和删除设置。顶部工具栏如图 5-17 所示。

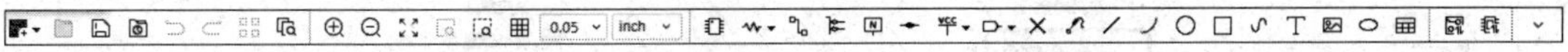

图 5-17　顶部工具栏

按 I 键，弹出下拉菜单，选择“顶部工具栏”，弹出顶部工具栏“设置”界面，如图 5-18 所示。从图中可以看出右边的已选项就是图 5-17 顶部工具栏上显示的，分隔符就是顶部工具栏上的竖线。如果勾选左边可选项，右边已选项就会显示，可以通过“向上”按钮⬆和“向下”按钮⬇将添加的工具移动到合适的位置。

现在在图 5-18 中将顶部工具栏“阵列对象”删除，添加“复制”“粘贴”按钮，操作成功的界面如图 5-19 所示，单击“应用”按钮和“确认”按钮，顶部工具栏修改成功，修改后的顶部工具栏如图 5-20 所示。

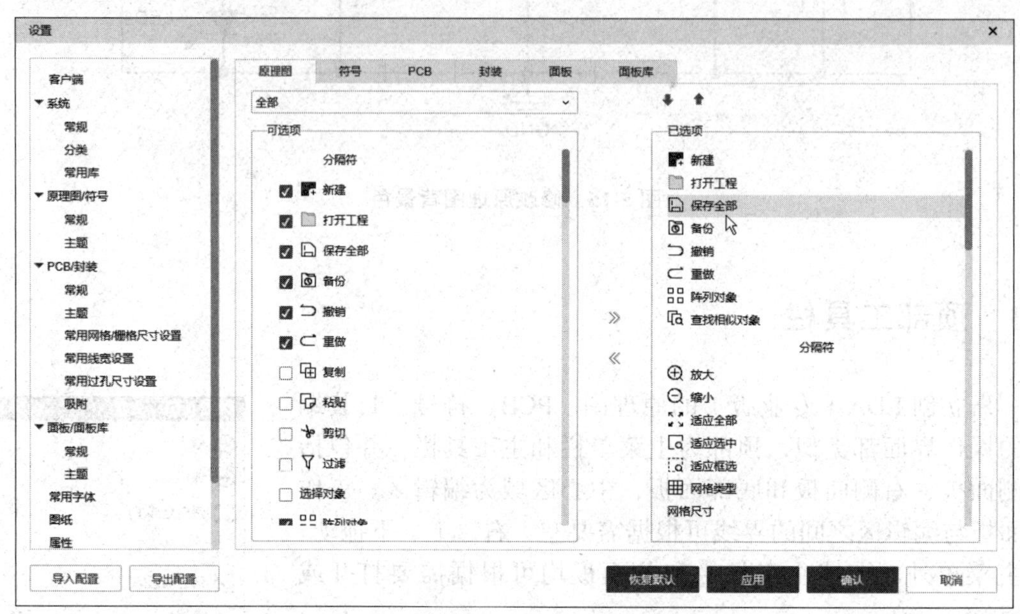

图 5-18　与图 5-17 相对应的顶部工具栏的设置

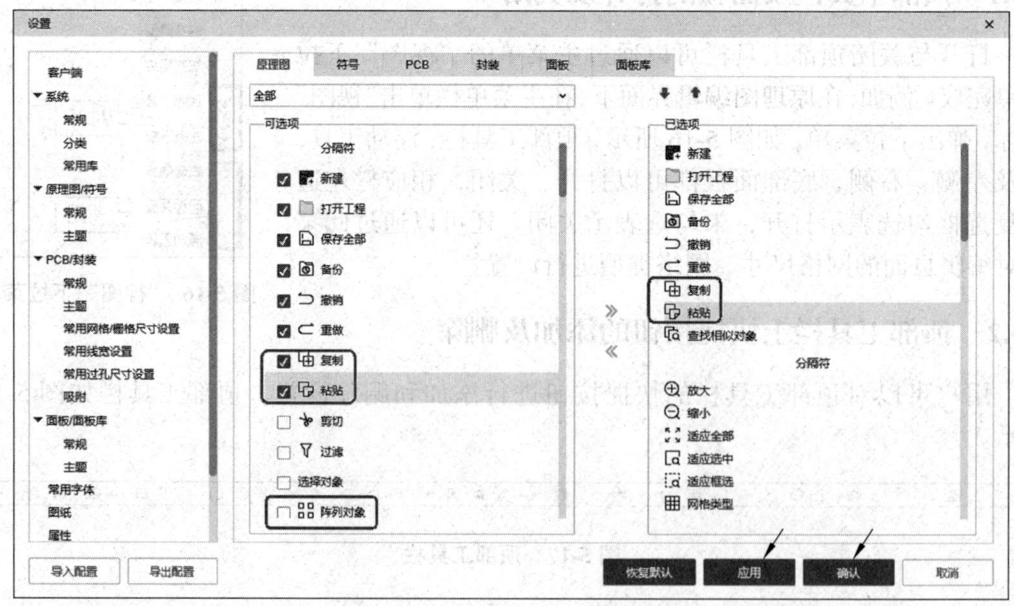

图 5-19　修改顶部工具栏的设置

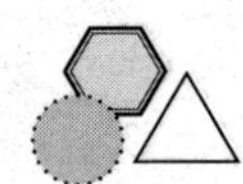

图 5-20　该工具栏与图 5-19 的设置对应

以上原理图顶部工具栏的设置适合 PCB、符号、封装编辑器的顶部工具栏的设置。

5.4　图纸

5.4.1　设置新建工程时的默认图纸的基本信息

可以设置新建工程时所应用的图纸模板和图纸标题栏的值。按 I 键，弹出下拉菜单，选择“图纸”命令，弹出“设置”对话框，如图 5-21 所示。

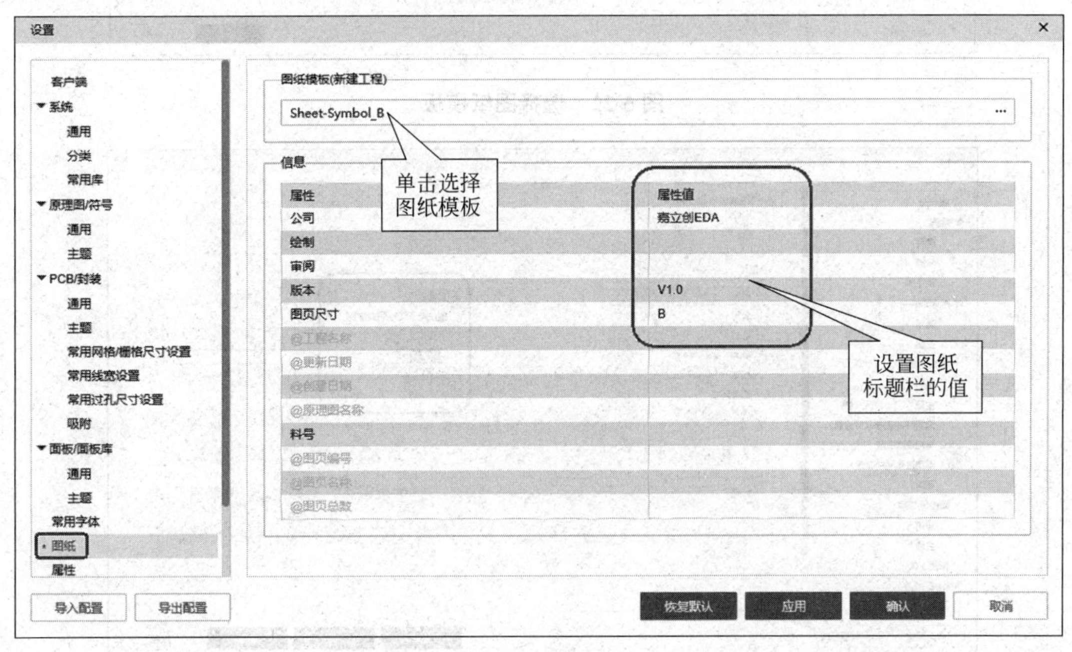

图 5-21　图纸的设置

用户单击选择图纸模板处，弹出“选择图纸”对话框，如图 5-22 所示，依次单击系统、全部、Sheet-Symbol_B（把图纸模板设为 Sheet-Symbol_B），单击“确认”按钮即可。

修改图纸标题栏的属性值，公司为“重庆电子工程职业学院”；绘制为“王正”；审阅为“孙荣辉”，如图 5-23 所示；单击“应用”及“确认”按钮后，弹出“提示”对话框，如图 5-24 所示；用户根据需要进行选择，这里选择“当前工程所有原理图”单选按钮，单击“确认”按钮。

现在新建一个工程，检验一下能否使用以上设置。从主菜单中选择“文件”→“新建”→“工程”命令，弹出“新建工程”对话框，输入工程名及描述，单击“保存”按

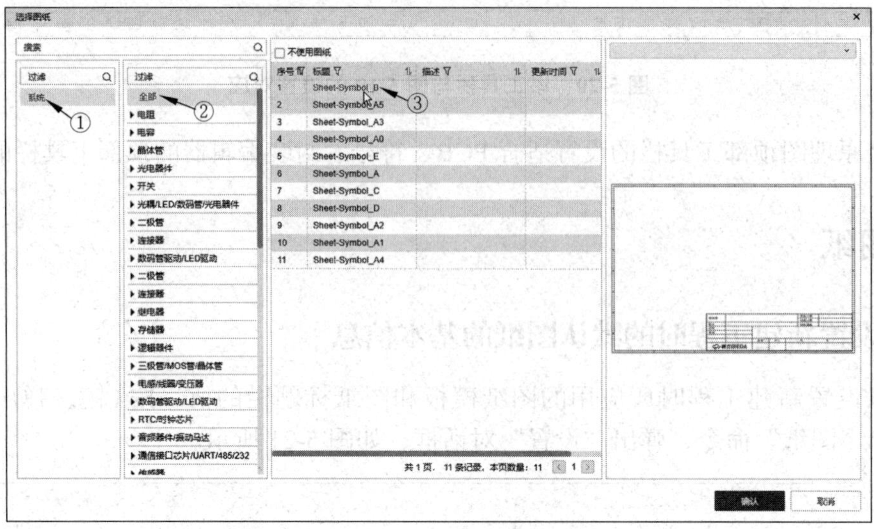

图 5-22　选择图纸模板

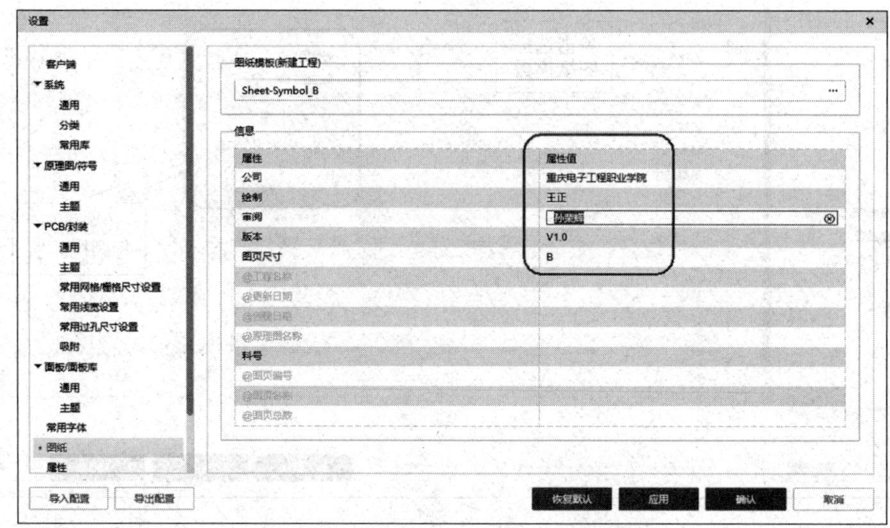

图 5-23　修改图纸模板信息的属性值

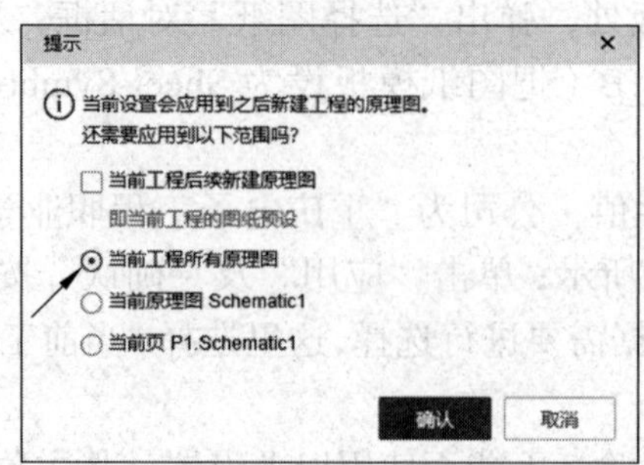

图 5-24　用户根据需要进行选择

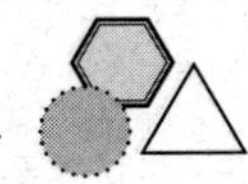

钮，即可新建工程，新建工程的图纸模板如图 5-25 所示，该模板应用了用户的设置。

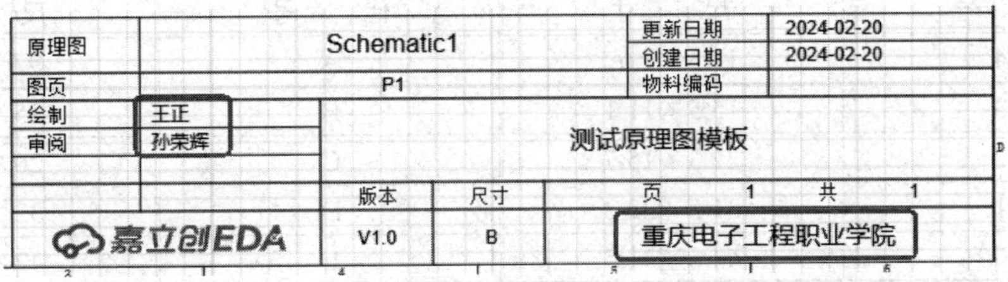

原理图
Schematic1
更新日期
2024-02-20
创建日期
2024-02-20
图页
P1
物料编码
绘制
王正
审阅
孙荣辉
测试原理图模板
版本
尺寸
页
1
共
1
嘉立创EDA
V1.0
B
重庆电子工程职业学院

图 5-25　新建工程的图纸模板

该设置方法对于当前工程后续新建原理图有效。如果原理图有多个图页，该方法很有效；如果工程只有一张图页，可以通过修改图纸属性来修改标题栏的内容，如图 5-26 所示。

图纸
图纸
Sh ···
图纸尺寸
A4
图纸宽度
11.7i
图纸高度
8.25i
属性
过滤
图纸属性
@创建日期
2024-02-20
@图页总数
1
@图页名称
P1
@图页编号
1
@工程名称
测试原理图模
@原理图名称
Schematic1
@更新日期
2024-02-20
公司
重庆电子工程
绘制
王正
图页尺寸
B
料号
审阅
孙荣辉
版本
V1.0
S 78%
G 0.05inch

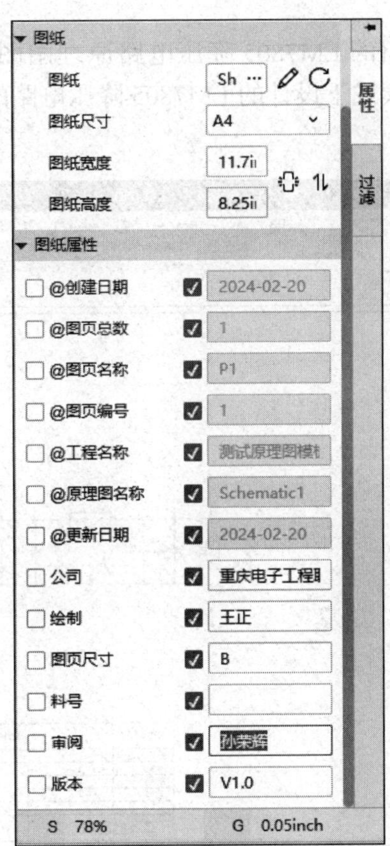

图 5-26　在属性面板中修改标题栏的内容

5.4.2　嘉立创 EDA 的图纸规格

嘉立创 EDA 给出的标准图纸格式中主要有公制图纸格式（A4~A0）、英制图纸格式（A~E），各种规格的图纸尺寸如表 5-1 所示。

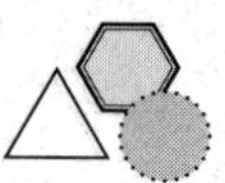

表 5-1　各种规格的图纸尺寸

单位：inch

代　　号	尺　　寸	代　　号	尺　　寸
A4	11.5×7.6	A	9.5×7.5
A3	15.5×11.1	B	15×9.5
A2	22.3×15.7	C	20×15
A1	31.5×22.3	D	32×20
A0	44.6×31.5	E	42×32

5.5　编辑当前原理图图纸模板

编辑当前原理图图纸模板

如果用户对系统提供的原理图图纸模板不满意，可以修改当前原理图的图纸模板。

这里以修改第 2 章介绍的 LM7805 降压电路原理图图纸模板为例，已经在 5.2.2 小节将全在线模式下设计的 LM7805 降压电路的工程导入在半离线模式下，编辑界面如图 5-27 所示。

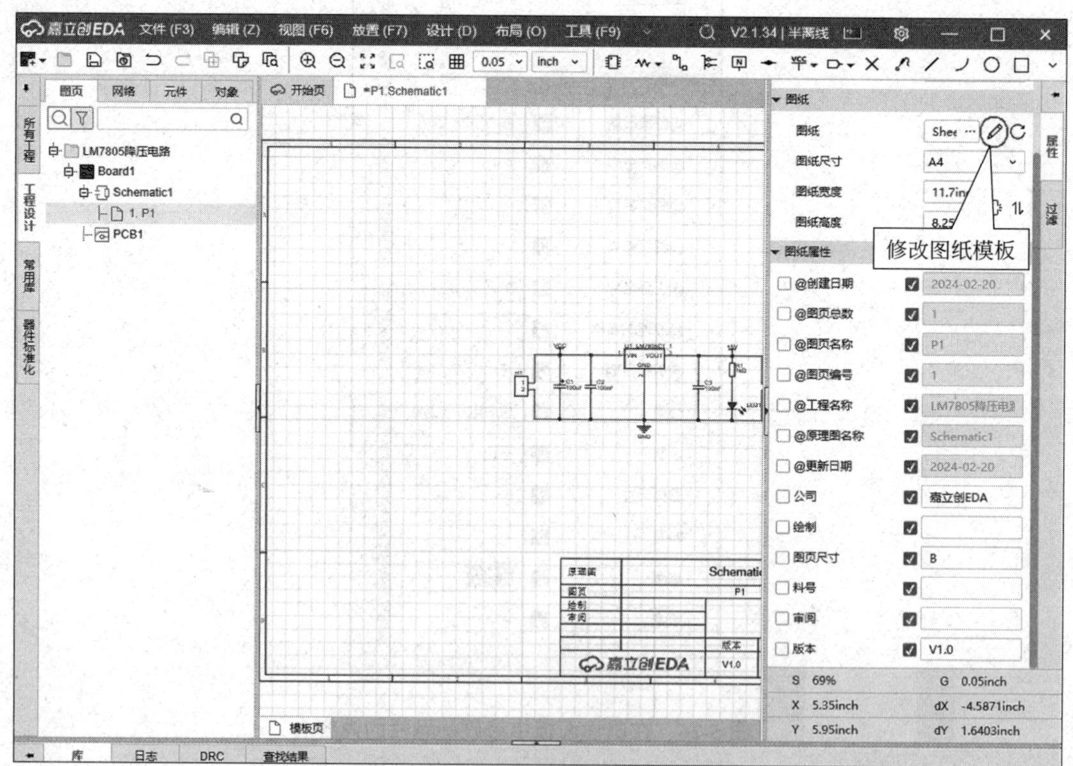

图 5-27　原理图编辑界面的图纸模板属性

如果需要更换当前编辑界面的图纸模板，只需要在画布右边的属性面板设置新的图纸模板即可，单击“图纸”右边属性面板的“铅笔”按钮，弹出“警告”对话框，如

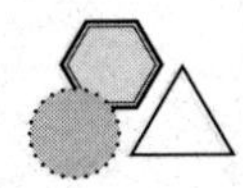

图 5-28 所示，单击“是”按钮，弹出编辑原理图模板界面，如图 5-29 所示。

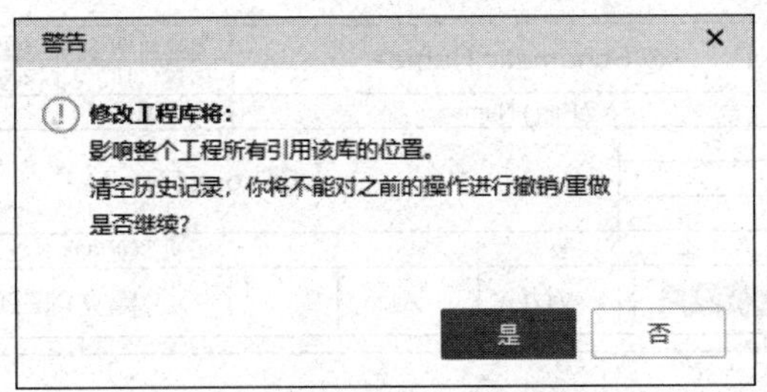

图 5-28　“警告”对话框

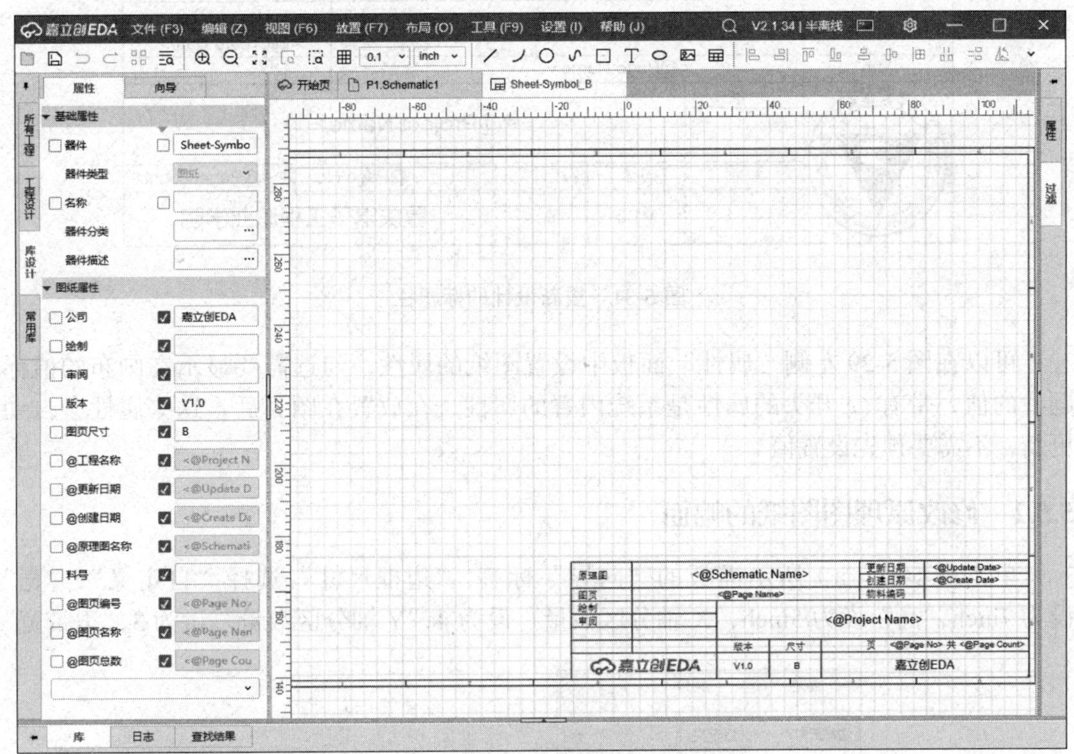

图 5-29　编辑原理图图纸模板

5.5.1　修改 Logo

在图 5-29 编辑原理图图纸模板界面可以任意修改标题栏与图纸幅面的尺寸，这里删除嘉立创 EDA 的图标，插入一个新图标。选中嘉立创 EDA 图标，如图 5-30 所示，按 Delete 键删除。

从主菜单中选择“放置”→“图片”命令，弹出“打开”图片文件对话框，在计算机的相应路径下找到需要的图片，单击“打开”按钮即可，把插入的图片调整到合适的大小、位置；删除标题栏多余的线条，绘制需要的线条，移动标题栏“移动”“绘制”

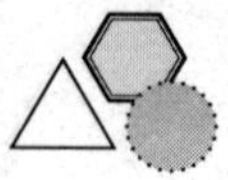

的位置，插入图片（Logo）调整好位置的标题栏如图 5-31 所示。

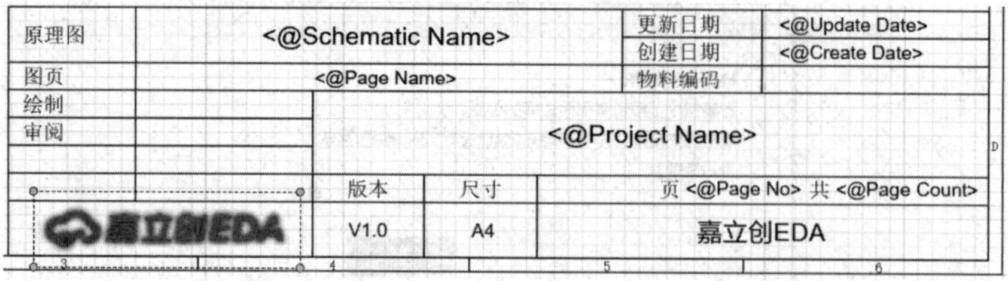

原理图	<@Schematic Name>			更新日期	<@Update Date>
				创建日期	<@Create Date>
图页	<@Page Name>			物料编码	
绘制		<@Project Name>			
审阅					
		版本	尺寸	页 <@Page No> 共 <@Page Count>	
嘉立创EDA		V1.0	A4	嘉立创EDA	

图 5-30　删除标题栏的 Logo

原理图	<@Schematic Name>			更新日期	<@Update Date>
				创建日期	<@Create Date>
图页	<@Page Name>			物料编码	
	审阅	<@Project Name>			
	绘制	版本	尺寸	页	<@Page No> 共 <@Page Count>
		V1.0	A	重庆电子工程职业学院	

图 5-31　重新设计的标题栏

可以在图 5-29 左侧“属性”面板中设置图纸的属性，勾选需要显示在画布的值标题栏的值，带有 @ 开头的属性是系统内置的属性，在放置在图页后，这些属性会自动更新，不需要预先设置值。

5.5.2　修改原理图图纸的幅面

单击图 5-32（a）所示面板的“向导”标签，“边框尺寸”选择“自定义”，“宽”设为 7inch，“高”设为 5inch，“X 轴分区数量”设为 4，“Y 轴分区数量”设为 3，“刃带宽”

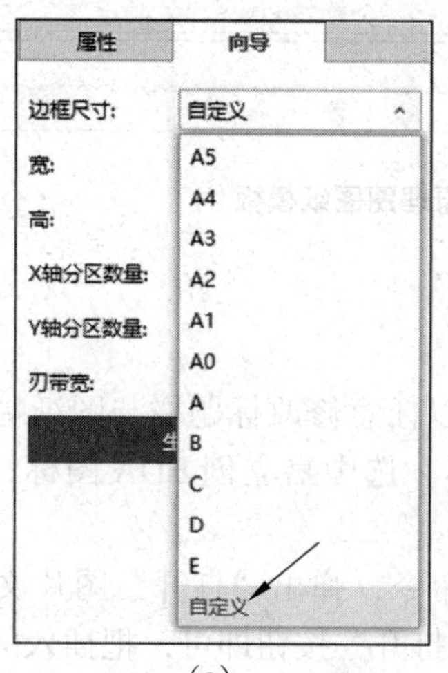

（a）

（b）

图 5-32　修改图页尺寸

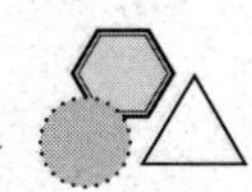

保留 0.1inch，如图 5-32（b）所示。单击“生成图纸边框”按钮，即生成新的原理图图纸模板，如图 5-33 所示。

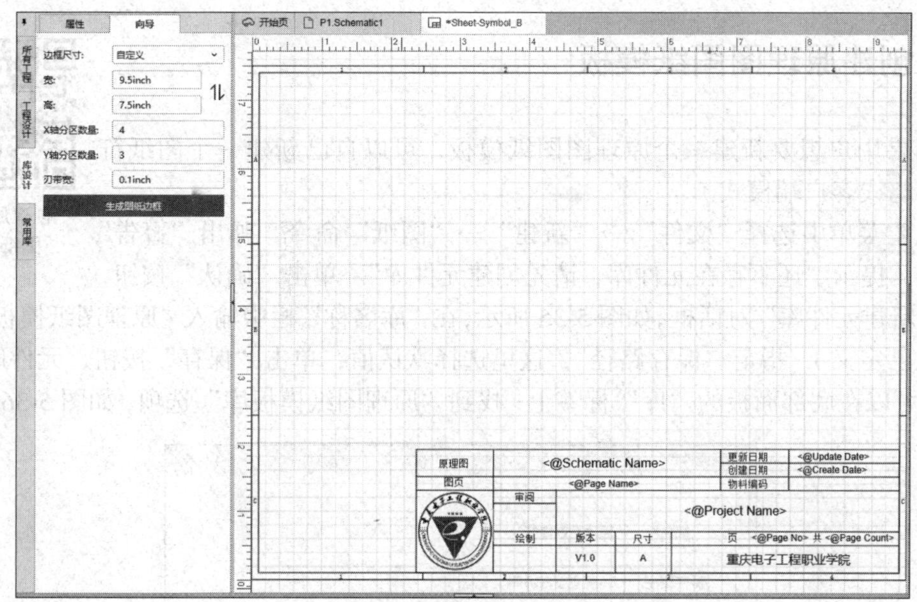

图 5-33　新的原理图图纸模板

在顶部工具栏单击“保存”按钮，返回（选择）LM7805 降压电路原理图编辑界面，修改的原理图模板即可生效，原理图的编辑界面如图 5-34 所示。

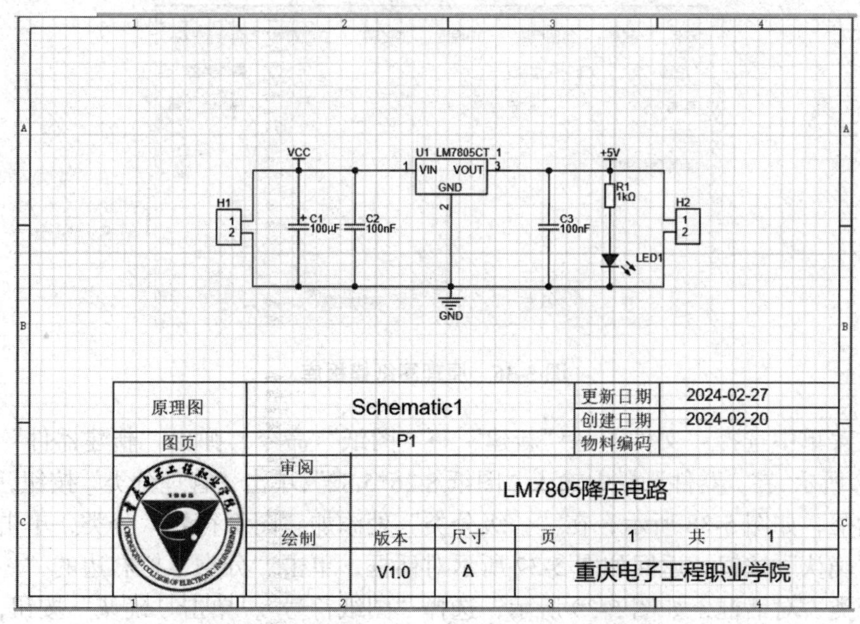

图 5-34　LM7805 降压电路原理图模板编辑界面

修改完成后，保存即可更新之前的图纸。如果没有及时更新，请重新打开原理图图页。

当前原理图图纸的模板替换只对当前的原理图图页有效，下一个新建图页会根据工程图纸设置创建。

5.6 创建原理图图纸模板

创建原理图图纸模板

如果用户想要新建一个原理图图纸模板，可以自己新建一个图纸符号（半离线客户端模式）。

从主菜单中选择“文件”→“新建”→“图纸”命令，弹出“警告”对话框，提示“还不存在元件库，请先创建元件库”。单击“确认”按钮，弹出“新建元件库”对话框，如图 5-35 所示，在“库名称”栏中输入“原理图纸模板”（该名称自己定义），指定“保存路径”，这里选择默认值，单击“保存”按钮，元件库创建完成，可以在底部面板的“库”标签上，找到“原理图纸模板库”选项，如图 5-36 所示。

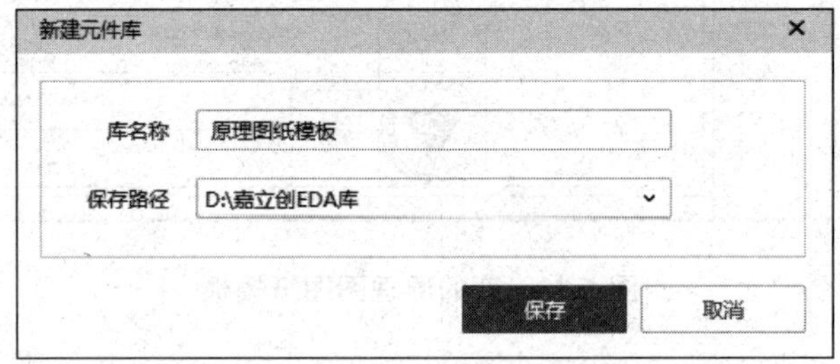

图 5-35 “新建元件库”对话框

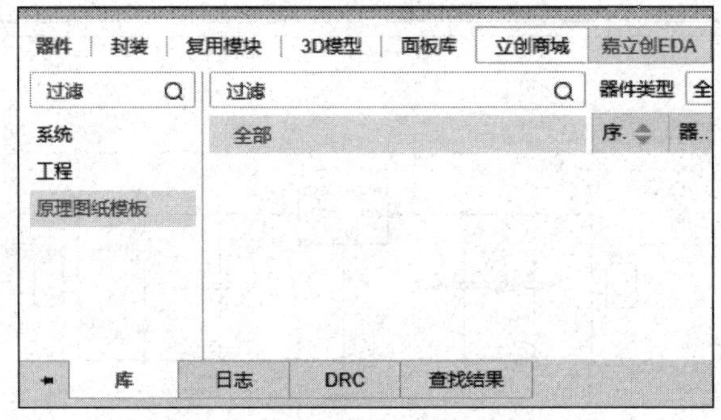

图 5-36 原理图纸模板库

在主菜单中选择“文件”→“新建”→“图纸”命令，弹出“新建器件”对话框，如图 5-37 所示，在“器件”栏中输入“图纸 8.26*5.82”，单击“管理分类”按钮，弹出“设置”对话框，如图 5-38 所示，在“一级分类”处添加“图纸符号”分类，单击“应用”按钮和“确认”按钮。返回如图 5-37 所示对话框，单击“分类”栏右边的“…”按钮，弹出“分类”对话框，如图 5-39 所示，选择“图纸符号”，单击“确认”按钮，返回如图 5-37 所示对话框，将“描述”栏的信息填写好，如图 5-40 所示，单击“保存”按钮，弹出原理图图纸编辑界面，如图 5-41 所示。

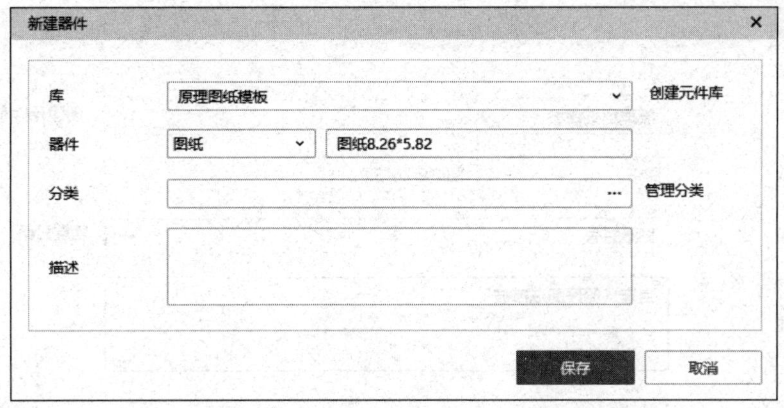

图 5-37　“新建器件（图纸）”对话框

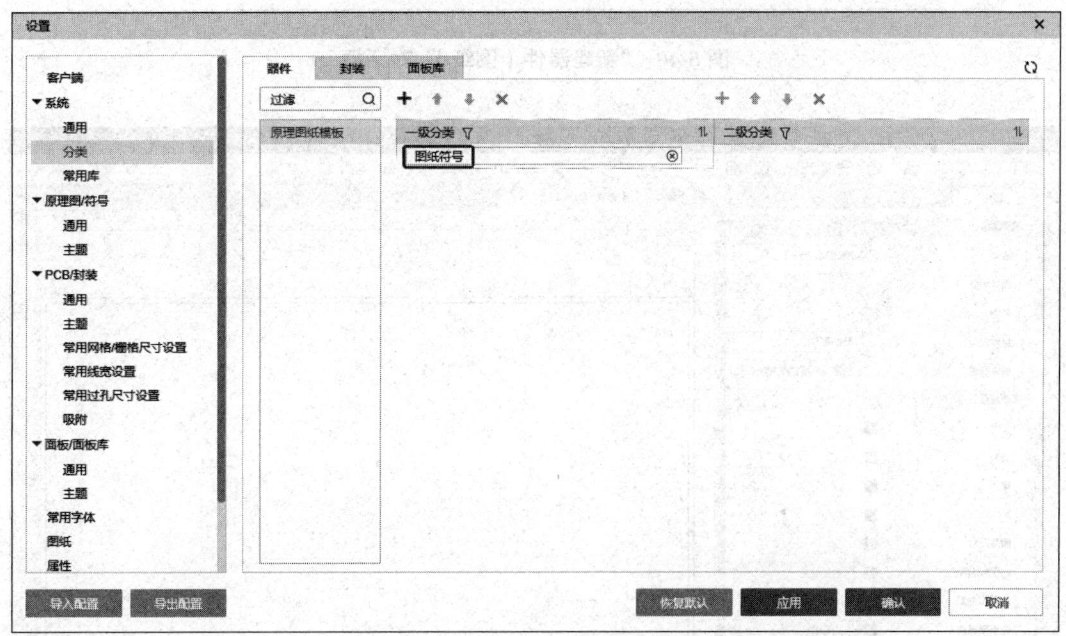

图 5-38　创建图纸符号分类

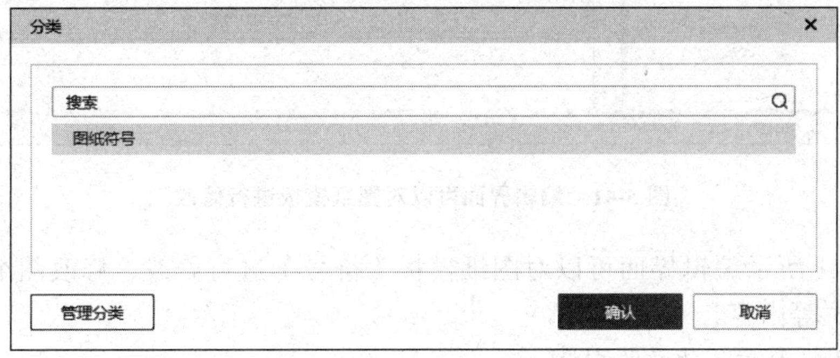

图 5-39　“分类”对话框

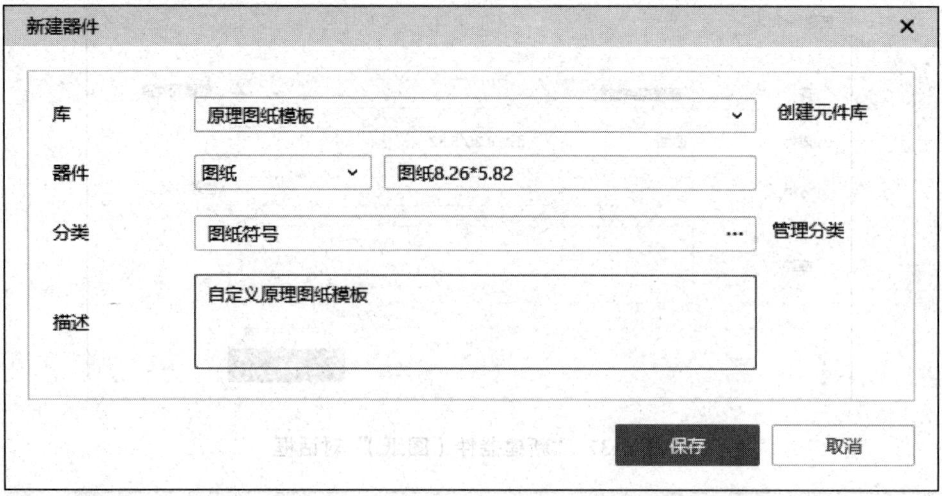

新建器件

库　原理图纸模板　创建元件库

器件　图纸　图纸8.26*5.82

分类　图纸符号　管理分类

描述　自定义原理图纸模板

保存　取消

图 5-40　“新建器件（图纸）”对话框

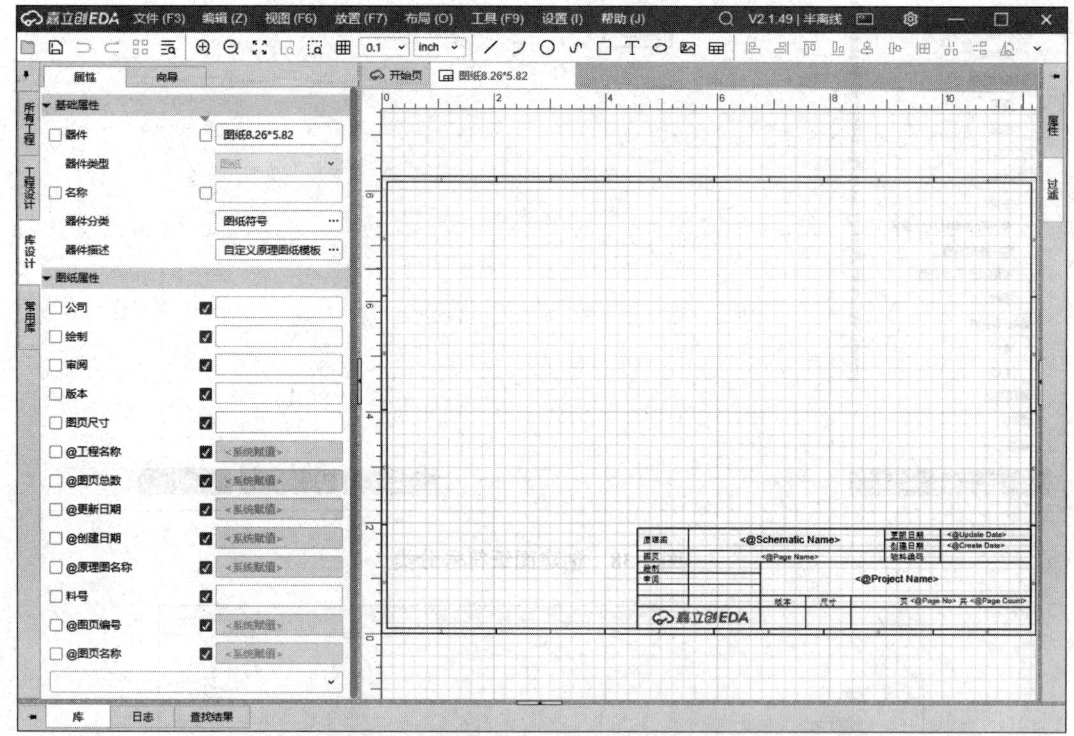

图 5-41　编辑界面可以对图纸模板进行修改

在图 5-41 所示编辑界面可以对图纸模板（符号）进行修改，修改图纸幅面大小，设计新标题栏等内容。

注意： 图纸符号不能放置引脚。

5.6.1　修改图纸幅面

用 5.5.2 小节介绍的方法，单击左侧面板的“向导”标签，“边框尺寸”选择“自定义”，“宽”设为 8.26inch，“高”设为 5.82inch，“X 轴分区数量”设为 4，“Y 轴分区数量”设为 3，“刃带宽”保留 0.1inch，单击“生成图纸边框”按钮，修改图纸的幅面如图 5-42 所示。

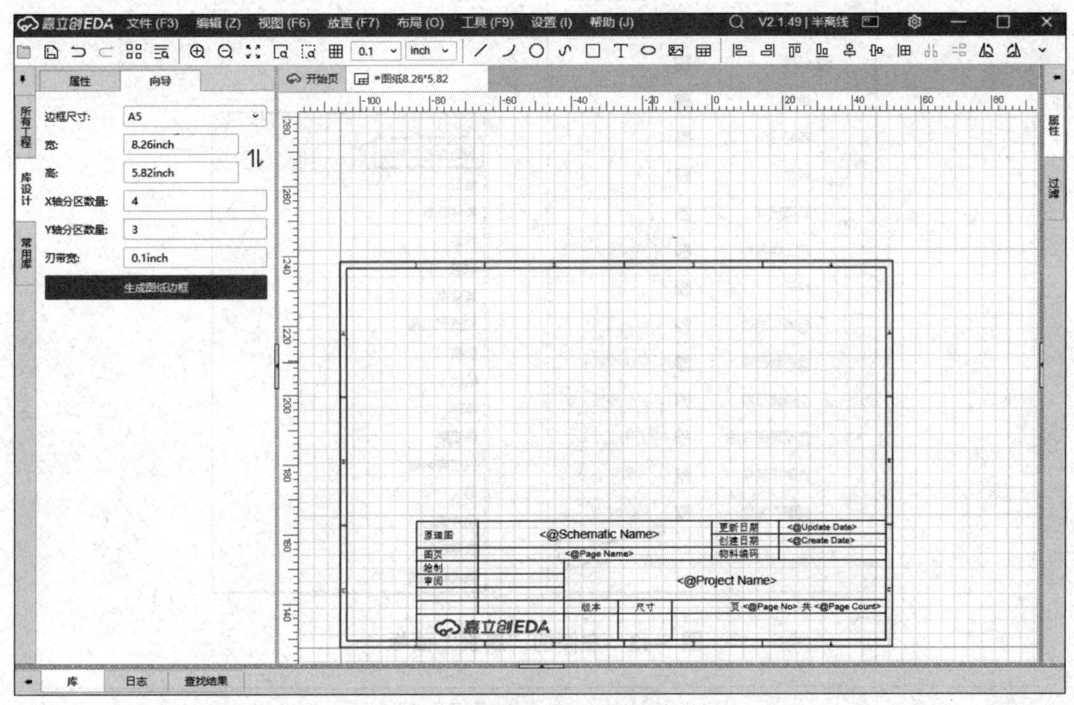

图 5-42　修改图纸的幅面

5.6.2　新建标题栏

（1）用户将标题栏内的文字移动到标题栏外，删除原标题栏的表格，绘制新的标题栏。单击顶部工具栏上的“绘制线条”按钮／，绘制标题栏的表格。

（2）在左侧“属性”面板添加“工艺”“标准化”“批准”属性。

① 单击左侧“属性”标签内的 ⌄ 按钮，弹出“新增自定义属性”下拉菜单，如图 5-43 所示。单击“新增自定义属性”按钮，弹出“设置”对话框，如图 5-44 所示，单击“+”按钮，添加“工艺”属性。用相同的方法添加“标准化”“批准”属性，设置好后单击“应用”按钮和“确认”按钮。

② 在左侧“属性”面板设置图纸所需要的属性，勾选需要显示在画布中的值。带有 @ 开头的属性是系统内置的属性，放置在图页后，这些属性会自动更新，不需要预先设置值，如图 5-45 所示。

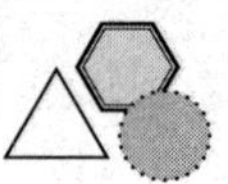

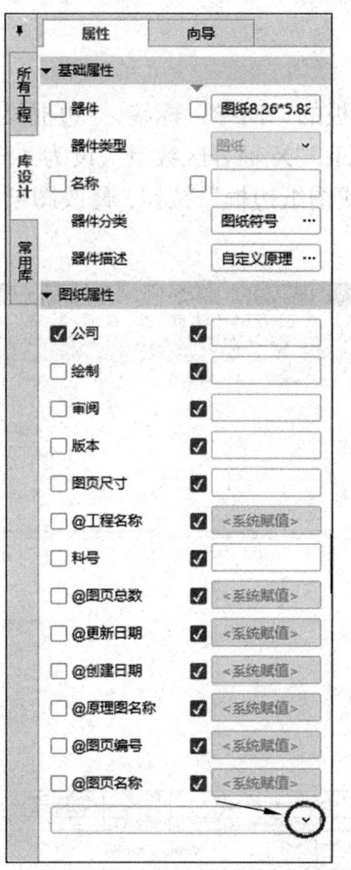

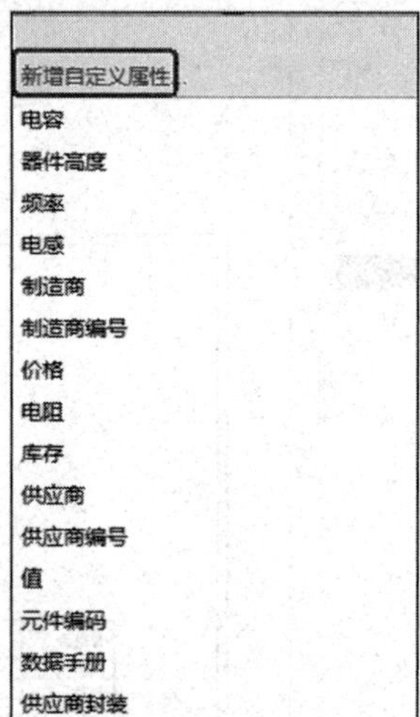

图 5-43　左侧的“属性”面板

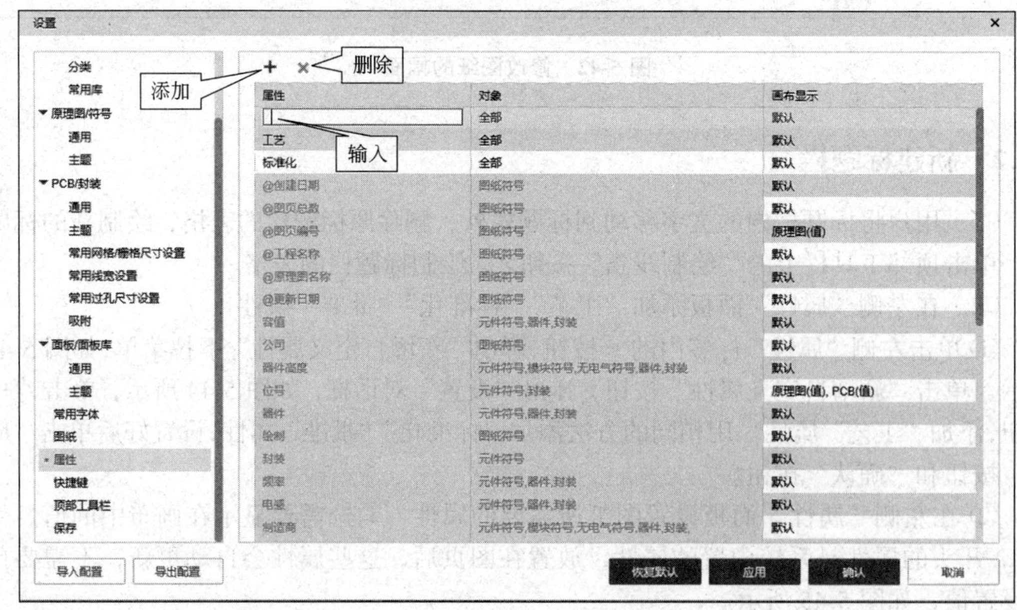

图 5-44　“设置”对话框 1

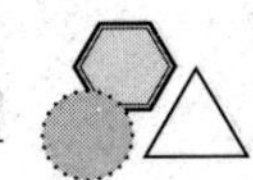

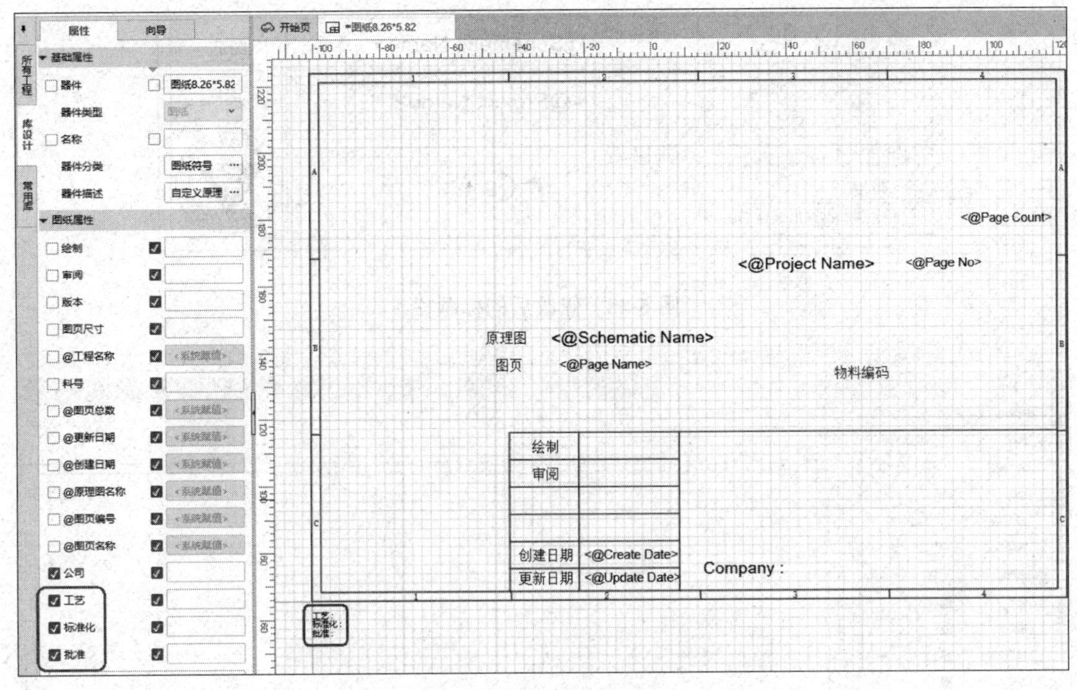

图 5-45 “工艺”“标准化”“批准”添加成功

③ 移动“工艺”“标准化”“批准”到标题栏的相应位置；修改其字体、字体颜色、字体大小；选择要修改的字体并右击，弹出如图 5-46 所示的快捷菜单，选择“属性”命令，弹出“属性”对话框，如图 5-47 所示，可以修改字体颜色、字体及字体大小，修改后的标题栏如图 5-48 所示。

（3）按 5.5.1 小节介绍的方法插入新的 Logo，为了定位“绘制”“审阅”所对应的文字，可以放置一个字母（输入内容时删除字母即可）。创建好的原理图图纸模板如图 5-49 所示，单击“保存”按钮。

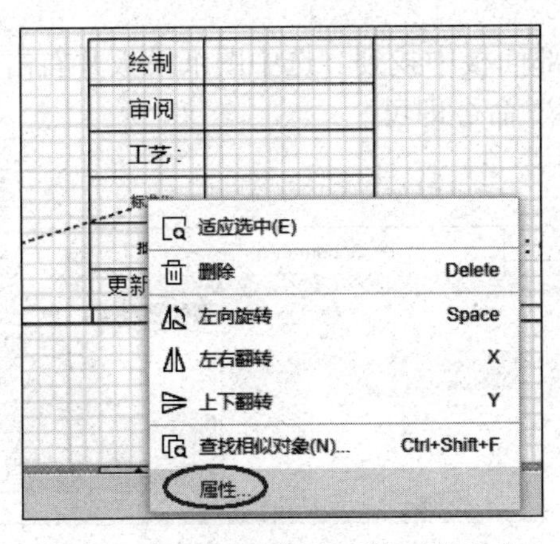

图 5-46 快捷菜单选择“属性”命令

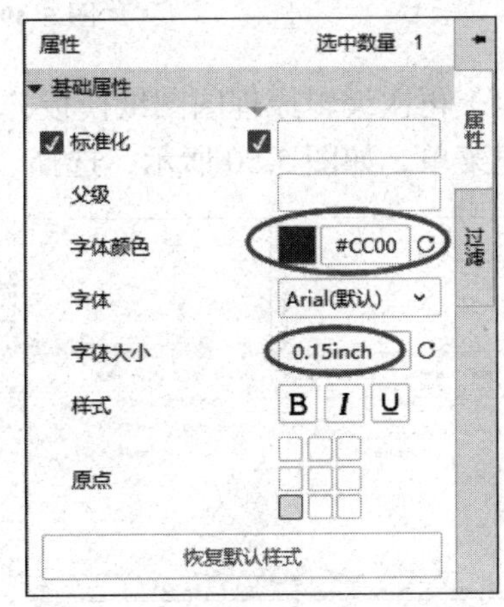

图 5-47 修改字体颜色及大小

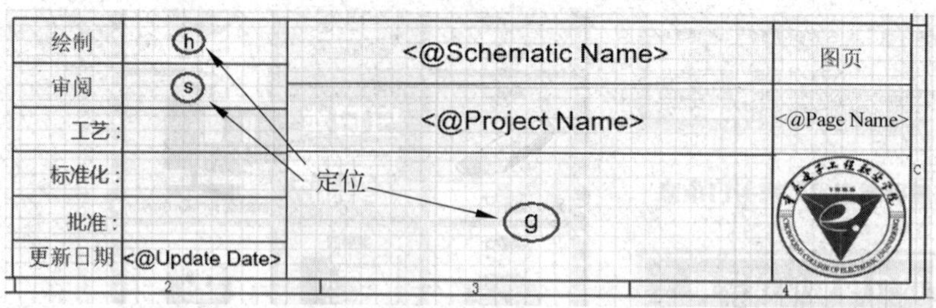

图 5-48　修改后的标题栏

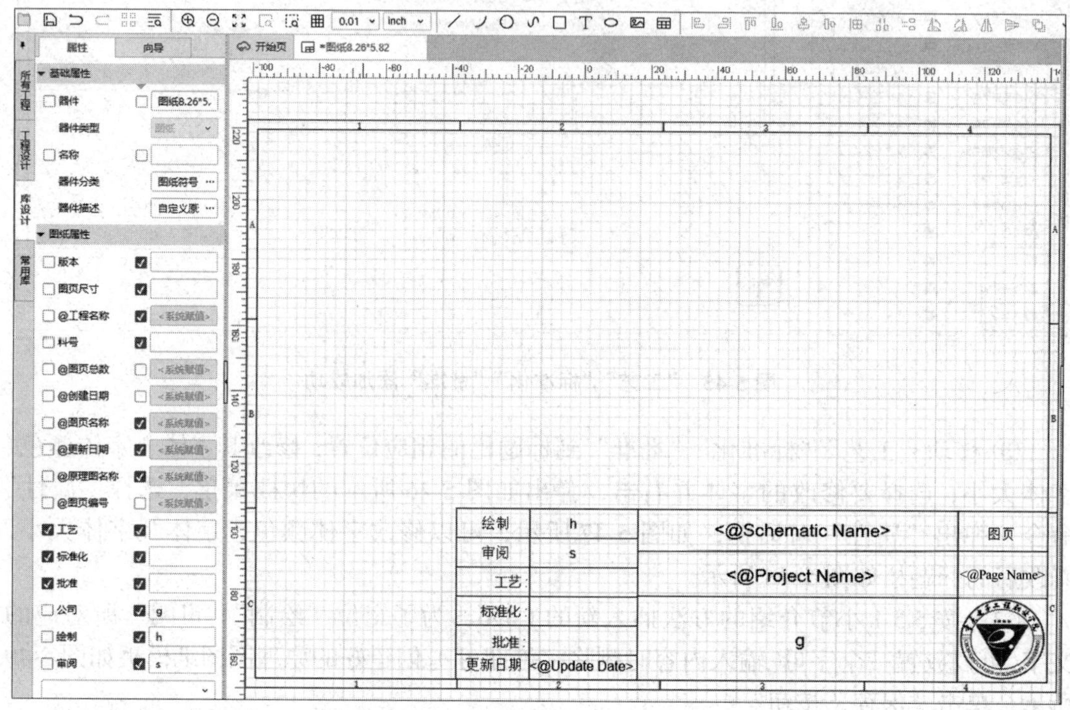

图 5-49　原理图模板设计完成

（4）再次编辑原理图图纸模板，可以在底部面板中找到。选中图纸模板并右击，弹出快捷菜单，如图 5-50 所示，选择“编辑器件”命令即可。

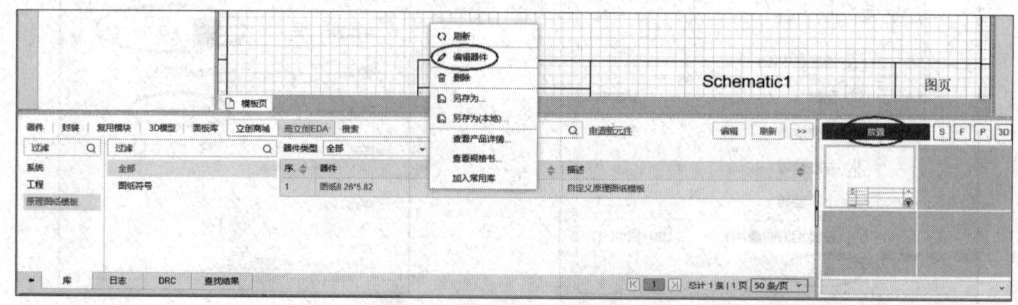

图 5-50　再次编辑原理图模板

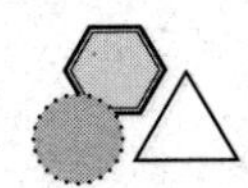

可以将原理图图纸模板另存（本地），然后可以在其他计算机上导入该模板。

5.6.3　原理图图纸模板的调用

从主菜单中选择“文件”→“新建”→“工程”命令后，在底部库面板中的显示如图 5-50 所示，找到新建的图纸符号，单击“放置”按钮即可。应用新的原理图图纸模板并输入相应参数的编辑界面如图 5-51 所示。

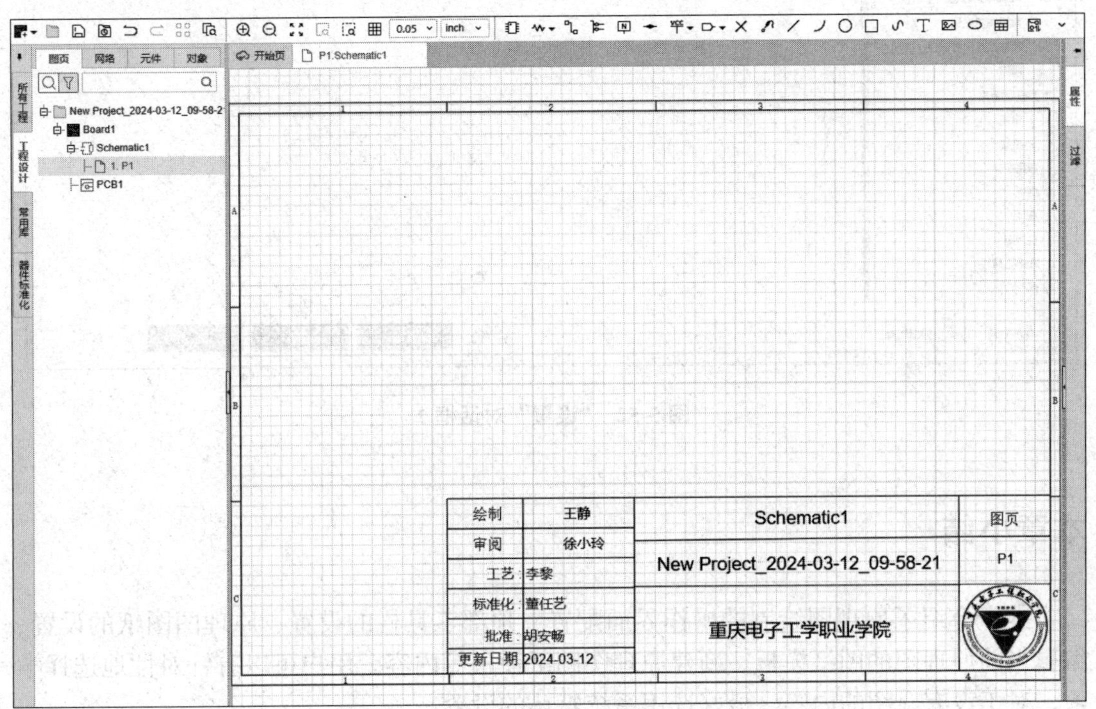

图 5-51　新建工程并使用新的原理图模板

5.7　保存

从主菜单中选择“设置”→“保存”命令，弹出“设置”对话框，如图 5-52 所示。可启用自动保存文档，设置文档的自动保存时间；启用工程的自动备份，设置工程自动备份时间。

自动备份会将当前工程自动备份到云端，当工程删除后云端备份也会一起删除。如果计算机出现故障，当前的工程丢失，可以从主菜单中选择“文件”→“缓存恢复”命令，弹出“缓存恢复”对话框，在该对话框中找到要恢复的工程，单击“恢复”按钮即可。

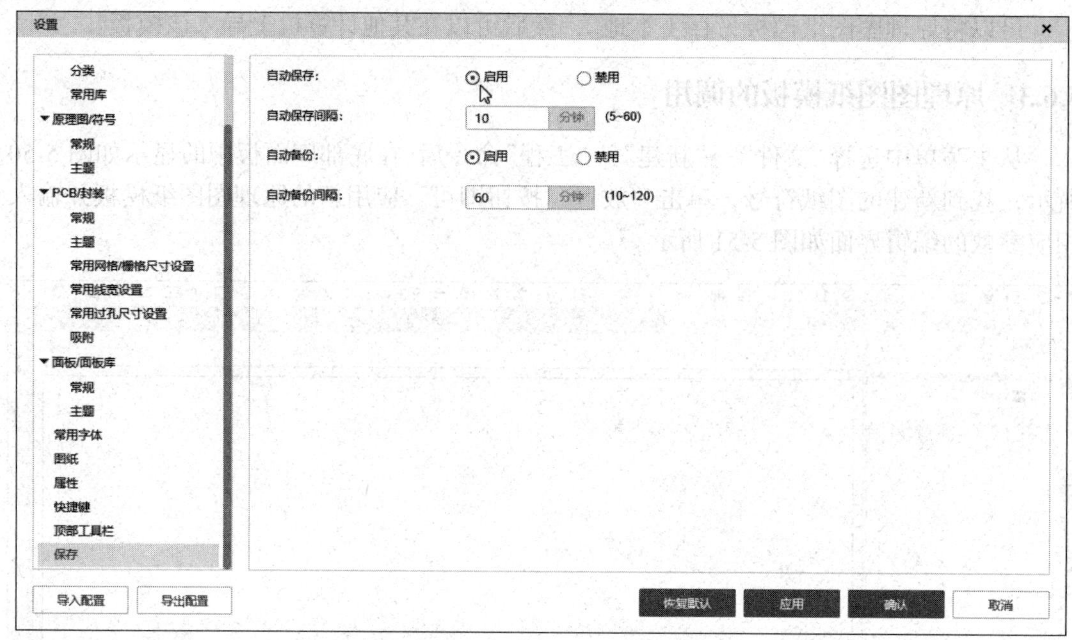

图 5-52 “设置”对话框 2

本章小结

本章介绍了原理图绘制的操作界面配置、顶部工具栏的设置、原理图图纸的设置、编辑当前原理图的图纸模板、新建原理图图纸模板等内容。用户可以有针对性地选择学习，对于没有介绍的内容，最好选用系统默认的设置。

习题

1. 嘉立创 EDA（专业版）原理图编辑器中的常用工具栏有哪些？各种工具栏的主要用途是什么？怎么打开、关闭？

2. 如何将原理图编辑器的可视网格设置成“网格”或“网点”？

3. 如何将原理图编辑器的光标形状设置为大十字光标、小十字光标？

第 6 章

基于 51 单片机温度计的原理图绘制

本章在半离线模式下介绍 51 单片机温度计原理图（图 6-1）的绘制。调用第 5 章建立的原理图模板绘制 51 单片机温度计原理图。嘉立创 EDA 搜索引擎支持立创商城和嘉立创 EDA 双引擎。搜索器件有两种方法，分别用“器件”对话框和库面板。本章还介绍了器件库、符号库、封装库的含义。通过本章的学习，将能够更加快捷和高效地使用嘉立创 EDA 的原理图编辑器进行原理图的设计。

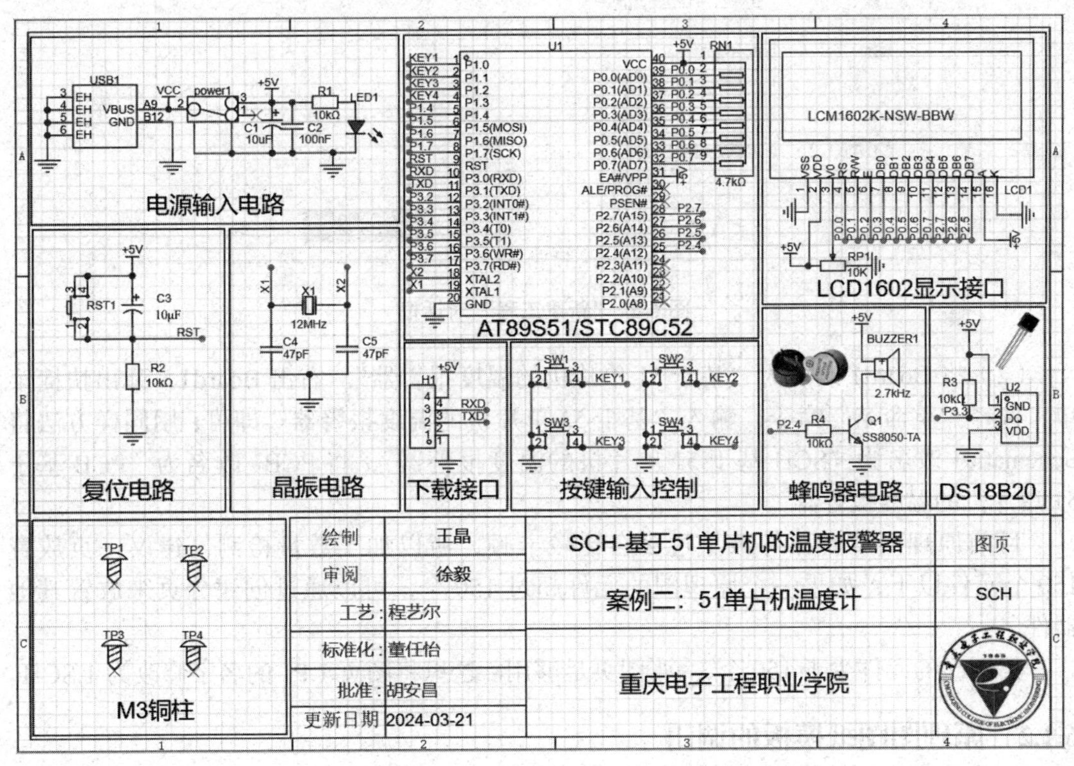

图 6-1　51 单片机温度计原理图

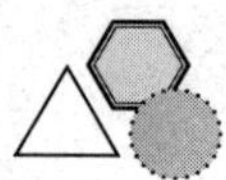

6.1 51 单片机温度计原理图的绘制

51 单片机温度计原理图的绘制

6.1.1 新建 51 单片机温度计工程

由于在第 5 章新建了一个 51 单片机温度计设计的工程，要把该工程删除，只需半离线模式下在保存该工程的路径内找到该工程，然后删除即可。再重新创建一个 51 单片机温度计设计的工程。

（1）在主菜单中选择“文件”→“新建”→“工程”命令，弹出“新建工程”对话框，在“工程”栏输入“案例二：51 单片机温度计”，“描述”栏输入“第 2 个案例”，单击“保存”按钮，如图 6-2 所示。弹出“提示”对话框，提示“创建成功！是否打开新工程？”单击“是”按钮，打开新建的工程。

图 6-2 “新建工程”对话框

（2）将 Board1 改名为“基于 51 单片机的温度报警器”。右击 Board1，弹出快捷菜单，选择“重命名”命令，输入“基于 51 单片机的温度报警器”即可；用同样方法将 Schematic1 改名为“SCH-基于 51 单片机的温度报警器”，将 PCB1 改名为“PCB-基于 51 单片机的温度报警器”。

目前原理图放置器件数量过多会比较卡顿，所以加了数量检测，建议一页放置 150 个元件以下，如果一个原理图的元件超过 150 个，可以通过创建分页来放置其他器件。

案例二的元件少于 150 个，一张图页足够用。这里将图页 1.P1 的名字修改为 1.SCH。

6.1.2 原理图图纸模板的调用

从底部库面板找到新建的原理图图纸模板，如图 6-3 所示，单击“放置”按钮即可。新原理图图纸模板的编辑界面如图 6-4 所示。

在原理图幅面任意地方单击，再单击右边的“属性”面板，填写标题栏的绘制、审阅等信息，标题栏填写完整的原理图幅面如图 6-5 所示。

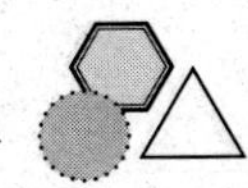

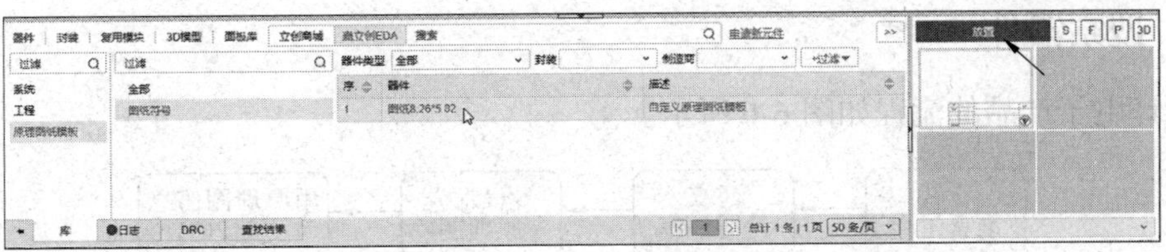

图 6-3　找到新建的原理图图纸模板

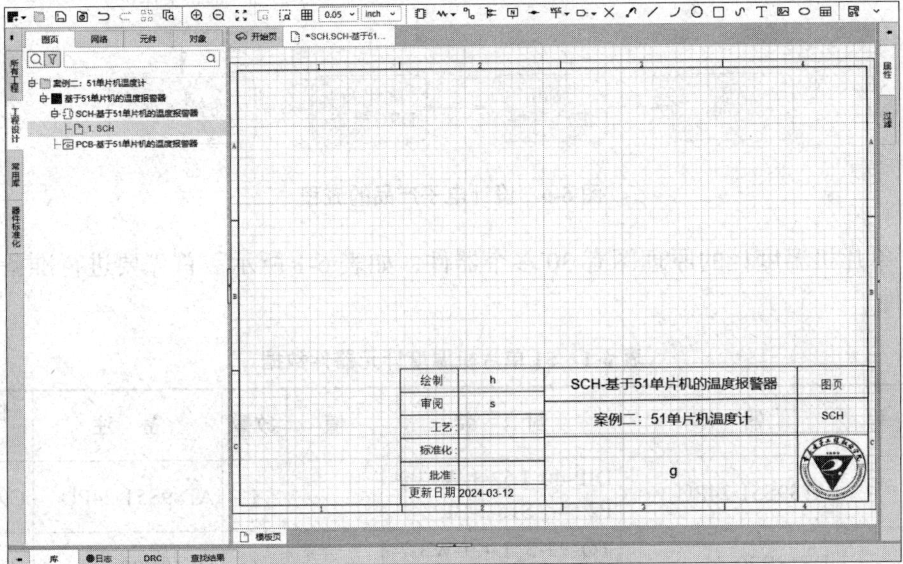

图 6-4　新原理图图纸模板的编辑界面

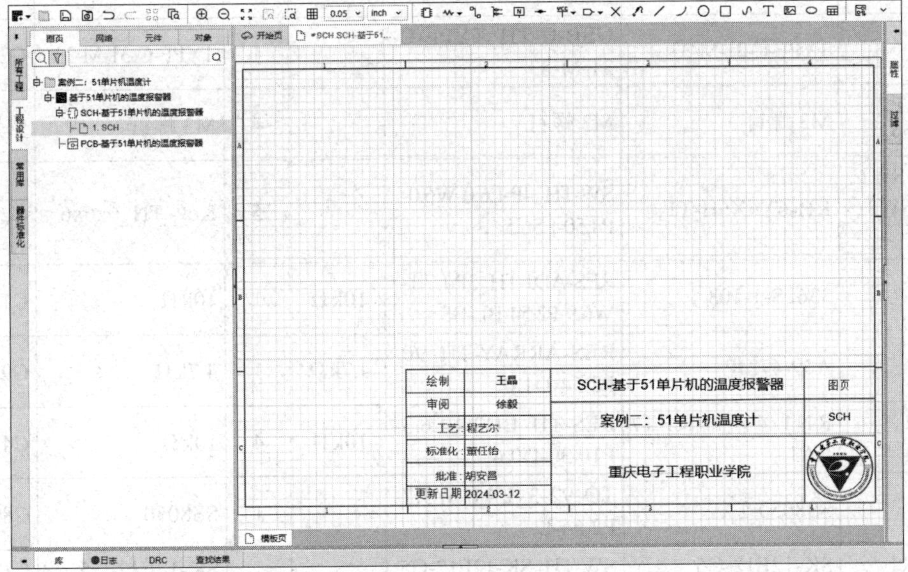

图 6-5　原理图幅面

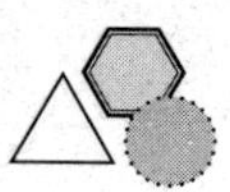

6.1.3　搜索器件

设计电子产品的流程如图 6-6 所示。

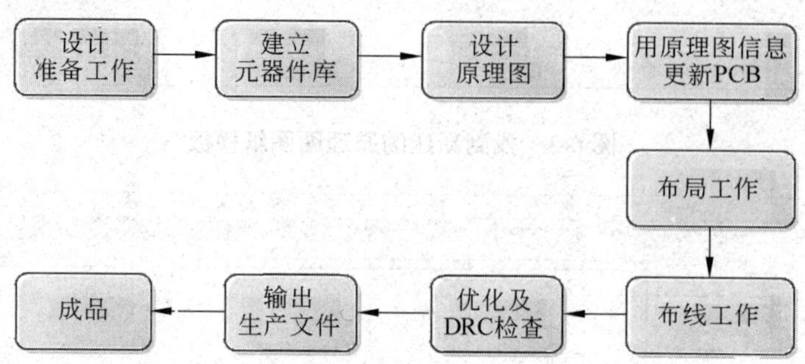

图 6-6　设计电子产品的流程

51 单片机温度计的原理图有 30 多个器件，如表 6-1 所示。首先要进行准备工作并查找器件。

表 6-1　51 单片机温度计元器件数据

位　号	器　件	封　装	值	数量	备　注	供应商编号
U1	AT89S51-24PU	DIP-40_L52.3-W13.9-P2.54-LS15.2-BL		1	AT89S51-24PU	C9438
U2	DS18B20	TO-92-3_L4.9-W3.7-P1.27-L		1	DS18B20	C376006
X1	B12000J233	HC-49US_L11.5-W4.5-P4.88	12MHz	1	12MHz	C258979
USB1	TYPE-C-31-M-33	USB-C-TH_TYPE-C-31-M-33		1	TYPE-C-31-M-33	C2848624
TP1、TP2、TP3、TP4	M3 螺钉	M3 螺钉		4	M3 螺钉	常用库
RST1、SW1、SW2、SW3、SW4	KH-6X6X6H-TJ	SW-TH_4P-L6.0-W6.0-P4.50-LS6.5		5	Key_TH_6x6x6	C2837516
RP1	3362S-1-103	RES-ADJ-TH_3P-L7.1-W6.9-P2.54-BL-BS	10kΩ	1	10kΩ	C118898
RN1	A09-472JP	RES-ARRAY-TH_9P-P2.54-D1.0	4.7kΩ	1	4.7kΩ	C9112
R1、R2、R3、R4	RN1/4W10KFT/BA1	RES-TH_BD2.4-L6.3-P10.30-D0.6	10kΩ	4	10kΩ	C410695
Q1	SS8050-TA	TO-92-3_L4.8-W3.7-P2.54-L		1	SS8050	C80297
POWER1	SK-12E12-G5	SW-TH_SK-12E12-G5		1	SK-12E12-G5	C136720
LED1	LED_TH-R_3mm	LED_TH-3mm		1	LED_TH-R_3mm	常用库

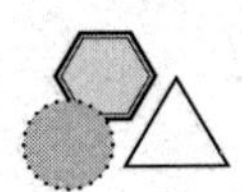

续表

位　　号	器　件	封　　装	值	数量	备　注	供应商编号
LCD1	LCM1602K-NSW-BBW	MODULE-TH_LCM1602K		1	LCM1602K-NSW-BBW	C83275
H1	PZ254V-11-04P	HDR-TH_4P-P2.54-V-M		1	HDR-M 2.54-1x4P	C492403
C4、C5	CC1H470JC74DCH4B10MN	CAP-TH_L4.5-W3.0-P5.00-D1.2	47pF	2	47pF	C254085
C2	CC1H104MC1FD3F6C10MF	CAP-TH_L5.0-W2.5-P5.00-D1.0		1	100nF	C9900015256
C1、C3	KM106M025D11RROVH2FP	CAP-TH-BD5.0-P2.00-D0.8-FD	10μF	2	10μF	C43347
BUZZER1	SUN-12095-5VPA7.6	BUZ-TH-BD12.0-P7.60-D0.6-FD	2700Hz	1	D=12mm	C360615

器件在放置画布后称为元件。

嘉立创 EDA（专业版）的原理图和 PCB 均使用模板机制，放置一个器件在画布后，该器件会进入工程库作为该工程的模板，后续继续放置相同的器件时，会优先使用工程库的模板，不会被器件库的更新所影响。

嘉立创 EDA（专业版）为了管理数量巨大的元件库，电路原理图编辑器提供强大的库搜索功能。搜索引擎支持立创商城和嘉立创 EDA 双引擎，当其中一个引擎不符合搜索期望时，可以进行切换。立创商城引擎只可以搜索系统库的器件。

放置器件的操作入口如下。

主菜单：选择“放置”→“器件”命令（快捷键 Shift+F）或选择“放置”→“快捷器件”命令。

主工具栏：放置器件图标或快捷器件下拉按钮，如图 6-7 所示。

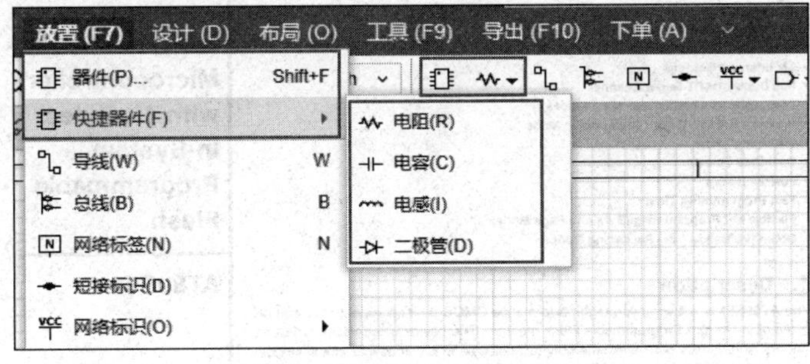

图 6-7　放置器件的操作入口

1. “器件”对话框中查找型号为 AT89S51-24PU 单片机

主菜单中选择“放置”→“器件”命令，弹出搜索“器件”对话框，在搜索框中输入 AT89S51-24PU，单击“搜索”按钮，搜索结果如图 6-8 所示。可以查看该器件的品牌、商品编号、单价、立创商场的库存等信息。如果要进一步了解该器件的功能，可以查看数据手册。单击“数据手册”图标 数据手册，弹出 AT89S51-24PU 数据手册界面，如图 6-9

所示，可以通过手册了解当前器件是否合适。

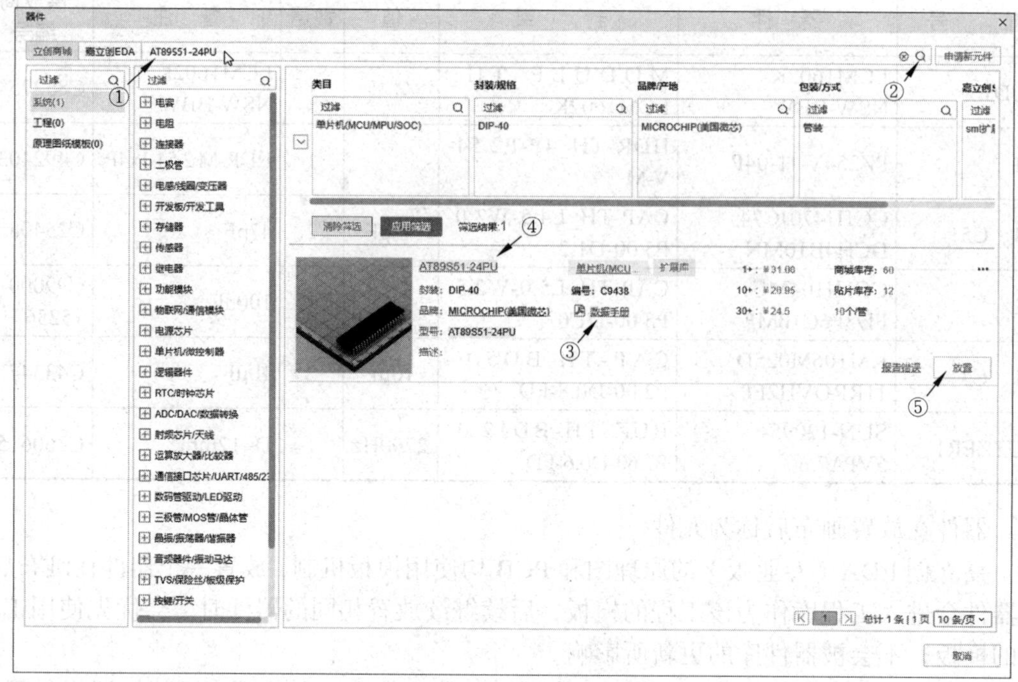

图 6-8　搜索结果 1

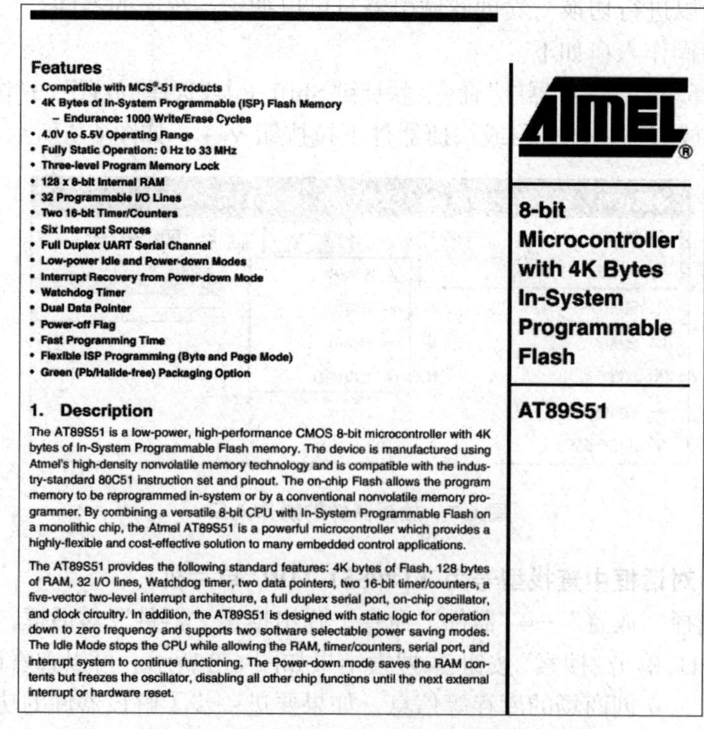

Features

- Compatible with MCS®-51 Products
- 4K Bytes of In-System Programmable (ISP) Flash Memory
  – Endurance: 1000 Write/Erase Cycles
- 4.0V to 5.5V Operating Range
- Fully Static Operation: 0 Hz to 33 MHz
- Three-level Program Memory Lock
- 128 x 8-bit Internal RAM
- 32 Programmable I/O Lines
- Two 16-bit Timer/Counters
- Six Interrupt Sources
- Full Duplex UART Serial Channel
- Low-power Idle and Power-down Modes
- Interrupt Recovery from Power-down Mode
- Watchdog Timer
- Dual Data Pointer
- Power-off Flag
- Fast Programming Time
- Flexible ISP Programming (Byte and Page Mode)
- Green (Pb/Halide-free) Packaging Option

1. Description

The AT89S51 is a low-power, high-performance CMOS 8-bit microcontroller with 4K bytes of In-System Programmable Flash memory. The device is manufactured using Atmel's high-density nonvolatile memory technology and is compatible with the industry-standard 80C51 instruction set and pinout. The on-chip Flash allows the program memory to be reprogrammed in-system or by a conventional nonvolatile memory programmer. By combining a versatile 8-bit CPU with In-System Programmable Flash on a monolithic chip, the Atmel AT89S51 is a powerful microcontroller which provides a highly-flexible and cost-effective solution to many embedded control applications.

The AT89S51 provides the following standard features: 4K bytes of Flash, 128 bytes of RAM, 32 I/O lines, Watchdog timer, two data pointers, two 16-bit timer/counters, a five-vector two-level interrupt architecture, a full duplex serial port, on-chip oscillator, and clock circuitry. In addition, the AT89S51 is designed with static logic for operation down to zero frequency and supports two software selectable power saving modes. The Idle Mode stops the CPU while allowing the RAM, timer/counters, serial port, and interrupt system to continue functioning. The Power-down mode saves the RAM contents but freezes the oscillator, disabling all other chip functions until the next external interrupt or hardware reset.

ATMEL®

8-bit Microcontroller with 4K Bytes In-System Programmable Flash

AT89S51

图 6-9　AT89S51-24PU 数据手册

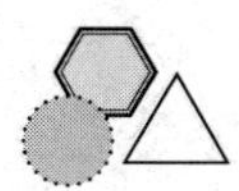

图 6-8 中，当鼠标指针变为小手图标，就可以链接到另一个页面从而进一步了解该器件的信息，如单击AT89S51-24PU，就可以进入立创商城，进一步了解该器件的功能，并决定是否购买该器件，如图 6-10 所示。

图 6-10　单片机在立创商城的信息

如果该器件合适，可以单击图 6-8 上的“放置”按钮，放置该器件到原理图内。

技巧：使用 Esc 键关闭“放置”对话框。

放置器件时，可以按 Tab 键打开“器件”对话框设置主要的名称和位号，也可忽略该步骤而用默认值放置。

2. 查找温度传感器 DS18B20

当前软件版本同时支持另外一个入口放置器件——底部面板。

使用筛选器可快速找到想要的零件，比如输入 DS18B20 可快速搜索出与 DS18B20 有关的器件。

单击底部的按钮，打开底部面板，在搜索框中输入 DS18B20，单击“搜索”按钮，搜索以 DS18B20 开头的器件，搜索结果如图 6-11 所示。

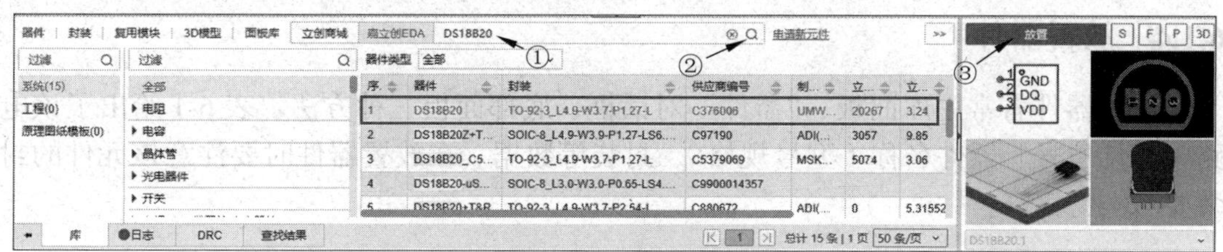

图 6-11　搜索结果 2

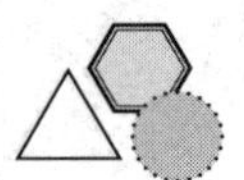

可以双击器件列表中的器件或者选中器件后单击预览区域的“放置”按钮进行放置，底部面板会自动收起，取消放置时会再次自动打开。

注意：上面搜索的操作是在器件库顶部的搜索框内进行的，是全局搜索，是在整个元件库中搜索。而下面的搜索框是对系统或个人的器件库进行分类搜索，如图 6-12 所示。

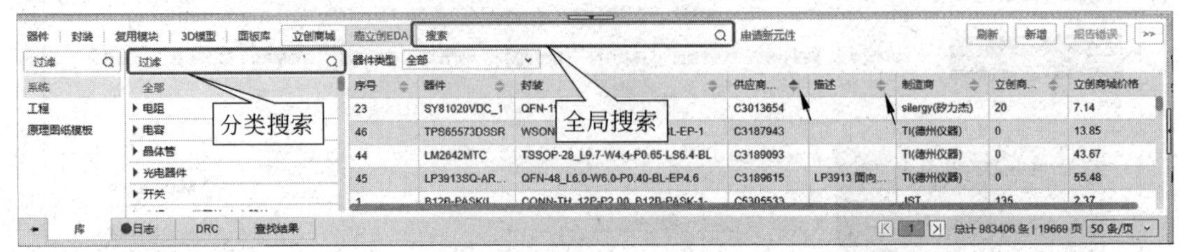

图 6-12　全局、分类搜索框

单击底部面板右边的“缩放”按钮，可以把收缩的器件预览区域的符号、封装、实物图、3D 模型的面板再次打开。

用户可以根据器件在立创商城的价格、库存、制作商等信息选择封装。单击器件列表表头的排序图标可以进行排序，图标分别为默认、增序、倒序。

3. 列表表头

器件库列表可以由用户自行定义表头。把鼠标光标放在表头上右击，在弹出的快捷菜单中选择“自定义表头”命令，如图 6-13 所示。

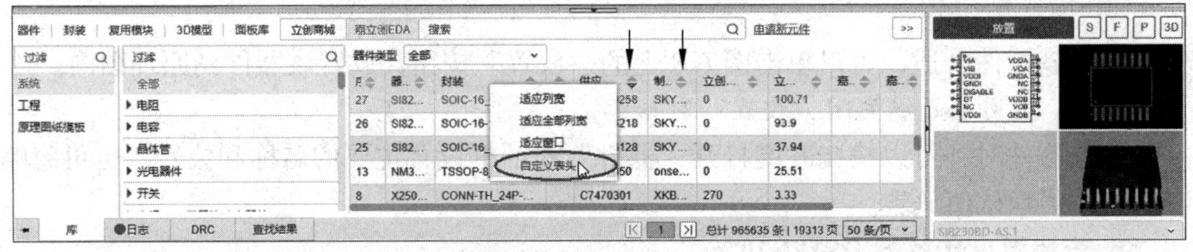

图 6-13　选择“自定义表头”命令

弹出“自定义表头”对话框如图 6-14 所示，左侧是未添加到列表表头里面的属性，右侧是已添加到列表表头里面的属性，表头内列的位置可以通过上（⬆）、下（⬇）箭头进行调整，按图 6-14 定义的列表表头如图 6-15 所示。设置好的自定义表头参数会保存到个人偏好中。

6.1.4　放置器件

放置器件有常用库面板、“器件”对话框、底部面板三种方法。表 6-1 给出了该电路中元件位号、器件名称（型号规格）、封装等数据。在放置器件时要注意该元件的封装要与实物相符。

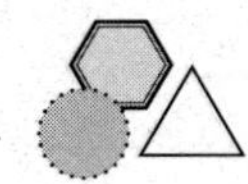

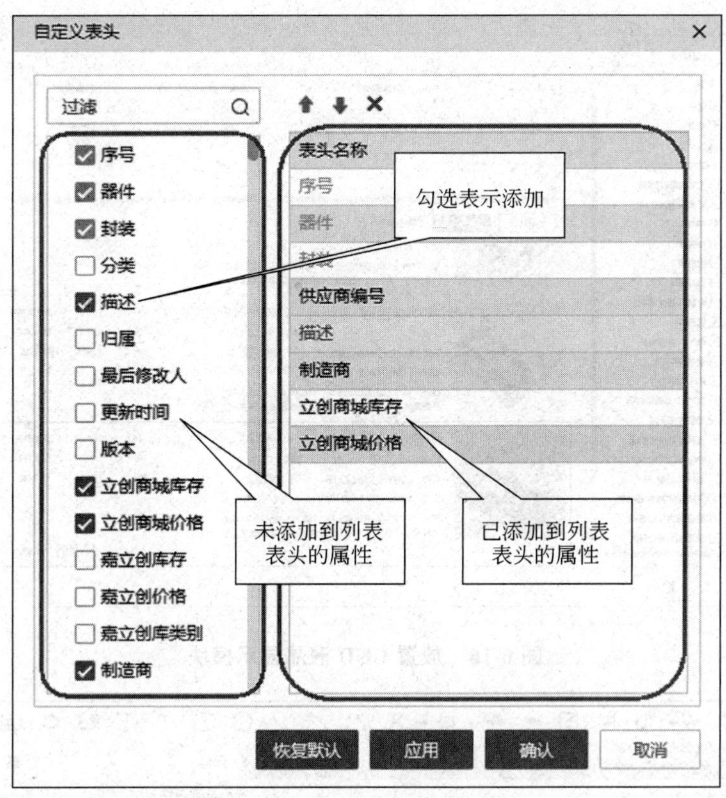

图 6-14　自定义表头

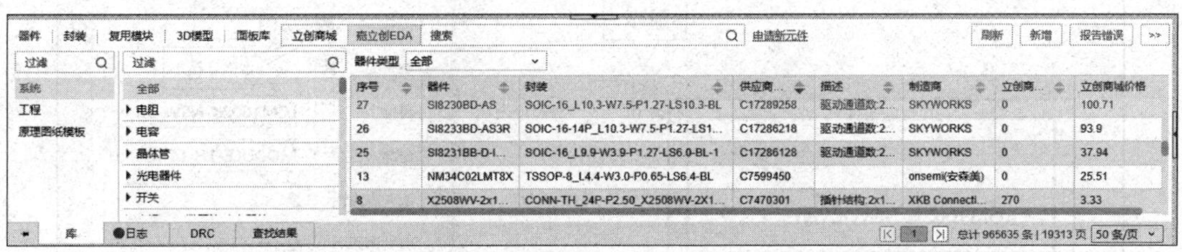

图 6-15　自定义的列表表头

注意：只有当前列表有对应的参数名出现时才会出现对应的列名。例如阻值列，如果当前列表的器件没有这个阻值属性，则阻值列不会显示在列表中。

1.　放置 LCD 液晶显示模块

在“常用库”面板没有找到 LCD 液晶显示模块，在工具栏上单击“放置器件”图标，打开“器件”对话框，在搜索框中输入 LCM1602，单击“搜索”按钮，查找一系列 LCD 液晶显示模块，通过查找数据手册及查看该器件的性能，决定选择 LCM1602K-NSW-BBW 器件，单击“放置”按钮，该器件放置到画布上，如图 6-16 所示。

修改 LCD 液晶显示模块的属性，单击 LCD 液晶显示模块后，在右侧“属性”面板中可以修改元件的属性，如图 6-17 所示。

图 6-16　放置 LCD 液晶显示模块

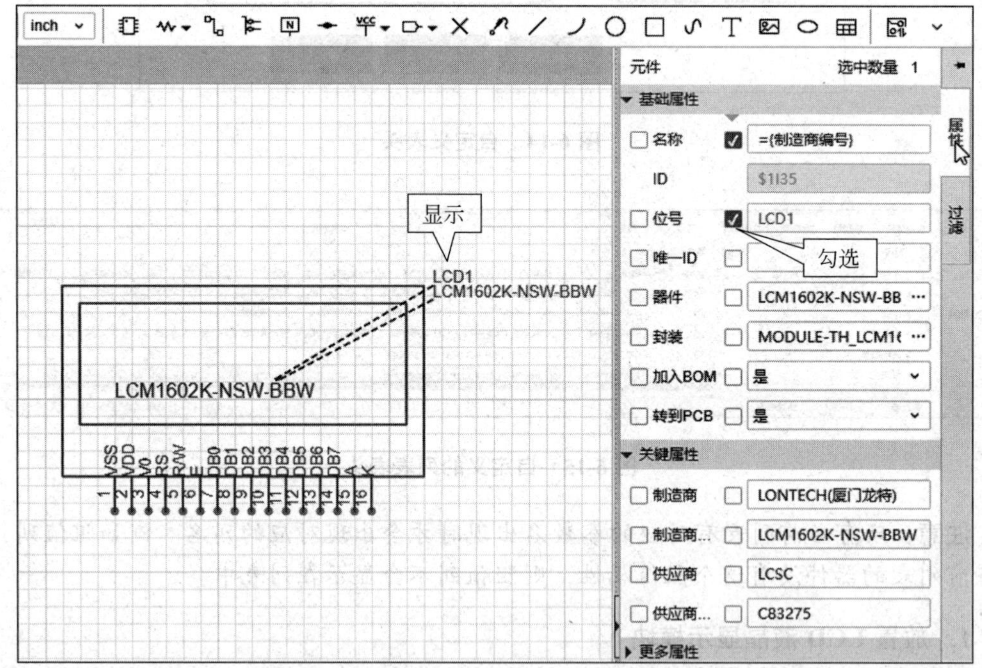

图 6-17　LCD 液晶显示模块相关属性

（1）基础属性说明如下。

- 名称：相当于元件的备注，通常不需要填写。默认为制造商编号。
- ID：编辑器内部使用的 ID。
- 位号：元件位号。器件放置的时候默认自动分配位号，也可以在放置器件时按

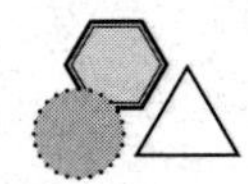

Tab 键，打开“器件”对话框，如图 6-18 所示，再修改名称或位号。

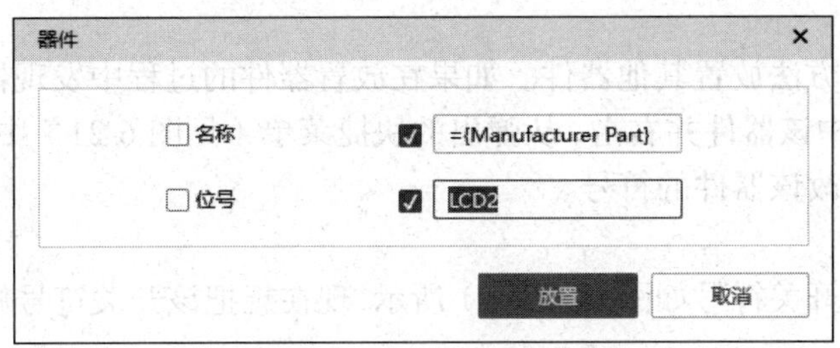

图 6-18　修改名称和位号

- 唯一 ID：与 PCB 进行关联的 ID，通过这个 ID 确定 PCB 对应的元件，更新 PCB 的时候会自动分配，也可以手动输入。
- 器件：当前元件所属的器件。
- 封装：当前元件所关联的封装模板，可以单击并替换新的封装。
- 加入 BOM：确定是否可以导出到 BOM 中。
- 转到 PCB：确定是否可以转到 PCB 中。

（2）关键属性：在新建器件时填写的属性。

（3）更多属性：打开原理图后给元件添加的自定义属性。要新增自定义属性名，可以选择“设置”→“属性”命令进行添加。

勾选的属性名或属性值可以显示在画布中，如图 6-17 所示。

2. 放置发光二极管

在左侧常用库面板找到发光二极管，从下拉列表选中 LED_TH-R_3mm（LED_TH-3mm），如图 6-19 所示，然后放置在画布上。放置了单片机、温度传感器、LCD 液晶显示模块、发光二极管的原理图如图 6-20 所示。

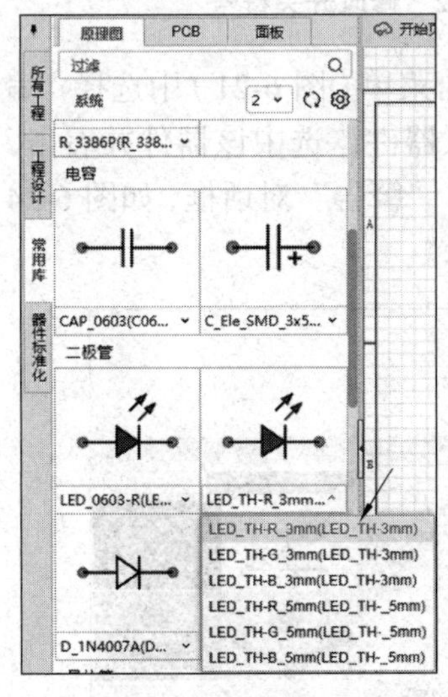

图 6-19　放置发光二极管

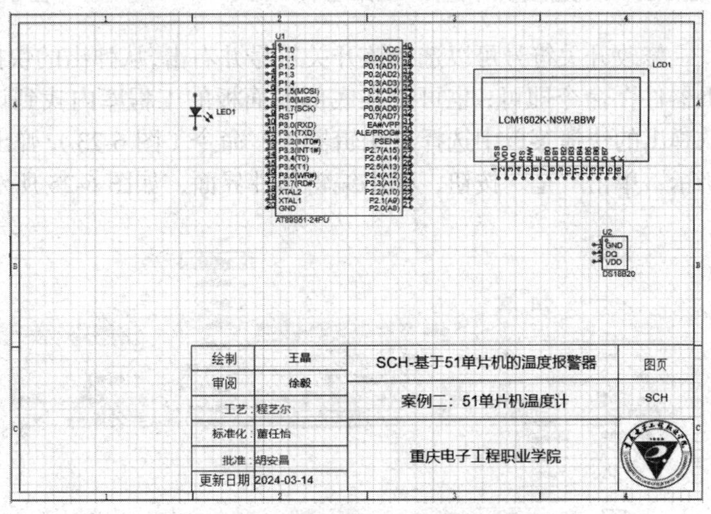

图 6-20　放置了 4 个元件的原理图

6.1.5 编辑器件

按以上介绍的方法放置其他器件。如果在放置器件的过程中发现器件的符号不是用户想要的，可以选中该器件并右击，从弹出的快捷菜单（见图 6-21）中选择“编辑器件”命令，即可编辑修改该器件的符号。

1. 查找器件

如果用户找的开关符号如图 6-22（a）所示，现在想把该开关符号修改为图 6-22（b）所示样式。

图 6-21 从快捷菜单中选择“编辑器件”命令

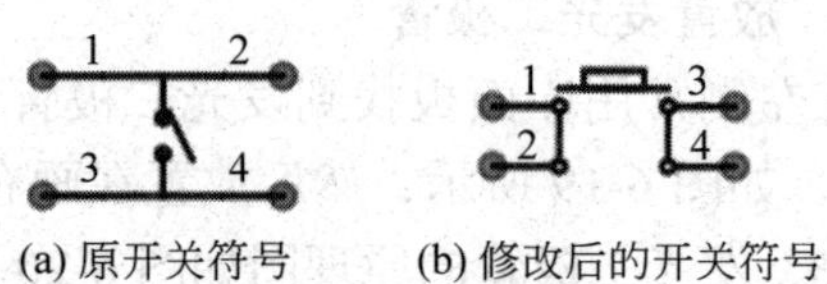

图 6-22 修改开关符号

修改开关符号可以选择该开关符号并右击，从弹出的快捷菜单（图 6-21）中选择“编辑器件”命令即可；也可以在底部库面板的工程库内找到该器件，选中该器件并右击，从弹出的快捷菜单中选择“编辑器件”命令（图 6-23），弹出“警告”对话框，如图 6-24 所示，单击“是”按钮，弹出编辑器件界面，如图 6-25 所示。

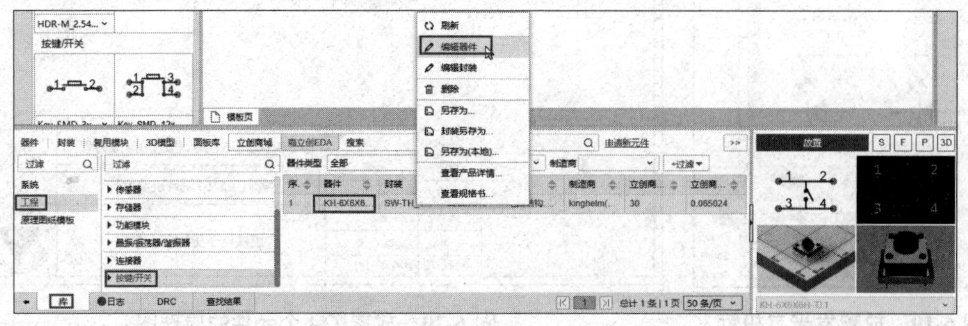

图 6-23 选择“编辑器件”命令

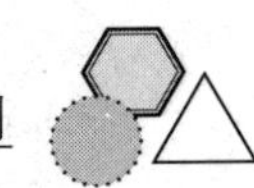

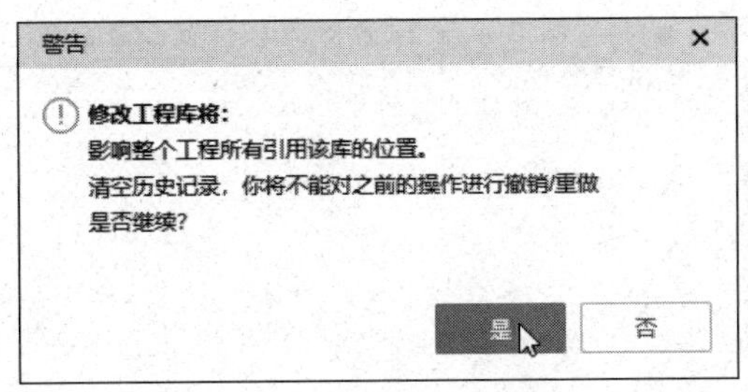

图 6-24　“警告”对话框

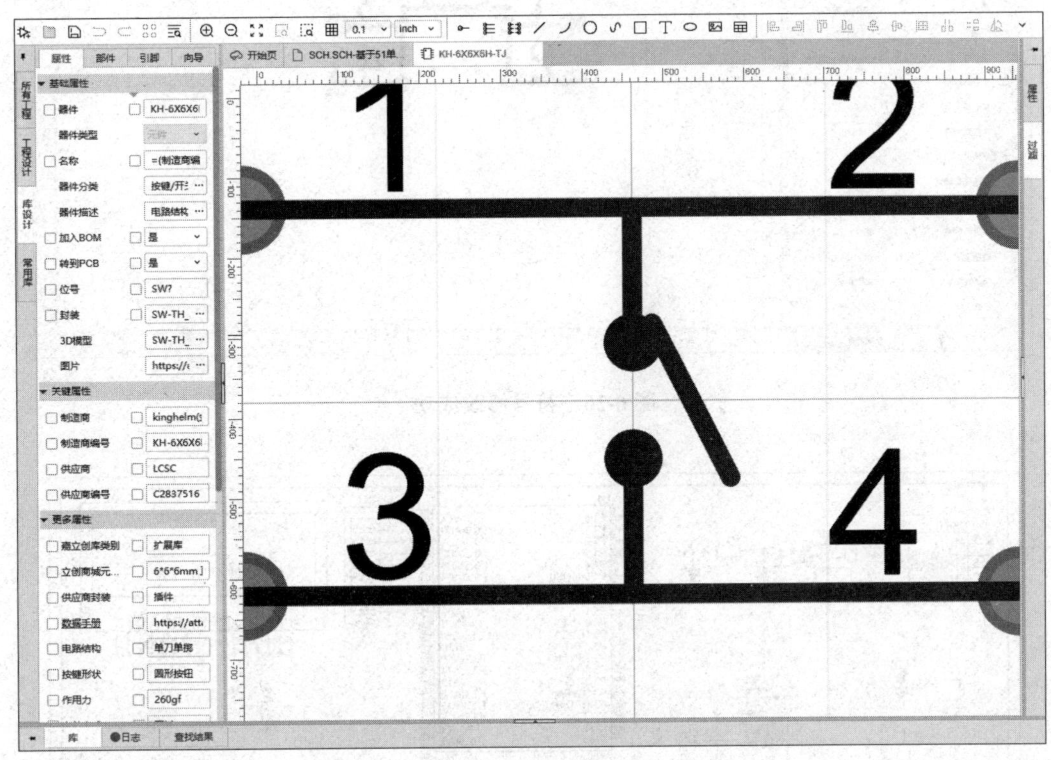

图 6-25　修改器件符号

2. 编辑器件

可以用画线的方式来绘制器件的符号，也可以直接复制符号，这里返回原理图编辑界面，在左侧的常用库面板中找到原理图符号，按 Ctrl+C 组合键复制该符号，返回符号编辑界面，如图 6-25 所示，删除原来的符号，按 Ctrl+V 组合键粘贴新的符号，如图 6-26 所示。单击工具栏上的“保存”按钮，返回原理图编辑器，开关符号修改成功。

3. 复制按键开关

原理图内有 4 个按键开关（SW1、SW2、SW3、SW4），SW1 是修改符号正确的器件，复制 SW1，其他几个粘贴即可，位号自动修改。多复制一个 SW5，位号修改为 RST1 即可。

按以上介绍的方法放置其他器件，所有器件放置完的原理图如图 6-27 所示。

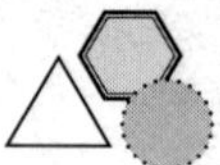

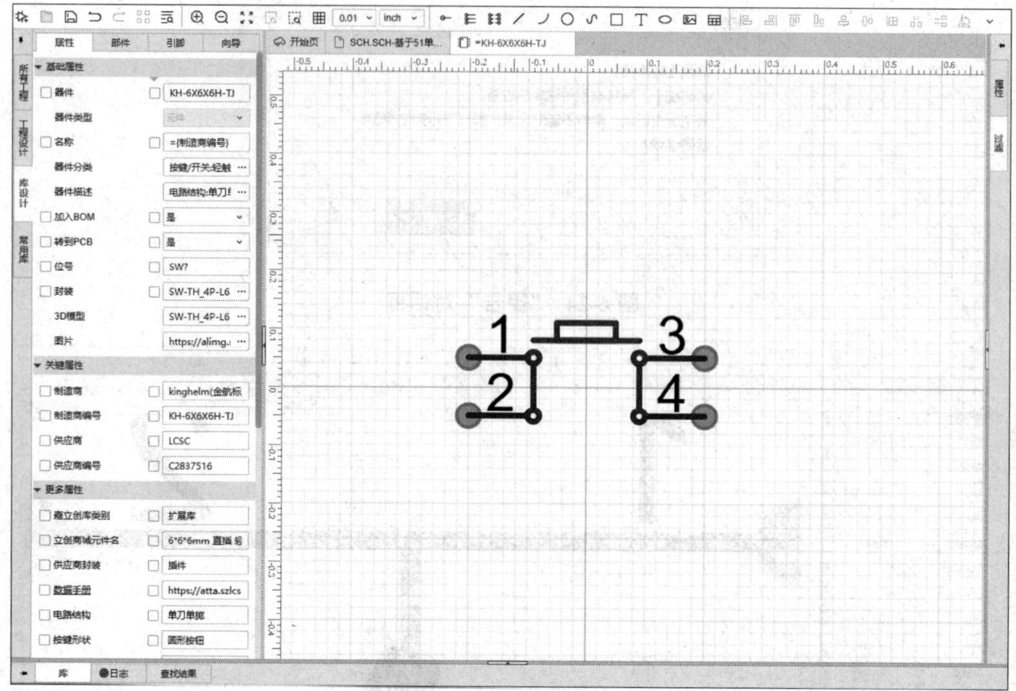

图 6-26　符号修改成功

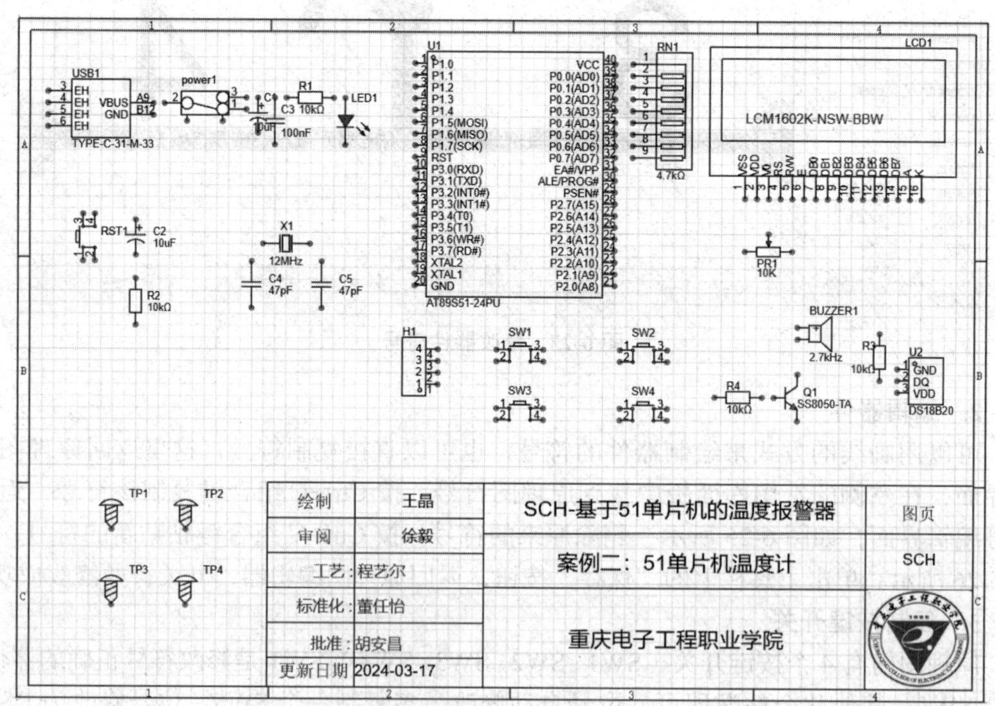

图 6-27　器件放置完毕

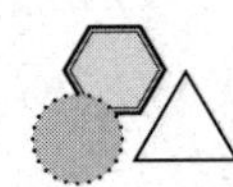

6.1.6　器件库、符号库和封装库

嘉立创 EDA 的库分为器件库、符号库、封装库和复用模块库，下面主要介绍前三种。

器件 = 符号 + 封装 +3D 模型，即器件可以很好地对符号、封装、3D 库进行复用。新建器件需要关联符号、封装等。

嘉立创 EDA 只支持放置器件在原理图或 PCB 中，当器件放置到原理图中后，它会带上符号，此时实例化为元件。画布上的器件为元件。

符号指元器件在原理图上的表现形式，主要由元器件边框、引脚、元器件名称及元器件说明组成，通过放置的引脚来建立电气连接关系。符号中的引脚序号是与电子元器件实物的引脚一一对应的。

封装指与实际元器件形状和大小相同的投影符号。

1. 器件库

器件库包含了符号、封装、3D 模型、图片等内容。器件库是在原理图库（符号库）和 PCB 库的基础上建立的，器件库可以让原理图的元件关联（绑定）PCB 封装、电路的仿真模块、3D 模型等文件，方便设计者直接调用存储。器件库有系统的库、工程的库等，如图 6-28 所示。

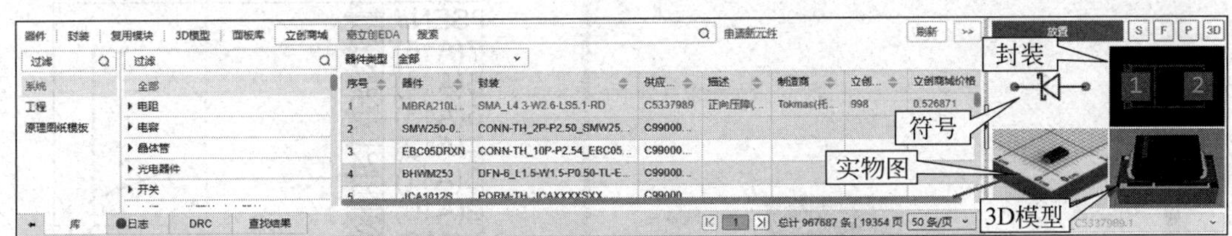

图 6-28　器件库

2. 符号库

符号库是所有元器件原理图符号的集合。符号库内的符号只是仅仅有一个符号而已，没有封装与 3D 模型。符号库的符号不能直接在原理图的画布中出现，需要绑定器件才允许放置在画布中。

3. 封装库

封装是指与实际元器件形状和大小相同的投影符号。封装库是所有元器件 PCB 封装符号的集合。封装库也有系统的库、工程的库等，如图 6-29 所示。

图 6-29　封装库

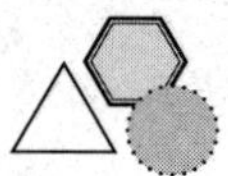

6.1.7 放置导线

导线是在设计原理图时用来连接各个器件之间的网络。

注意：导线是具有电气属性的，不能用于当折线使用。

在原理图中表示导线连通的方式有以下三种。

- 原理图中直接用“导线”连接。
- 用“网络标签”连接。原理图中，凡是“网络标签”名相同的，表示这几个点是连通的。
- 用多根总线之间的引入线连接（实质上与网络标签相同）。

1. 原理图中直接用“导线”连接

（1）从主菜单中选择的“放置”→“导线”命令或在工具栏单击导线图标（快捷键 W），此时鼠标指针悬浮着一个导线图标，表示系统处于放置导线状态，可以按 Tab 键设置导线的名称，如图 6-30 所示。

（2）导线绘制未确定线段为半透明，用以区分已确定线段，如图 6-31 所示。

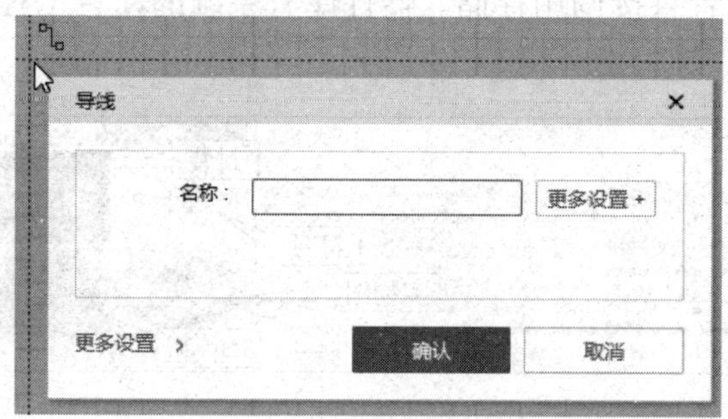

图 6-30　设置导线名称

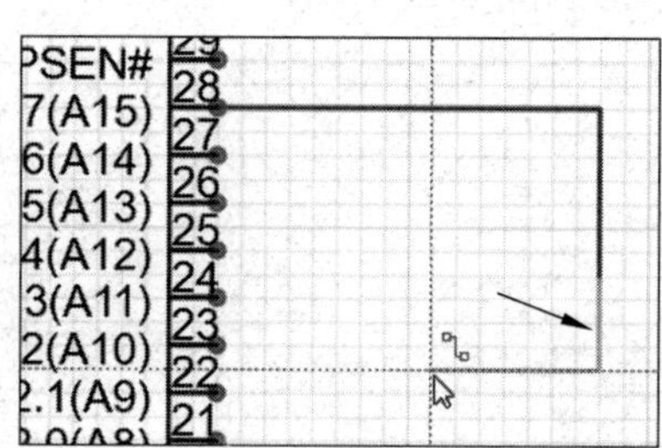

图 6-31　导线绘制未确定线段为半透明

（3）绘制导线时支持空格键切换布线方向。

（4）放置导线的另一种方法：移动元件，两个元件的引脚相碰，放开左键，再拉开，导线在两个相碰的引脚之间自动产生，如图 6-32 所示。

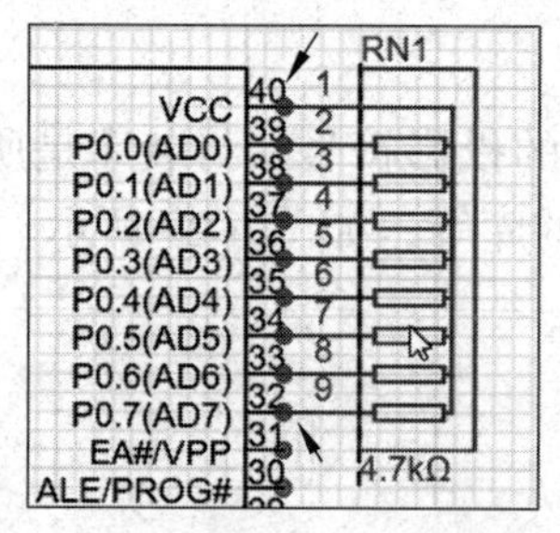

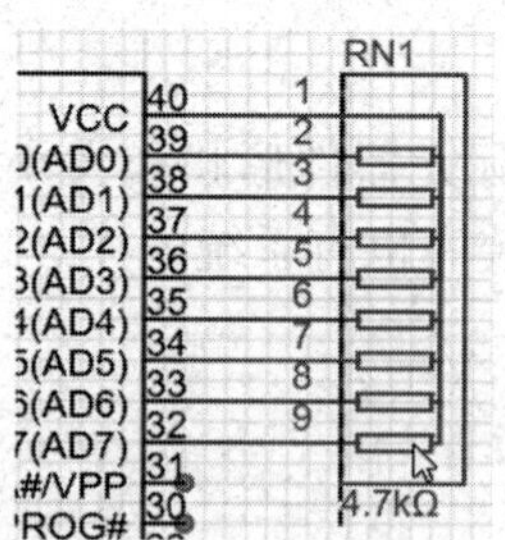

图 6-32　两个相碰的引脚之间自动产生导线

（5）导线属性。嘉立创 EDA（专业版）支持放置网络标签的功能，专业版的网络标签功能和直接给导线设置属性名称是一样的，如图 6-33 所示。

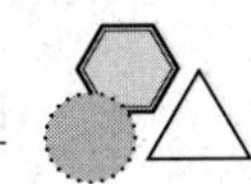

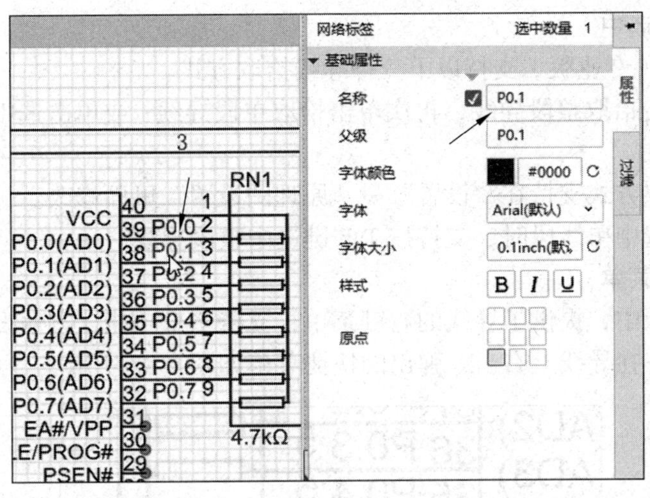

图 6-33　网络标签（导线名称）

基础属性部分说明如下。

- 名称：导线的名称，生成网络名的时候根据这个属性生成。当默认没有填写名称时，编辑器会自动根据导线 ID 生成一个系统默认的网络名。
- 父级（全局网络名）：因为原理图支持层次图设计。底层原理图的导线名称和父级（全局网络名）不一定一致。父级（全局网络名）是转到 PCB 时所使用的网络名。

2. 导线修改名称支持

（1）直接双击导线名修改。

（2）单击导线，在右边属性面板修改名称。

（3）绘制过程中按 Tab 键修改。

注意：嘉立创 EDA（专业版）已经不支持多个网络名同时在一条导线上。如果需要不同网络连接在一起，请使用短接符进行短接两个网络。

如果需要在导线名称上添加上横线，在导线的网络名最前面输入波浪号，如 ~VSS。如果需要同时存在有上横线和无上横线的网络名，则再次输入一个波浪号，如 ~VSS~/GND, 那么 VSS 上方有上横线，斜杠后面没有。该网络名转到 PCB 时，也会是 ~VSS~/GND，如图 6-34 所示。

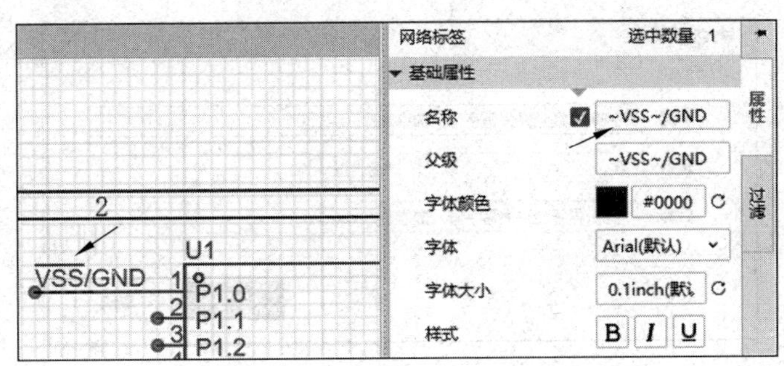

图 6-34　导线名称上添加横线

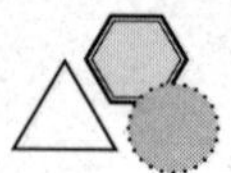

3. 导线拾取选中

嘉立创 EDA（专业版）支持以下三种导线拾取方式。

（1）默认单击拾取整段导线，再次单击拾取单段导线；或单击选中单线段，再次单击拾取完整导线。

（2）这个拾取方式支持在“设置”→“原理图设置”里面修改。

（3）当单击选中单线段时，支持按 Tab 键选中整段导线。

4. 导线右键菜单

在原理图设计中，提供了导线的右键菜单，支持多个功能，方便设计和检视。

选中导线后，在导线上右击，弹出的快捷菜单如图 6-35 所示。

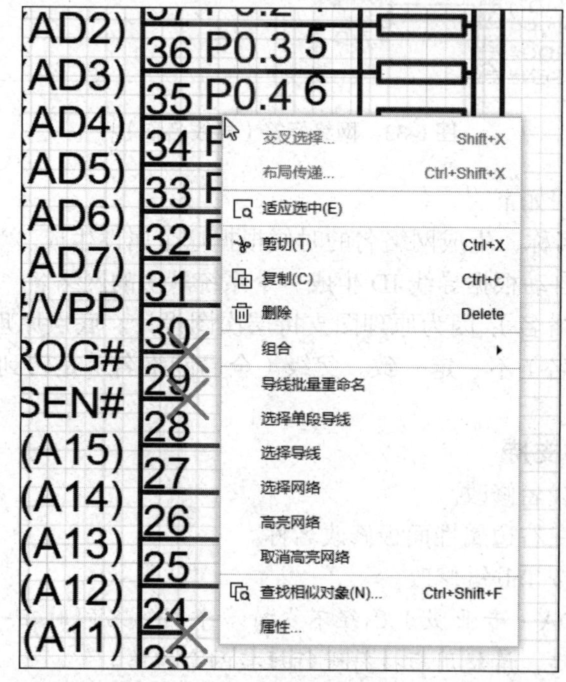

图 6-35　导线右键快捷菜单

部分菜单命令说明如下。

• 导线批量重命名：支持多选不同的导线后并重新命名，如图 6-36 所示。

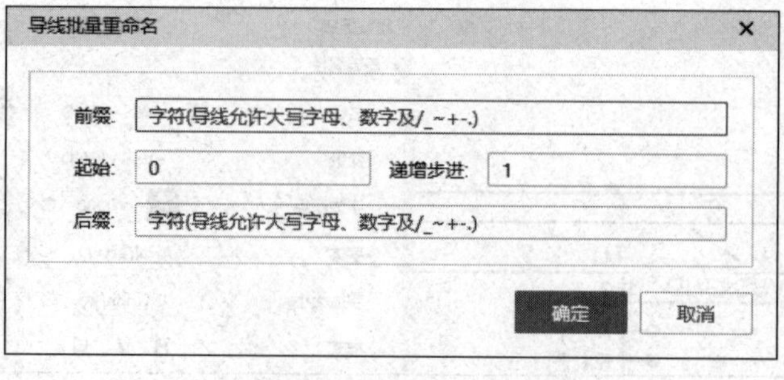

导线批量重命名
前缀: 字符(导线允许大写字母、数字及/_~+-.)
起始: 0　递增步进: 1
后缀: 字符(导线允许大写字母、数字及/_~+-.)
确定　取消

图 6-36　导线批量重命名

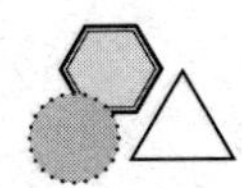

- 选择单段导线：当选择的导线是整条导线时，该菜单支持选择单段导线。
- 选择导线：当选中单段导线时，该菜单支持选择完整的导线。
- 选择网络：把当前图页的当前导线所属网络中的全部导线都选中。
- 高亮网络：把当前导线所属网络中相同的导线全部持续高亮显示。
- 取消高亮网络：取消全部高亮显示的导线。

6.1.8　放置网络标签

用“网络标签”建立连接时，原理图中凡是“网络标签”名相同的，表示这几个点是连通的。

因设计上的差异，嘉立创 EDA（专业版）不支持标准版那种独立的网络标签图元，专业版的网络标签是虚拟的，在放置后对导线设置一个名称属性。所以在放置后的交互上和标准版有较大的差异。

在交互上，从 v1.7 开始，嘉立创 EDA 支持以下两种模式。

（1）类似标准版或 Altium 的网络标签，移动后网络标签离开导线后，导线网络名自动清空。

（2）类似之前版本的专业版中 PADS 和 Orcad 的网络标签，移动后网络标签离开导线，导线网络名不变，只修改网络名的位置。

因此，可以根据自己的使用习惯进行如下设置。

（1）设置入口。在主菜单中选择“设置”→“原理图”→“通用”→原理图 / 符号→“常规”→“拖动网络名”命令，如图 6-37 所示。

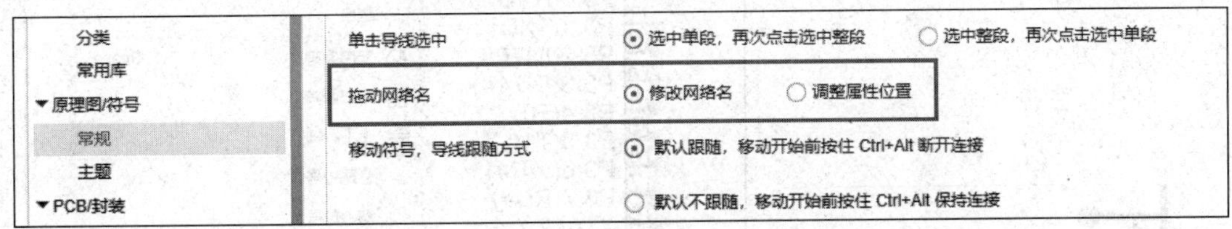

图 6-37　网络标签的设置

（2）放置网络标签。从主菜单中选择“放置”→“网络标签”命令；或在工具栏上单击放置网络标签的图标N，在鼠标指针上“悬浮”着一个默认名为 NET1 的标签。

按 Tab 键，单击“更多设计”按钮，打开如图 6-38 所示的“网络标签”对话框，设置网络标签的“名称”“差分对”以及“引脚引出导线”的长度等内容。

（3）网络标签放置后成为导线的名称属性，与直接在导线的属性面板中设置名称效果一致。

（4）网络标签可直接放置在符号的引脚上并自动生成一段导线，同时赋予导线名称，如图 6-39 所示。

（5）放置网络标签时一定要放在导线上，如图 6-40 所示。

（6）扇出网络标签。选中要扇出网络标签的元件，右击后弹出快捷菜单，如图 6-41

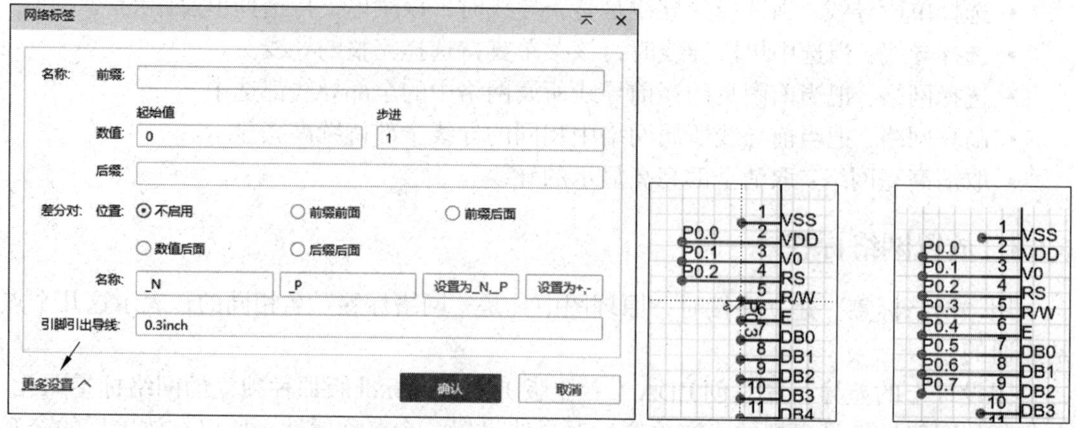

图 6-38　为网络标签赋值

图 6-39　网络标签可直接放置在符号的引脚上并自动生成一段导线

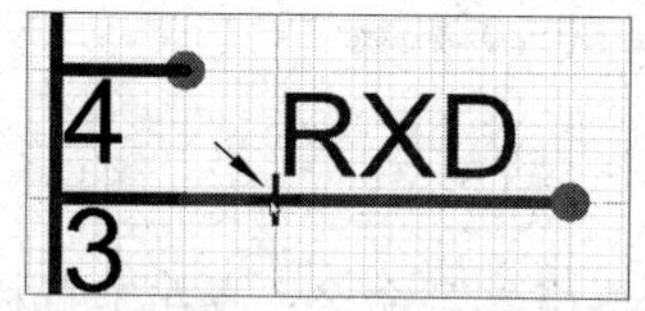

图 6-40　网络标签一定要放在导线上

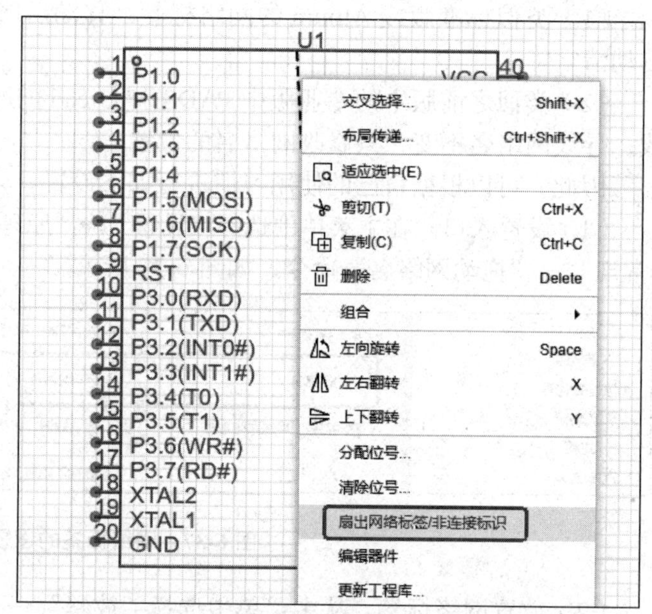

图 6-41　选择“扇出网络标签 / 非连接标识”命令

所示，选择“扇出网络标签 / 非连接标识”命令，弹出“扇出网络标签”对话框，如图 6-42 所示，按 Shift 键同时选中要扇出的引脚，单击“将引脚名称填入网络名”按钮，所有引脚名称复制到“网络名”列，单击“确认”按钮，扇出的结果如图 6-43 所示。

熟悉了以上方法后，把原理图的导线连接好，把网络标签、+5V、GND 放置好。如果元器件的位置不合适，可以移动元器件，连接好的原理图如图 6-44 所示。元件如果有未连接的管脚，在顶部工具栏上单击“非连接标识”按钮×，将其放置在元件未连接的管脚上。

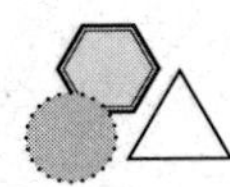

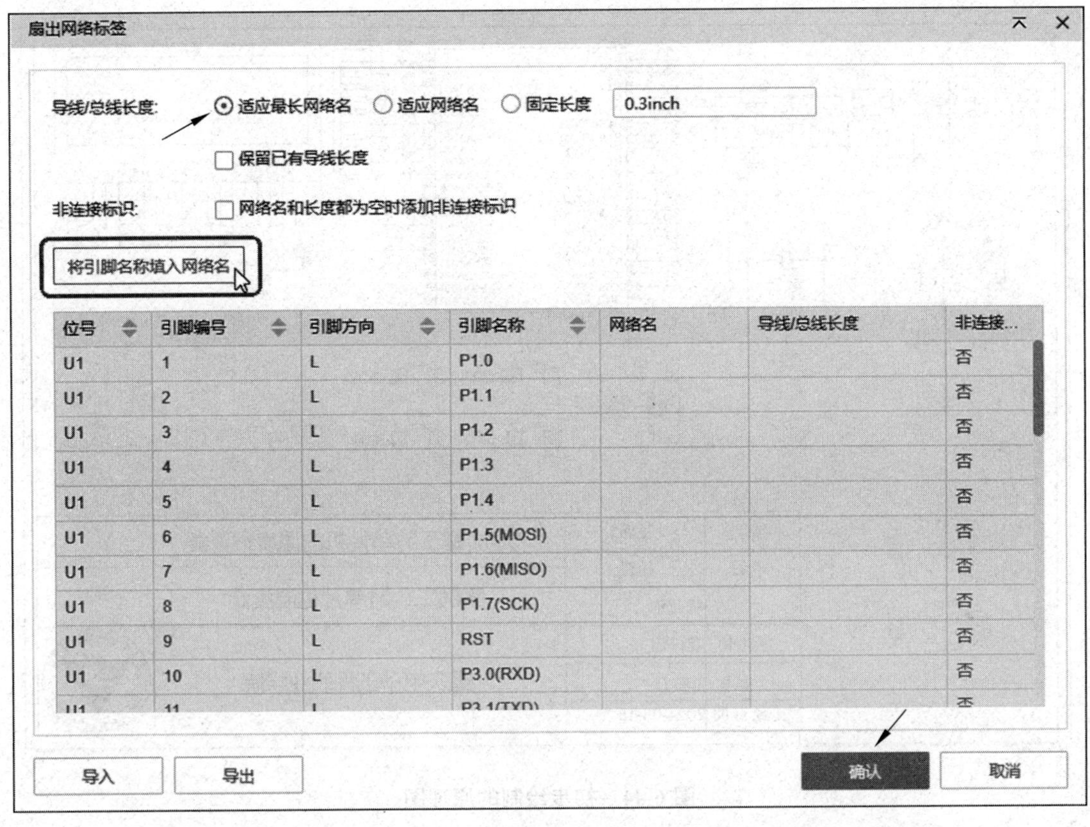

图 6-42 “扇出网络标签”对话框

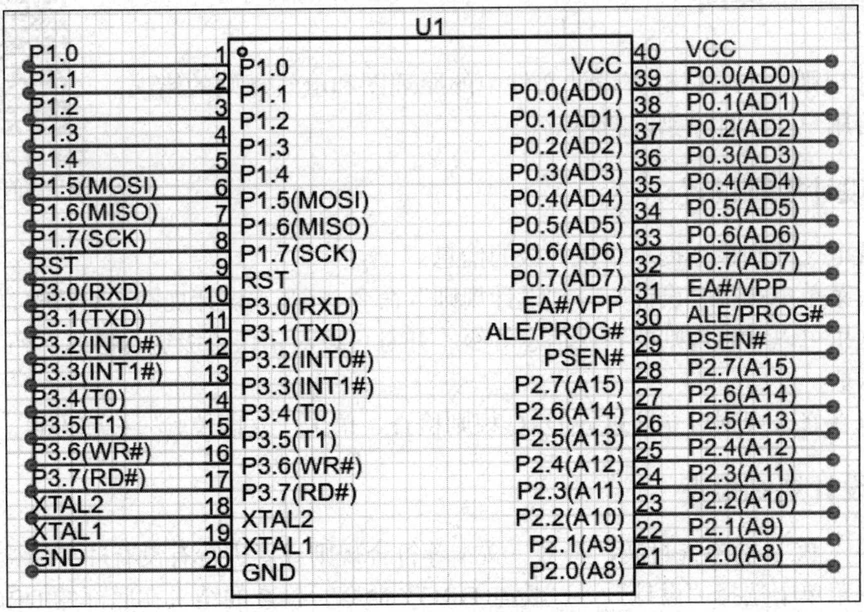

图 6-43 引脚名扇出结果

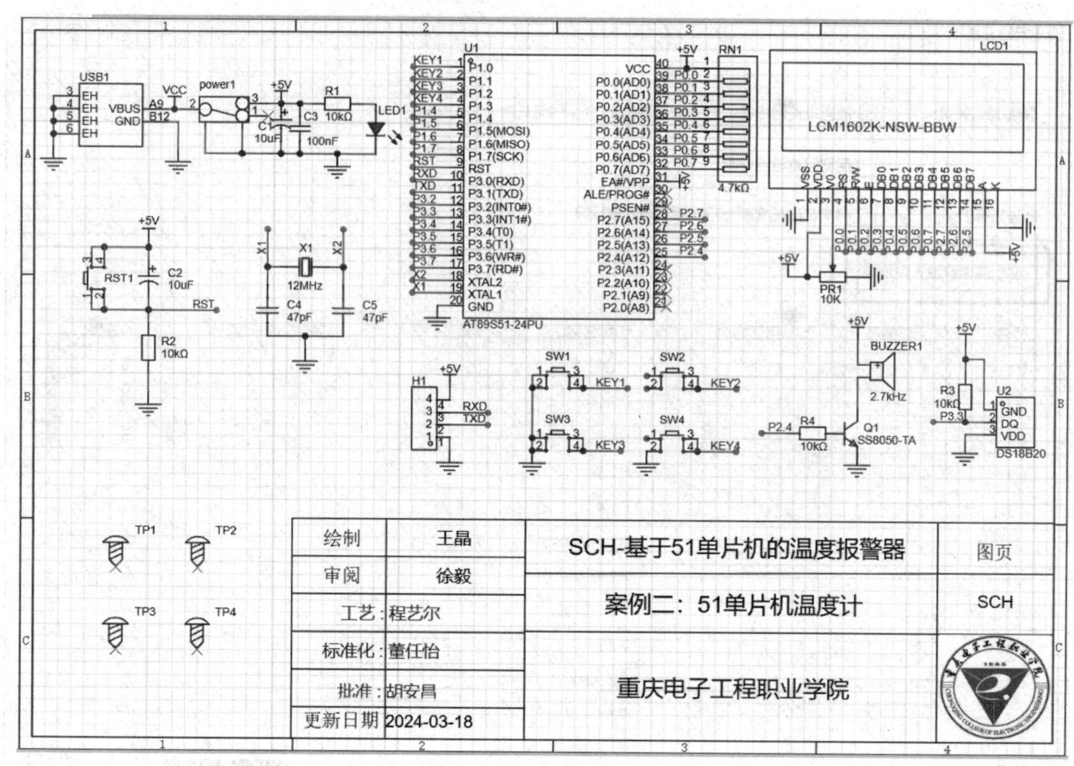

图 6-44　初步绘制的原理图

6.2　检查原理图

基于 51 单片机温度计原理图的优化与检查

设计规则检查可以检查设计文件中的原理图和电气规则的错误，并提供给用户一个排除错误的环境。

6.2.1　设计规则设置

设置电气规则检查提示错误等级的信息。

在主菜单中选择“设计”→“设计规则”命令，打开“设计规则”对话框，如图 6-45 所示，这里可以看到规则的错误信息等级，并且可以对错误等级进行修改。初学者最好使用默认值。

可以在修改规则后立即进行 DRC 规则检查，单击“立即校验”按钮即可。

6.2.2　设计规则检查

在导入 PCB 前检查封装、符号、文本等符合规则或者进行有没有冲突的检查。

在主菜单中选择“设计”→“检查 DRC”命令，检查的结果在底部的 DRC 面板中显示出来，如图 6-46 所示。

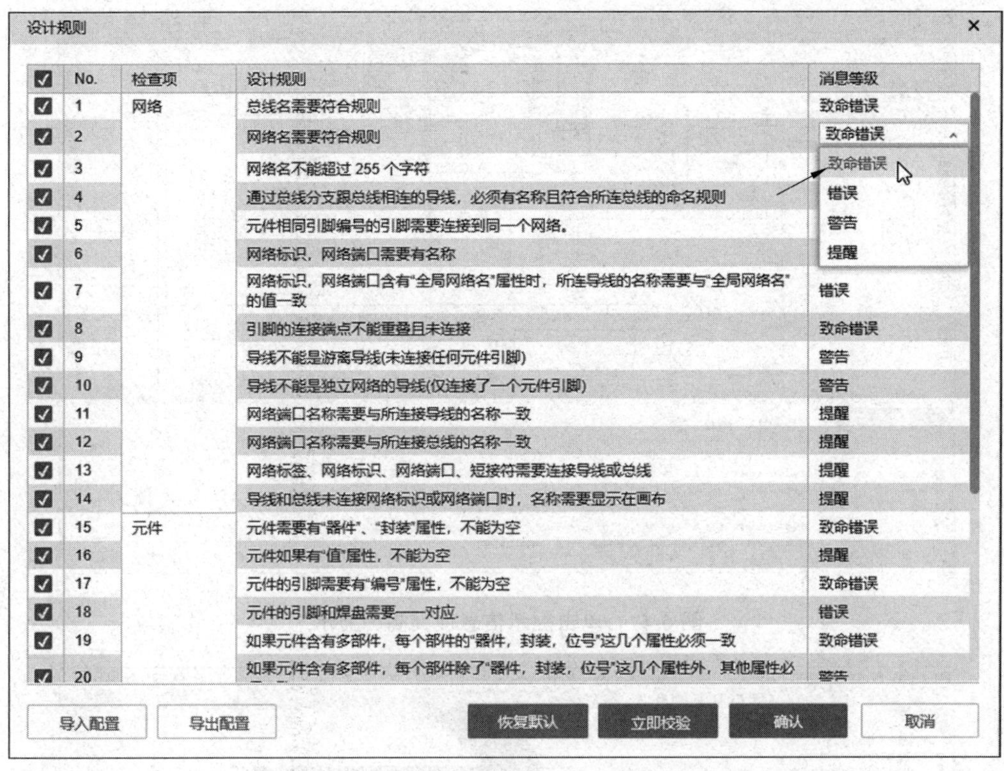

图 6-45 “设计规则”对话框

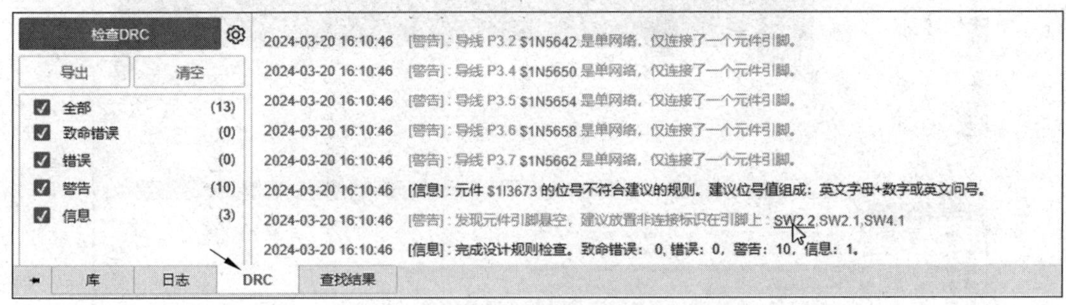

图 6-46 检查结果

从检查结果看原理图的绘制没有错误，有 3 种类型的提示（2 个警告、1 个提示信息）。

第 1 种警告：导线 P3.2$1N5642 是单网络，仅连接了一个元件引脚。

第 2 种信息：元件 $1I3673 的位号不符合建议的规则。建议位号值组成方式为：英文字母 + 数字或英文问号。

第 3 种警告：发现元件引脚悬空，建议放置非连接标识在引脚 SW2.2、SW2.1、SW4.1 上。

单击提示信息可高亮显示，如图 6-47 所示，双击提示信息可高亮显示并定位错误点，如图 6-48 所示。

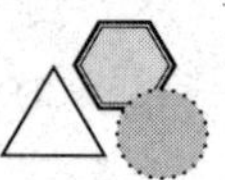

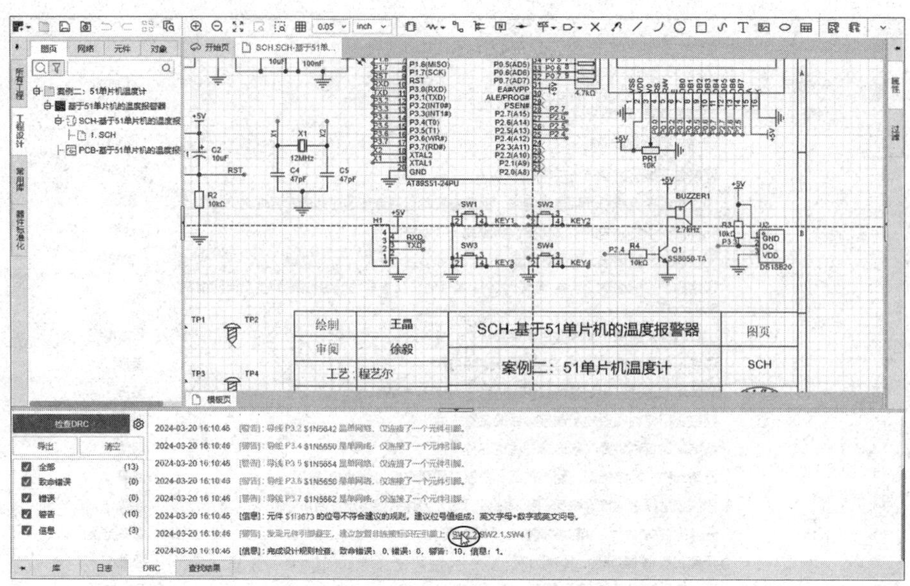

图 6-47　单击提示信息使其高亮显示

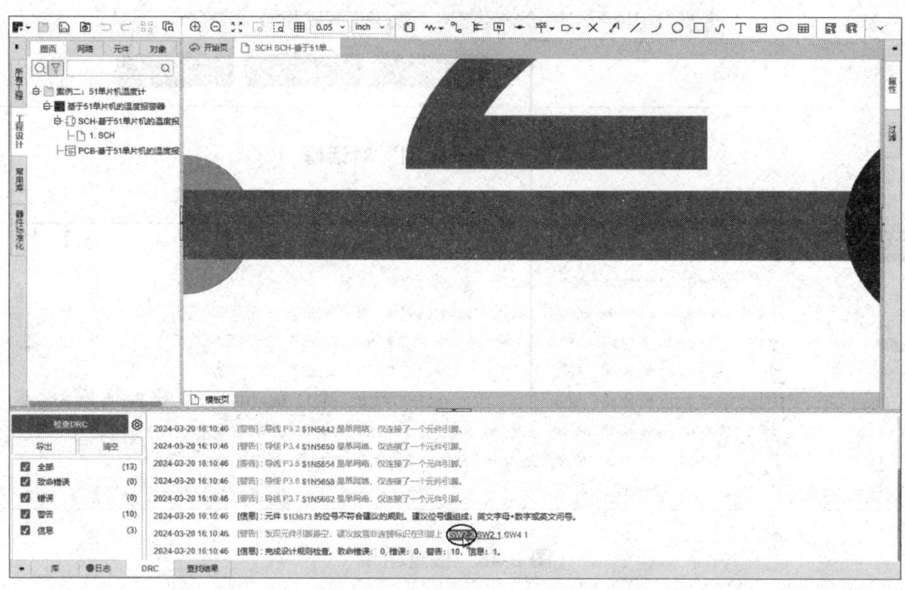

图 6-48　双击提示可高亮显示并定位错误点

下面解释第 3 种警告。根据提示信息“发现元件引脚悬空，建议放置非连接标识在引脚上”，开关的引脚需要连线，而不是放置非连接标识在引脚上，把开关 SW2、SW4 的 1~2 脚连接到“地”上，即可修改该错误，如图 6-49 所示。

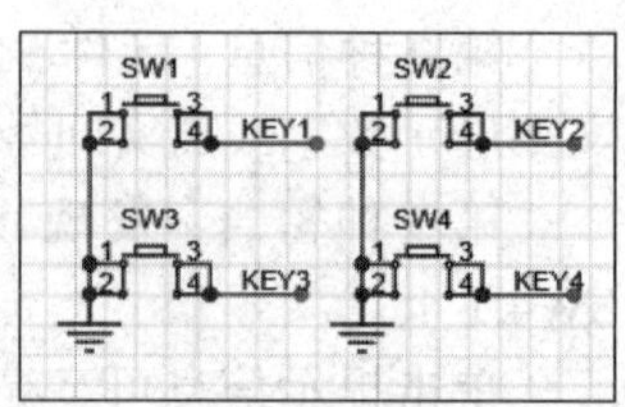

图 6-49　正确的开关连接图

通过分析允许第 1、2 种警告，可以忽略，后续直接设计 PCB，也可以修改设计规则，不提示警告信息。现在修改

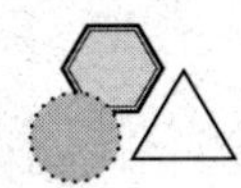

设计规则。

在主菜单中选择“设计”→“设计规则”命令，打开“设计规则”对话框，查找“导线不能是独立网络的导线（仅连接了一个元件引脚）”，将“消息等级”栏中的内容修改为“提醒”，如图 6-50 所示。

图 6-50　修改“消息等级”

在底部 DRC 面板单击“清空”按钮，清空提示信息。重新进行 DRC 检查，检查结果如图 6-51 所示。

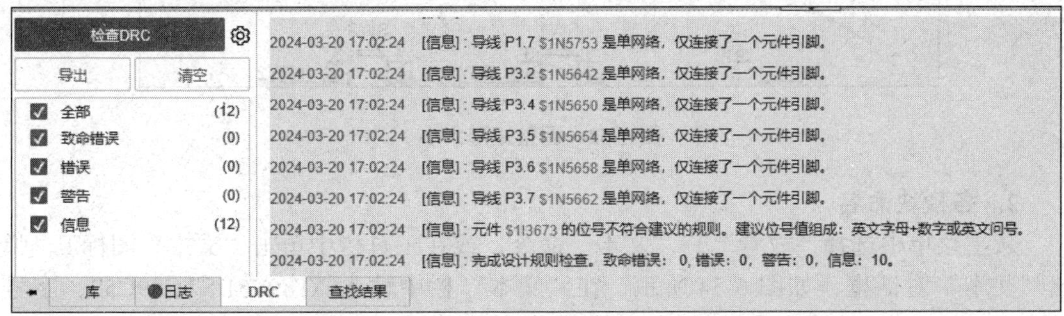

图 6-51　DRC 检查结果

注意：不加入 BOM 和不转到 PCB 的元件不纳入设计规则检查。

6.3 绘制原理图的其他部分

把电路图绘制完后，需要使用线条或矩形工具画框区分各模块，使用文字给各模块命名。

1. 使用矩形工具画框区分各模块

先设置网格宽度为 0.01inch。从主菜单中选择“放置”→“矩形”命令，或在工具栏单击“矩形”图标□。

选择“矩形”命令后，在鼠标指针上“悬浮”着一个矩形图标，单击绘制矩形的一个顶点，移动鼠标光标在矩形的另一个顶点上单击即可，然后右击退出；选择刚绘制的矩形，矩形的 4 个顶点有小绿点，如图 6-52 所示，可以调整矩形的大小，也可以单击右边的“属性”面板，把“线型”选择为“短划线”，如图 6-53 所示。本例中不修改，还是选择“实线”。

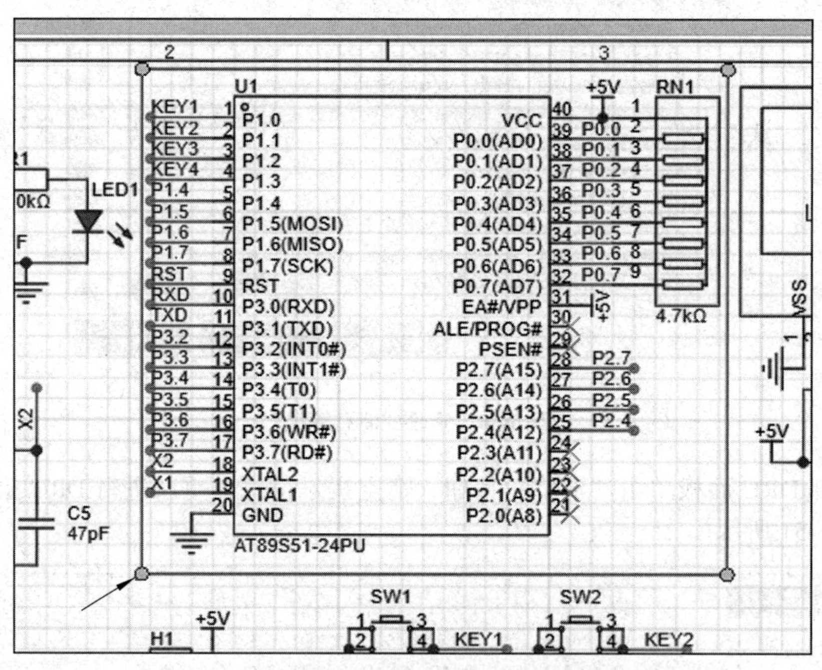

图 6-52 调整矩形大小

2. 各模块命名

从主菜单中选择“放置”→“文本”命令，或在工具栏中单击“文本”图标T，弹出“文本”对话框，如图 6-54 所示，在“文本”栏中输入 AT89S51/STC89C52，字号改为 0.2inch，其他选项选默认值，单击“放置”按钮，鼠标指针上悬浮文字，移动到需要的位置单击即可。

还可以选择“放置”→“图片”命令，选择合适的图片并放置到原理图上，如蜂鸣器的图片等，设计好的 51 单片机温度计的原理图参考图 6-1。

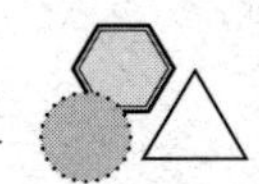

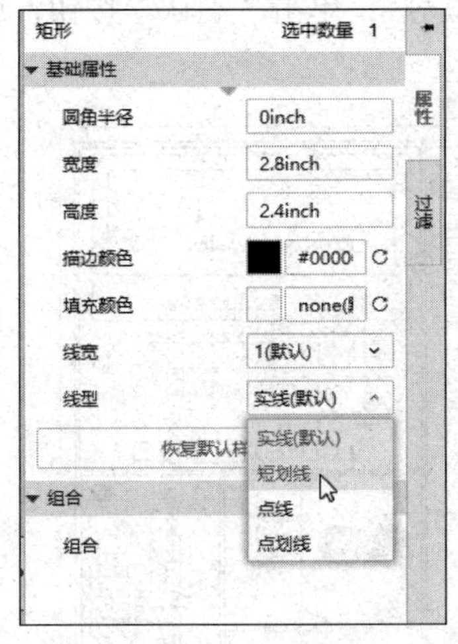

图 6-53　选择短划线

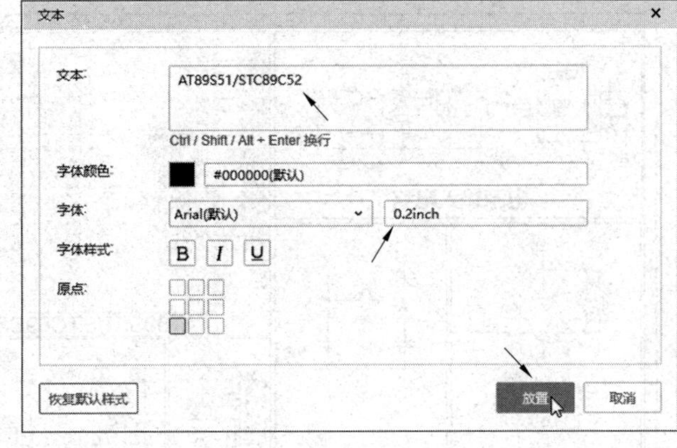

图 6-54　输入文本

6.4　元器件位号的重新编号

元器件的位置调整合理后，如果在放置元器件时没有设置位号，在放置元器件时复制了元件，会存在元件编号杂乱的现象，使后期 BOM 表的整理十分不便。重新编号可以对原理图中的位号进行复位和统一，方便设计及维护。

（1）从主菜单中选择“设计”→“分配位号”命令，打开“分配位号”对话框，如图 6-55 所示，用户可以在此对工程中的所有或已选的部分进行重新分配位号，以保证位号是连续和唯一的。

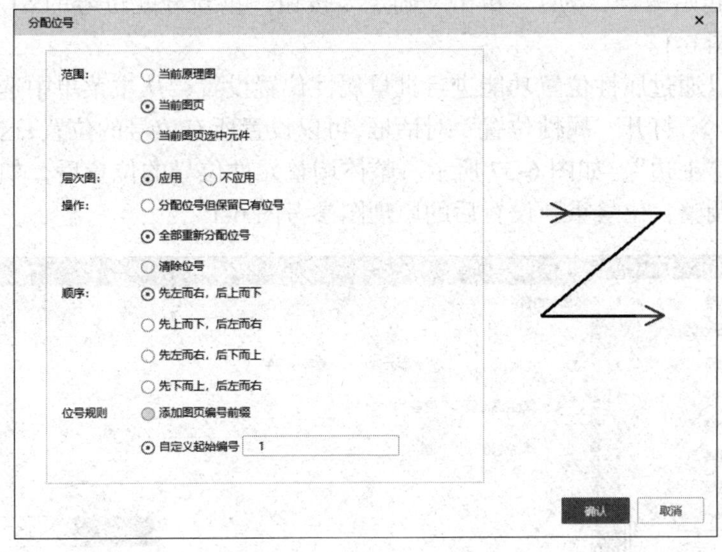

图 6-55　“分配位号”对话框

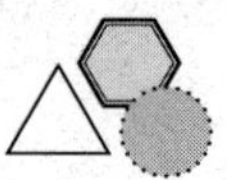

（2）“范围”选择“当前图页”，“操作”选择“清除位号”，单击“确认”按钮，所有位号的数字全部清除，变为“？”，如图 6-56 所示。

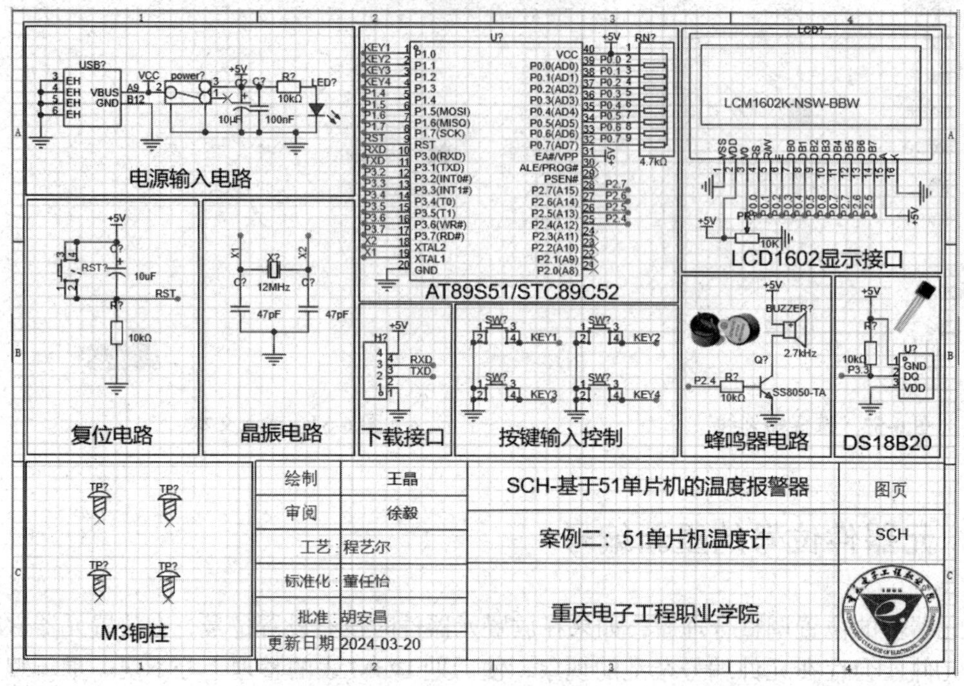

图 6-56　清除位号

（3）选择“设计”→“分配位号”命令，打开“分配位号”对话框，“范围”选择“当前图页”，“操作”选择“全部重新分配位号”，“顺序”选择“先左而右，后上而下”，“自定义起始编号”为 1，单击“确定”按钮，重新分配位号的 51 单片机温度计的原理图参考图 6-1。

（4）也可以通过属性位置功能进行批量属性位置设置，从主菜单中选择“布局”→“属性位置”命令，打开“属性位置”对话框，可以设置所有位号的位置，这里位号的“属性位置”选择“上边”，如图 6-57 所示。整体调整元件位号的位置后，如果有不满意的地方可以手动调整，位号重新设置后的原理图参考图 6-1。

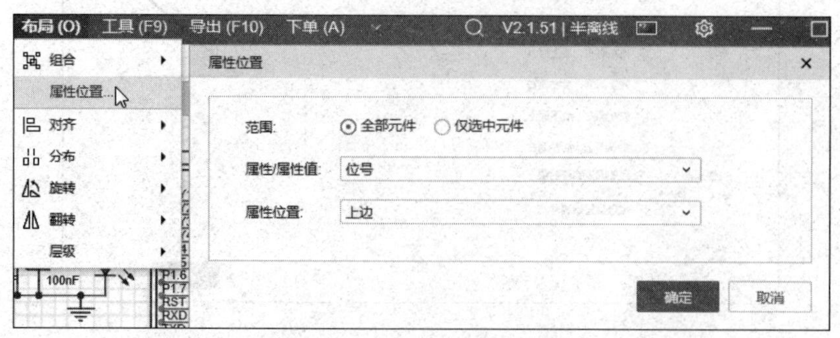

图 6-57　设置位号的位置

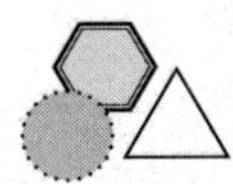

6.5　左侧面板

原理图编辑器界面的左侧面板与 PCB 界面的左侧面板功能相似，用于显示放置在原理图中的元件信息和数量。在原理图中放置的元件数量、导线数量、特殊符号以及一些图形等可以在左侧面板中的网络、元件或对象中查看，如图 6-58 所示。

图 6-58　原理图中的网络、元件或对象信息

可以用左侧面板快速查找元件或导线的位置。在左侧面板“对象”中单击元件、导线或者特殊符号等可以高亮选中的元素，如图 6-59 所示；双击可以在原理图中跳转当前元件的位置并且高亮显示，如图 6-60 所示。

原理图中左侧面板的网络是显示原理图中连接的网络和网络的数量，以及网络中连接的引脚。单击后在原理图中高亮显示网络和连接网络的引脚。

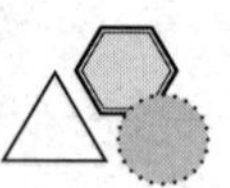

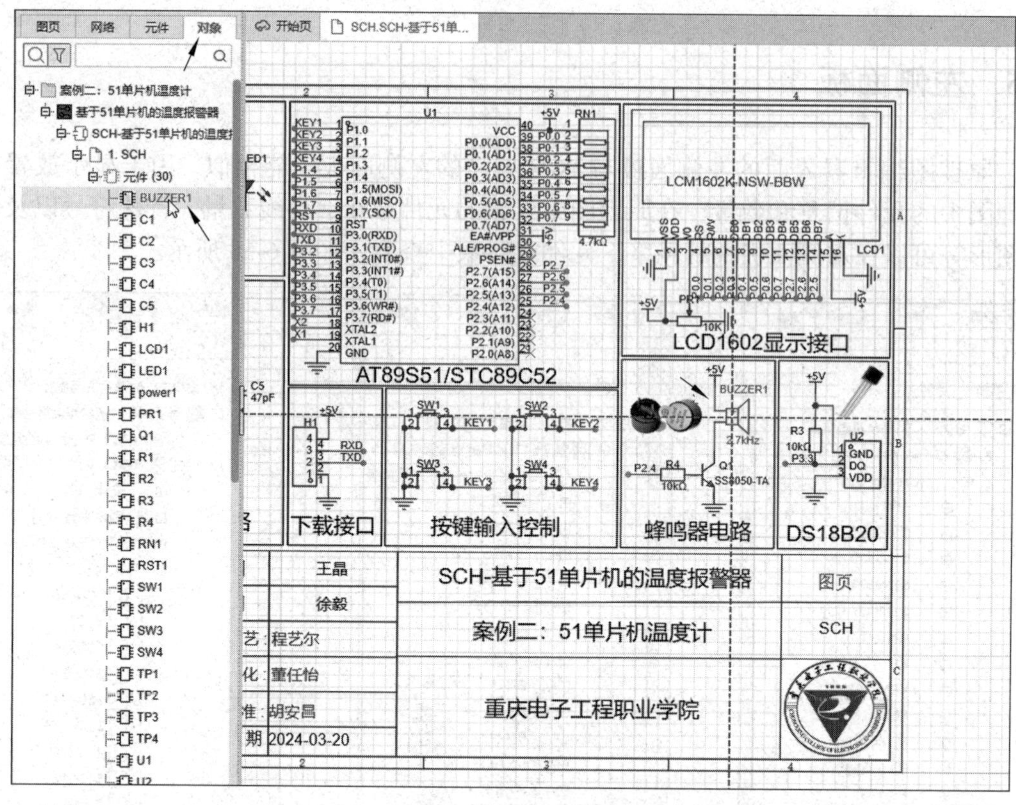

图 6-59　单击选中元件

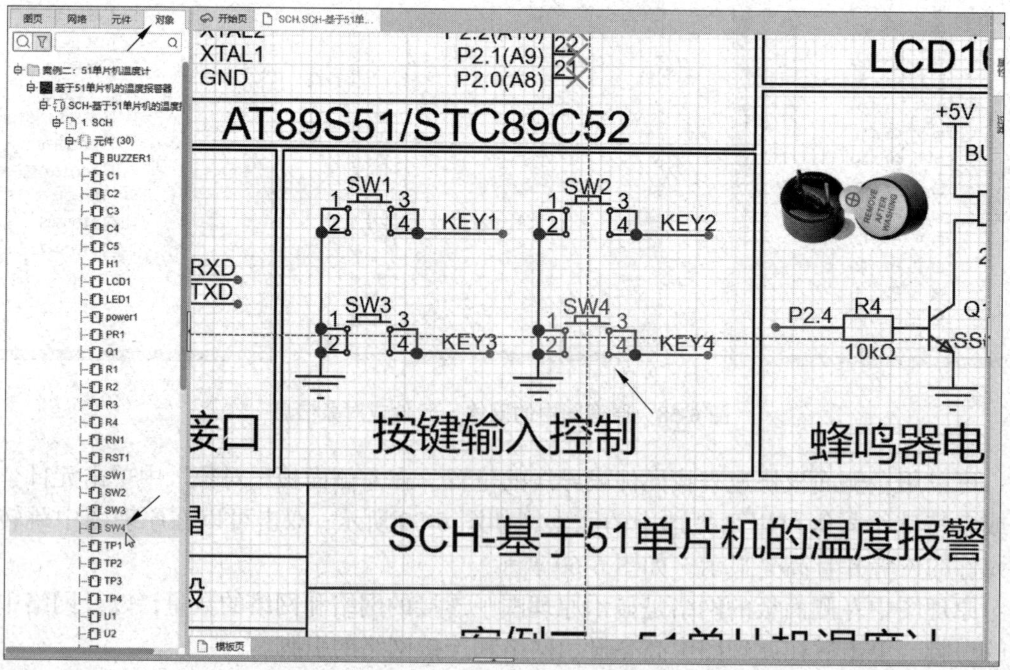

图 6-60　双击后在原理图中跳转当前元件的位置并且高亮显示

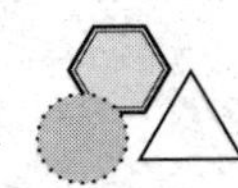

6.6　右侧面板

拓展知识
单片机最小系统

选中一个元件之后，可以在右侧属性面板查看或修改它的属性参数。

（1）元件属性：用户可以修改元件的名字和编号，并设置它们是否可见，还可以修改元件信息。

注意：不要用中文设置编号，在 PCB 中封装编号不支持中文。

在这里用户可以修改元件的供应商、供应商编号、制造商、制造商编号、封装等；也可以批量选中之后，在右侧的属性面板批量修改属性。属性名和属性值可以勾选并显示在画布中。

（2）添加自定义属性：当用户选中一个元件或其他图元时，可以给它新增参数。

如果不需要元件在 BOM 中或者转为 PCB，可以在属性里面把“加入 BOM”和“转为 PCB”设置为“否”。当把转为 PCB 设置为“否”时，该器件符号将不会在封装管理器里面显示。

注意：

（1）具有宽度、高度的图元，在属性面板修改宽度、高度时，可以设置是否等比例调整。单击“等比例”图标锁定宽度、高度后，调整宽度时，高度也会一起变化，如图 6-61 所示。

（2）拖动“属性名称宽度”调节按钮，可以修改“属性”面板中属性名称和属性值的编辑框宽度比例，并且会记录到个人偏好中，如图 6-62 所示。

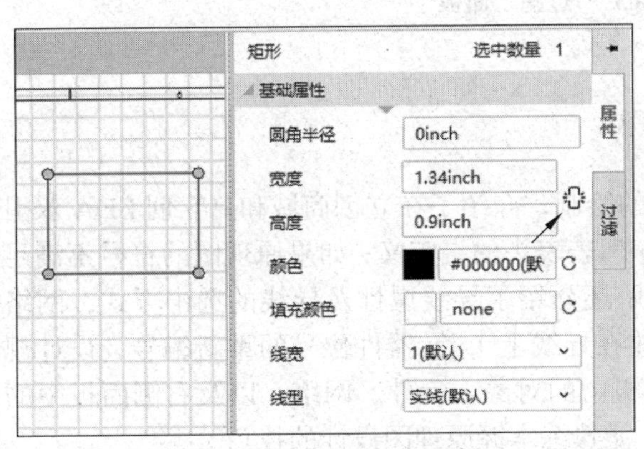

图 6-61　等比例图标

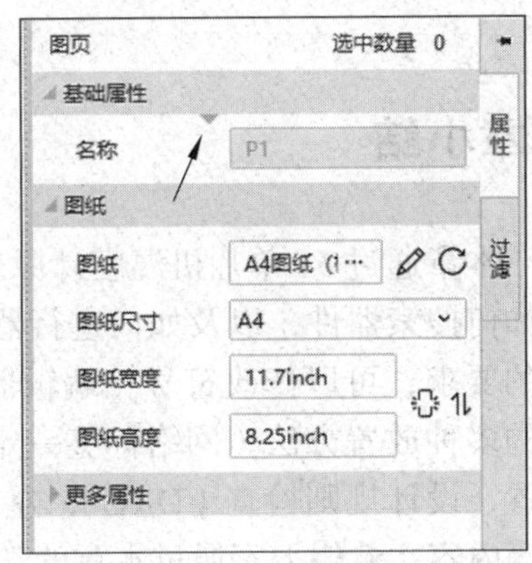

图 6-62　属性名称宽度调节按钮

6.7　过滤

在“过滤”面板中要筛选元件或其他元素，只需勾选或取消勾选相关选项即可，勾选的选项可以在原理图中选择，如图 6-63 所示。

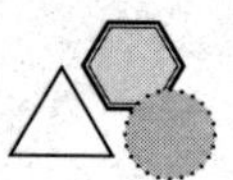

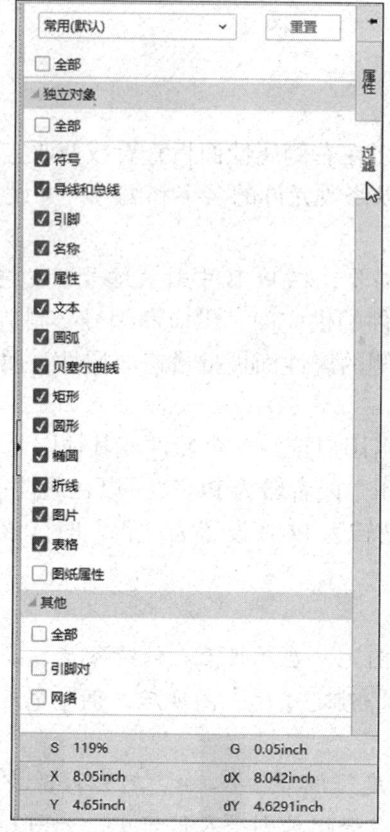

图 6-63 “过滤”面板

本章小结

本章通过 51 单片机温度计原理图的绘制，介绍了在立创商城和嘉立创 EDA 双引擎下如何搜索器件，以及如何进行器件库列表表头的自定义；如果原理图的符号不满足用户的要求，可以修改符号（编辑器件）；还介绍了导线属性及导线的选中方式，网络标签的多种放置方法（网络标签一定要放在导线上），元器件位号的重新编号，设计规则设置，设计规则检查（DRC），左侧面板中的对象、元件、网络，以及右侧面板中的属性等内容。希望大家通过本章的学习，能熟练掌握原理图设计的技巧。

习题

1. 简述在设计电路原理图时，使用嘉立创 EDA（专业版）工具栏中的（导线）与（折线）的区别，以及原理图中导线与总线的区别。

2. 如果要对某一类元件修改它的属性，用什么面板最方便？

3. 工具栏上图标和图标的作用分别是什么？

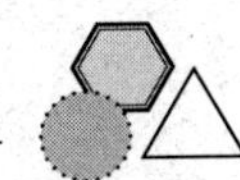

4. 工具栏上的N和T图标都可以用来放置文字，它们的作用是否相同？
5. 如果原理图中元器件的位号混乱，应该怎样操作才能让位号有序？
6. 绘制图 6-64 中高输入阻抗的仪器放大器的电路原理图。

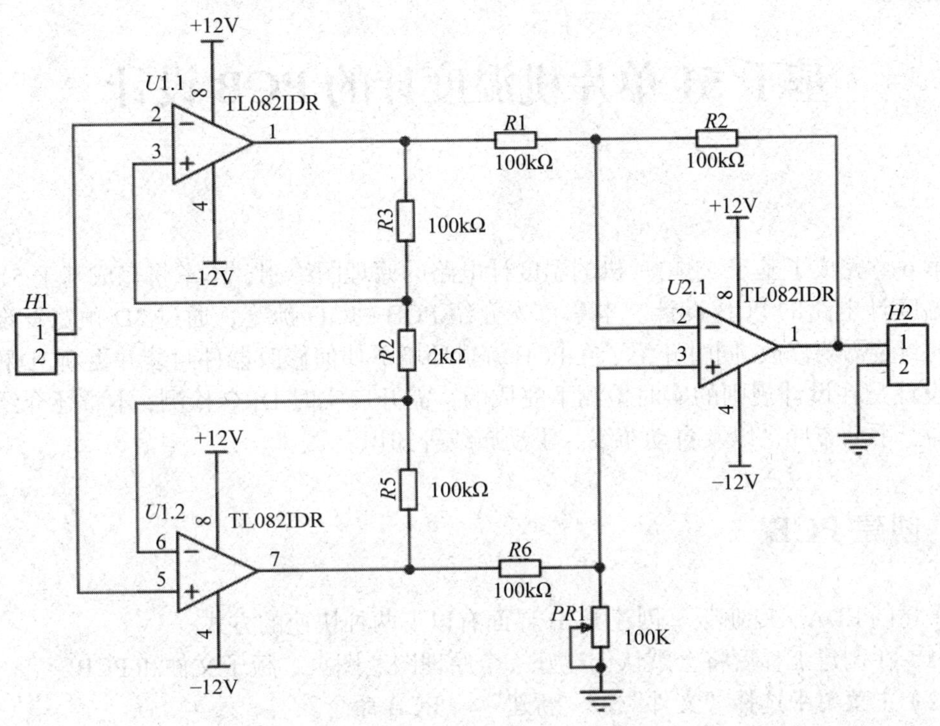

图 6-64　绘制高输入阻抗的仪器放大器的电路原理图

7. 绘制单片机实验板计时器部分的电路原理图，如图 6-65 所示。

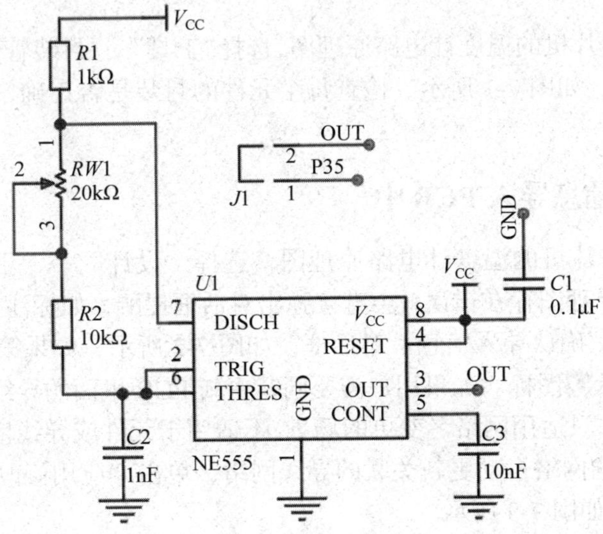

图 6-65　绘制单片机实验板计时器部分的电路原理图

第7章

基于51单片机温度计的PCB设计

第6章完成了基于51单片机的温度计电路的原理图绘制，本章将完成基于51单片机的温度计电路的PCB设计。本章首先介绍PCB的3D预览，通过3D预览发现2个器件的封装需要修改，同时介绍了在PCB编辑环境下如何修改器件封装并更新3D模型；PCB设计是在设计规则的实时检测下完成的，需开启实时DRC检测；本章还介绍了自动布局、手动布局，以及自动布线、手动布线等知识。

7.1 创建PCB

嘉立创EDA（专业版）创建PCB界面有以下两种快速的方式。

（1）在创建工程后将会默认创建好一个原理图、图页、板子文件和PCB。

（2）主菜单中选择“文件”→“新建”→PCB命令。

由于在创建工程时已自动创建PCB文件，所以打开PCB文件即可。把原理图的信息导入到PCB时，首先应检查原理图内每个元件的封装是否正确。

7.1.1 检查元件的封装

打开基于51单片机的温度计电路原理图，选择“工具”→“封装管理器”命令，弹出“封装管理器”对话框，如图7-1所示，检查每个元件的封装是否正确，如果正确可执行下面的操作。

7.1.2 原理图的信息导入PCB中

打开基于51单片机的温度计电路原理图，选择“设计”→“更新/转换原理图到PCB”命令，如果原理图存在错误，会直接弹出对话框提醒，如标注重复、封装缺失等。若无问题，将弹出“确认导入信息”对话框，如图7-2所示，如果第1列元件的信息正确，则在其前面显示☑图标。如果用户需要同时更新PCB里面的导线网络，则勾选“同时更新导线的网络（只适用网络名变更的场景，不适用于元件或导线增删的场景）”选项，编辑器会根据焊盘的网络自动更新关联的导线网络，单击“应用修改”按钮，原理图的信息导入PCB内，如图7-3所示。

从图7-3看出，所有元件的封装是按原理图的位置布局的（自动应用了布局传递功能）。

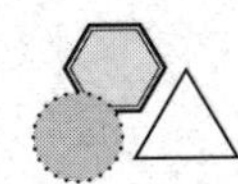

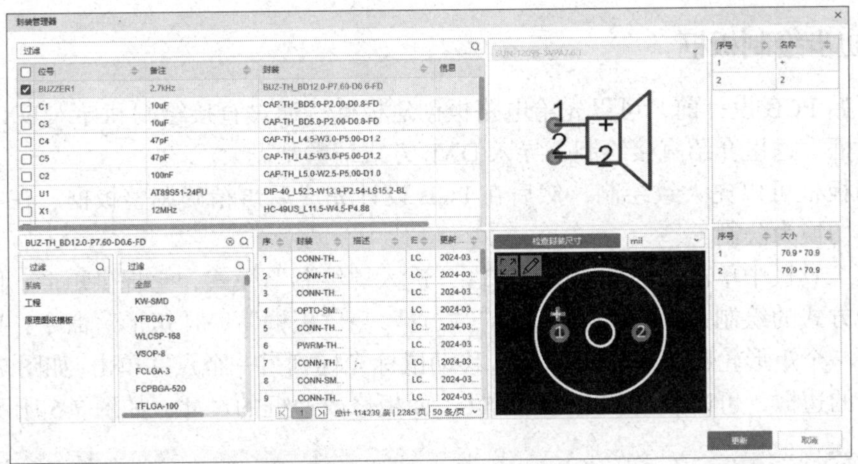

图 7-1　“封装管理器”对话框

确认导入信息

元件	动作	对象	导入前	导入后
LCD1	增加元件	LCD1	-	LCD1
U1	增加元件	U1	-	U1
U2	增加元件	U2	-	U2
LED1	增加元件	LED1	-	LED1
SW1	增加元件	SW1	-	SW1
SW2	增加元件	SW2	-	SW2
SW3	增加元件	SW3	-	SW3
SW4	增加元件	SW4	-	SW4
RST1	增加元件	RST1	-	RST1
X1	增加元件	X1	-	X1
USB1	增加元件	USB1	-	USB1
RP1	增加元件	RP1	-	RP1
RN1	增加元件	RN1	-	RN1
R1	增加元件	R1	-	R1
R2	增加元件	R2	-	R2

同时更新导线的网络(只适用网络名变更的场景，不适用于元件或导线增删的场景)

应用修改　取消

图 7-2　“确认导入信息”对话框

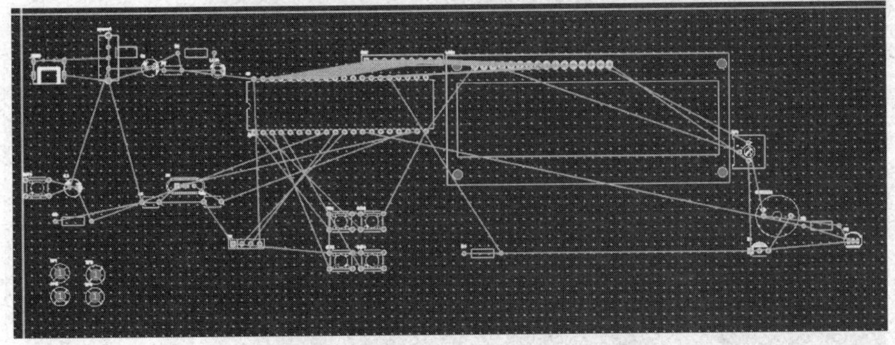

图 7-3　原理图的信息导入 PCB 中

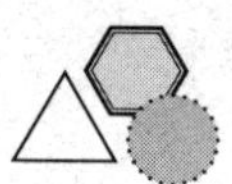

7.1.3 初步绘制板框

在开始 PCB 设计前，可以先给电路板创建板框，通过直接绘制和导入 DXF 两种方式创建板框。这里介绍直接绘制，导入 DXF 方式请看帮助。

绘制板框可以先大致绘制，然后在 PCB 设计完成后再精确调整板框。在主工具栏中将单位切换为公制。

在主工具栏中单击“板框”图标，进入“绘制”模式，它提供矩形、圆形、多边形三种方式的绘制；也可以选择执行“放置”→“板框”→“矩形”命令，鼠标光标上悬浮着一个矩形轮廓，单击坐标原点，移动鼠标光标到另一个点并单击，如图 7-4 所示。选中绘制的边框，可以单击右边的“属性”面板修改边框的尺寸，如图 7-5 所示。

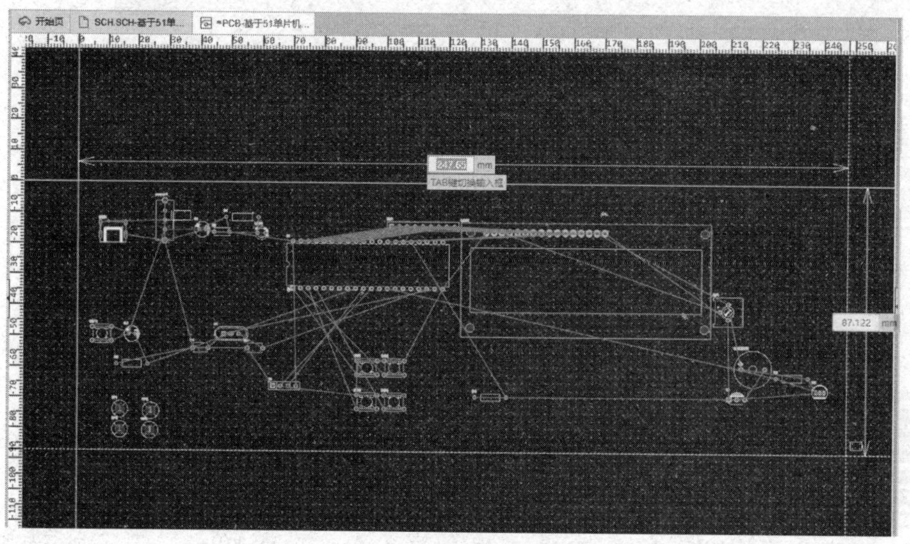

图 7-4 绘制板框

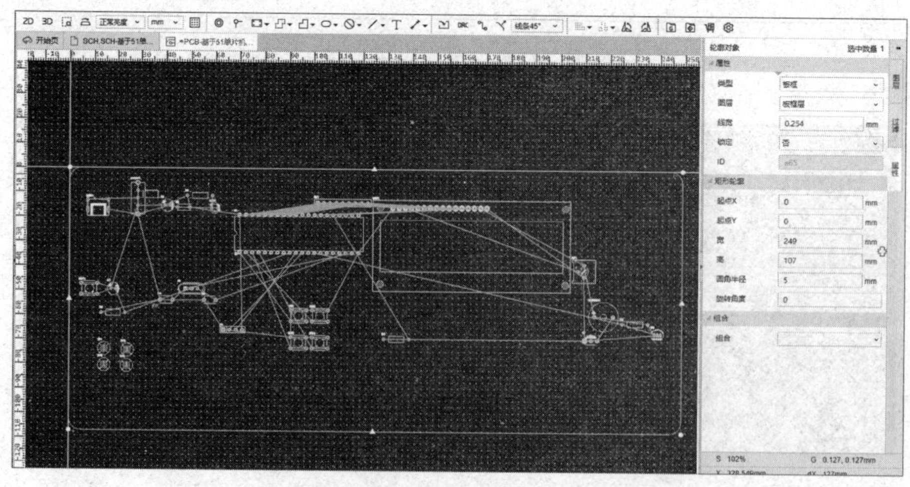

图 7-5 在“属性”面板中修改边框的尺寸（初步绘制板框）

7.2　PCB 的 3D 显示

为了了解设计原理图时元件的封装是否选择正确，查看 PCB 焊接元器件后的效果，提前预知 PCB 与机箱的结合，也就是 ECAD 与 MCAD 的结合，可以把导入 PCB 的元件进行 3D 预览（半离线模式）。

7.2.1　3D 预览

1. "3D 预览" 命令

从主菜单选择"视图"→"3D 预览"命令，或在主工具栏单击 3D 预览图标3D，弹出 3D 预览效果图，如图 7-6 所示。

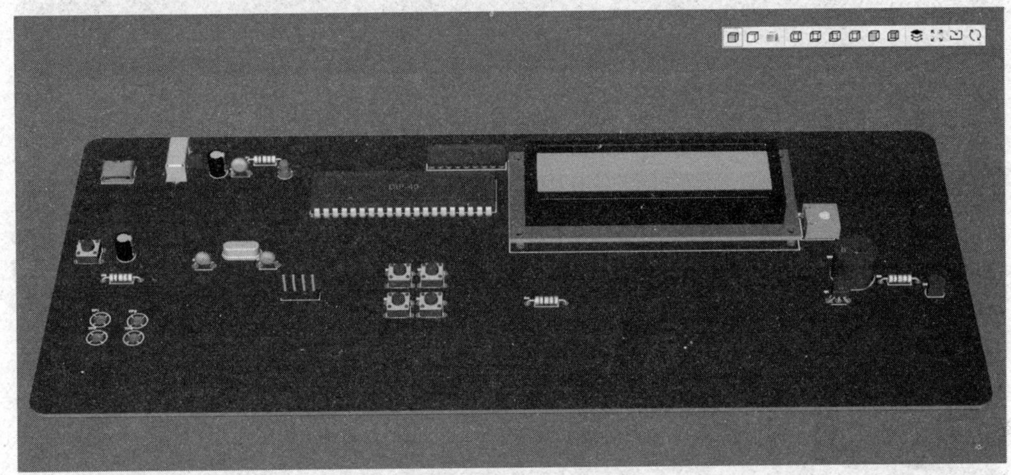

图 7-6　3D 预览效果图

在 3D 界面右侧的"属性"面板中可以修改当前背景的颜色、板子的颜色、焊盘喷镀的颜色仿真生成的 PCB 和 3D 模型。如果 PCB 的元件没有绑定元件 3D 模型，需要在 PCB 的主菜单中选择"工具"→"3D 模型管理器"命令，先绑定 3D 库。

- 背景颜色：预览界面的背景色设置。
- 板子颜色：PCB 的颜色设置，支持七种颜色设置。
- 焊盘喷漆：PCB 焊盘喷镀的颜色预览，可以选金色或者银色。

2. 预览工具条

预览工具条支持多种功能，当鼠标光标悬浮在图标上时可以提示对应的功能名称。支持正常视图、轮廓视图、Gerber 视图，以及物体的顶面、底面、左面、右面、前面、后面。

- 爆炸：3D 外壳预览使用。
- 适应全部：当前预览适应视图区域。
- 导入变更：导入 PCB 的变更。

• 刷新：回归默认视角。

从顶面预览的效果如图 7-7 所示，从后面预览 3D 图效果如图 7-8 所示。

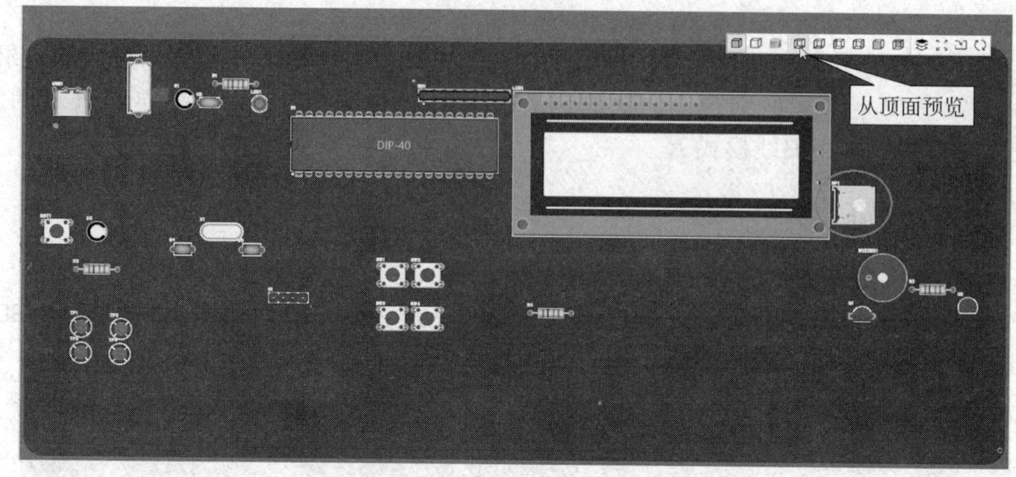

图 7-7　从顶面预览 3D 图

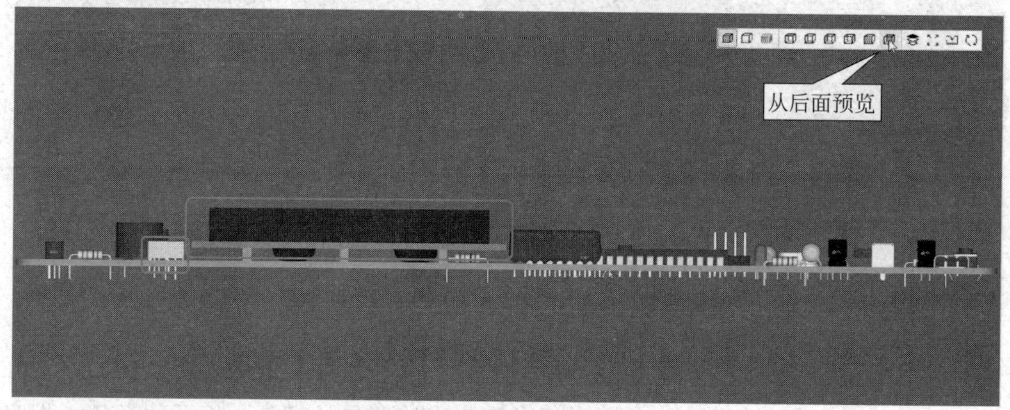

图 7-8　从后面预览 3D 图

7.2.2　修改封装

在进行 3D 预览时，发现 LCD1602 液晶显示屏需要加一个排针排母（设计 PCB 时准备把该器件放置在单片机的上方），电位器 RP1 的封装需要修改。

1. 修改电位器 RP1 的封装

可以直接在 PCB 上修改电位器的封装。选中电位器 RP1，右击并弹出快捷菜单，如图 7-9 所示，可以选择“编辑封装”命令，也可以选择“编辑器件”命令。

如果选择“编辑封装”→“仅应用选中元件”命令，弹出“警告”信息：“清空历史记录，你将不能对之前的操作进行撤销 / 重做，是否继续？”单击“是”按钮，弹出修改封装的界面，如图 7-10 所示，可以在该编辑界面中修改封装，按实际元件的尺寸移动焊盘，并绘制封

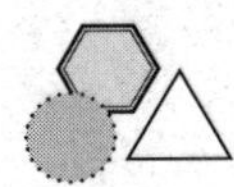

装的丝印层符号，修改完后的封装如图 7-11 所示，再单击“保存”按钮。如果只修改封装，不修改 3D 模型，这样操作即可。现在还需要修改 3D 模型，执行下面的操作。

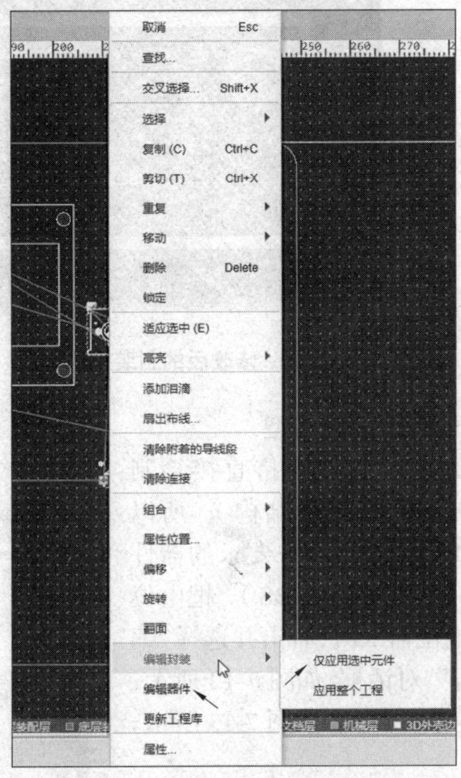

图 7-9　右击并弹出快捷菜单

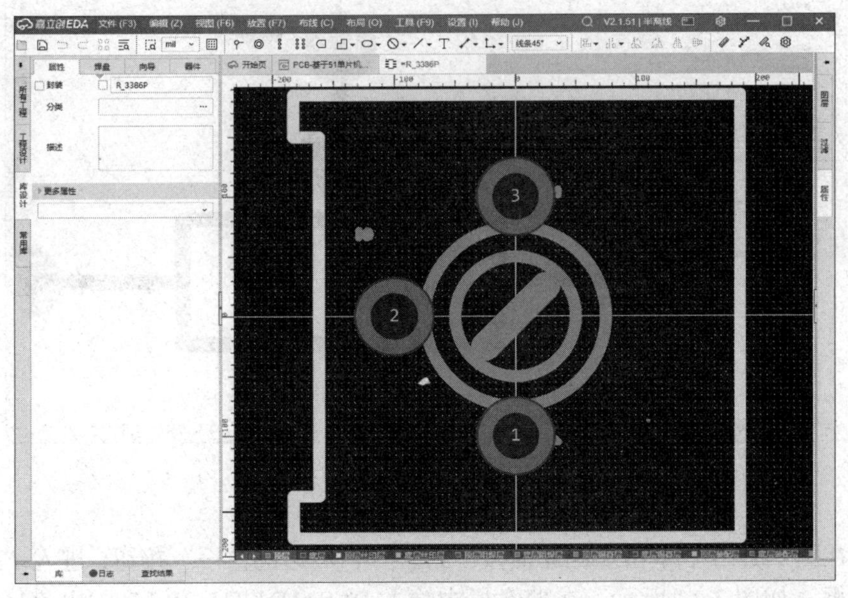

图 7-10　修改封装界面

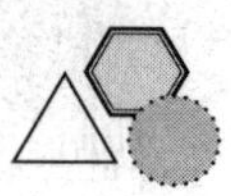

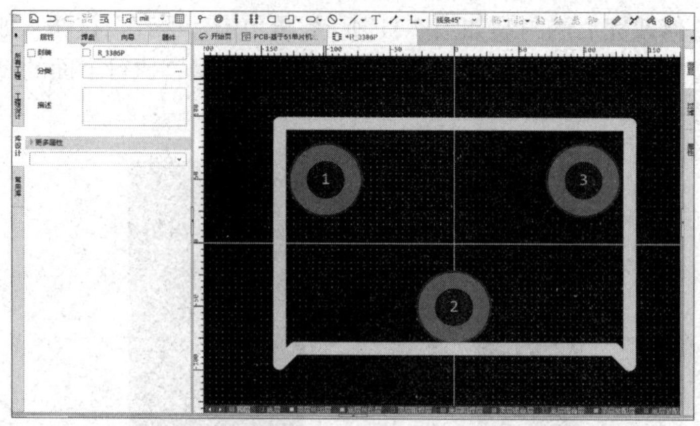

图 7-11　修改后的封装

2. 替换电位器 RP1 的封装、3D 模型

（1）目前嘉立创 EDA 软件暂不支持直接绘制元器件的 3D 模型（支持设计 3D 外壳结构），所以在器件库中查找封装、3D 模型满足用户要求的器件（RES-ADJ-TH_3P-L7.1-W6.9-P2.54-BL-BS）。把电位器 RP1 换为该器件，选中电位器 RP1，右击并选择“编辑器件”命令，弹出“警告”对话框，如图 7-12 所示，单击“是”按钮，弹出替换封装的界面，如图 7-13 所示。

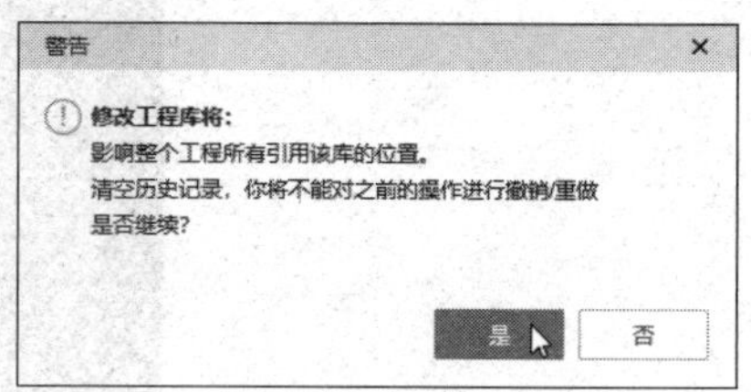

图 7-12　“警告”信息

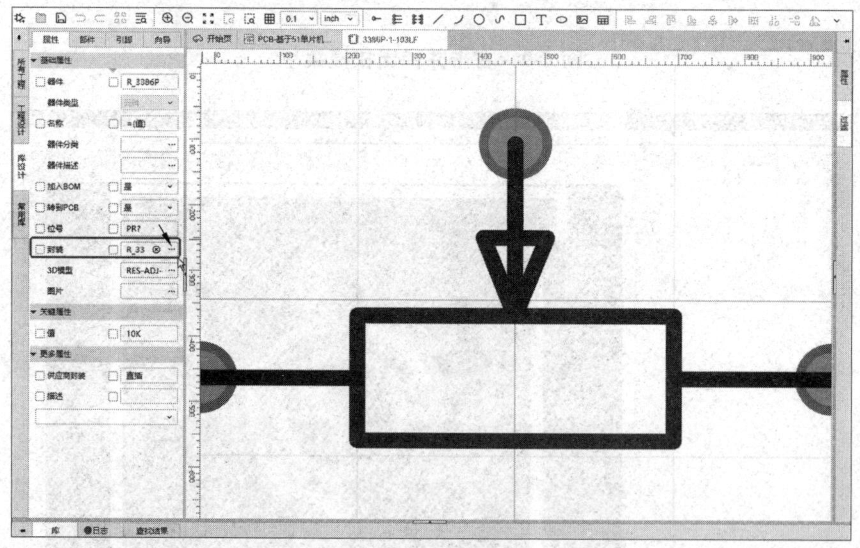

图 7-13　替换封装

（2）在图 7-13 中，单击左侧库面板“封装”栏右边的“…”按钮，进入“封装管理器”对话框，如图 7-14 所示，在搜索栏中输入 RES-ADJ-TH_3P-L7.1-W6.9，单击“搜

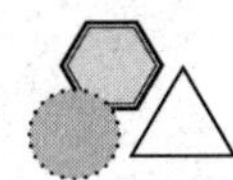

索”按钮🔍，在“封装”栏中选择 RES-ADJ-TH_3P-L7.1-W6.9-P2.54-BL-BS，单击“确认”按钮，返回器件编辑界面，如图 7-15 所示。

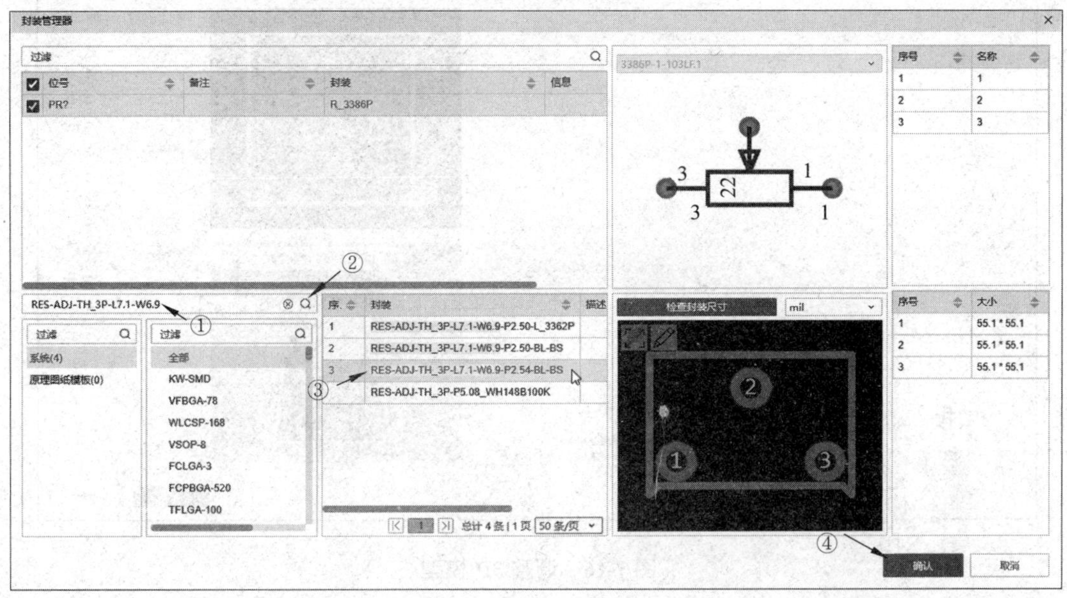

图 7-14　搜索封装

（3）在图 7-15 中单击左边“库设计”面板中的“3D 模型”栏右边的“…”按钮，进入“3D 模型管理器”对话框，如图 7-16 所示。

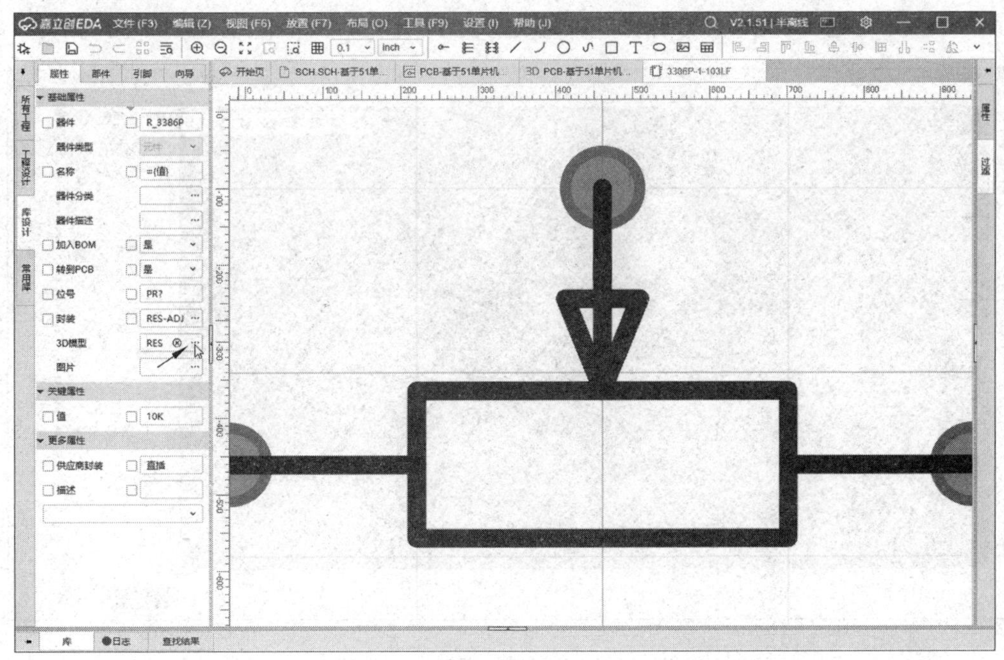

图 7-15　单击 3D 模型栏的“…”按钮

（4）在图 7-16 所示，单击“全屏”按钮进入 3D 全屏模式，如图 7-17 所示。

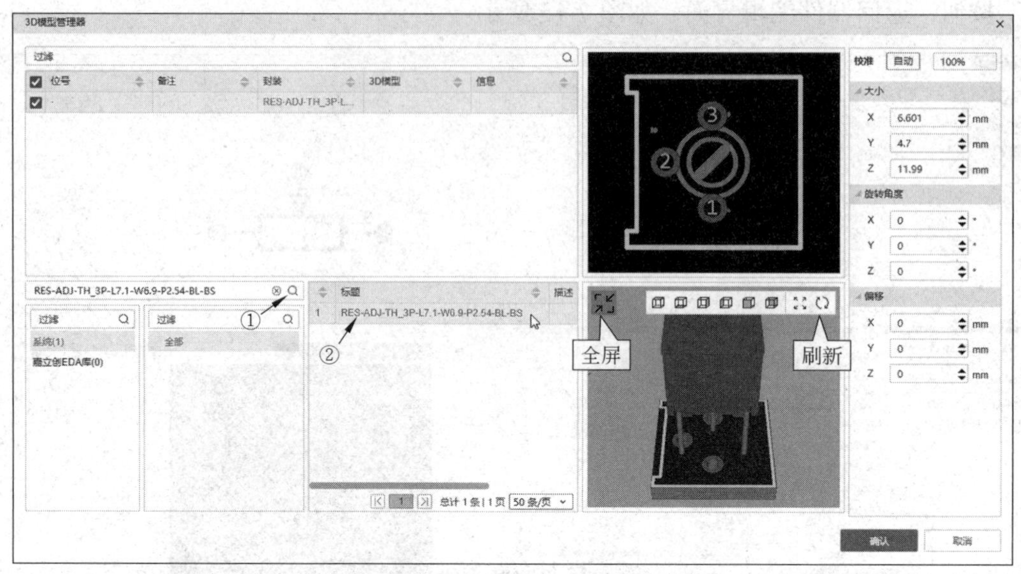

图 7-16　调整 3D 模型

（5）在图 7-17 中，可以根据需要调整旋转角度（X、Y、Z）的值，以及调整偏移量（X、Y、Z）的值，这里调整偏移量 Z 的值为 5.5mm，调整时可以单击“刷新”按钮看调整的结果；调整时如果感觉调整的数字正确，而 3D 模型显示不对，可以退出“3D 模型管理器”，重新进入“3D 模型管理器”编辑界面，再查看结果，调整好的 3D 模型如图 7-17 所示；替换好的电位器 RP1 的封装、3D 模型如图 7-18 所示，单击“确认”按钮。

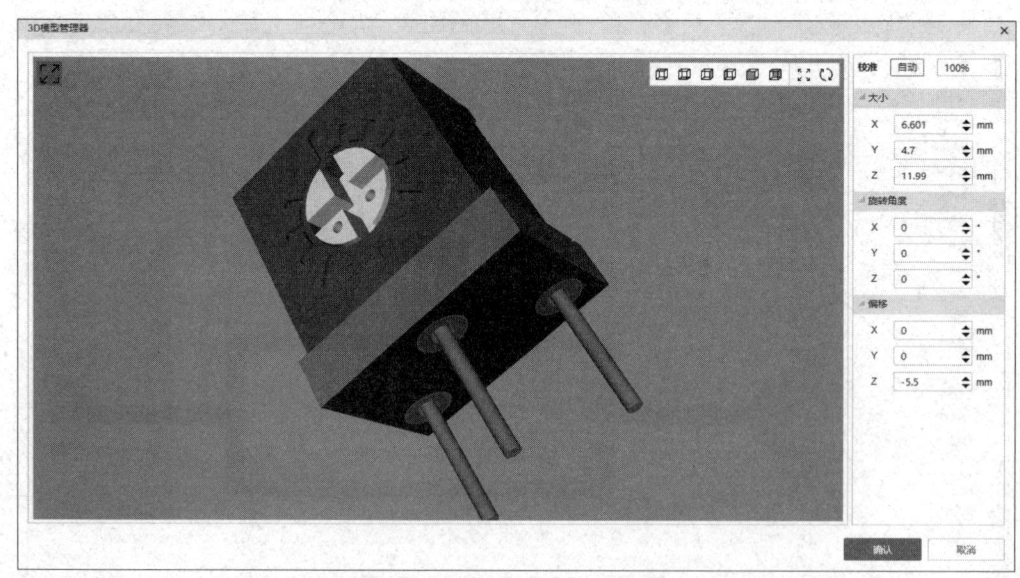

图 7-17　全屏模式调整 3D 模型

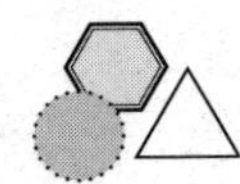

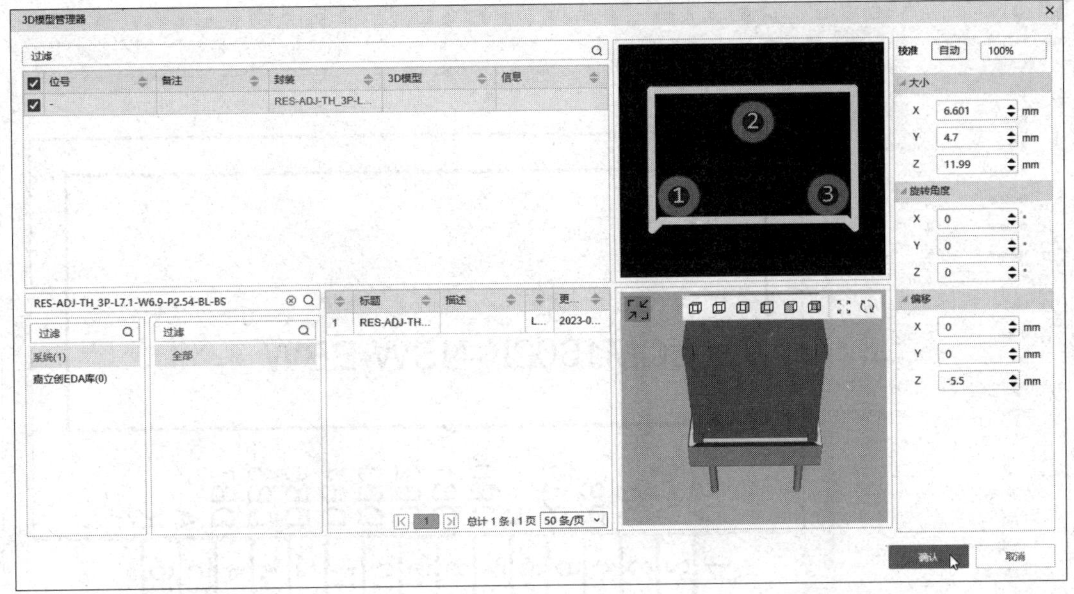

图 7-18　器件的封装 3D 模型替换成功

3. 替换 LCD1602 液晶显示屏的 3D 模型

LCD1602 液晶显示屏需要加一个排针排母（设计 PCB 时准备把该器件放置在单片机的上方），用其他软件设计了一个添加了排针排母的 1602 的 3D 模型文件（LCD1602.step）。

（1）将 3D 模型文件（LCD1602.step）复制到设置半离线模式时“库路径”所指定的文件夹（D:\嘉立创 EDA\ 库）下。

（2）在 PCB 编辑界面，从主菜单上选择“文件”→“新建”→“3D 模型”命令，弹出“提示”对话框，如图 7-19 所示，单击“确认”按钮即可。

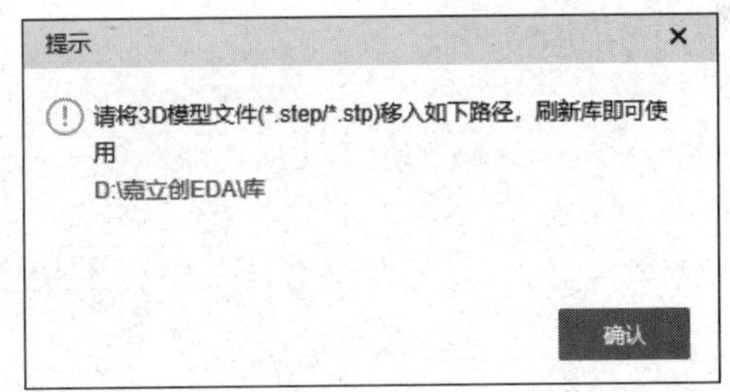

图 7-19　将 3D 模型文件复制到库路径下

（3）编辑 LCD1602 封装，选中液晶显示器 LCD1，右击并选择“编辑器件”命令，弹出“警告”对话框，显示“修改工程库：影响整个工程所有引用该哭的位置。清空历史记录，你将不能对之前的操作进行撤销 / 重做，是否继续？”单击“是”按钮，弹出封装编辑界面，如图 7-20 所示。

（4）在图 7-20 中，单击“库”设计面板“3D 模型”栏的“…”按钮，进入“3D 模型管理器”对话框，如图 7-21 所示。

（5）在图 7-21 中，在搜索栏中输入 LCD1602，单击“搜索”按钮🔍，在嘉立创 EDA 库内找到刚复制的 3D 模型文件，单击“全屏”按钮，进入 3D 模型全屏编辑界面，调整 X、Y、Z 偏移量的值，调整好的 3D 模型如图 7-22 所示，再单击“确认”按钮。

（6）返回 PCB 编辑界面，查看修改了 RP1、LCD1 的 3D 模型如图 7-23 所示。现在 PCB 上所有器件的封装、3D 模型正确，开始 PCB 设计工作。

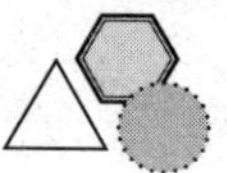

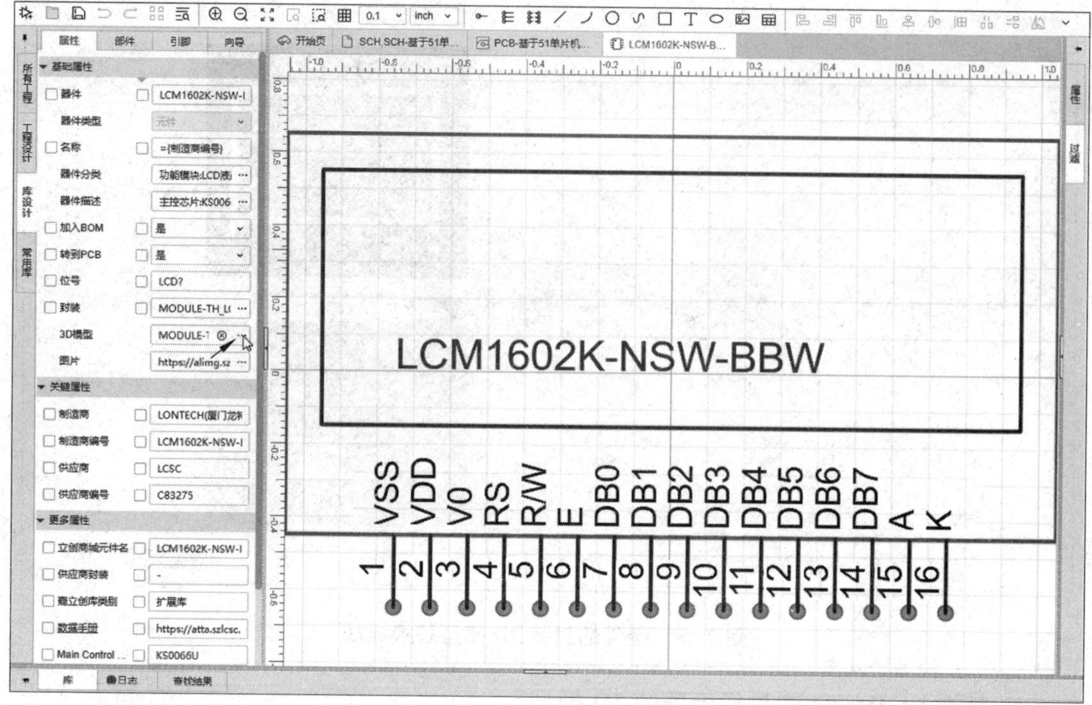

图 7-20　封装编辑界面

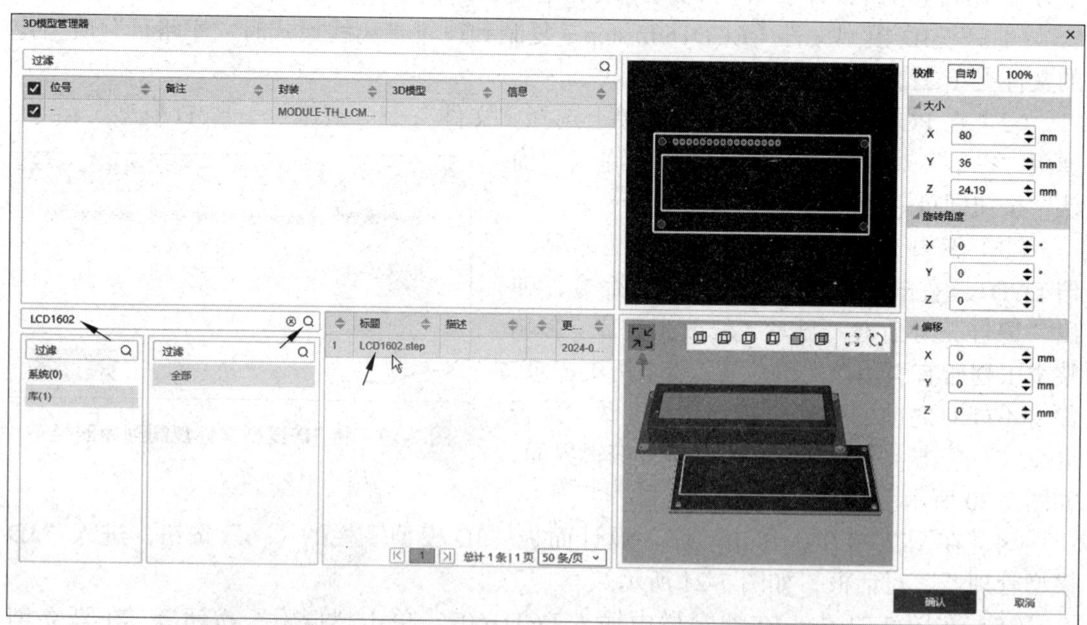

图 7-21　“3D 模型管理器”对话框

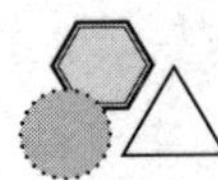

图 7-22　LCD1602 使用新的 3D 模型

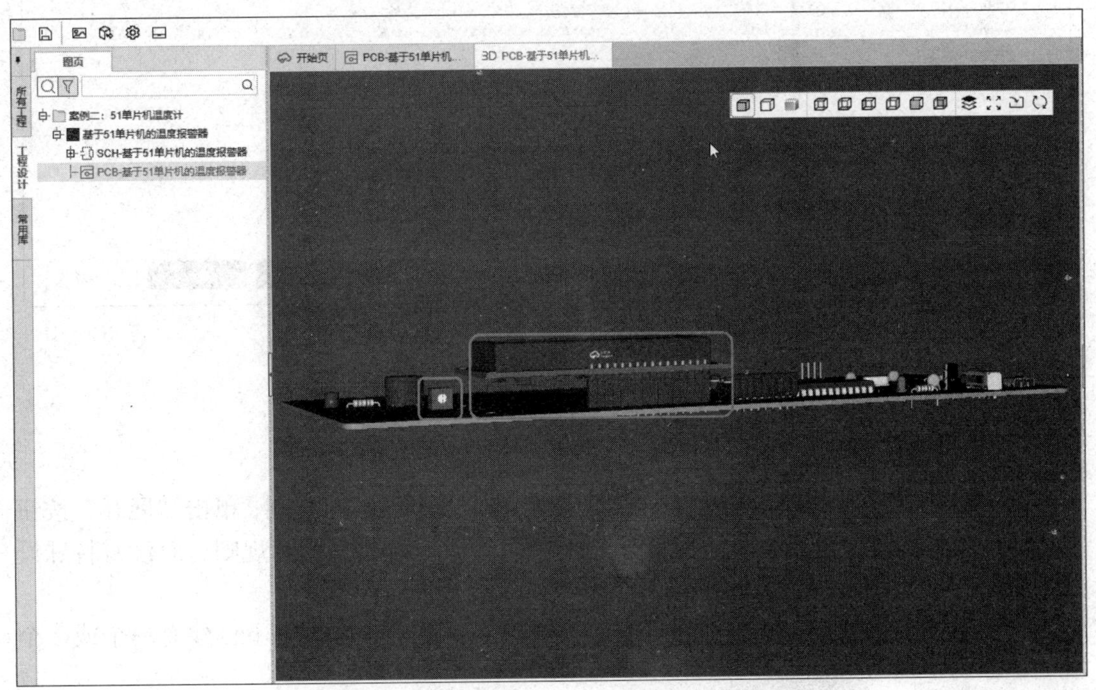

图 7-23　替换了 2 个器件的 PCB 的 3D 预览图

7.3 设计规则

设计规则是用于设置 PCB 基本设计原则，在“设计规则”对话框中输入一个安全设计规则，可以保证 PCB 的设计不会出现设计问题。

从主菜单中选择“设计”→“设计规则”命令，弹出“设计规则”对话框，如图 7-24 所示。

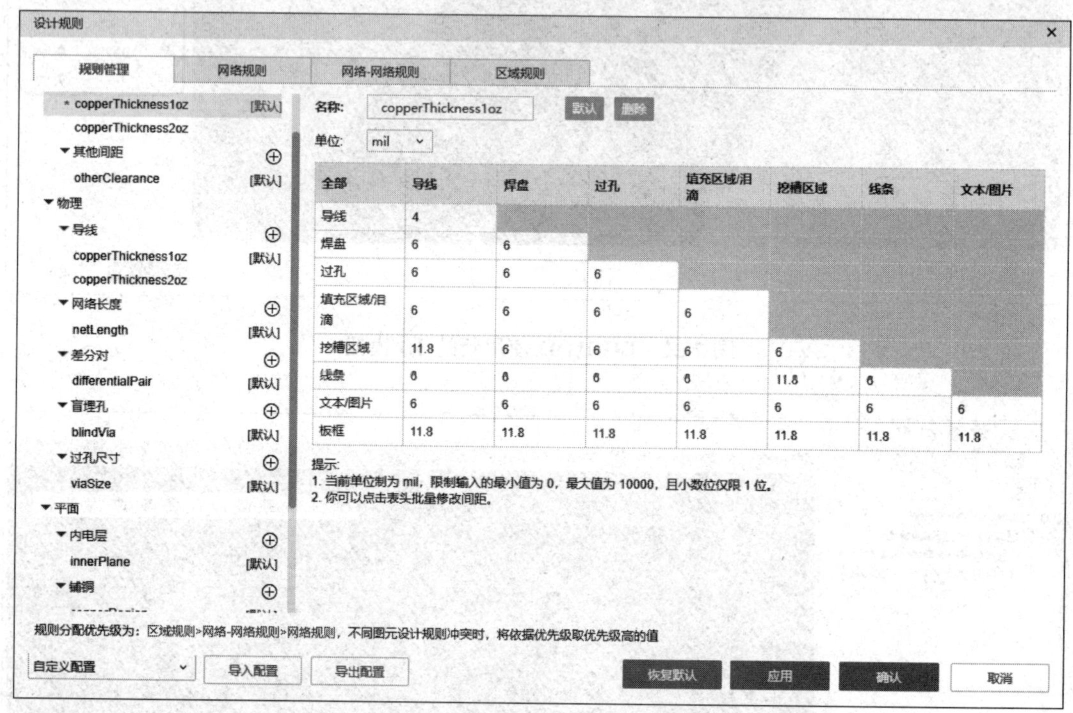

图 7-24 “设计规则”对话框

7.3.1 规则管理

在“规则管理”选项卡下单击“收缩”按钮▼，可以收缩规则；单击“展开”按钮▶，可以展开规则。在每一种类型的规则下可以新增、修改、删除规则，对没有特殊设置规则的网络，会使用默认的规则。

目前有四大类规则：间距、物理、平面、扩展，每个具体规则下创建有一个或多个规则，如图 7-25 所示。

7.3.2 规则编辑

需要新增规则时，单击该规则右边的⊕图标即可。在“设计规划”对话框右边输入规则名称后，再在输入框外部单击，即可成功创建规则。

图 7-25　四大类规则

如要添加电源导线（+5V、V_{CC}）20mil 的规则，可以单击导线规则右边的图标⊕，新增一个名为 trackWidth1 的线宽规则，把名改为“电源”，线宽的默认宽度改为 20（单位为 mil），依次单击“应用”和“确认”按钮，如图 7-26 所示。

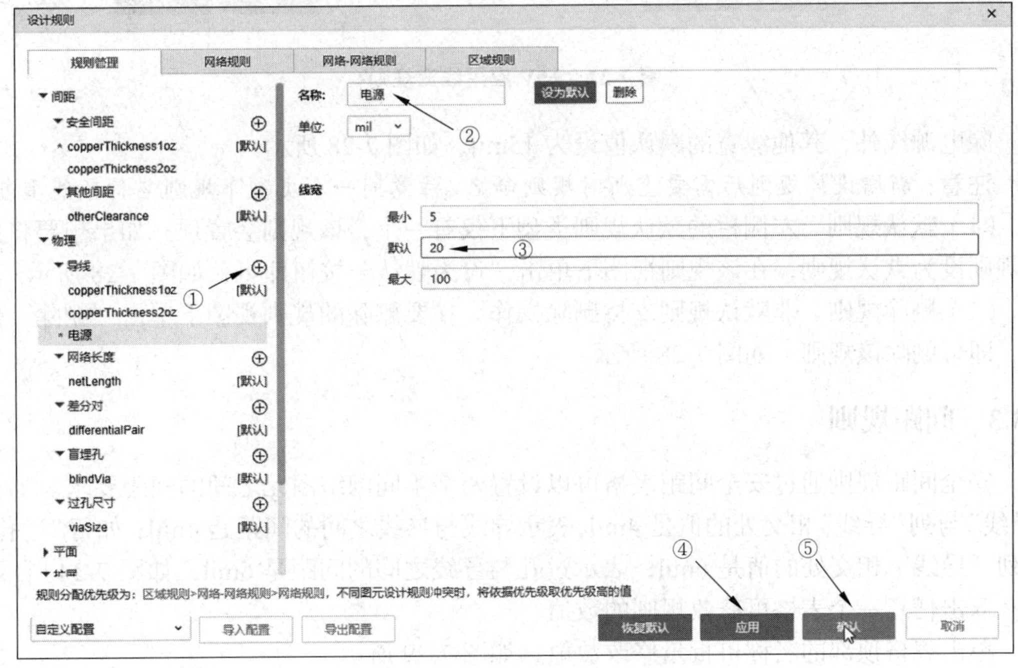

图 7-26　添加电源线宽规则

要使设计的电源规则起作用，需要在“设计规则”对话框中选择“网络规则”选项卡，单击“导线”选项；在该对话框右边选择名称为“+5V”的规则栏，单击下拉箭头 ⌄ ，选择“电源”的线宽规则，如图 7-27 所示。用同样的方法，将名称为 V_{CC} 的规则应用“电源”的线宽规则。设置好后，单击“确认”按钮退出“设计规则”对话框。

这样在布线时，+5V、V_{CC} 就按设计的线宽规则进行布线。

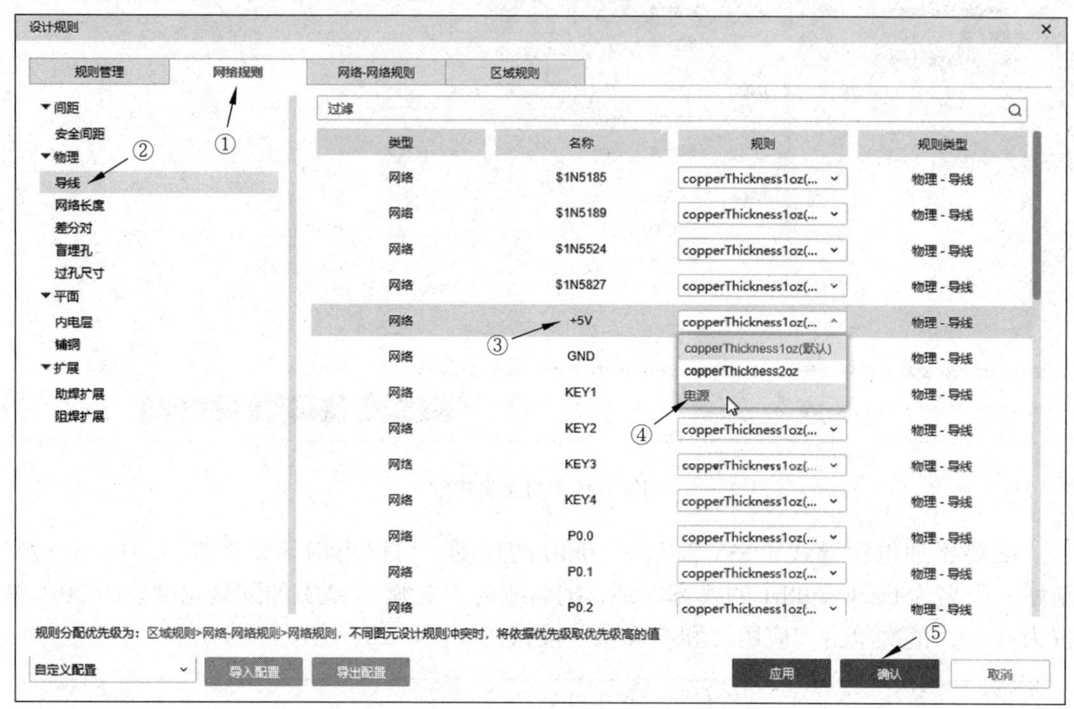

图 7-27 +5V 应用线宽规则

除电源线外，其他线宽的默认值设为 15mil，如图 7-28 所示。

注意：新增设计规则后需要重新对规则命名，注意同一个类型下规则名称不能重复。

（1）默认规则。左侧栏的默认规则类型下仅有一个，该规则会置顶。如果想要将某个规则设为默认规则，在该规则视图下单击“设为默认”按钮即可，如图 7-28 所示。

（2）删除规则。非默认规则支持删除操作。在要删除的规则视图下单击“删除”按钮，即可删除该规则，如图 7-28 所示。

7.3.3 间距规则

安全间距规则通过安全间距表格可以设置两个不同网络图元之间的间距要求。如行“导线”与列“导线”相交处的值是 4mil，表示导线与导线之间的间距是 4mil；如行“过孔”与列“导线”相交处的值是 6mil，表示过孔与导线之间的间距是 6mil，如图 7-24 所示。

双击任意一个表格可修改规则的数值。

单击表格顶部的名称可批量修改数值，如图 7-29 所示。

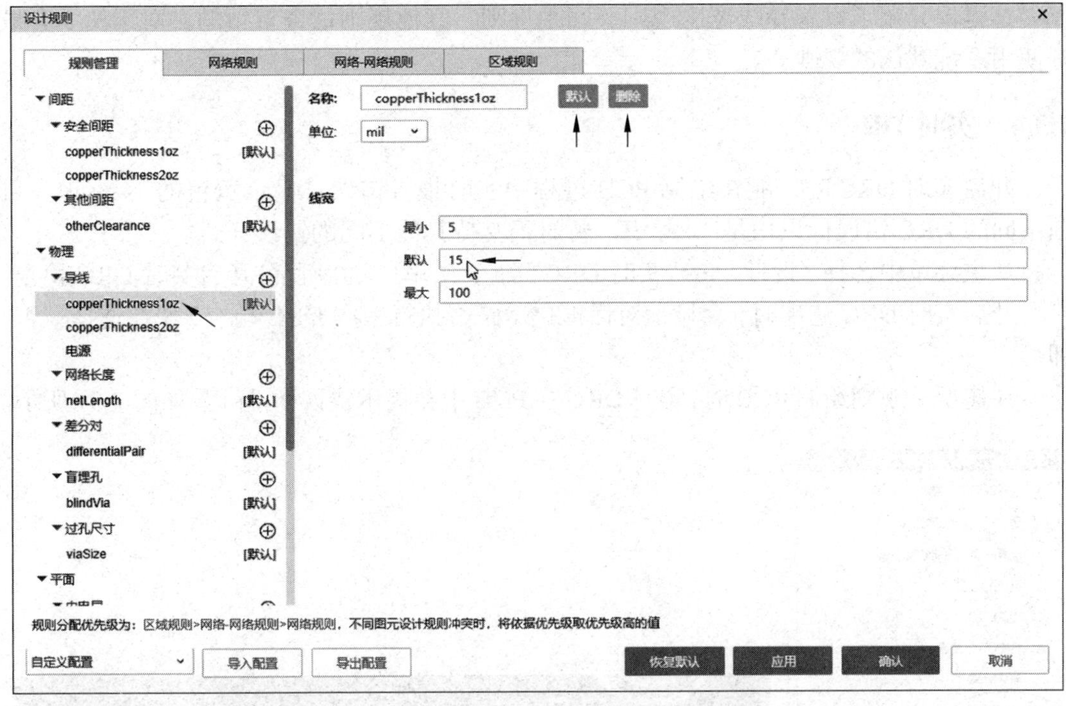

图 7-28　普通线宽为 15mil

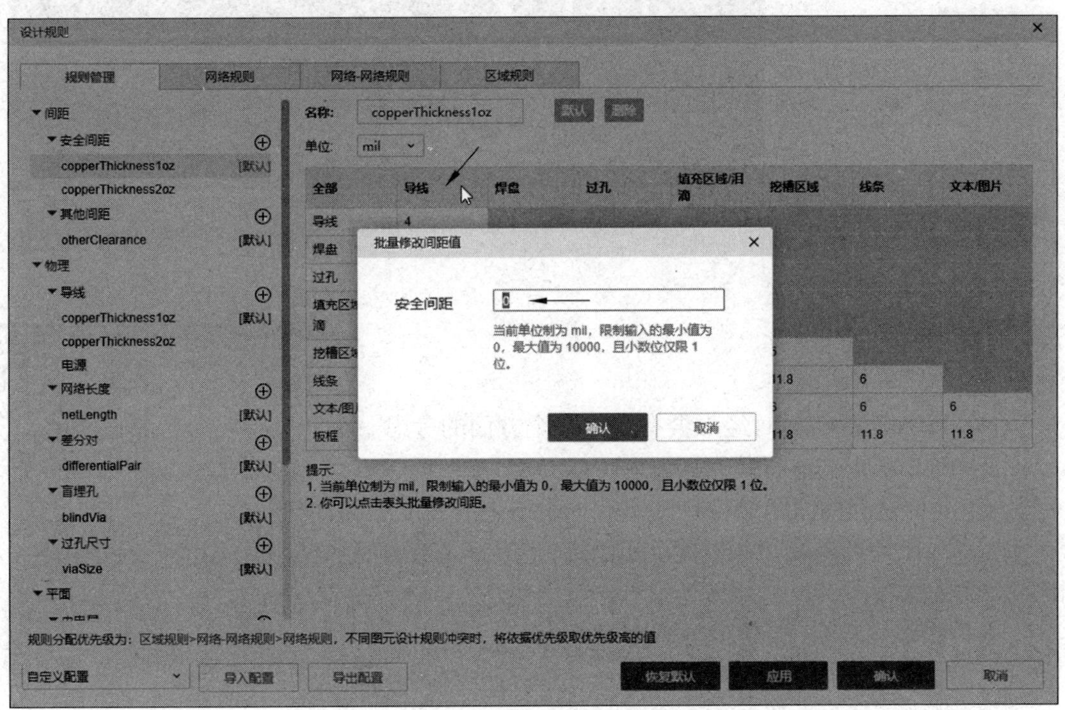

图 7-29　单击表格顶部的名称可批量修改数值

这里仅介绍了设置导线宽度规则、间距规则，其他规则请查看帮助，对于初学者最好使用系统默认的规则。

7.3.4 实时 DRC

开启实时 DRC 时，能在绘制 PCB 过程中实时报告错误，显示黄色的 × 标识。目前不同的 DRC 错误标识均是 × 标识，暂时不支持其他不同的错误样式。

从主菜单中选择“设计”→“实时 DRC”命令，如图 7-30 所示，开启实时 DRC 检查。

开启实时 DRC 选项时，会显示对话框提示是否执行一次 DRC 检查，现在选择“否”即可。

在违反了规则绘制 PCB 时，实时 DRC 在 PCB 中会提示错误 × 标记，如图 7-31 所示。

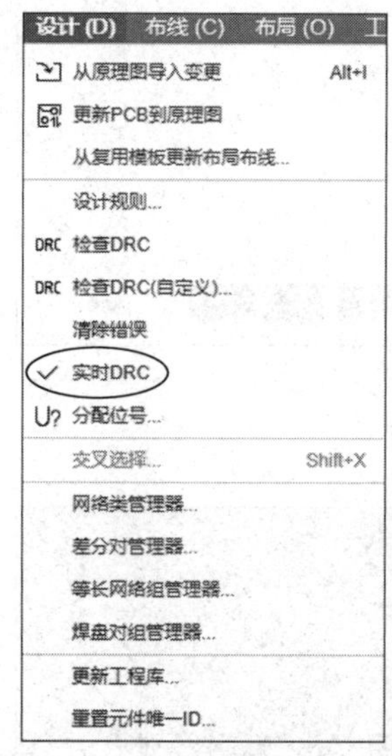

图 7-30 开启实时 DRC

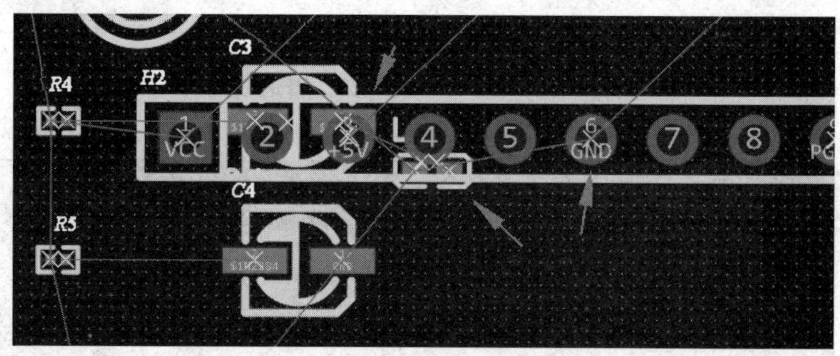

图 7-31 错误 × 标记

7.4 布局

基于 51 单片机温度计的 PCB 布局设计

在对 PCB 元件布局时经常会有以下几个方面的考虑。

（1）PCB 板形与整机是否匹配？

（2）元件之间的间距是否合理？有无水平上或高度上的冲突？

（3）PCB 是否需要拼板？是否预留工艺边？是否预留安装孔？如何排列定位孔？

（4）如何进行电源模块的放置与散热？

（5）需要经常更换的元件放置位置是否方便替换？可调元件是否方便调节？

（6）热敏元件与发热元件之间是否考虑距离？

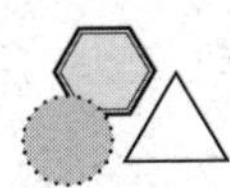

7.4.1　绘制板框

在主菜单中选择“放置”→“板框”→“矩形”命令，然后在设计界面中放置一个宽为 100mm、高为 55mm、圆角半径为 2mm 的板框，如图 7-32 所示。

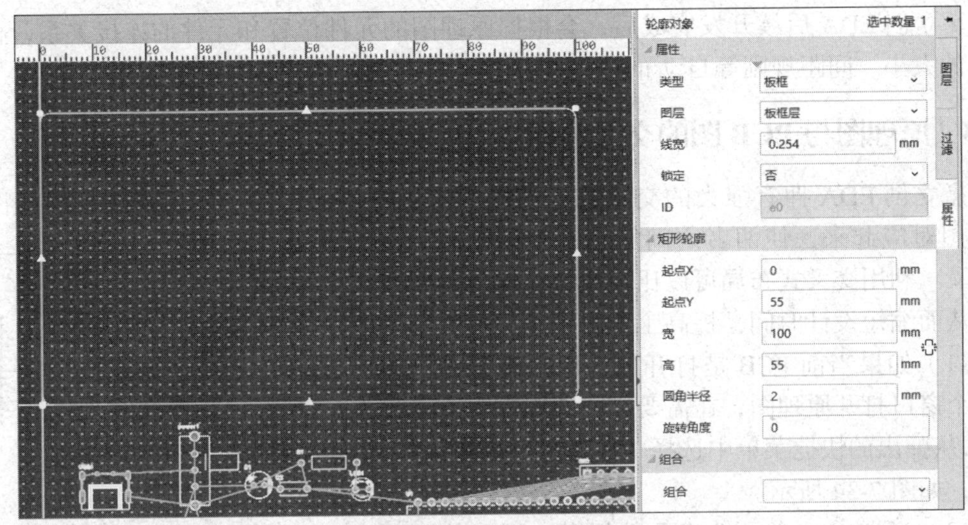

图 7-32　放置板框

7.4.2　自动布局

嘉立创 EDA 支持简单的自动布局功能，目前仅是体验阶段（预览版），以后会不断迭代更新。

从主菜单中选择命令“布局”→“自动布局”命令，自动布局开始，库面板底部会显示自动布局的布通率，布局结果如图 7-33 所示。

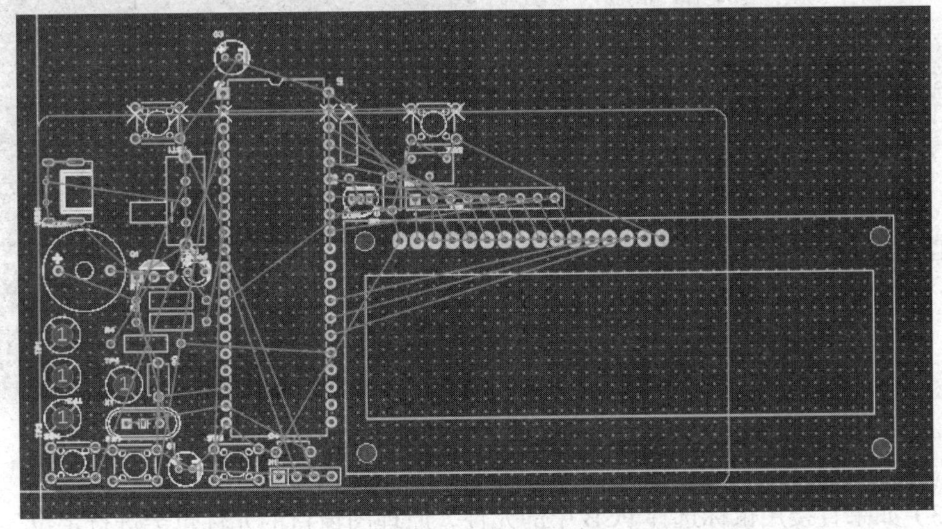

图 7-33　自动布局的结果

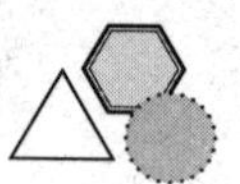

自动布局会根据内置的规则进行布局，如果有绘制板框，自动布局会根据板框自动摆放元件；如果没有绘制板框，自动布局将自动生成一个最优的矩形边框，并自动布局。

从布局结果看出，该布局还不符合设计要求，需要进行手动布局，在主工具栏上单击“撤销”按钮⊃，撤销自动布局。

嘉立创 EDA 后续开发完成后，会根据原理图的元件位置和元件的连接关系，根据 PCB 的大小、间距规则等自动布局。

7.4.3　原理图与 PCB 图的交叉选择

嘉立创 EDA 拥有强大的交叉选择功能。为了方便元件的寻找，需要把原理图与 PCB 图对应起来，使两者之间能相互映射，简称交叉。利用交叉式布局可以比较快速地定位元件，从而缩短设计时间，提高工作效率。

（1）如果当前 PCB 是打开的，用户需要在另一个窗口打开原理图，在需要打开的原理图上右击，从弹出的快捷菜单中选择“在新窗口打开”命令，如图 7-34 所示。

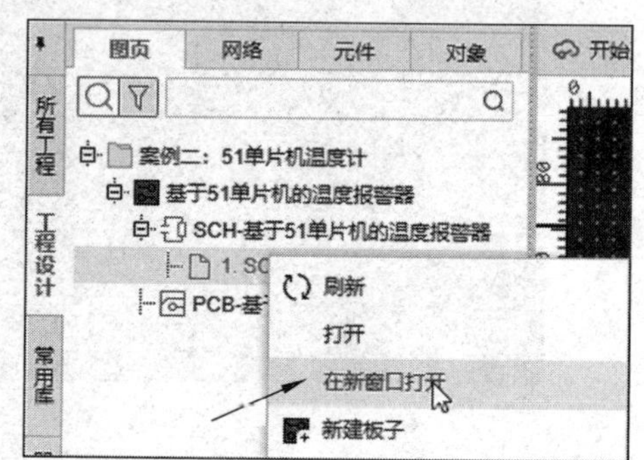

图 7-34　选择“在新窗口打开”命令

（2）当选中一个元件或元件焊盘，可以使用交叉选中功能，定位原理图、PCB 的元件位置。如在原理图中选中“电源输入电路”模块，原理图选中的元件在 PCB 中会高亮显示，如图 7-35 所示。

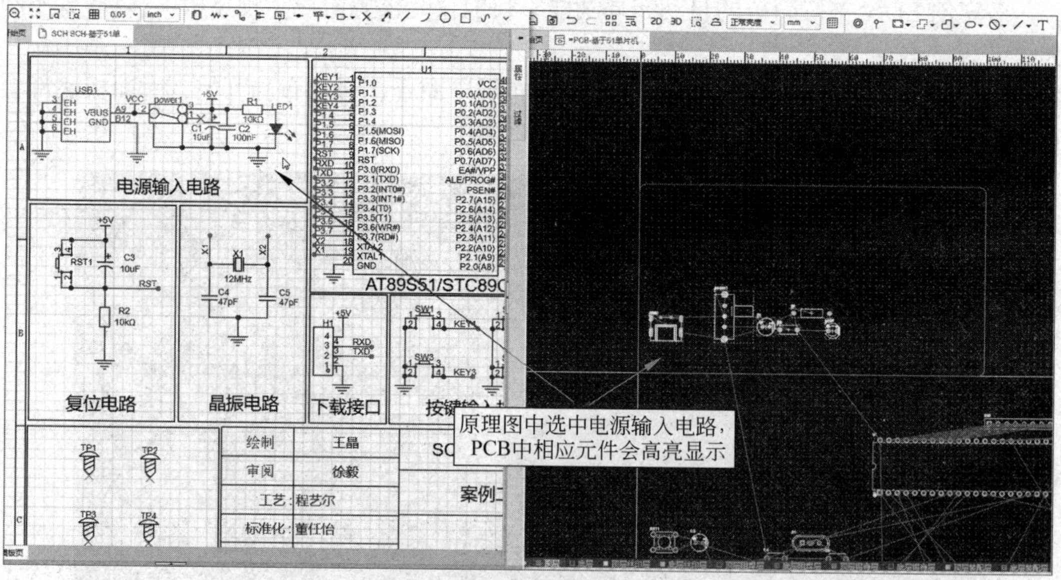

图 7-35　原理图中选中的元件在 PCB 中会高亮显示

（3）如果直接用鼠标选择 PCB 中的元件，原理图窗口的元件也会进行定位，但不会移动画布，使用 Shift+X 组合键进行交叉选中可以自动移动画布，使元件在画布中央。

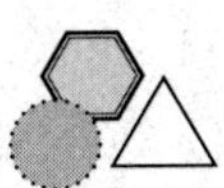

这样在原理图选中元件，在 PCB 中高亮显示；反之，在 PCB 中选中元件，在原理图中也会高亮显示；原理图中选中的网络在 PCB 中高亮显示；原理图中选中的管脚，在 PCB 中也高亮显示。可实现动态交叉探测，即原理图选中的元件在 PCB 中可以直接移动布局。

7.4.4　手动布局

1. 布局常见的基本原则

（1）先放置与结构相关的固定位置的元件，根据结构图设置板框尺寸，按结构要求放置安装孔、接插件等需要定位的器件，并将这些器件锁定。

（2）明确结构要求，注意针对某些器件或区域的禁止布线区域、禁止布局区域及限制高度的区域。

（3）元件放置位置要便于调试和维修，小元件周围不能放置大元件，需调试的元件周围要有足够的空间，需拔插的接口、排针等元件应靠板边摆放。

（4）结构确定后，根据周边接口的元件及其出线方向判断主控芯片的位置及方向。

（5）先大后小、先难后易原则。重要的单元电路、核心元件应当优先布局，元件较多、较大的电路优先布局。

（6）尽量保证各个模块电路的连线尽可能短，使关键信号线最短。

（7）高压大电流与低压小电流的信号完全分开；模拟信号与数字信号分开；高频信号与低频信号分开。

（8）同类型插装元件或有极性的元件，在 *X* 或 *Y* 方向上应尽量朝一个方向放置，这样才便于生产。

（9）相同结构电路部分应尽可能采用“对称式”标准布局，即电路中元件的放置保持一致。

（10）电源部分尽量靠近负载摆放，注意输入 / 输出电路。

根据以上原则，用户先把 4 个螺钉放置在 PCB 的四个角上，*X*、*Y* 坐标为（3.5, 3.5）、（96.5, 3.5）、（96.5, 51.5）、（3.5, 51.5），单位为 mm，并将位置锁定。由于电源输入电路部分有拨动开关、USB1 接口，所以先布局该模块。把 USB 接口、开关放置在板子的边沿上，并在右侧属性面板中将位置锁定，如图 7-36 所示。

2. 布局操作步骤

（1）组合。在手动布局时可以把多元件组成一个模块，可将模块内的器件一起拖动。

① 组合的方法如下：

- 选择需要组合的器件（必须是两个或者两个以上），从主菜单选择“布局”→“组合”命令。
- 选择需要组合的器件，右击并选择“组合”命令。
- 选择需要组合的器件并按 Ctrl+G 组合键。

给这组组合命名，单击“确认”按钮，即可将这两个器件组合成一个模块，组合好的模块可在左侧面板查看。

② 取消组合的方法如下：

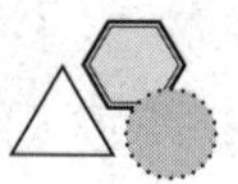

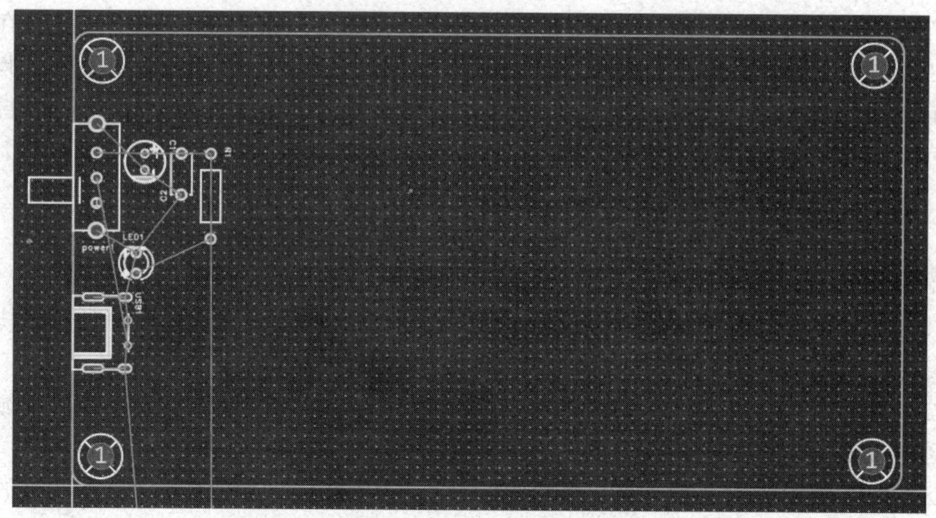

图 7-36　先布局螺钉与电源输入电路

- 选择组合的模块从主菜单选择“布局”→“组合”→“取消组合”命令。
- 选择组合的模块，右击并选择“取消组合”命令。
- 选择组合的模块并按 Shift+G 组合键。

③ 取消全部组合方法如下：主菜单中选择“组合”→“取消全部组合”命令。

④ 把不在组合内的器件加入组合里面的方法如下：选择器件，右击并选择“加入组合”命令，再选择需要加入的组合模块。

（2）元件对齐。嘉立创 EDA 提供了非常方便的对齐功能，可以对选中元件实行左对齐、右对齐、顶对齐、底对齐、左右居中、上下居中、对齐网络等操作。

① 对齐功能。对齐功能在原理图、复用模块、符号、封装、PCB 中都有，且操作方法相同。

对齐操作方法如下：选择需要对齐的器件，从主菜单中选择“布局”→“对齐”命令，如图 7-37 所示；或在主工具栏中单击“对齐”图标；或右击并从弹出的菜单中选择相应命令。

② 分布排距对齐功能。嘉立创 EDA 提供了操作方便的分布排距对齐功能，可以对选中元件实行水平等距分布、垂直等距分布、左边沿等距分布、上边沿等距分布、水平指定中心间距分布等操作。

分布排距对齐操作方法如下：在主菜单中选择“布局”→“分布”命令；在主工具栏中单击“分布”图标，打开级联菜单，如图 7-38 所示；从右击快捷菜单中也可以选择相应功能。部分选项说明如下。

- 水平等距分布：框选需要分布的器件，从主菜单中选择“布局”→“分布”→“水平等距分布”命令，EDA 就会将水平面的器件或其他元素进行水平等距分布。
- 垂直等距分布：框选需要分布的器件，从主菜单中选择“布局”→“分布”→“垂直等距分布”命令，EDA 就会将垂直的器件或其他元素进行垂直等距分布。

在器件对齐与等距分布时除了框选器件，还可以按住 Ctrl 键并单击分散的器件。

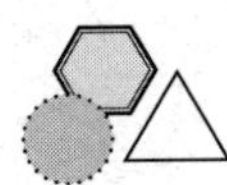

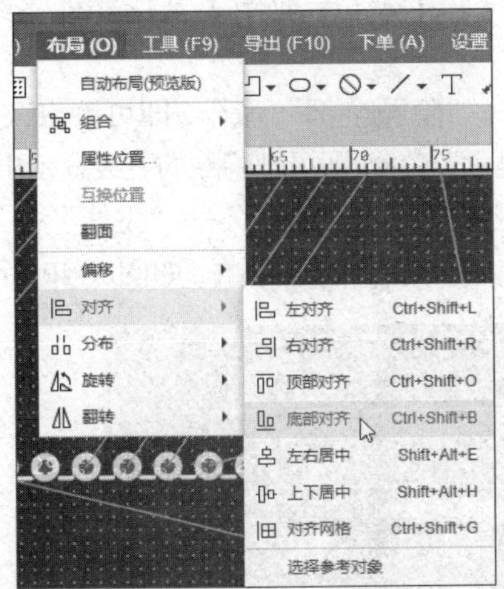

图 7-37　对齐功能

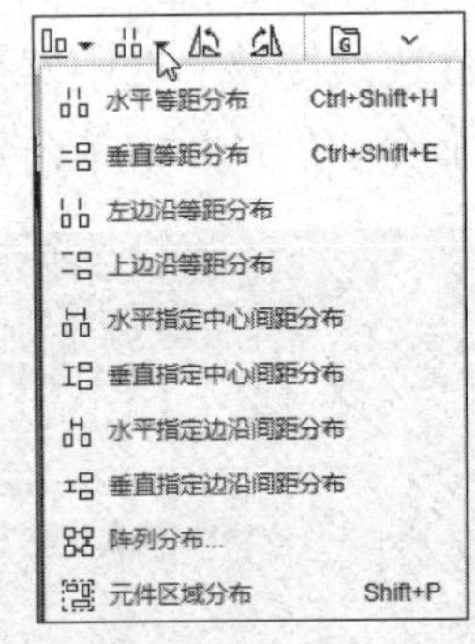

图 7-38　“分布”命令的级联菜单

（3）在手动布局时，应注意晶振电路靠近芯片的晶振管脚摆放，让走线越短越好；放置元件时，遵循该元件对于其他元件连线距离最短、交叉线最少的原则进行，可以按空格键让元件旋转到最佳位置，再放开鼠标左键。

遵循以上规则进行手动布局，把 LED 液晶显示屏放置在单片机的上方，初步手动布局的 PCB 如图 7-39 所示。

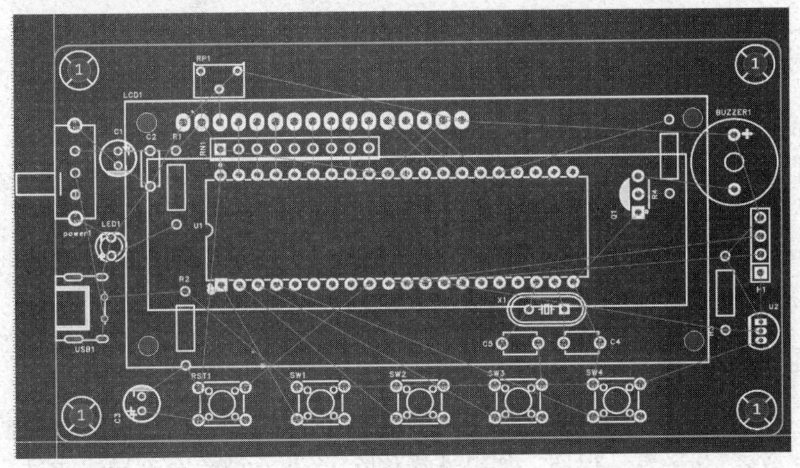

图 7-39　初步布局的 PCB

7.5　布线

7.5.1　飞线

基于 51 单片机温度计的 PCB 走线设计

飞线是基于相同网络产生的。当两个封装的焊盘网络相同时，会出

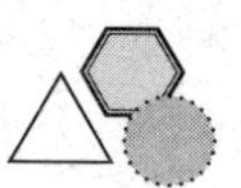

现飞线，表示这两个焊盘可以通过导线连接。嘉立创 EDA（专业版）支持器件飞线的隐藏和显示。

（1）隐藏：从主菜单选择“视图”→“飞线”→“隐藏全部”命令，即可隐藏飞线。

（2）显示：从主菜单选择“视图”→“飞线”→“显示”命令，即可把隐藏的飞线显示出来。

（3）单器件飞线隐藏：选中器件（单片机），从主菜单选择“视图”→“飞线”→“隐藏器件飞线”命令，在界面中单击器件后，所选器件的飞线会单独隐藏，如图 7-40 所示。

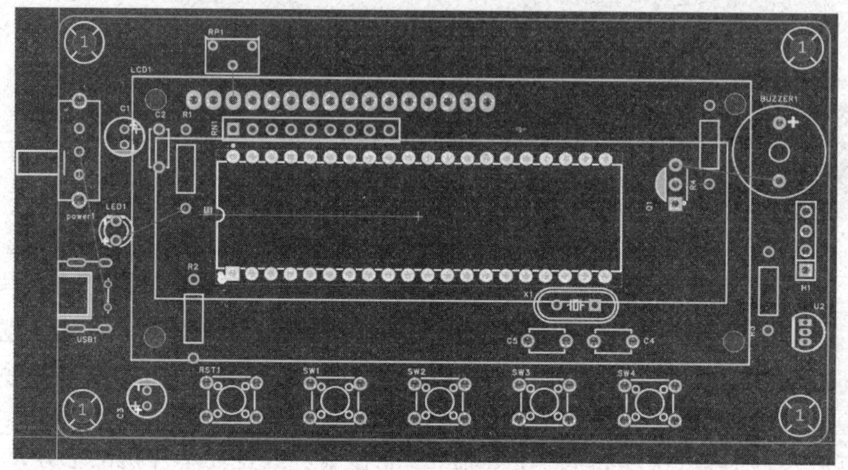

图 7-40　隐藏单片机的飞线

7.5.2　自动布线

1. 内部自动布线

嘉立创 EDA 支持自动布线，目前的自动布线效果一般，需要手动再次调整，后续嘉立创 EDA 将继续优化自动布线功能。

从主菜单中选择“布线”→“自动布线”命令，弹出“自动布线”对话框，如图 7-41 所示。在该对话框中可以设置一些自动布线相关的参数。

（1）布线拐角：45º 或 90º。一般布线拐角都是 45º。如果板子要求不高，使用 90º 布线也不会有什么影响。

（2）已有导线 / 过孔：保留或移除。在开始布线时，可以对已经存在的导线或者过孔进行保留，或者移除，默认保留。如果选择移除，会自动清除全部导线或过孔进行布线。

（3）效果优先级：速度优先或完成度优先。如果想要快速布线，就选择速度优先，在一定时间内自动停止，可能有部分没有进行布线；如果不赶时间，则可以选择完成度优先。该选项会尽量完成布线。

（4）过孔数量：有少、中、多三个选项。这个决定自动放置的过孔数量，过孔数量越多，布线成功率越高。可以根据自己的接受程度选择。自动布线会自行生成过孔。

（5）网络优先级：根据设置的网络顺序从头到尾进行自动布线。不同的网络排序会影响布线成功率和最终布线的效果。网络优先级的选项说明如下。

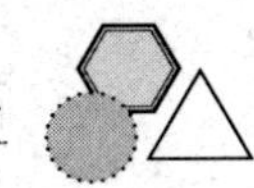

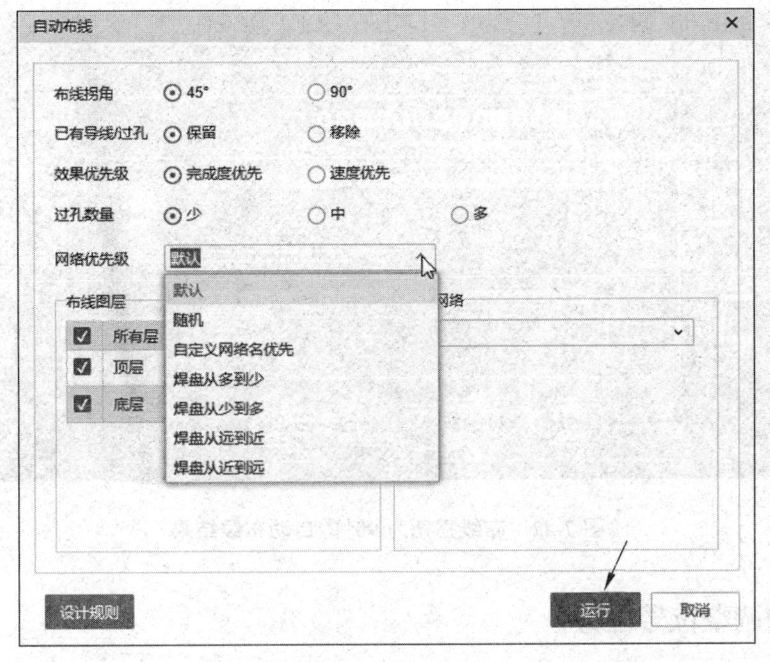

图 7-41　自动布线设计

- 默认：编辑器程序直接读取到的 PCB 网络，未经排序。
- 随机：随机生成网络排序进行布线。
- 自定义网络名优先：网络名不是 $ 开头的网络优先。按照首字母自然增序排序。
- 焊盘从多到少：根据网络包含的焊盘数量，从多到少进行排序网络。
- 焊盘从少到多：根据网络包含的焊盘数量，从少到多进行排序网络。
- 焊盘从远到近：根据网络包含的焊盘的相互间距的总距离，从远到近进行排序网络。
- 焊盘从近到远：根据网络包含的焊盘的相互间距的总距离，从近到远进行排序网络。

（6）布线图层：设置需要布线的图层。

（7）忽略网络：设置不需要进行自动布线的网络，单击下拉列表选择网络添加，单击“移除”按钮移除网络。例如，GND 这种不需要自动布线，一般在最后进行铺铜连接。

（8）设计规则：自动布线根据设计规则进行布线和放置过孔。可以设置规则后再进行布线。

单击“运行”按钮后开始自动布线，布线结果如图 7-42 所示。

从以上布线的结果看，有黄色的 DRC 错误标识（×），布局布线还需要进行调整。选择“布线”→“清除布线”→“全部”命令，清除所有的布线，重新调整布局，再进行自动布线。PCB 的布局与自动布线可以配合使用，布局对布线的影响很大。

2. 外部自动布线

如果内置的自动布线器无法满足自动布线需求，嘉立创 EDA 支持导出自动布线文件 dsn 和导入自动布线会话文件 ses，用户可以通过导出自动布线文件使用第三方自动布线工具进行布线，再导入 ses 文件即可。

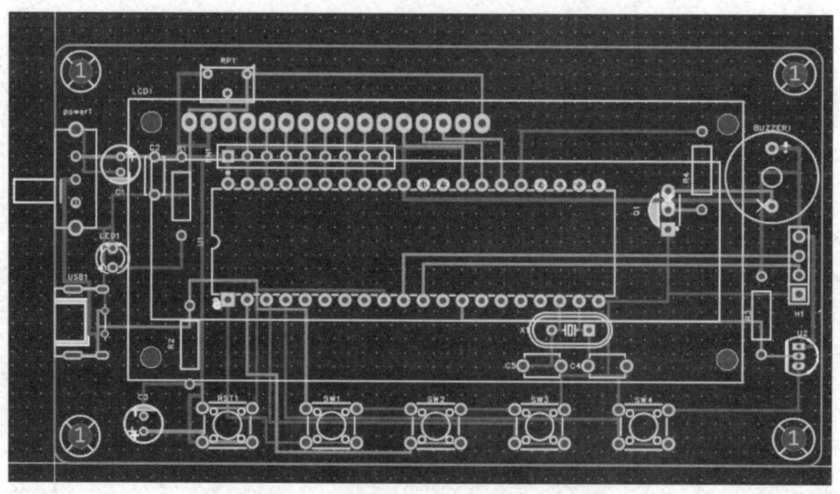

图 7-42　布线拐角为 90º 的自动布线结果

7.5.3　自动调整位号位置

如果 PCB 上的位号位置不是很规范，可以按以下介绍的方法进行调整。

一般来说，位号大都放到相应元件旁边，其调整应遵循以下原则。

（1）位号显示清晰。

（2）位号不能被遮挡。若用户需要把元件位号印制在 PCB 上，为了让位号清晰些，调整时避免放置到过孔或者元件范围内。

（3）位号的方向和元器件方向尽量统一。

从主菜单中选择“布局”→“属性位置”命令，弹出“属性位置”对话框，如图 7-43 所示，位号的范围可以是全部元件，也可以是仅选中的部分元件；位号的位置可以是元件的上边、下边、左边、右边等，如图 7-43 所示。用户根据需要进行选择，单击“确认”按钮即可。如果位号的位置有不满意的地方，也可以手动调整位号。

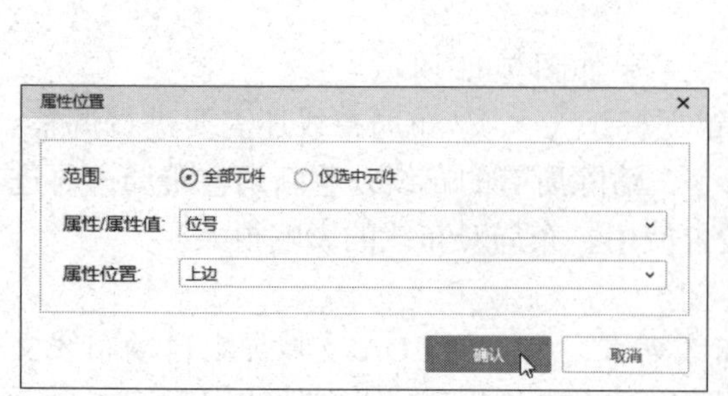

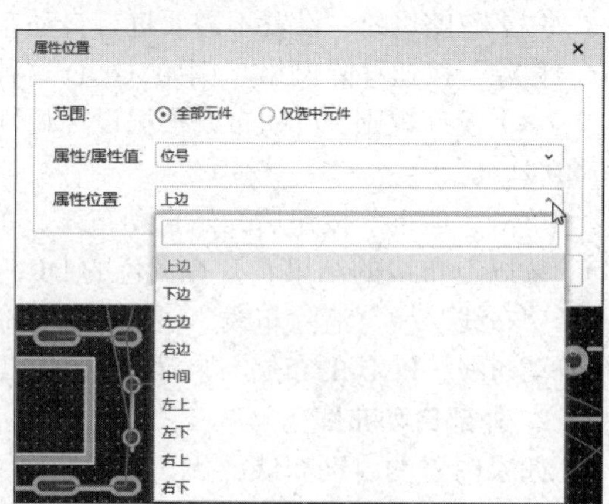

图 7-43　调整位号位置

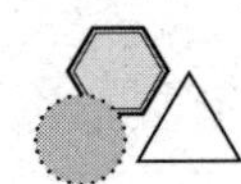

7.5.4　手动布线的方法

手动布线可以在自动布线的基础上进行修改，也可以撤销自动布线后重新手动布线。

1. 清除布线

可以清除 PCB 上的连接布线、网络布线和全部布线，如图 7-44 所示。

（1）把同一个焊盘的导线清除。

操作方法如下：选择需要清除的导线，在主菜单中选择“布线”→“清除布线”→“连接”命令；或者选择需要清除的导线并右击，选择“清除布线”→“连接”命令。

（2）把同一个网络的导线清除。

操作方法如下：选择需要清除的导线，在主菜单中选择“布线”→“清除布线”→“网络”命令；或者选择需要清除的导线并右击，选择“清除布线”→“网络”命令。

（3）将 PCB 中绘制的导线全部清除。

操作方法如下：在主菜单中选择“布线”→“清除布线”→“全部”命令；或者选择任意一条导线并右击，选择“清除布线”→“全部”命令。

2. 布线角度

在布线时候切换走线的角度，支持 45°、90°、圆弧 45°、圆弧 90°、圆弧自由角度、线条自由角度。

布线角度操作方法如下：在主菜单中选择“布线”→“布线拐角”命令，如图 7-45 所示；在工具栏“布线拐角”选项中选择一项；在布线模式下，按 L 键改变布线的角度。

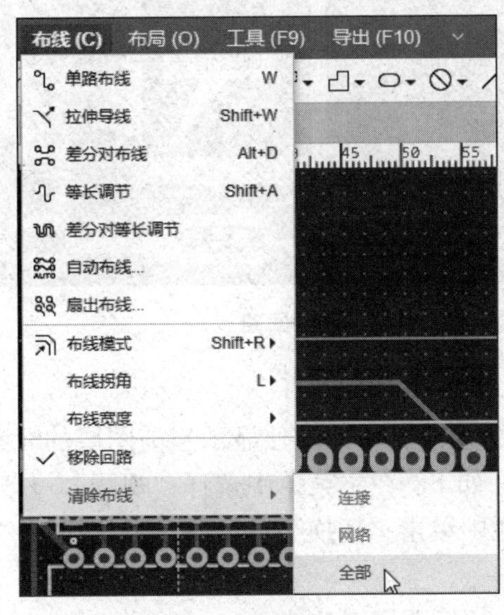

图 7-44　布线的方式

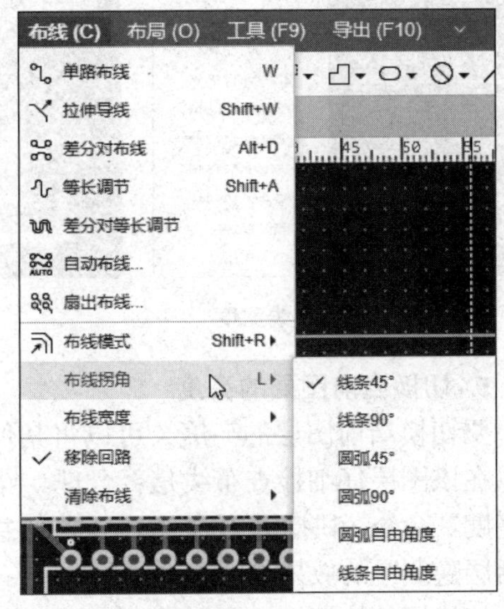

图 7-45　布线拐角

3. 布线宽度

用户在 7.3.2 小节已经设计好电源线、一般线的宽度，手动布线时就会按规定的线宽布线。如果要临时更改线宽，可以用以下的方法：在主菜单中选择“布线”→“布线宽度”命令，如图 7-46 所示。布线时使用 Shift+W 组合键切换常用导线宽度更方便。

4. 移除回路

如果需要在布线过程中自动移除导线环路来修正布线，则需要开启移除回路功能，操作方法如下：在主菜单中选择“布线”→“移除回路”命令，或在画布右侧属性面板中设置。

当移除回路打开且绘制的导线检测到有回路时，会自动把上一个回路消除，减少手动删除的操作，如图 7-47 所示。移除回路会自动删除过孔。

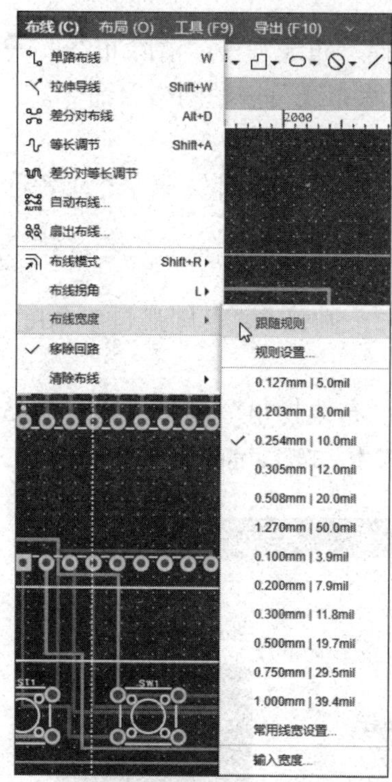

图 7-46　切换布线宽度

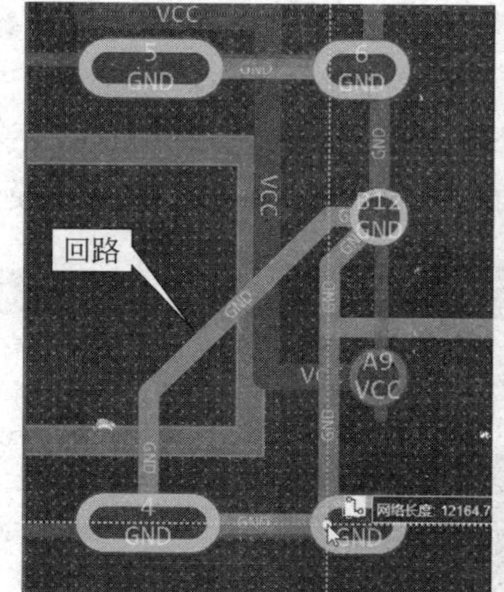

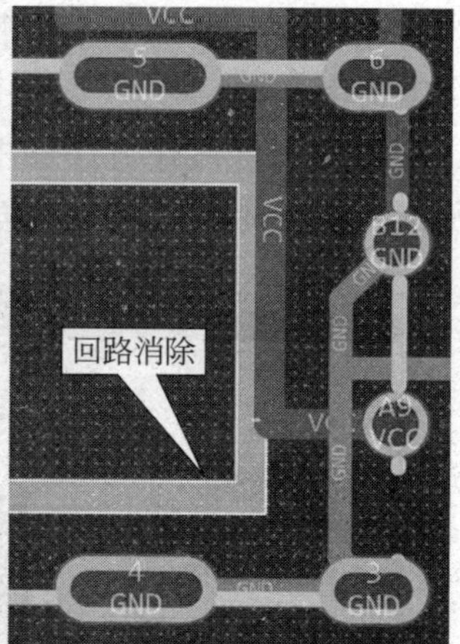

图 7-47　移除回路

5. 切换当前图层的亮度

要切换当前图层的亮度，可以将其他图层的元素变暗，单独显示当前图层的元素，可以在该图层仔细检查布线是否合理。操作方法如下：在主菜单中选择“视图”→“切换亮度”命令，快捷键为 Shift+S；或在主工具栏中单击“切换亮度”图标。切换为“非激活层隐藏”的效果如图 7-48 所示。

切换层的快捷键：T——切换至顶层；B——切换至底层。

布线过程中，按 V 键换层可以自动添加过孔。按 Shift+S 组合键可以高亮显示当前层的所有元素，隐藏其他层的元素。

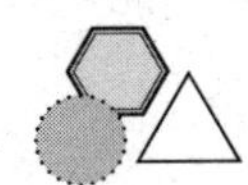

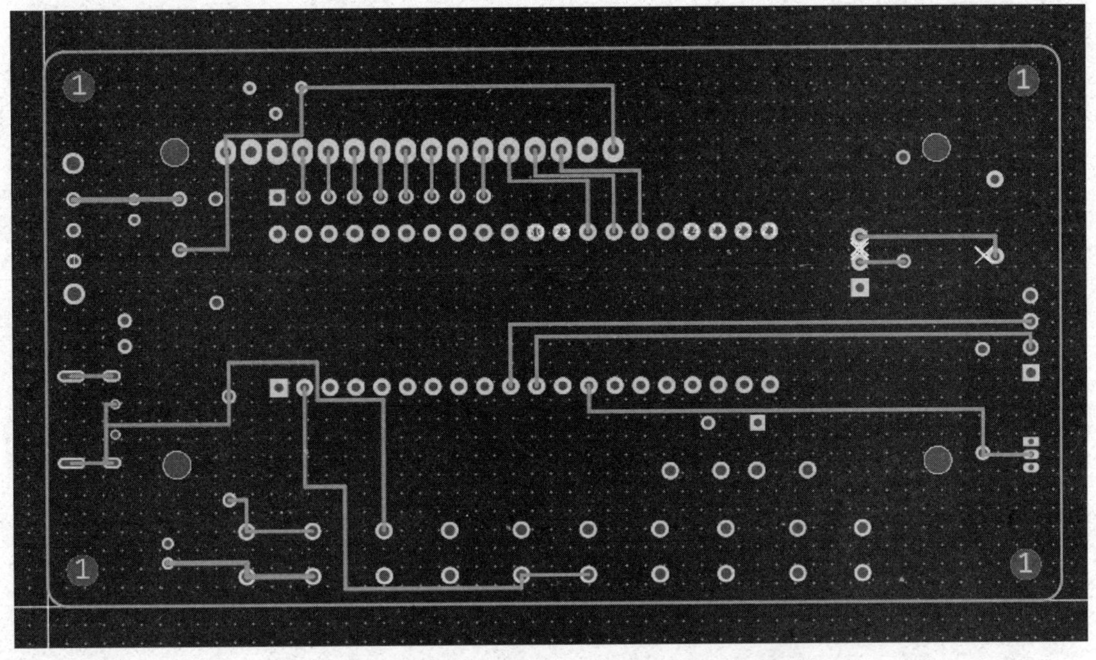

图 7-48　显示当前的激活层（自动布线的结果）

注意： 隐藏 PCB 层只是视觉上的隐藏。在照片预览、3D 预览和导出 Gerber 时仍会导出对应层。

7.5.5　对象快速定位

在“工程设计”面板上面可以选择对象类型，如网络、元件等。单击下面的“元件”或“网络”等标签，则系统会自动跳转到相应的位置，即可快速查找对象。

1.“网络”选项卡

在 PCB 界面的“网络”选项卡中显示的是当前 PCB 界面的网络、焊盘下的网络、网络类和飞线，可进行修改。

单击某种网络名称，即可在 PCB 界面中高亮出来，并平移画布到中央。双击某种网络名称，可在 PCB 中缩放画布后高亮显示。单击某种网络名称前的颜色小方块，会打开颜色设置面板，可以设置自己需要的网络显示颜色，如图 7-49 所示。

2.“元件”选项卡

“元件”选项卡会显示放置在当前 PCB 界面的器件数量、焊盘、位号、封装等信息。单击可高亮显示选择的元素，并平移画布到中央，如图 7-50 所示。

3.“对象”选项卡

在 PCB 左侧的“对象”面板中可以查看到当前 PCB 界面下放置的所有元素和元素的数量。相应地，每个分支都可以通过单击来使其在 PCB 中高亮显示，并平移画布到中央。

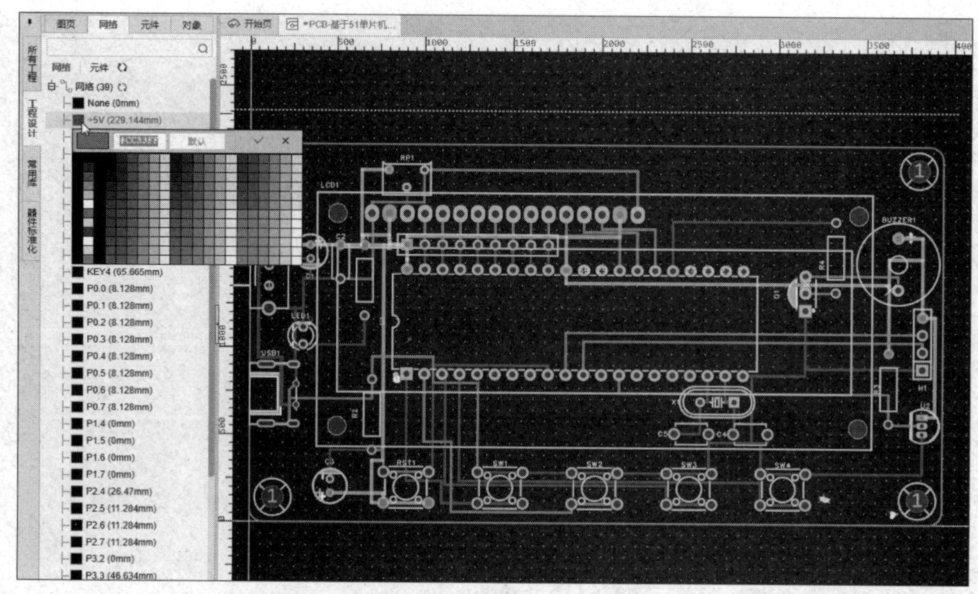

图 7-49　高亮显示 +5V 网络

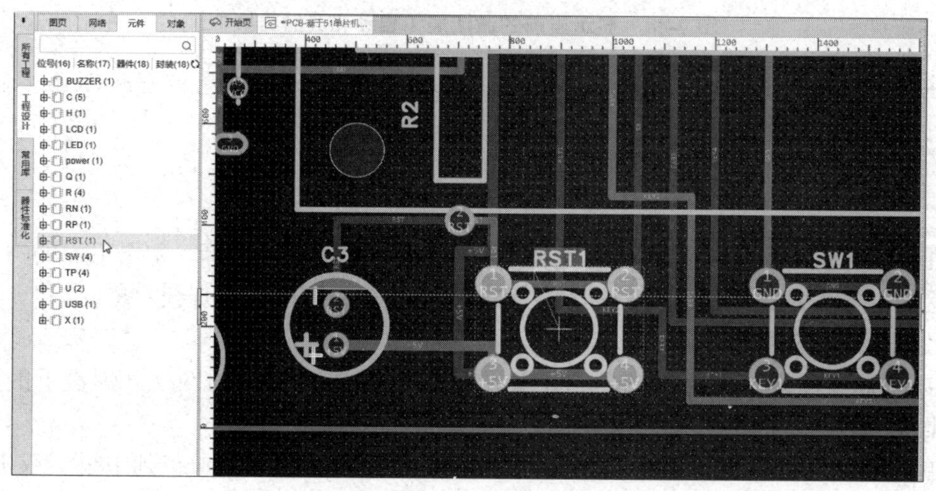

图 7-50　高亮显示 RST1

7.5.6　手动布线

在掌握了以上的布线技巧后，清除自动布线，把 GND 的飞线隐藏，布线拐角选圆弧 90°，在工具栏上单击“单路布线”按钮，开始手动布线。布线时元件的位置不合适则可以移动，布线的结果如图 7-51 所示。

布完线后，按 Shift+S 组合键会单层显示 PCB，如图 7-52 所示，仔细调整布线，直到达到要求。再按 Shift+S 组合键会返回到多层显示状态。

从“网络”选项卡上可以看出，只有 1 根（GND）飞线没有布线，如图 7-51 所示。GND 在第 8 章铺铜时连线。

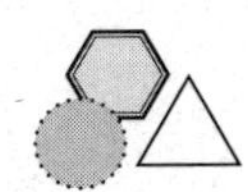

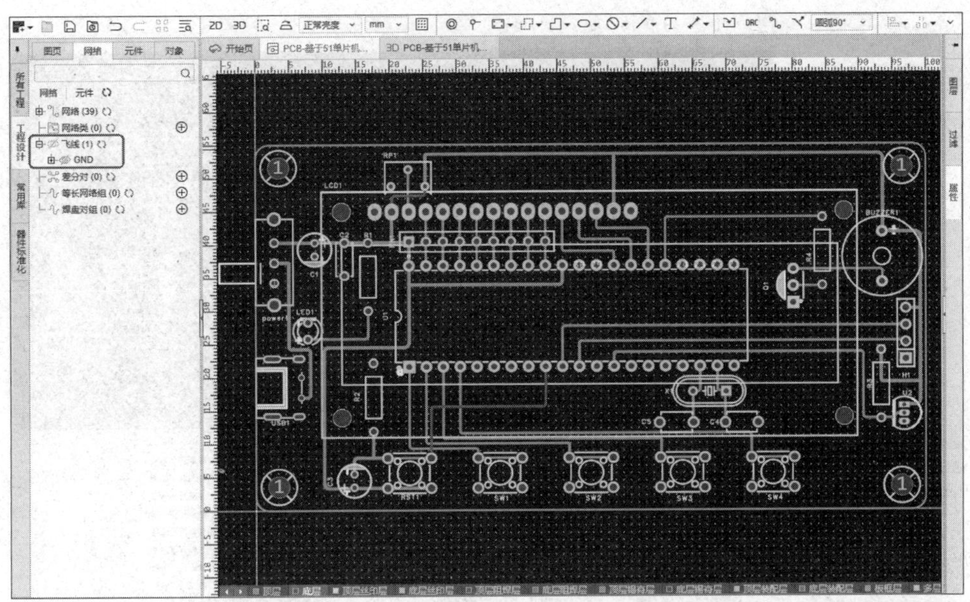

图 7-51　手动布线结果（GND 未布线）

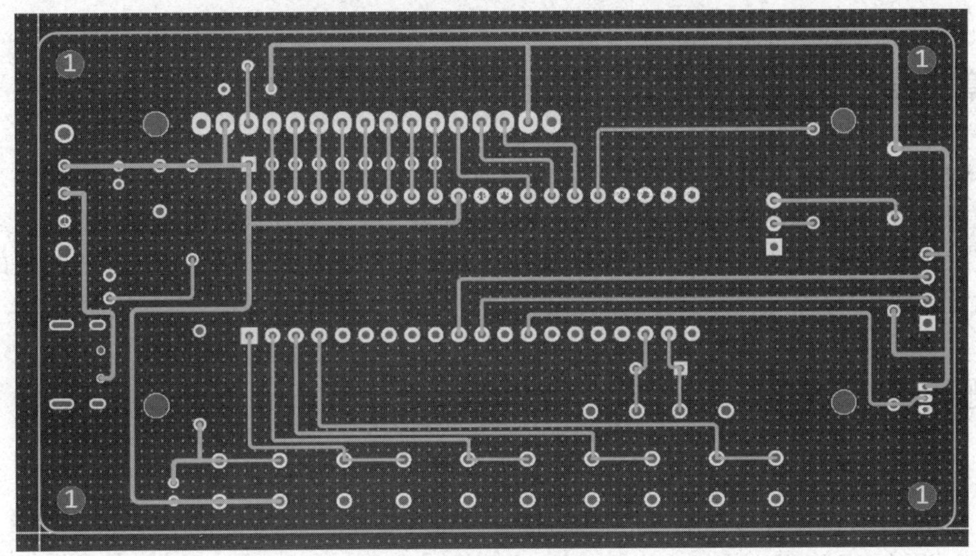

图 7-52　单层显示 PCB

7.6　设计规则检查

在主菜单中选择“设计”→“检查 DRC”命令，底部面板弹出检查情况清单，如图 7-53 所示。从结果看出只有 GND 没有连接，该错误可以忽略。

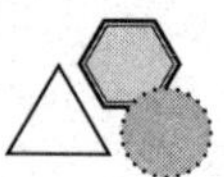

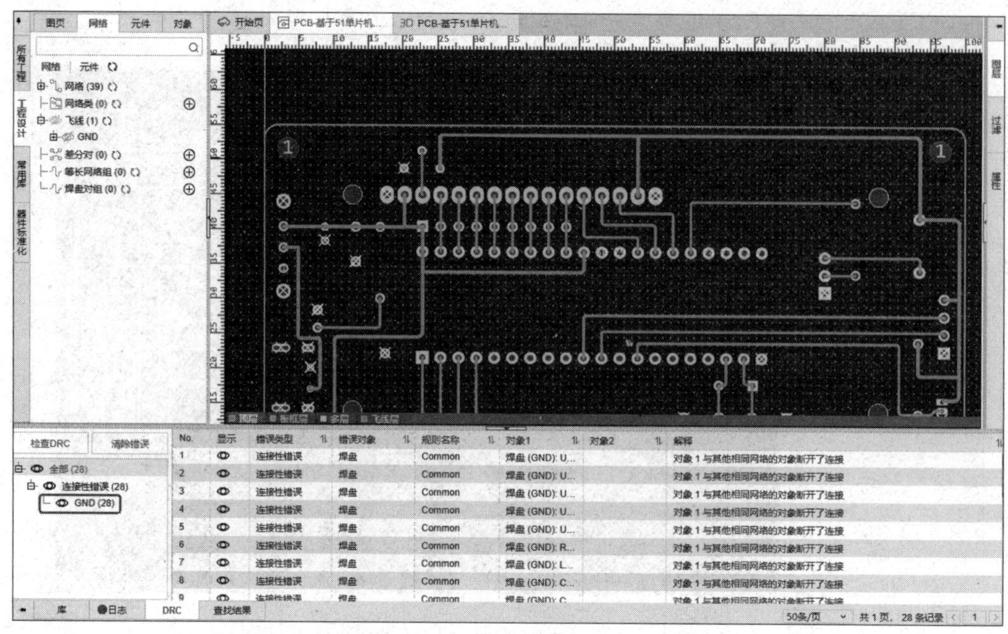

图 7-53　DRC 检查结果

本章小结

本章介绍了在 PCB 编辑环境下如何修改器件的封装并更新 3D 模型，并介绍了设计规则、手动布局常见的基本原则、手动布线的方法，以及如何调整布局与布线、对象快速定位等功能。PCB 布局合理是 PCB 设计成功的关键所在，因此一定要把 PCB 的布局设计合理。

习题

1. 设计规则检查（DRC）检查的作用是什么？
2. 在 PCB 的设计过程中，是否随时进行 DRC 检查？
3. 设计规则总共有多少个类？具体有哪些？
4. 在设计 PCB 时，自动布线前是否必须把设计规则设置好？
5. 布局的基本原则是什么？
6. 请完成本章绘制的“高输入阻抗仪器放大器电路的电路原理图”的 PCB 设计。PCB 的尺寸根据所选元件的封装自己决定，要求用双面板完成，电源线的宽度设置为 20mil，其他线的宽度设置为 15mil。元器件布局要合理，设计的 PCB 要适用。
7. 请完成本章绘制的“单片机实验板计时器部分电路原理图”的 PCB 设计，具体要求同第 6 题。

第 8 章

PCB 的优化

在完成元器件布局后，PCB 设计最重要的环节就是布线。印刷电路板设计被认为是一种“艺术工作”，一个出色的 PCB 设计具有艺术元素。布线良好的电路板上具备元器件引脚间整洁流畅的走线，可以有序活泼地绕过障碍器件和跨越板层。完成一个优秀的布线要求用户具有良好的三维空间处理技巧、连贯和系统的走线处理，以及对布线和质量的感知能力。本章在第 7 章基于 51 单片机温度计的 PCB 设计的基础上进行优化。

8.1　交互式布线

交互式布线并不是简单地放置线路使得焊盘连接起来。嘉立创 EDA（专业版）支持全功能的交互式布线，交互式布线工具可以通过以下两种方式调出：在主菜单中选择“布线”→“单根布线”命令，或在主工具栏单击单根布线图标。交互式布线工具能帮助用户在遵循布线规则的前提下取得更好的布线效果，包括跟踪光标并确定布线路径、单击实现布线、推开布线障碍或绕行、自动跟踪现有连接等。

布线时切换布线模式有四种：推挤、环绕、阻挡、忽略。

要打开布线模式，可以通过右键菜单、主菜单中的“布线”→“布线模式”命令或按 Shift+R 组合键，如图 8-1 所示。

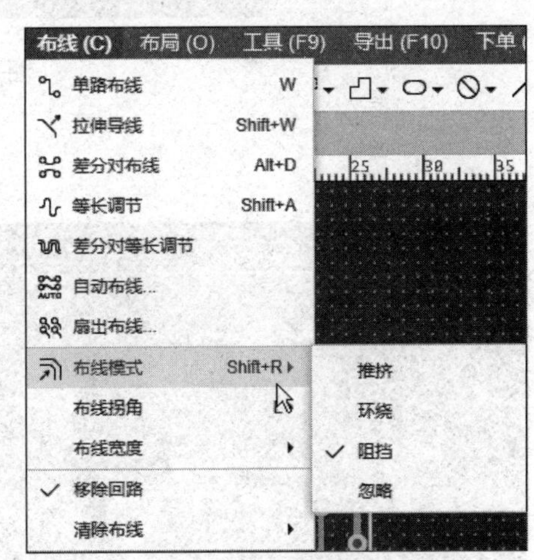

图 8-1　布线模式

（1）推挤。该模式下软件将根据光标的走向推挤其他线条的位置，使得这些障碍与新放置的线路不发生冲突，如图 8-2 所示。

（2）环绕。该模式下软件试图跟踪光标来寻找路径并绕过存在的障碍，它根据存在的障碍来寻找一条绕过障碍的布线方法，如图 8-3 所示。

（3）阻挡。开启该模式后，在布线模式下导线遇到线条将会阻挡住，如图 8-4 所示。一般选择该模式。

（4）忽略。开启该模式后，会忽略走线规则。软件将直接根据光标走向布线，用户可以自由布线，如图 8-5 所示。一般不选取该模式。

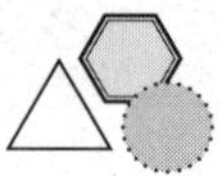

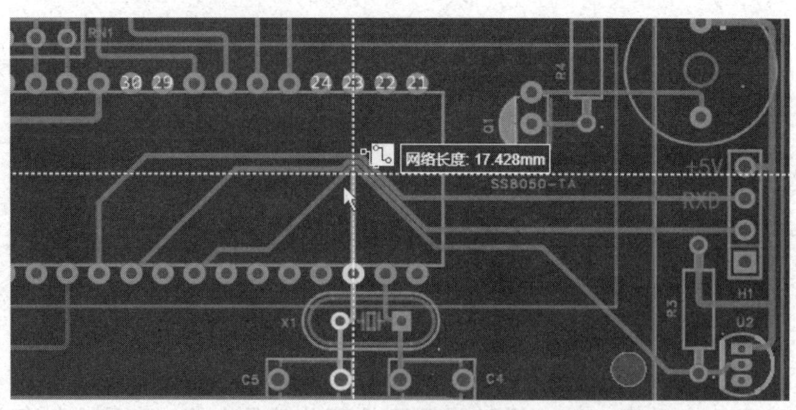

图 8-2 “推挤”模式

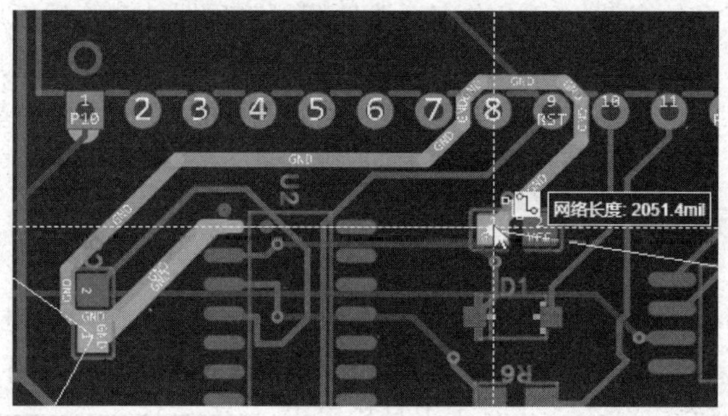

图 8-3 “环绕”模式

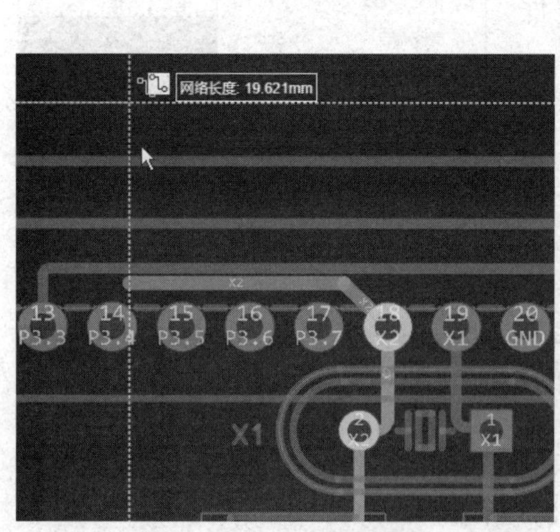

图 8-4 “阻挡”模式

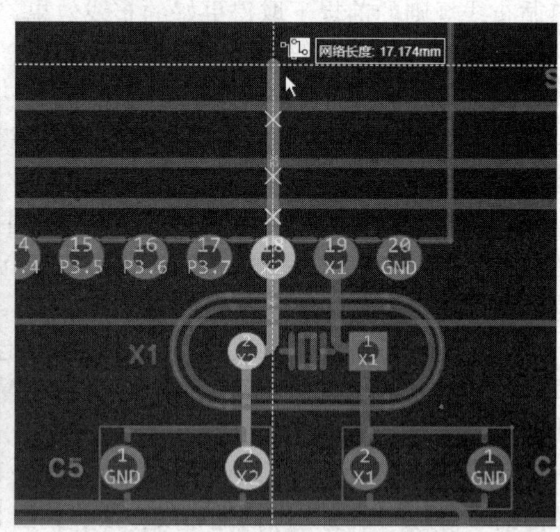

图 8-5 “忽略”模式

在熟悉了以上内容后，可以重新布线。

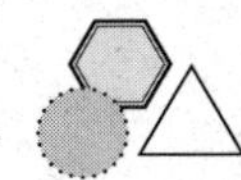

8.2 PCB 布线优化

打开基于 51 单片机的温度报警器的 PCB 文件，在“工作设计”面板的“网络”选项卡上可以看见还有一根飞线 GND 没有连接，如图 8-6 所示。选择“视图”→“飞线”→“显示全部”命令，把隐藏的飞线 GND 显示出来，如图 8-7 所示。

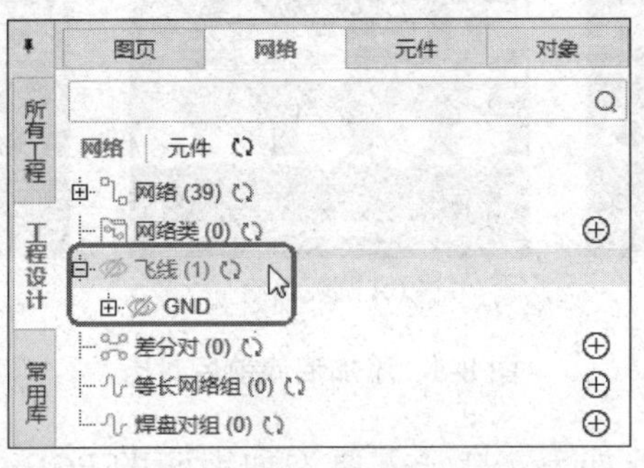

基于 51 单片机温度计的 PCB 布线优化

图 8-6 飞线 GND

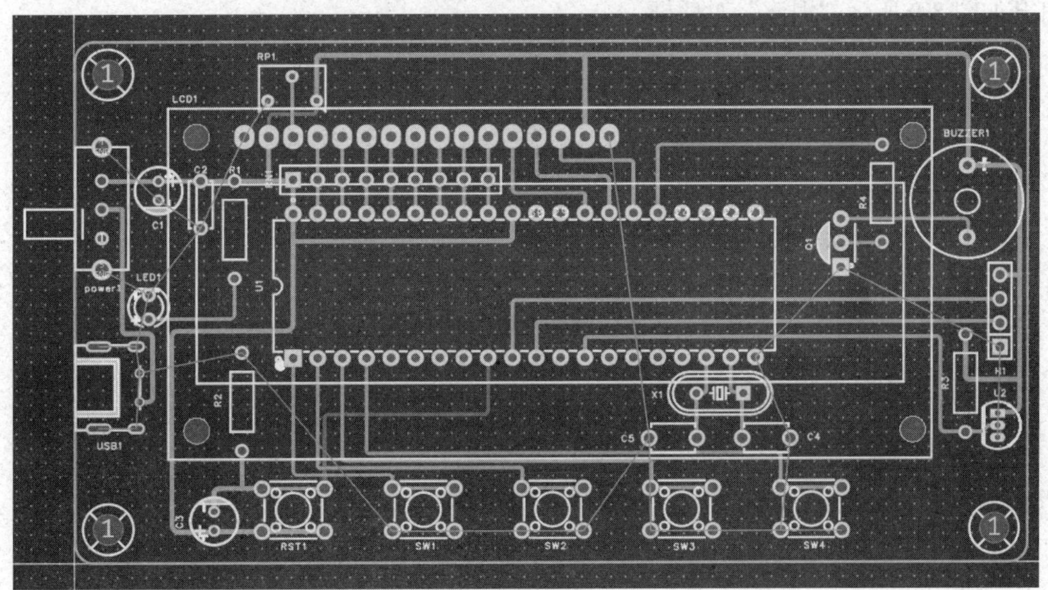

图 8-7 显示隐藏的飞线 GND

8.2.1 泪滴的添加与删除

在导线与焊盘或过孔的连接处有一段过渡，过渡的地方呈泪滴状，所以称为泪滴，如图 8-8 所示。

泪滴的作用是避免电路板在受到巨大外力冲撞时，导线与焊盘或者导线与导孔的接触点可以断开，也可使 PCB 电路板显得更加美观。焊接上，可以保护焊盘，避免多次焊接使焊盘脱落，生产时可以避免蚀刻不均、过孔偏位出现裂缝等，另外，可以在信号

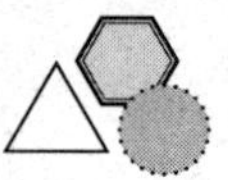
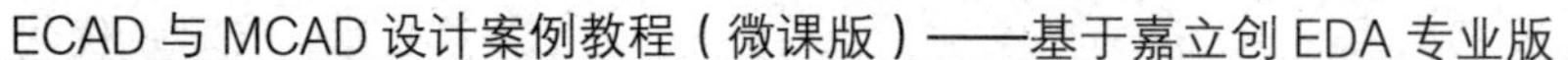

传输时平滑阻抗，减少阻抗的急剧跳变，避免高频信号传输时由于线宽突然变小而造成反射，可使走线与元件焊盘之间的连接趋于平稳过渡化。

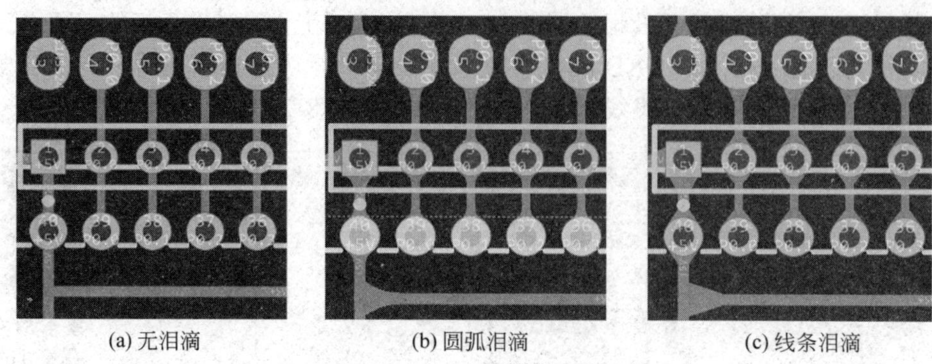

(a) 无泪滴　　(b) 圆弧泪滴　　(c) 线条泪滴

图 8-8　添加泪滴前后对比

添加泪滴的操作步骤如下：打开需要添加泪滴的 PCB，在主菜单栏中选择“工具”→“泪滴”命令，或选中导线并右击，在弹出的快捷菜单中选择“添加泪滴”命令，打开如图 8-9 所示“泪滴”对话框。

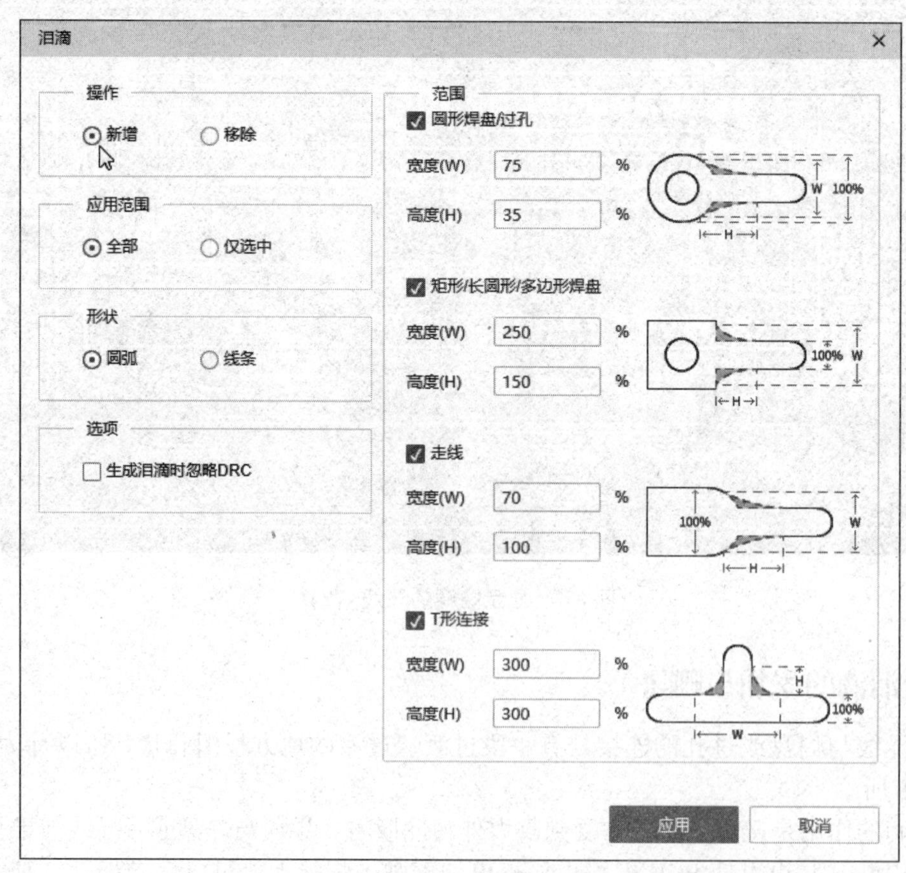

图 8-9　“泪滴”对话框

“泪滴”对话框中部分选项说明如下。

（1）在“操作”选项区，选择“新增”单选按钮，表示此操作将添加泪滴；选择“移除”单选按钮，表示此操作将删除泪滴。

（2）在“应用范围”选项区，如果选择“全部”单选按钮，将对所有对象放置泪滴；如果选择“仅选中”单选按钮，将只对所选择的对象放置泪滴。

（3）在“形状”选项区，可以设置泪滴的形状是圆弧或线条。

（4）在右边的“范围”选项区，可以设计“圆形焊盘 / 过孔”“矩形 / 长圆形 / 多边形焊盘”“走线”“T 形连接”的宽、高所占的百分比。一般选择默认值。

设置好后，单击“应用”按钮，PCB 上所有焊盘、过孔就会添加泪滴。

8.2.2　绘制多边形铺铜区域

1. 铺铜的含义和意义

铺铜也称敷铜，是将 PCB 上闲置的空间作为基准面，然后用固定铜填充，这些铜区又称为灌铜。铺铜的意义如下。

（1）增加截流面积，提高载流能力。

（2）减少接地阻抗，提高抗干扰能力。

（3）降低压降，提高电源效率。

（4）与地线相连，减少环路面积。

（5）多层板对称铺铜可以起到平衡作用。

2. 绘制多边形铺铜区域的方法

绘制多边形铺铜区域的方法如下。

（1）在右侧图层面板选择需要绘制多边形铺铜的 PCB 层（顶层或底层），这里选择顶层。

（2）单击顶部工具栏中的“多边形铺铜工具”按钮（单击“铺铜”按钮右边的，有三种铺铜样式，即矩形、圆形和多边形），或者从主菜单中选择“放置”→“铺铜区域”→“多边形”命令。也可以按 E 键使鼠标光标上悬浮着铺铜轮廓，单击确定铺铜起点；然后持续在多边形的每个折点单击，确定多边形的边界；最后单击的终点一定要与起点重合，此时会打开“轮廓对象”对话框，如图 8-10 所示。

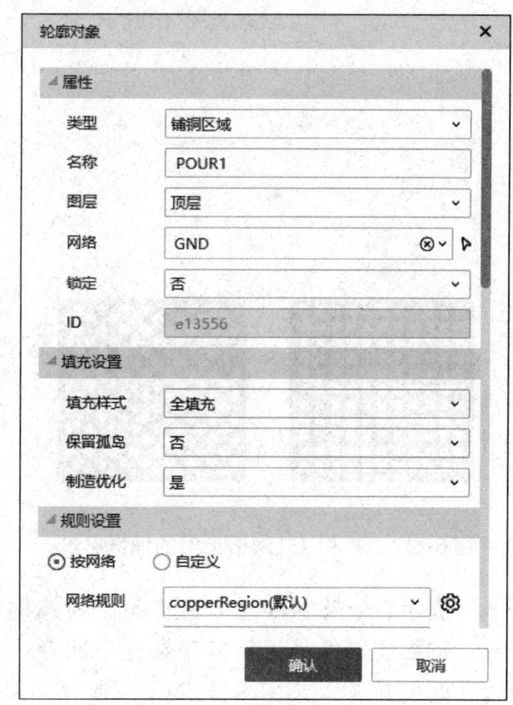

图 8-10　“轮廓对象”对话框

3.“轮廓对象”对话框中“属性”选项区选项

（1）类型：EDA 默认为铺铜区域类型。

（2）名称：可以为铺铜设置不同的名称。这里选择默认值。

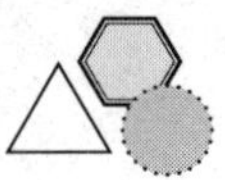

（3）图层：可以修改铺铜区的层为顶层或底层。

（4）网络：设置铜箔所连接的网络。当网络和画布上的元素网络相同时，铺铜才可以和元素连接，并会显示出来，否则铺铜会被认为是孤岛被移除。

（5）锁定：仅锁定铺铜的位置，锁定后将无法通过画布修改铺铜大小和位置。

（6）ID：轮廓对象的标识符。

4.“轮廓对象”对话框中“填充设置”选项区选项

（1）填充样式：

- 全填充：表示铺铜区域是实心的。
- 网格 45：该区域的填充为 45º 网格类型。
- 网格 90：该区域的铺铜填充为 90º 的网格类型。

填充样式中 90º 和 45º 填充风格的多边形铺铜区域如图 8-11 所示。

（2）保留孤岛：有是或否两个选项。选“否”即是去除死铜。若铺铜的一小块填充区域没有设置网络，那么它将被视为死铜而去除。

（3）制造优化：仅在“填充样式”为“全填充”时出现。网络铺铜默认启用“制造优化”功能，其默认值为“是”，表示移除铺铜的尖角和小于 8mil 的细铜线，利于生产制造，如图 8-12 所示；设置为“否”则显示尖角和细铜线。

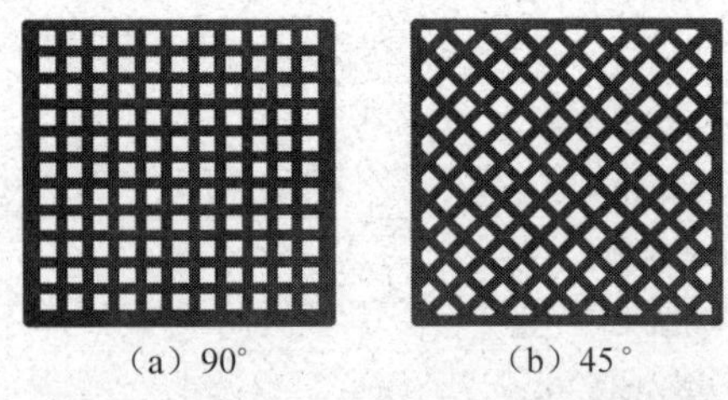
（a）90°　（b）45°

图 8-11　90º 和 45º 网格类型的铺铜区域

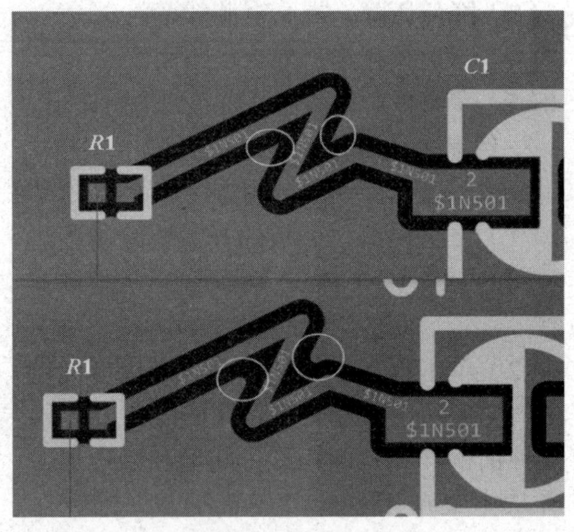

图 8-12　铺铜默认启用“制造优化”功能

提示：如果制板的工艺不高，铺铜铺成了实心，时间久了，PCB 的铺铜区域容易起泡；如果铺铜呈网状就不存在这个问题。但是对于阻抗控制或其他的应用来讲，网状结构在电气质量上又不尽如人意。所以，设计师在具体的设计中需要根据设计需求，两害相权取其轻，合理判断是使用网状铜皮还是实心铜。

5. 应用实例

当在图 8-10 中设置选项“图层”为“顶层”，“网络”为 GND，“填充样式”为“网格 45”，“保留孤岛”为“否”，其他选项用默认值，单击“确认”按钮，则铺铜效果如图 8-13 所示。右击退出铺铜状态。从图中可以看出还有 5 根飞线没有消除，由于该

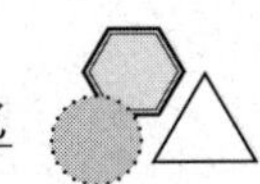

铺铜是试验品，因此可以忽略。

要删除不需要的铺铜，可选中铺铜，按 Delete 键即可。

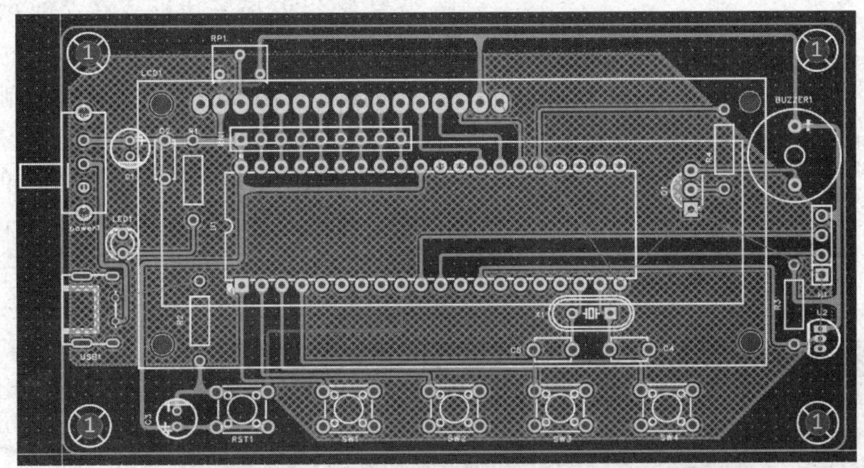

图 8-13　去除死铜多边形铺铜的效果（45° 网格类型的填充）

8.2.3　异形铺铜的创建

很多情况下，有一个圆角矩形边框或者非规则形状的板子，需要创建一个和板子形状一模一样的铺铜，该怎么处理呢？

方法与多边形铺铜类似，只是铺铜时选择矩形即可。从主菜单中选择“放置”→“铺铜区域”→“矩形”命令，鼠标光标上悬浮着铺铜轮廓，单击 PCB 边框外的左上角确定矩形的一个点，再单击 PCB 边框外右下角确定矩形的另一个点，打开“轮廓对象”对话框，如图 8-10 所示，单击“确认”按钮，铺铜自动完成，铺铜效果如图 8-14 所示。从图中看出 GND 的飞线消失，GND 与铺铜连为一体。从左侧面板的“网络”选项卡上

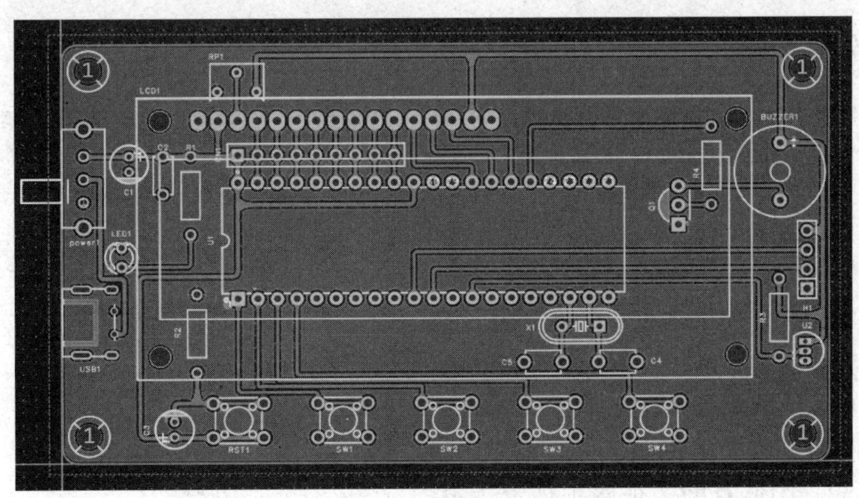

图 8-14　顶层异形铺铜的创建

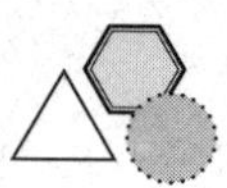

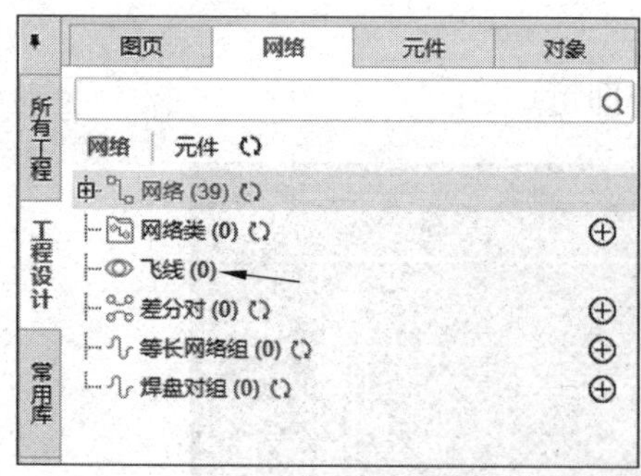

图 8-15　飞线为 0

可见飞线为 0，如图 8-15 所示。

异形铺铜的创建，可以直接在板子边框外部绘制，不需要沿着板子边框，嘉立创 EDA 会自动裁剪多余的铜箔。

绘制铺铜，顶层和底层需要分别绘制。另外，一块板子可以绘制多个铺铜区，并分别设置。

在右侧面板激活底层图层，用相同的方法为底层铺铜，铺铜效果如图 8-16 所示，右击退出铺铜操作。

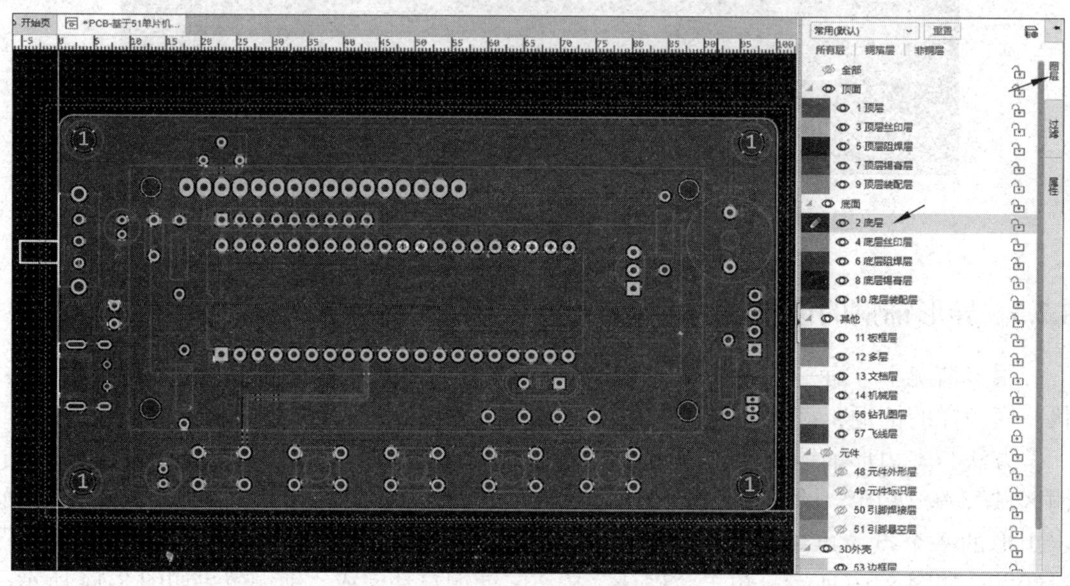

图 8-16　底层异形铺铜的创建

8.2.4　放置文本

放置的文本可在 PCB 里作为说明或者标识。在右侧图层面板激活要放置文本的顶层丝印层。

（1）从主菜单中选择“放置”→“文本”命令，打开“文本”对话框，如图 8-17 所示。

（2）在“内容”文本框中输入需要放置的文本内容，设置字体、字高，单击“确认”按钮，即可生成预览效果，在 PCB 中的适当位置再次单击可放置在 PCB 中，右击退出放置文本状态。刚放置的文本属于选中状态，单击右边的“属性”面板，可以调整文本的

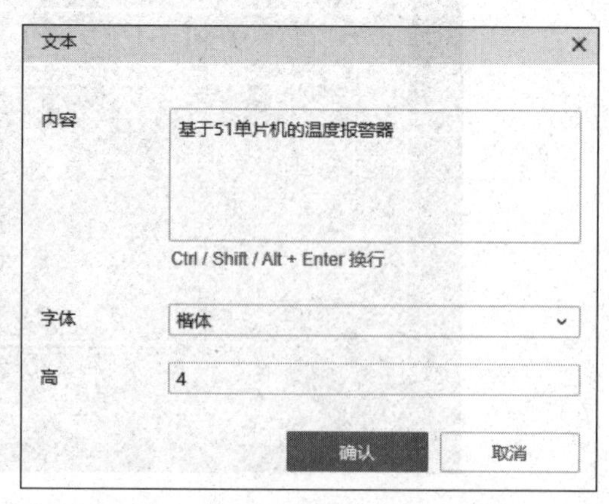

图 8-17　设置文本内容的字体

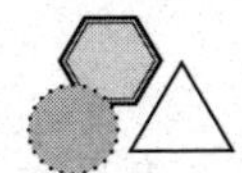

尺寸，如图 8-18 所示。

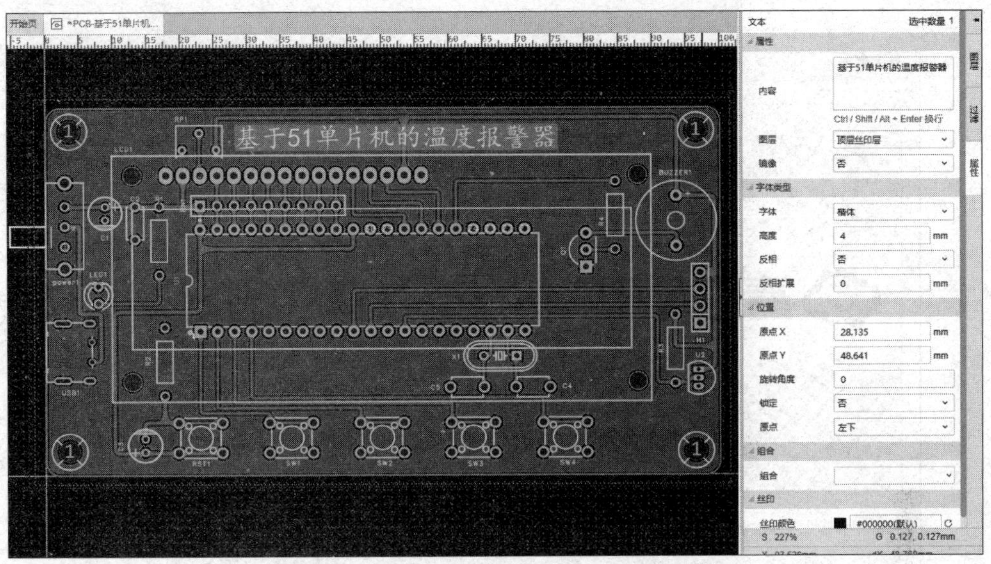

图 8-18　调整文本的尺寸

8.2.5　放置 Logo

嘉立创 EDA（专业版）在 PCB 编辑器中增加了放置图片功能，用户可在 PCB 上放置 SVGZ、SVG、PNG、PIP、JPG、PJPEG、JPEG、JFIF 格式的图片。

（1）在右边图层面板中激活要放置 Logo 的顶层丝印层。在主菜单中选择“放置”→“图片”命令，或者选择“文件”→“导入”→“图片”命令，弹出“打开”对话框，如图 8-19 所示。

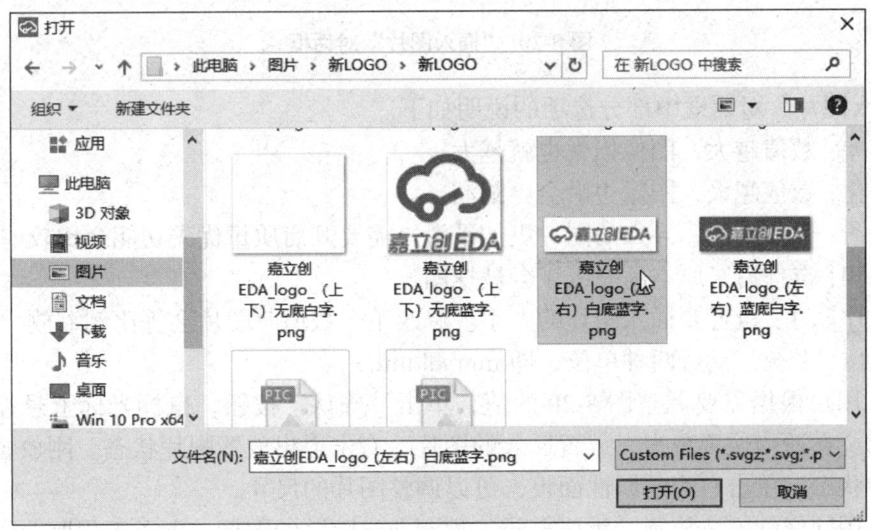

图 8-19　插入需要的图片

单击需要导入的图片，再单击“打开”按钮，打开“插入图片”对话框，如图 8-20 所示。

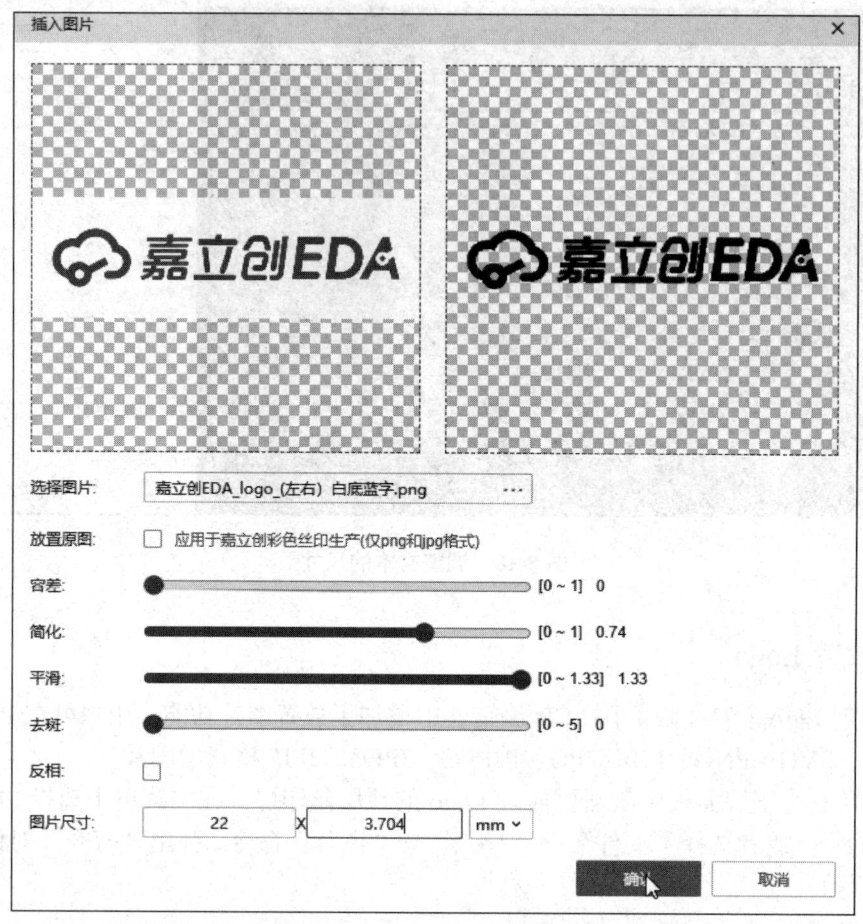

图 8-20 “插入图片”对话框

“插入图片”对话框中部分选项的说明如下。

- 容差：数值越大，图像损失也就越大。
- 简化：数值越大，图像边沿会更圆润。
- 平滑：数值越大，导入的图片更加平滑。需要开启质量优先功能会比较明显。
- 反相：选择后，原本高亮区域会被挖图。
- 图片尺寸：设置要插入图片的大小。修改单个数值时图片会等比例缩放。
- 单位：系统只支持两种单位，即 mm 和 mil。

（2）用户根据需要调整图 8-20 的值，单击“确认”按钮，鼠标光标上悬浮插入的图片轮廓。在适当位置单击，放置插入的图片，右击退出放置图片状态。刚放置的图片属于选中状态，单击右边的属性面板，可以调整图片的尺寸。

（3）用同样的方法放置“重庆电子工程职业学院”的图标，电子工程职业学院与它下面的英文用 Word 文档设置好，再以图片的形式插入。

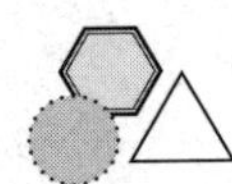

8.2.6　设置坐标原点

在 PCB 编辑器中系统提供了一套坐标系，其坐标原点称为绝对原点，位于图纸的左下角。但在编辑 PCB 时，往往根据需要在方便的地方设计 PCB，所以 PCB 的左下角往往不是绝对坐标原点。

嘉立创 EDA（专业版）提供了设置原点的工具，用户可以利用它设定自己的坐标系，操作方法如下。

在主菜单中选择“放置”→“画布原点”→“从光标”命令（快捷键为 Home），此时鼠标光标上悬浮着原点轮廓，在图纸中移动十字光标到适当的位置，单击即可将该点设置为用户坐标系的原点，如图 8-21 所示。

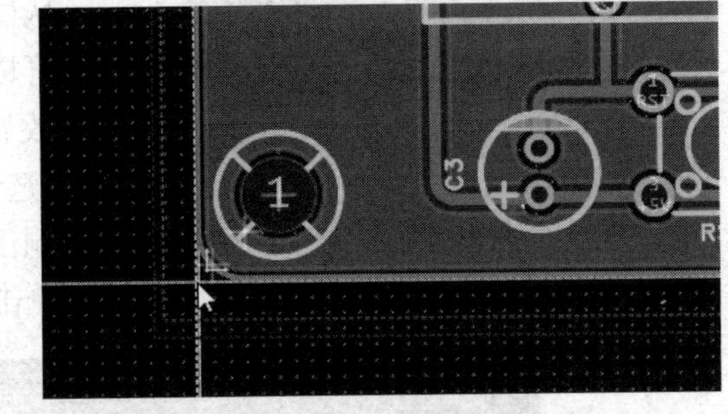

图 8-21　设置坐标原点

8.2.7　放置尺寸标注

在设计印刷电路板时，为了使用户或生产者更方便地知晓 PCB 尺寸及相关信息，常常需要提供尺寸的标注。可以测量长度、圆的半径以及角度。与测量距离的功能有所不同的是，尺寸放置是标注 PCB 的长宽。

1. 直线尺寸标注

单击顶部工具栏中的“放置尺寸工具”图标，或者在主菜单中选择“放置”→“尺寸”→“长度”命令，进入放置尺寸状态，单击测量的起点，移动鼠标光标到测量长度的终点，单击两次，尺寸测量放置完毕，如图 8-22 所示。

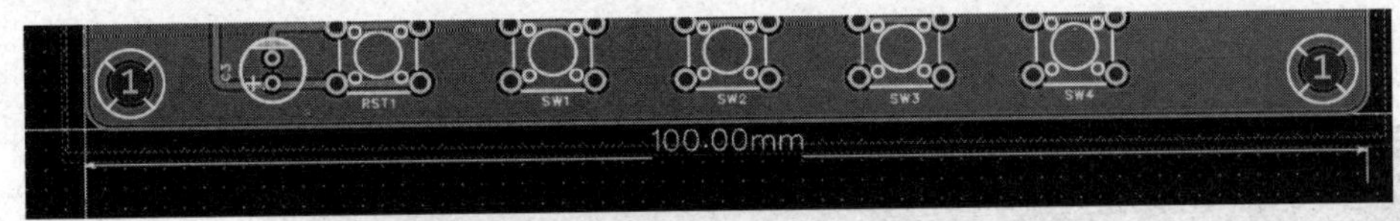

图 8-22　测量尺寸

单击放置好的尺寸标注，可以在右侧属性面板修改以下信息。

- 尺寸类型：默认长度尺寸，不可修改。
- 图层：修改尺寸标注的图层。
- 单位：可修改 mm、cm、inch、mil 这四种单位。
- 长度：修改尺寸的放置长度。
- 宽：修改尺寸标注的宽度。
- 字体高度：修改字体的大小。
- 尺寸精度：可修改尺寸的精度，最多到 4 位数。

2. 半径测量

从主菜单中选择“放置”→“尺寸”→“半径”命令，单击圆心，再单击圆的半径，

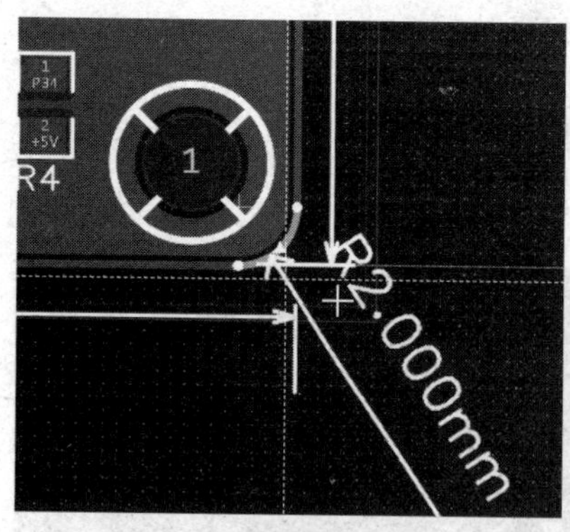

图 8-23　测量圆的半径

再次单击确定放置测量尺寸的位置，圆的半径测量，如图 8-23 所示。

设计完成的 PCB 如图 8-24 所示。如果不需要标注尺寸，可以选中半径并按 Delete 键。

从图 8-24 中可以看出，添加的泪滴不小心删除了，可以在主菜单中选择“工具”→“泪滴”命令，重新放置泪滴。泪滴放置好后铺铜需要“重建铺铜区”。选中铺铜，在右边的“属性”面板中单击“重建铺铜区”按钮即可，如图 8-25 所示。底层铺铜也需要单击“重建铺铜区”按钮。

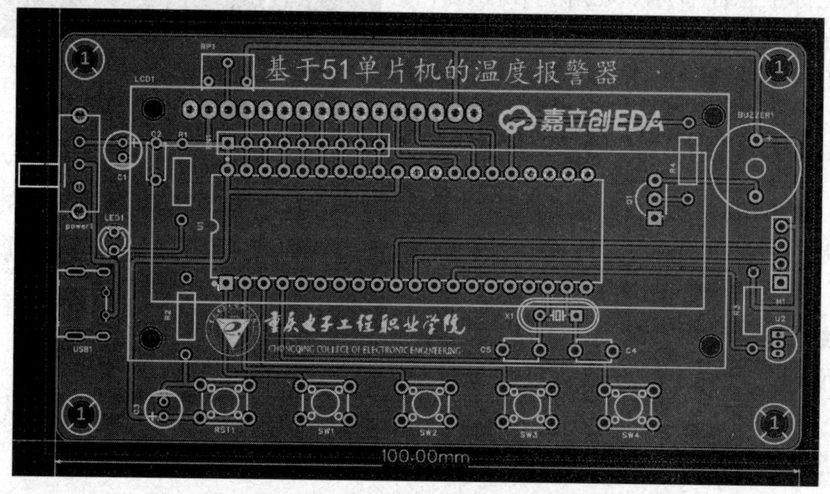

图 8-24　设计完成的 PCB

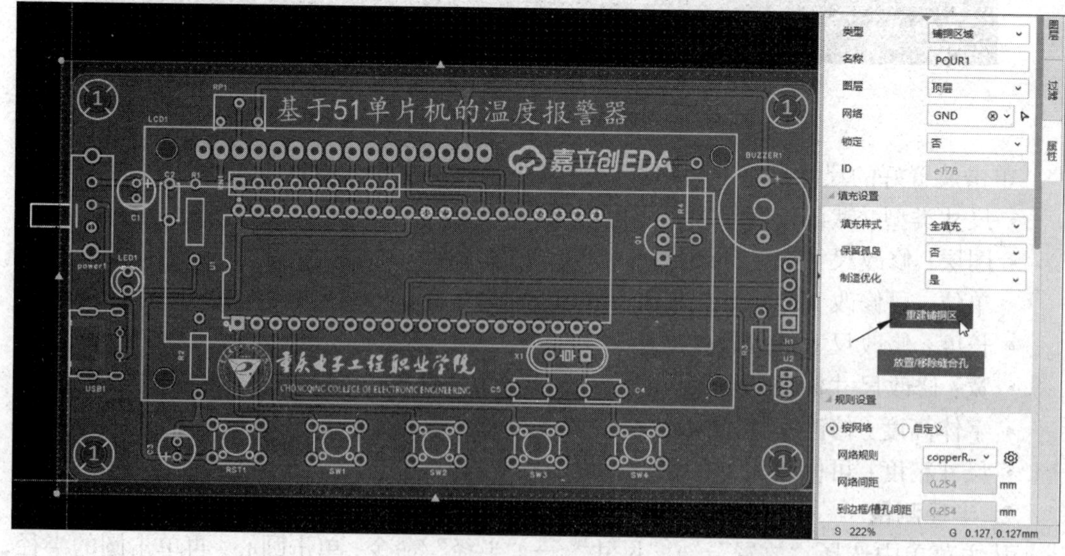

图 8-25　重建铺铜区

8.3　设计规则检查

DRC 检查的目的是在所有的 PCB 画好后进行总体检查。设计完一个 PCB 后，需要将 PCB 进行规则检查（DRC），DRC 检查是依据自行设置的规则进行的，例如，自己设置的最小间距是 6mil，那么实际 PCB 中，出现小于 6mil 的间距就会报错。

并不是 DRC 有错误的板子就不能使用，有些规则是可以忽略的，例如，丝印的错误不会影响电气属性。

在主菜单中选择“设计”→“检查 DRC”命令，开始进行 DRC 检查，底部面板显示检查结果，如图 8-26 所示。

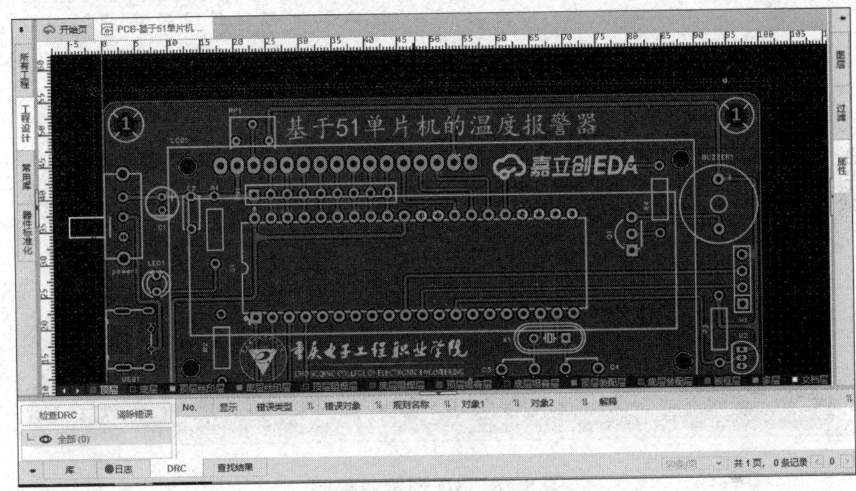

图 8-26　检查结果

从图 8-26 的检查结果看出没有错误的提示信息，PCB 设计正确。如果为了装配时方便，可以把电阻的阻值、器件的名称等信息显示出来，这里把 Q1、U1 的器件名显示出来，标注一下 H1 的 +5V、PXD，设计完成的 PCB 如图 8-27 所示。

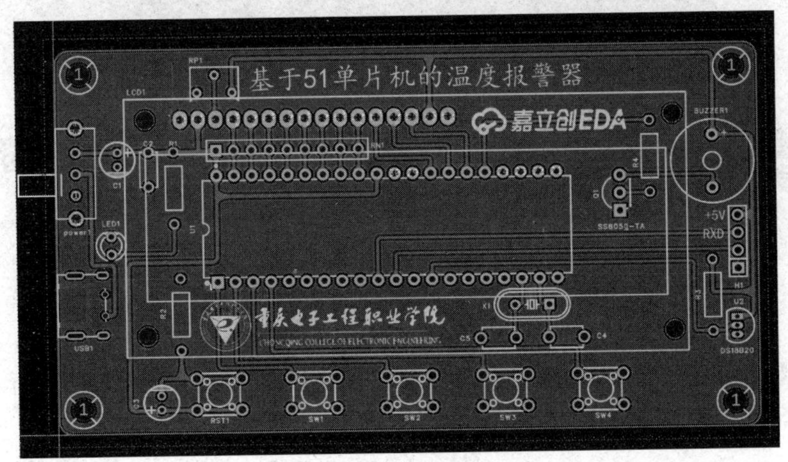

图 8-27　设计完成的 PCB

8.4 PCB 的 3D 显示

8.4.1 3D 预览

在主菜单中选择“视图”→“3D 预览”命令，或在主工具栏中单击“3D 预览”图标3D，弹出“3D 预览”效果图，如图 8-28 所示。按 7.2.1 小节介绍的方法设置底板的颜色，按鼠标左键旋转 3D 视图，可以从各个角度查看 PCB，以检查是否正确，如图 8-29 所示。滑动鼠标滚轮可以缩放视图。

图 8-28 3D 预览效果图

图 8-29 旋转 3D 视图

从顶面显示的 3D 图如图 8-30 所示，从左面显示的 3D 图如图 8-31 所示，从右面显示的 3D 图如图 8-32 所示，从底面显示的 3D 图如图 8-33 所示。

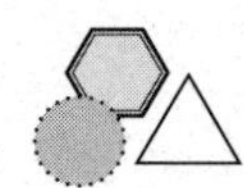

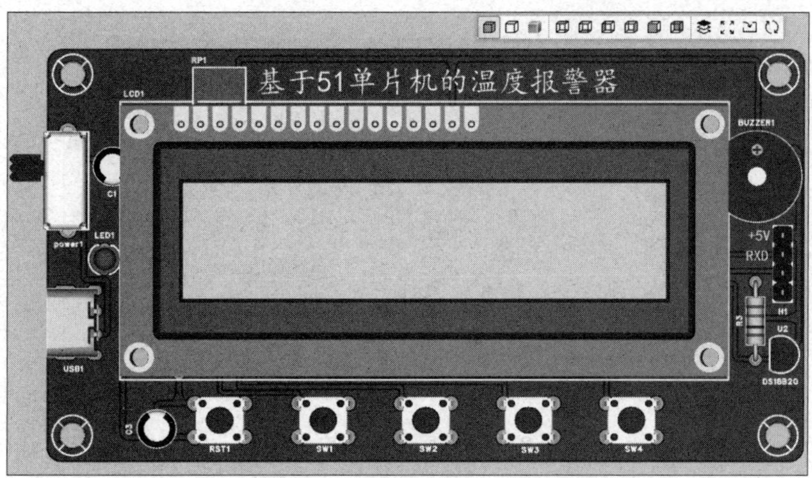

图 8-30　从顶面显示的 3D 图

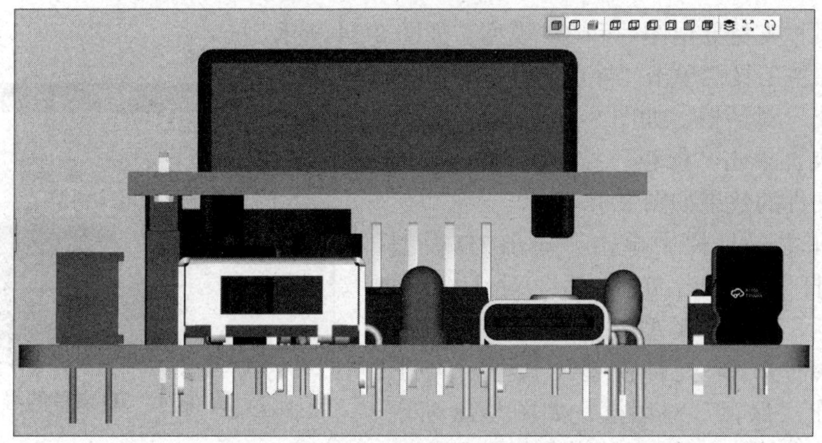

图 8-31　从左面显示的 3D 图

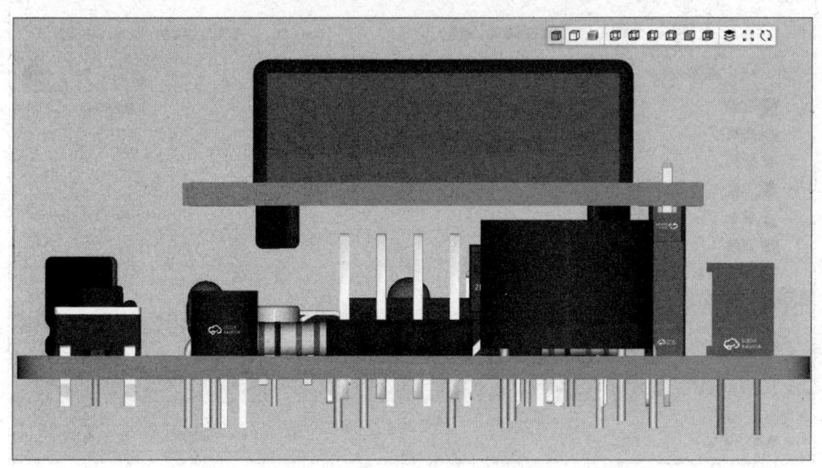

图 8-32　从右面显示的 3D 图

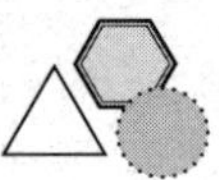

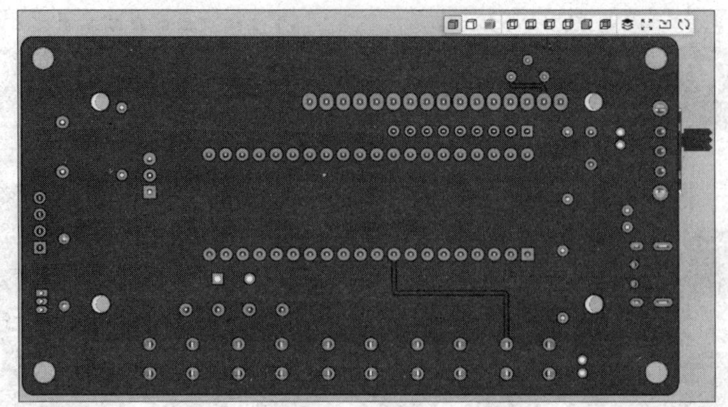

图 8-33　从底面显示的 3D 图

8.4.2　3D 文件的导出

主工具栏支持导出图片和 3D 模型，如图 8-34 所示。

（1）在主工具栏单击“导出图片”按钮，打开“导出”对话框，如图 8-35 所示。选择保存的文件夹，单击“保存”按钮即可。打开导出的图片文件的效果如图 8-36 所示。

（2）在主工具栏中单击“导出 3D 模型”按钮，打开“导出 3D 文件”对话框，如图 8-37 所示，“文件类型”选择 STEP，“导出对象”选择“PCB+ 元件模型”，单击“导出”按钮，弹出“保存”对话框，如图 8-38 所示。选择保存的文件夹，单击“保存”按钮即可。

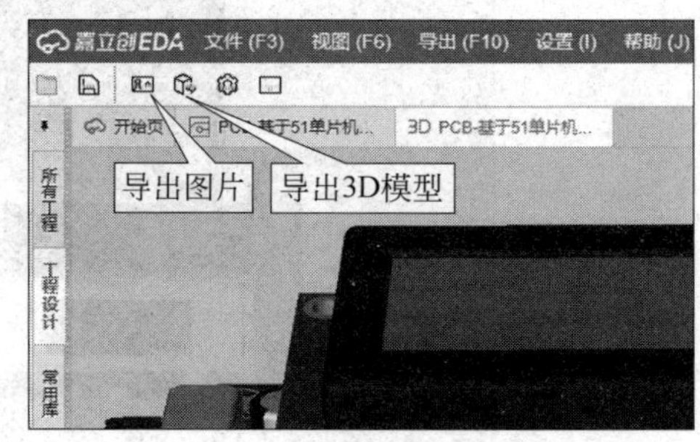

图 8-34　3D 文件的导出

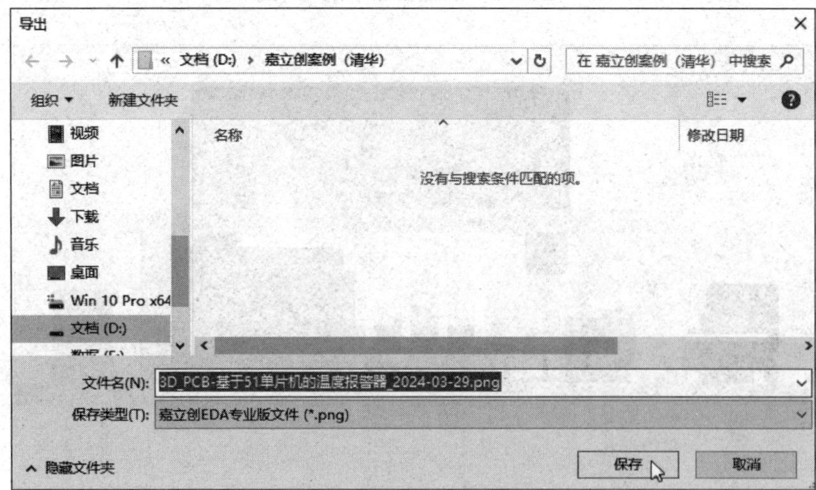

图 8-35　保存导出的图片文件

图 8-36　打开导出的图片文件的效果

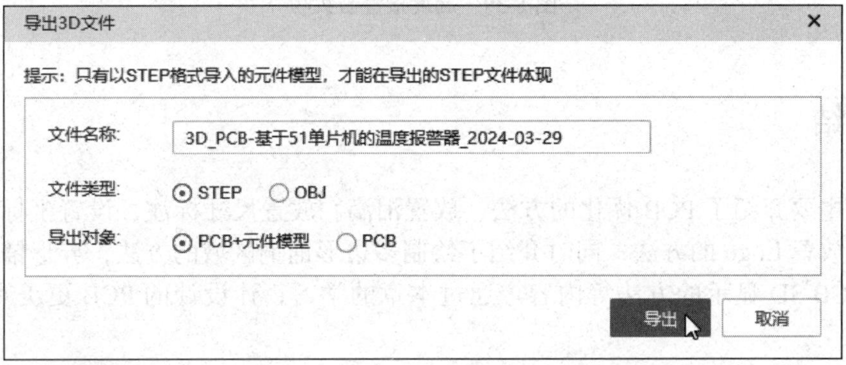

导出3D文件

提示：只有以STEP格式导入的元件模型，才能在导出的STEP文件体现

文件名称：3D_PCB-基于51单片机的温度报警器_2024-03-29

文件类型：STEP　OBJ

导出对象：PCB+元件模型　PCB

导出　取消

图 8-37　“导出 3D 文件”对话框

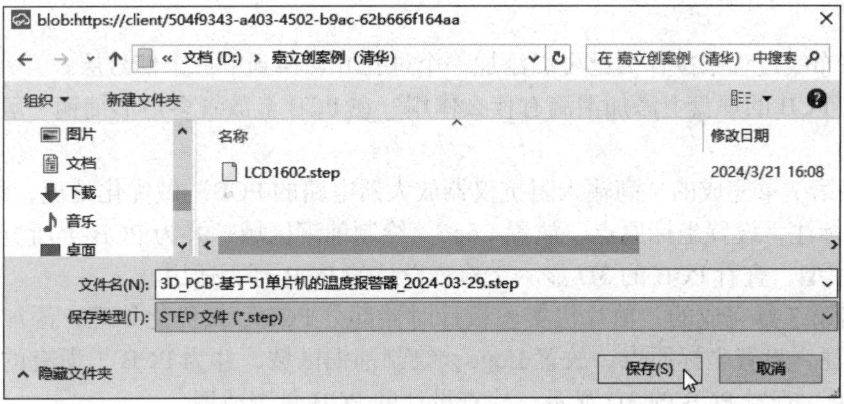

blob:https://client/504f9343-a403-4502-b9ac-62b666f164aa

« 文档 (D:) › 嘉立创案例（清华）

在 嘉立创案例（清华） 中搜索

组织 ▾　新建文件夹

图片　文档　下载　音乐　桌面

名称　修改日期

LCD1602.step　2024/3/21 16:08

文件名(N): 3D_PCB-基于51单片机的温度报警器_2024-03-29.step

保存类型(T): STEP 文件 (*.step)

隐藏文件夹　保存(S)　取消

图 8-38　保存 3D 模型文件

注意：此 3D 功能的预览是一个生成文件的仿真图预览，不能作为实物，具体的结果请参照生产的结果。

基于 51 单片机温度报警器的 PCB 设计做出的温度报警器实物如图 8-39 所示。

图 8-39 温度报警器实物

本章小结

本章主要介绍了 PCB 优化的方法、放置泪滴、放置尺寸标注、设置坐标原点、放置文本、放置 Logo 的方法，同时介绍了绘制多边形铺铜区域的方法，异形铺铜的创建方法及 PCB 3D 显示的方法等内容。通过本章的学习，让设计的 PCB 更美观、实用、质量高。

习题

1. 在布线过程中按什么键可以添加一个过孔并切换到下一个信号层？

2. 在 PCB 的焊盘上添加泪滴有什么作用？在 PCB 上放置多边形铺铜一般与哪个网络相连？

3. 将第 7 章完成的“高输入阻抗仪器放大器电路的 PCB”做优化处理，添加泪滴，放置尺寸标注，设置坐标原点，放置 Logo，绘制铺铜区域，并为 PCB 上所有的元器件建立 3D 模型，查看 PCB 的 3D 显示，检查设计的 PCB 是否适用。

4. 将第 7 章完成的“单片机实验板计时器部分 PCB”做优化处理，添加泪滴，放置尺寸标注，设置坐标原点，放置 Logo，绘制铺铜区域，并为 PCB 上所有的元器件建立 3D 模型，查看 PCB 的 3D 显示，检查设计的 PCB 是否适用。

第 9 章

生产文件的导出与使用

在完成基于 51 单片机的温度设计原理图的绘制及 PCB 的设计之后，就可以输出生产文件，进行元件下单和 PCB 下单。本章主要介绍物料清单（BOM）导出、元件下单、Gerber 文件的导出、Gerber 文件的预览、PCB 下单，为 PCB 的后期制作、元件采购、文件交流等提供方便。

生产文件的导出

9.1 物料清单导出

物料清单（bill of materials，BOM）是电子产品生成过程中一个很重要的文件。在元器件采购、设计制作验证样品、批量生产等方面都需要这个清单，既可以用原理图文件产生 BOM，也可以用 PCB 文件产生 BOM。这里介绍用 PCB 文件导出 BOM 的方法。操作前先打开需要产生输出文件的原理图或 PCB 图。

1. BOM 文件的导出操作

（1）在主菜单中选择“文件”→“导出”→“物料清单（BOM）”命令或选择“导出”→“物料清单（BOM）”命令，均能进行物料清单（BOM）导出操作。

（2）打开“提示”对话框，如图 9-1 所示，单击“器件标准化检查（推荐）”按钮，显示“器件标准化”选项卡，如图 9-2 所示。

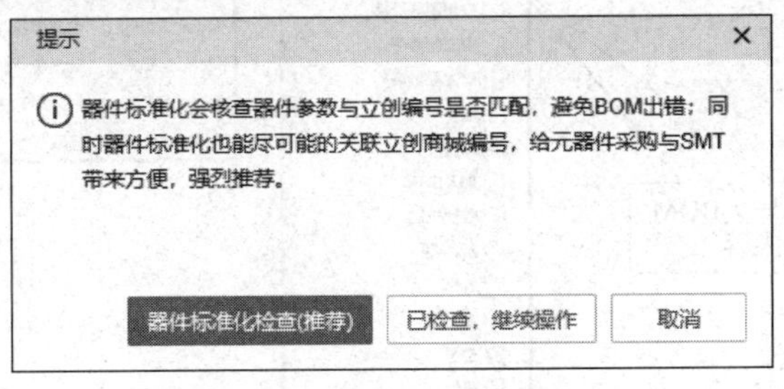

图 9-1 “提示”对话框

（3）器件标准化检查用于器件下单时核查这个器件的厂商以及对应的购买信息，图 9-2 中“待分配编号”需要用户对该器件进行核对，可以直接单击这个器件的“分配立创编号”按钮，然后重新选择分配立创编号。

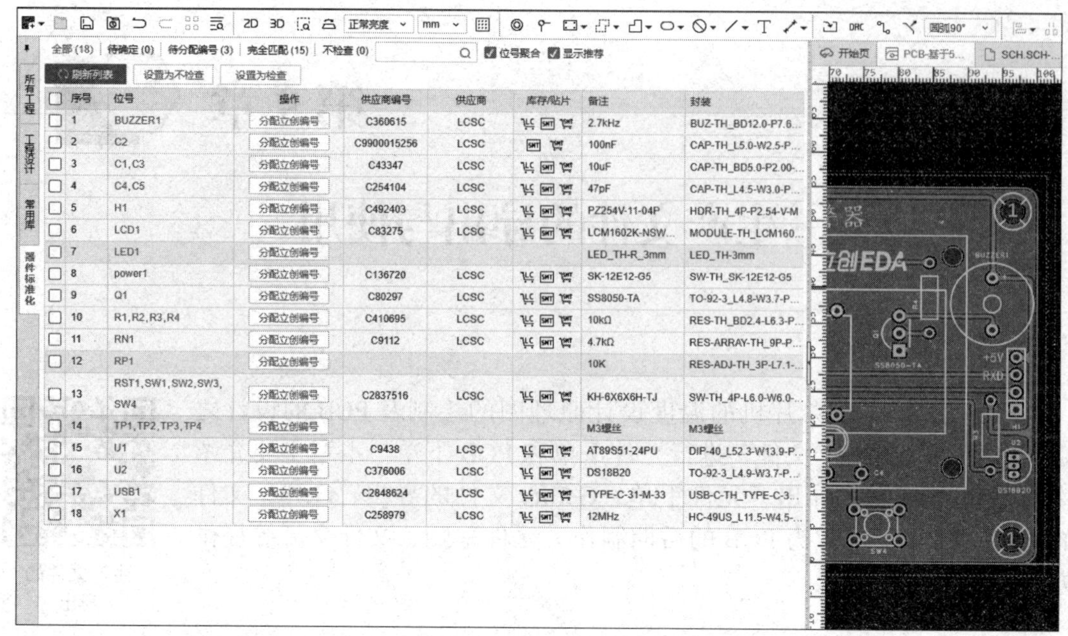

图 9-2 “器件标准化”选项卡

（4）用户“待分配编号”处理完后，在主菜单中重新选择“导出”→“物料清单 BOM”命令，打开“提示”对话框（图 9-1），单击“已检查，继续操作”按钮，打开“导出 BOM”对话框，如图 9-3 所示。

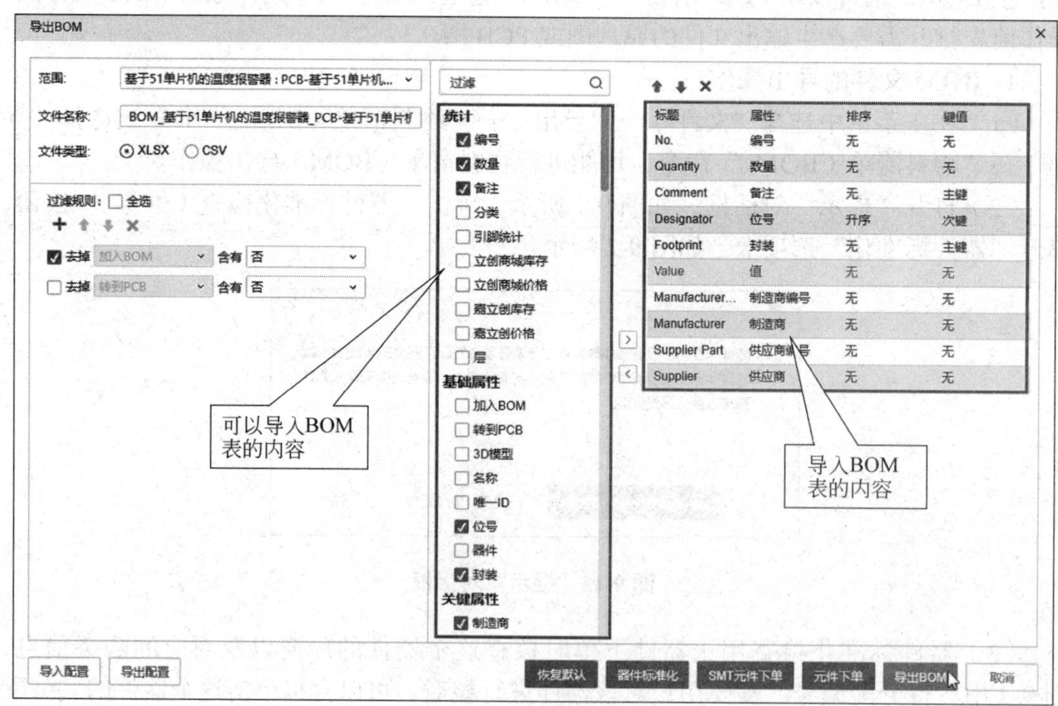

图 9-3 “导出 BOM”对话框

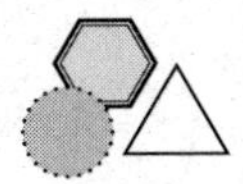

（5）可以在图 9-3 中设置导出 BOM 的文件名称和文件类型。默认的文件名称是在打开的项目名称前自动添加“BOM_”。导出的 BOM 文件类型支持 XLSX 和 CSV 格式，默认是 XLSX 格式。

（6）图 9-3 的中间“过滤”部分显示的是 BOM 表的统计项和器件的属性选择，可以根据需要勾选导出的内容。该“过滤”部分勾选的信息在右边栏显示（即 BOM 表导出的列）。取消勾选，最右边的栏不显示。

（7）单击图 9-3 底部的“导出 BOM”按钮，弹出“导出”对话框，如图 9-4 所示，可设置保存文件的名称和保存类别，单击“保存”按钮，即可默认设置导出的物料清单（BOM）。

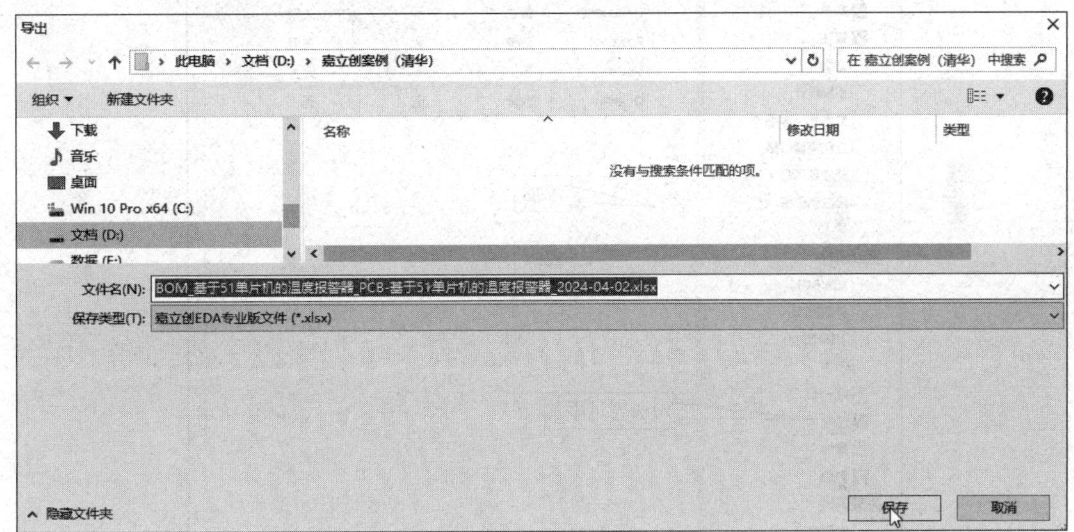

图 9-4　保存文件名称和保存类别的设置

（8）找到保存导入 BOM 表的文件夹，打开导出的 BOM 表，如图 9-5 所示。

A	B	C	D	E	F	G	H	I	J
No.	Quantity	Comment	Designator	Footprint	Value	Manufacturer Part	Manufacturer	Supplier Part	Supplier
1	1	2.7kHz	BUZZER1	BUZ-TH_BD12.0-P7.60-	2.7kHz	SUN-12095-5VPA7.6	S&S(海旭)	C360615	LCSC
2	2	10uF	C1,C3	CAP-TH_BD5.0-P2.00-I	10uF	KM106M025D11RR0VH2FF	CX(承兴)	C43347	LCSC
3	1	100nF	C2	CAP-TH_L5.0-W2.5-P5.		100nF		C9900015256	LCSC
4	2	47pF	C4,C5	CAP-TH_L4.5-W3.0-P5.	47pF	CC1H470JC74DCH4B10MN	Dersonic(德尔创)	C254104	LCSC
5	1	PZ254V-11-04P	H1	HDR-TH_4P-P2.54-V-M		PZ254V-11-04P	XFCN(兴飞)	C492403	LCSC
6	1	LCM1602K-NSW-BBW	LCD1	MODULE-TH_LCM1602K		LCM1602K-NSW-BBW	LONTECH(厦门龙特)	C83275	LCSC
7	1	LED_TH-R_3mm	LED1	LED_TH-3mm					
8	1	SK-12E12-G5	power1	SW-TH_SK-12E12-G5		SK-12E12-G5	韩国韩荣	C136720	LCSC
9	1	SS8050-TA	Q1	TO-92-3_L4.8-W3.7-P2		SS8050-TA	CJ(江苏长电/长晶)	C80297	LCSC
10	4	10kΩ	R1,R2,R3,R4	RES-TH_BD2.4-L6.3-P1	10kΩ	RN1/4W10KFT/BA1	Tyohm(幸亚电阻)	C410695	LCSC
11	1	4.7kΩ	RN1	RES-ARRAY-TH_9P-P2.5	4.7kΩ	A09-472JP	FH(风华)	C9112	LCSC
12	1	10K	RP1	RES-ADJ-TH_3P-L7.1-W	10K				
13	5	KH-6X6X6H-TJ	RST1,SW1,SW2,SW3,S	SW-TH_4P-L6.0-W6.0-F		KH-6X6X6H-TJ	kinghelm(金航标)	C2837516	LCSC
14	4	M3螺丝	TP1,TP2,TP3,TP4	M3螺丝					
15	1	AT89S51-24PU	U1	DIP-40_L52.3-W13.9-F		AT89S51-24PU	MICROCHIP(美国微芯)	C9438	LCSC
16	1	DS18B20	U2	TO-92-3_L4.9-W3.7-P1		DS18B20	UMW(友台半导体)	C376006	LCSC
17	1	TYPE-C-31-M-33	USB1	USB-C-TH_TYPE-C-31-M		TYPE-C-31-M-33	韩国韩荣	C2848624	LCSC
18	1	12MHz	X1	HC-49US_L11.5-W4.5-F	12MHz	B12000J233	ECEC(东晶)	C258979	LCSC

图 9-5　用默认设置导出的 BOM 表

2. BOM 表头的设置

图 9-6 是 BOM 表头的设置（各栏目的含义如表 9-1 所示），可以选择导出 BOM 表

的具体内容。勾选需要导出的内容，然后单击“向右移动”按钮[>]，即可添加到 BOM 里。移除 BOM 表的操作有三种方法：取消勾选不需要导出的内容，或者在右侧选中需要移除的标题，然后单击“移除”图标[<]或✖，就能将选择的标题移出 BOM。要进行 BOM 表的列排序，可以选中标题，单击“升”按钮⬆或“降”按钮⬇，设置好后，单击“导出 BOM”按钮，即可按设置好的表头导出 BOM 表，如图 9-7 所示。

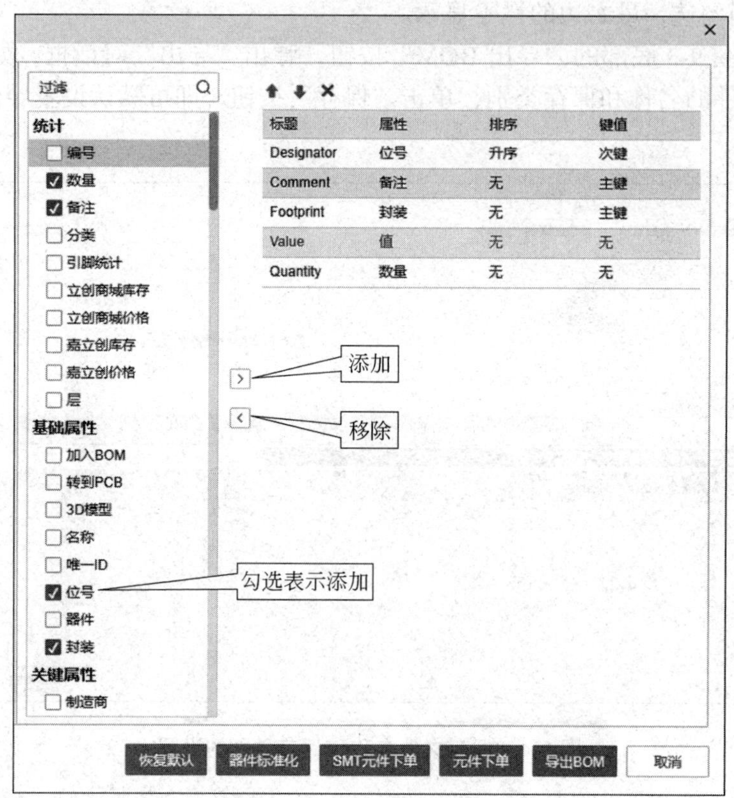

图 9-6　BOM 表头的设置

	A	B	C	D	E
1	Designator	Comment	Footprint	Value	Quantity
2	BUZZER1	2.7kHz	BUZ-TH_BD12.0-P7.60-D0.6-FD	2.7kHz	1
3	C1, C3	10μF	CAP-TH_BD5.0-P2.00-D0.8-FD	10μF	2
4	C2	100nF	CAP-TH_L5.0-W2.5-P5.00-D1.0		1
5	C4, C5	47pF	CAP-TH_L4.5-W3.0-P5.00-D1.2	47pF	2
6	H1	PZ254V-11-04P	HDR-TH_4P-P2.54-V-M		1
7	LCD1	LCM1602K-NSW-BBW	MODULE-TH_LCM1602K		1
8	LED1	LED_TH-R_3mm	LED_TH-3mm		1
9	power1	SK-12E12-G5	SW-TH_SK-12E12-G5		1
10	Q1	SS8050-TA	TO-92-3_L4.8-W3.7-P2.54-L		1
11	R1, R2, R3, R4	10kΩ	RES-TH_BD2.4-L6.3-P10.30-D0.6	10kΩ	4
12	RN1	4.7kΩ	RES-ARRAY-TH_9P-P2.54-D1.0	4.7kΩ	1
13	RP1	10K	RES-ADJ-TH_3P-L7.1-W6.9-P2.54-BL-BS	10K	1
14	RST1, SW1, SW2, SW3, SW4	KH-6X6X6H-TJ	SW-TH_4P-L6.0-W6.0-P4.50-LS6.5		5
15	TP1, TP2, TP3, TP4	M3螺钉	M3螺钉		4
16	U1	AT89S51-24PU	DIP-40_L52.3-W13.9-P2.54-LS15.2-BL		1
17	U2	DS18B20	TO-92-3_L4.9-W3.7-P1.27-L		1
18	USB1	TYPE-C-31-M-33	USB-C-TH_TYPE-C-31-M-33		1
19	X1	12MHz	HC-49US_L11.5-W4.5-P4.88	12MHz	1

图 9-7　按图 9-6 的表头设置导出的 BOM

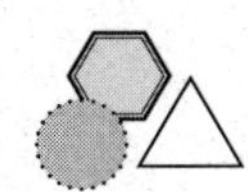

表 9-1 列出了 BOM 表头各栏目的含义。

表 9-1　BOM 表头各栏目的含义

序号	名称	含　义	备　注
1	标题	导出 BOM 的标题	双击后可修改 BOM 的表头名称
2	属性	导出器件的属性名	
3	排序	导出 BOM 表属性的排列顺序	体现在 BOM 里面单元格内部的排序
4	键值	设置该属性是否需要合并在一行	次键：将相同的属性导出 BOM 表时是进行值合并后导出，内容合并在一行。 主键：将相同的属性导出 BOM 表时是将值分开后导出，内容各占一行

9.2　元件下单

嘉立创 EDA 软件支持元件下单，该功能方便根据物料清单（BOM）文件文档在立创商城中进行元件下单，实现设计和元器件采购的无缝衔接。

在主菜单中选择“下单”→“元件下单”命令，可进行 PCB 下单操作。同时，在“导出 BOM”对话框底部也有“元件下单”按钮，如图 9-3 所示，单击后也可进行元件下单操作。BOM 数据上传成功后，弹出“信息”对话框，如图 9-8 所示。单击“确定”按钮，进入登录页面，登录后，弹出“立创 BOM 配单”对话框，如图 9-9 所示，填写采购套数等信息后，单击“确定”按钮，自动跳转到立创商城，进入“立创 BOM 配单”对话框，如图 9-10 所示。

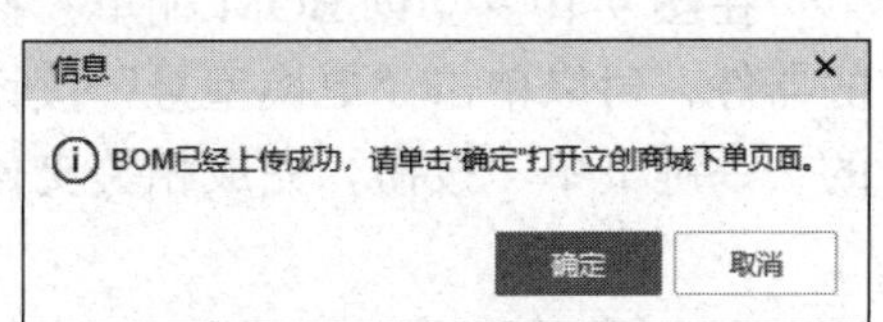

图 9-8　BOM 数据上传成功后显示的“信息”对话框

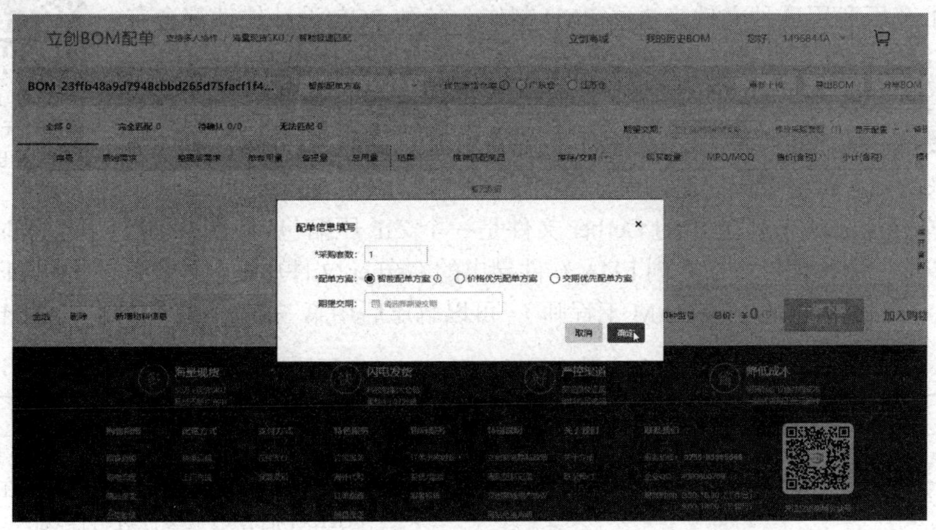

图 9-9　配单信息填写

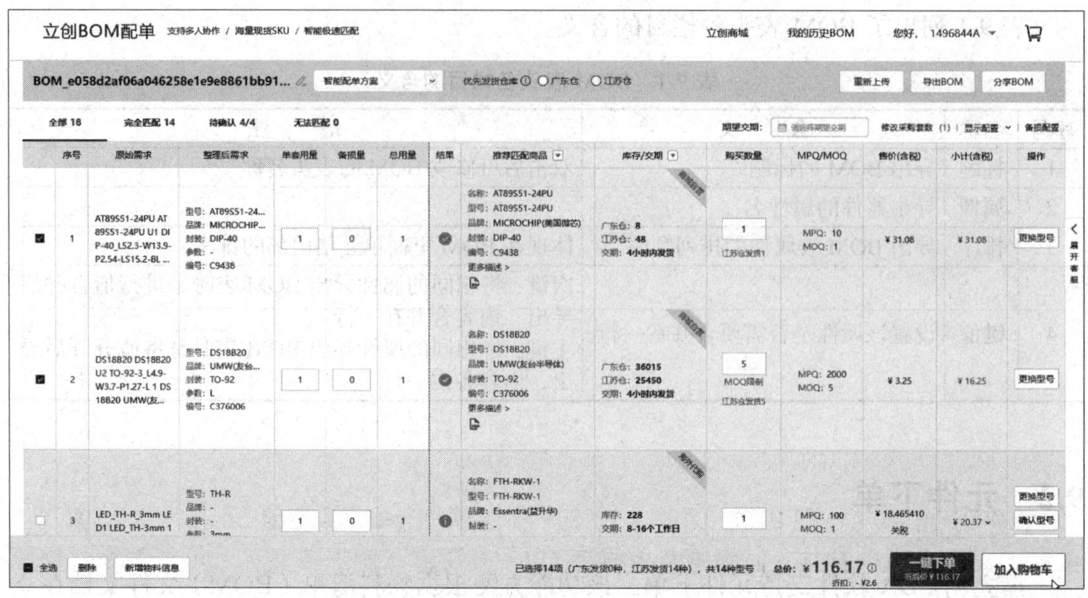

图 9-10 “立创 BOM 配单”操作页面

在图 9-10“立创 BOM 配单”操作页面中查看器件信息是否正确。对于“待确认”的器件，可以单击“更换型号”按钮，更换器件型号。完成相关选择后，单击页面底部的“一键下单”按钮，完成相关支付流程，即可完成元件下单。

9.3 导出并预览 Gerber 文件

Gerber 文件是一种符合 EIA 标准，规定了可以被光绘图机处理的文件格式，用来把 PCB 电路板图中的布线数据转换为胶片的光绘数据。PCB 生产厂商用这种文件来进行 PCB 制作。各种 PCB 设计软件都含有生成 Gerber 文件的功能。一般可以把 PCB 文件直接交给 PCB 生产厂商，厂商会将其转换成 Gerber 格式。而有经验的 PCB 设计者通常会将 PCB 文件按自己的要求生成 Gerber 文件，交给 PCB 厂商制作，确保 PCB 制作出来的效果符合个人定制的设计需要。

基于 51 单片机温度计元器件的导出

嘉立创 EDA 软件导出的 Gerber 文件是一个 ZIP 压缩包，在板厂进行下单的时候直接上传该压缩包即可。嘉立创 EDA 软件导出的 Gerber 文件压缩包内文件的说明如表 9-2 所示。有编辑需求的（如 CAM 工程师），可以解压后用第三方 CAM 工具编辑 Gerber。

表 9-2 嘉立创 EDA 软件导出的 Gerber 文件压缩包内文件的说明

序号	文件名称	文件内容	备注
1	Gerber_BoardOutline.GKO	边框文件	PCB 厂根据该文件确定切割板形状。嘉立创 EDA 绘制的挖槽区域在生成 Gerber 后在边框文件进行体现
2	Gerber_TopLayer.GTL	PCB 顶层	顶层铜箔层

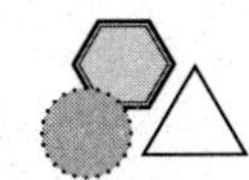

续表

序号	文件名称	文件内容	备注
3	Gerber_BottomLayer.GBL	PCB 底层	底层铜箔层
4	Gerber_TopSilkLayer.GTO	顶层丝印层	
5	Gerber_BottomSilkLayer.GBO	底层丝印层	
6	Gerber_TopSolderMaskLayer.GTS	顶层阻焊层	该层也可以称为开窗层。默认板子盖油，在该层绘制的元素对应到顶层的区域则不盖油
7	Gerber_BottomSolderMaskLayer.GBS	底层阻焊	该层也可以称为开窗层。默认板子盖油，在该层绘制的元素对应到底层的区域则不盖油
8	Gerber_TopPasteMaskLayer.GTP	顶层助焊层	开钢网用
9	Gerber_BottomPasteMaskLayer.GBP	底层助焊层	开钢网用
10	Gerber_DocumentLayer.GDL	文档层	记录 PCB 的备注信息用，不参与制造生产
11	Gerber_DrillDrawingLayer.GDD	钻孔图层	该层不参与制造，对生成过孔的位置以做对照标识用
12	Drill_PTH_Through.DRL	金属化多层焊盘的钻孔层	这个文件显示的是内壁需要金属化的钻孔位置
13	Drill_PTH_Through_Via.DRL	金属化通孔类型过孔的钻孔层	这个文件显示的是内壁需要金属化的钻孔位置
14	Drill_NPTH_Through.DRL	非金属化钻孔层	这个文件显示的是内壁不需要金属化的钻孔位置，比如通孔（圆形挖槽区域）

9.3.1　Gerber 文件导出

（1）在主菜单中选择“文件”→“导出”→“PCB 制板文件（Gerber）”命令或选择“导出”→“PCB 制板文件（Gerber）”命令，均能进行 Gerber 文件导出操作。

（2）在弹出的“导出 PCB 制板文件”对话框中可设置导出文件名称，还可以选择“一键导出”或者“自定义配置”，如图 9-11 所示。

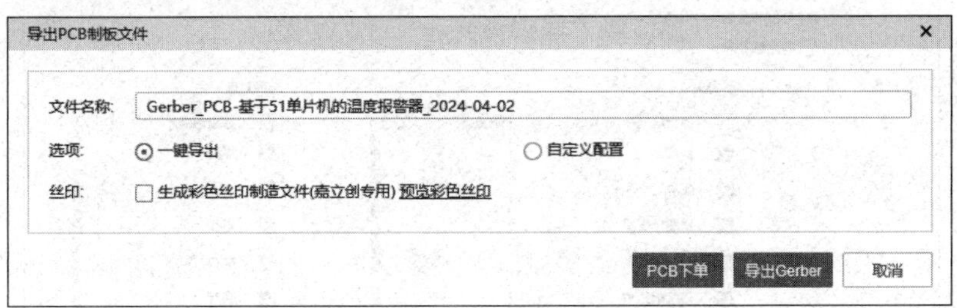

图 9-11　“导出 PCB 制板文件”对话框

① 一键导出：根据默认的设置把全部的层和图元都导出，不包含钻孔表和独立的钻孔信息文件。

图 9-12 “警告”对话框

在图 9-11 中如果选择“一键导出”单选按钮，会打开“警告”对话框，如图 9-12 所示。单击“是，检查 DRC”按钮后，如果没有错误，会打开“导出”对话框，如图 9-13 所示，单击“保存”按钮，即导出 Gerber 文件。

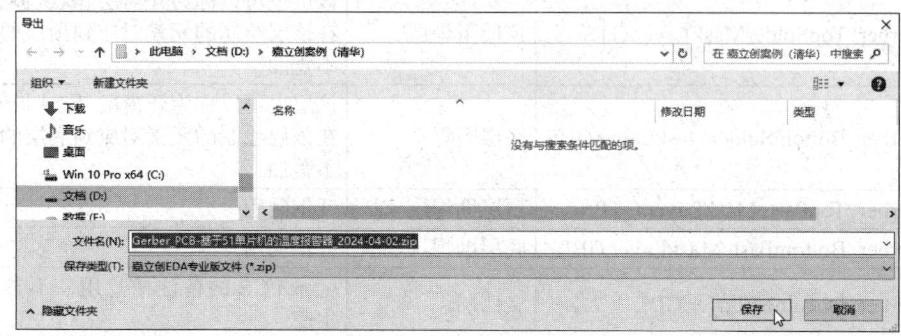

图 9-13 导出 Gerber 文件

② 自定义配置：表示自行根据需要进行修改配置，如图 9-14 所示。自定义配置支持钻孔信息和钻孔表；支持在左侧列表新增不同的配置；支持选择导出的图层；可以进行图层镜像；支持选择导出的图元对象。导出时可以选择一个配置进行 Gerber 导出。最多支持创建 20 个配置，双击可以修改配置名。

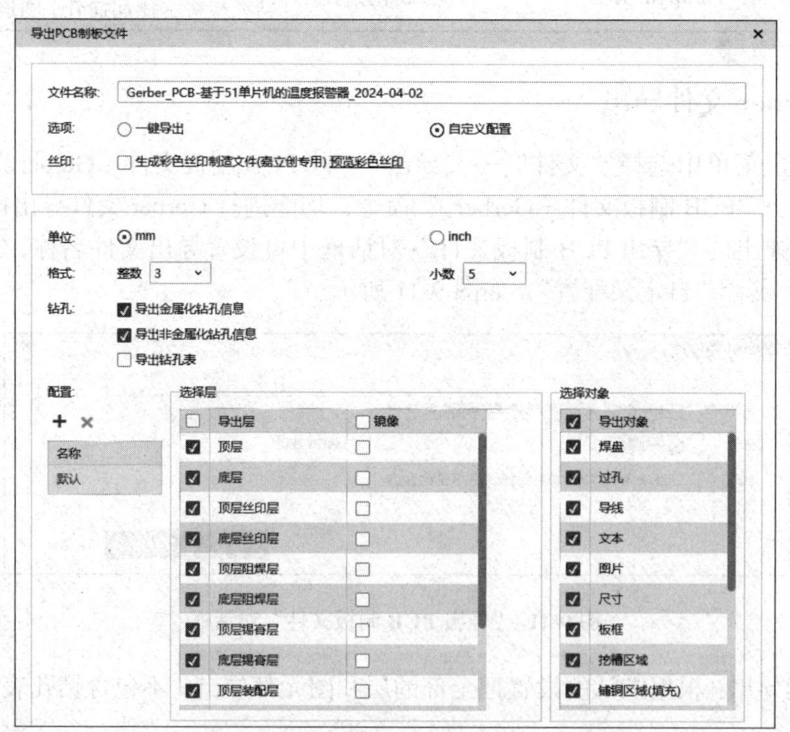

图 9-14 “自定义配置”选项对应的界面

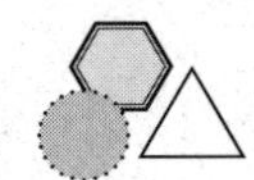

“自定义配置”中的“单位”和“格式”选项说明如下。

单位：导出的 Gerber 文件和钻孔文件的单位，默认是 mm。

格式：导出的钻孔文件的数值格式，可以是整数位和小数位的数字个数，影响数值精度的表达（传统的钻孔文件坐标数字只有 6 位，所以一般是 3∶3 或 4∶2 的格式）。该设置可能会影响 Gerber 查看器查看钻孔文件的对位。如果 Gerber 查看器预览 Gerber 和钻孔文件发现钻孔文件对位不准，可以用 Gerber 查看工具重新设置钻孔文件的数值格式为 3∶3 或 4∶2 等格式。

9.3.2　Gerber 预览

在发送 Gerber 文件给制造商前，请使用 Gerber 查看器再次检查 Gerber 是否满足设计需求，是否具有设计缺陷。

Gerber 查看器有 Gerbv、FlatCAM、CAM350、ViewMate、GerberLogix 等一些 DFM 检查工具。

Gerbv 使用方法如下。

（1）下载 Gerbv 后，解压下载的压缩包。运行 gerbv.exe 文件，弹出 Gerbv 窗口，如图 9-15 所示。

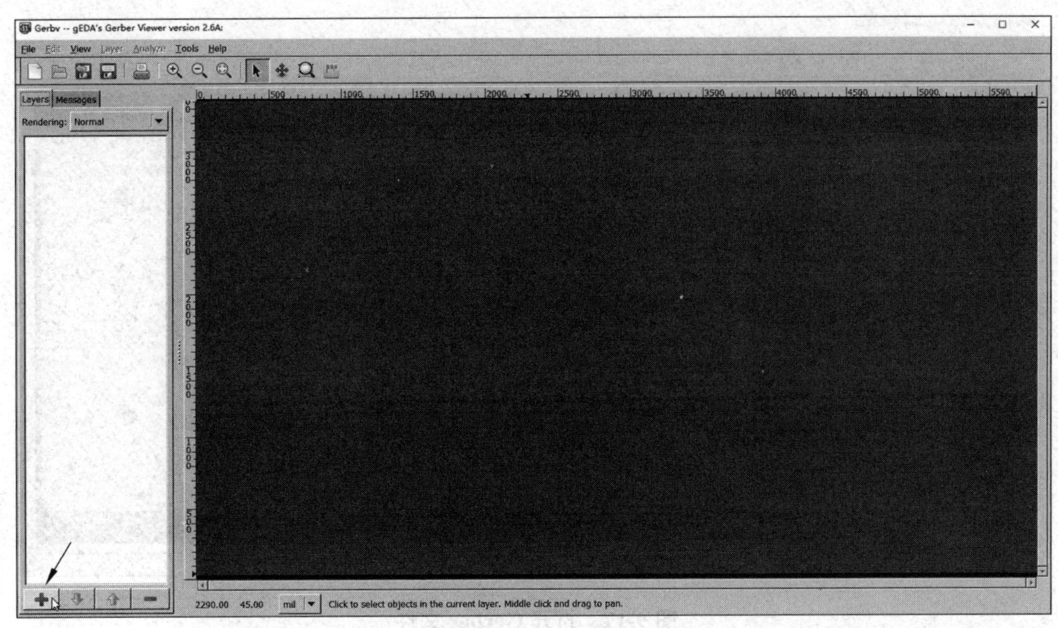

图 9-15　Gerbv 窗口

单击左下角的“加号”按钮➕，选择保存 Gerber 文件的文件夹（导出的 Gerber 压缩文件要解压），单击 Open 按钮，打开 Gerber 文件夹，如图 9-16 所示。

（2）在图 9-16 中，按 Ctrl+A 组合键全选解压后的 Gerber 文件，单击 Open 按钮，打开 Gerber 文件，如图 9-17 所示。现在显示所有 Gerber 层。如果想要单层显示 Gerber 文件的层，则取消勾选左边 Gerber 层名前的复选框，只勾选要显示的层名即可，如图 9-18 所示。

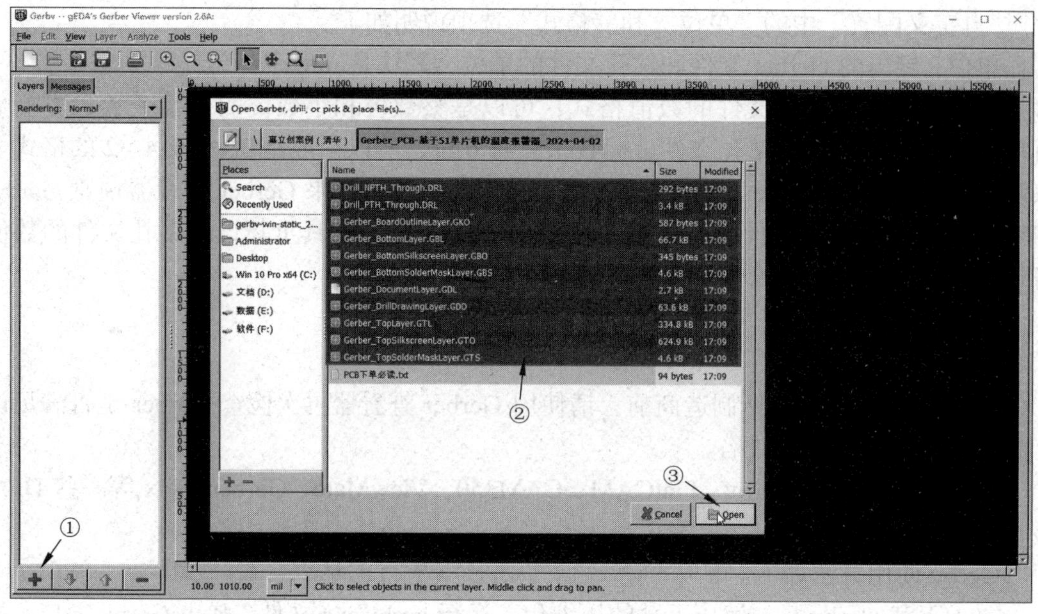

图 9-16　打开 Gerber 文件夹

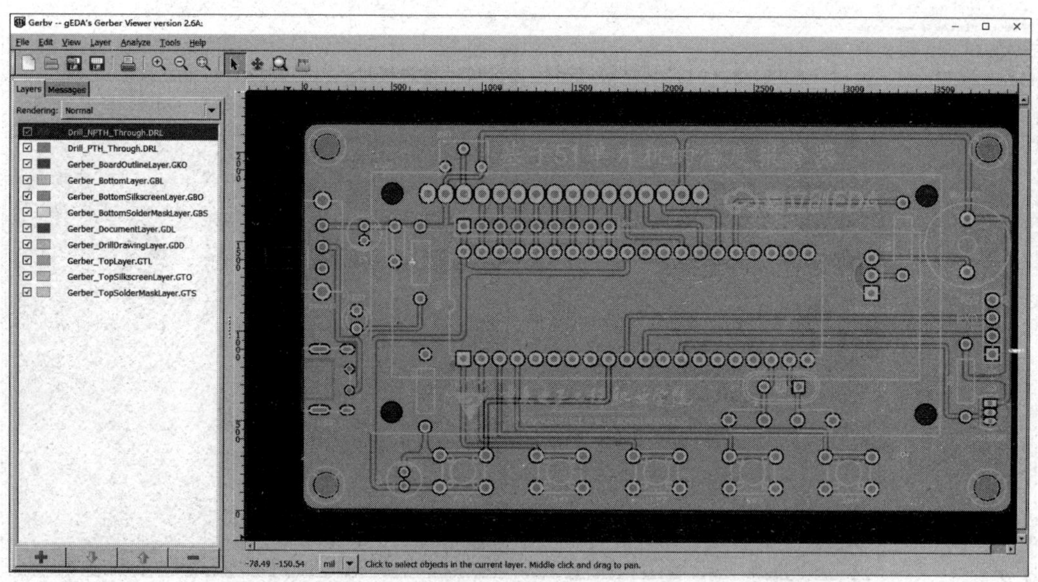

图 9-17　打开 Gerber 文件

（3）在图 9-18 中可以进行缩放、测量、换层、检查钻孔、铺铜等操作，以便满足设计与制作要求。

注意：

（1）Gerber 文件导出时，“PCB 下单”按钮不会被自定义配置里面的参数影响，会默认使用一键导出的文件进行上传下单。如果需要自定义导出 Gerber 配置，请务必导出 Gerber 后再下单。

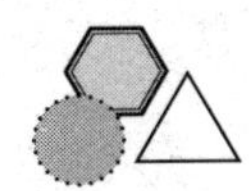

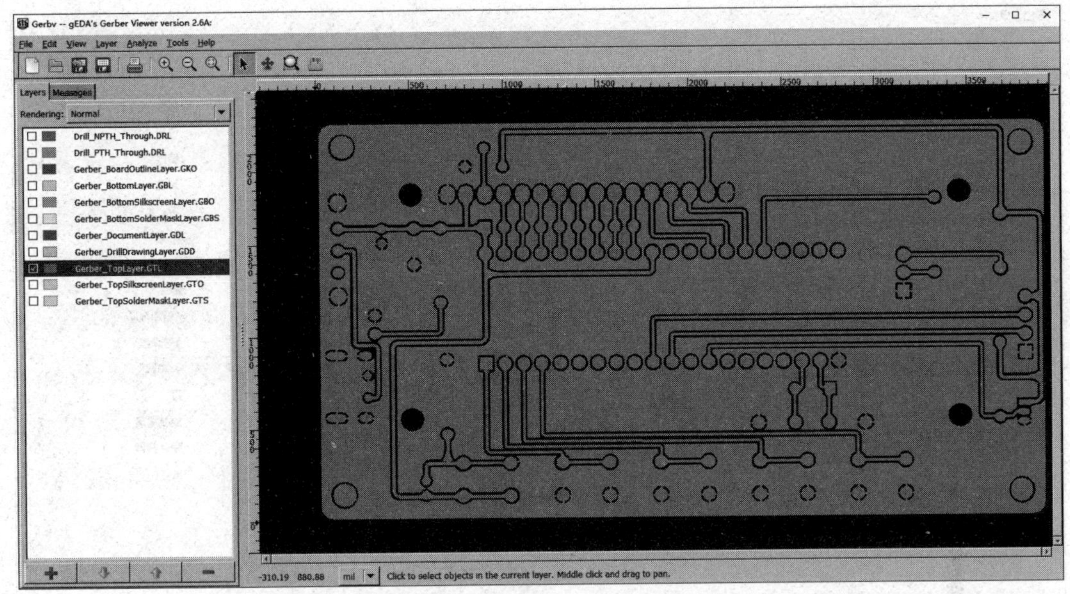

图 9-18　单层显示 Gerber 文件

（2）在生成制造文件之前，请务必进行 2D 或 3D 预览，查看设计管理器的 DRC 错误项，避免生成有缺陷的 Gerber 文件。

（3）生成 Gerber 是通过浏览器完成的，所以必须通过浏览器自身的下载功能下载，不能使用任何第三方下载器。

（4）Gerber 文件的坐标跟随画布坐标。

（5）导出 Gerber 文件时，钻孔文件坐标格式精度默认为 3 : 3，当尺寸超出范围时会自动用 4 : 2 格式。如果在 CAM350 等查看工具中发现钻孔偏移，调整钻孔坐标格式即可。也可以导出文件时选择自定义输出，设置格式精度。

9.3.3　坐标文件导出

制板生产完成后，后期需要对各个元件进行贴片，这就需要用到各元件的坐标文件。

嘉立创 EDA 软件支持导出 SMT 坐标信息，并生成坐标文件，以便电子产品生产厂家在 PCB 组装流程的 SMT 贴片过程中使用。在嘉立创 EDA 软件中坐标文件只能在 PCB 中导出。

1. 坐标文件导出操作

（1）在 PCB 编辑页面的主菜单中选择“文件”→“导出”→“坐标文件”命令或选择“导出”→“坐标文件”命令，均能进行坐标文件导出操作。

（2）在打开的“导出坐标文件”对话框中，如图 9-19 所示，可自定义导出坐标文件的文件名、导出文件类型、单位、坐标文件内容和其他选项。

其中，导出文件类型支持 XLSX 和 CSV 两种类型的文件，单位支持 mm 和 mil。坐标支持封装中心、封装原点、1 号焊盘 X/Y 三种类型的坐标文件，对应表头分别为 Mid X/Y、Ref X/Y 和 Pad X/Y。

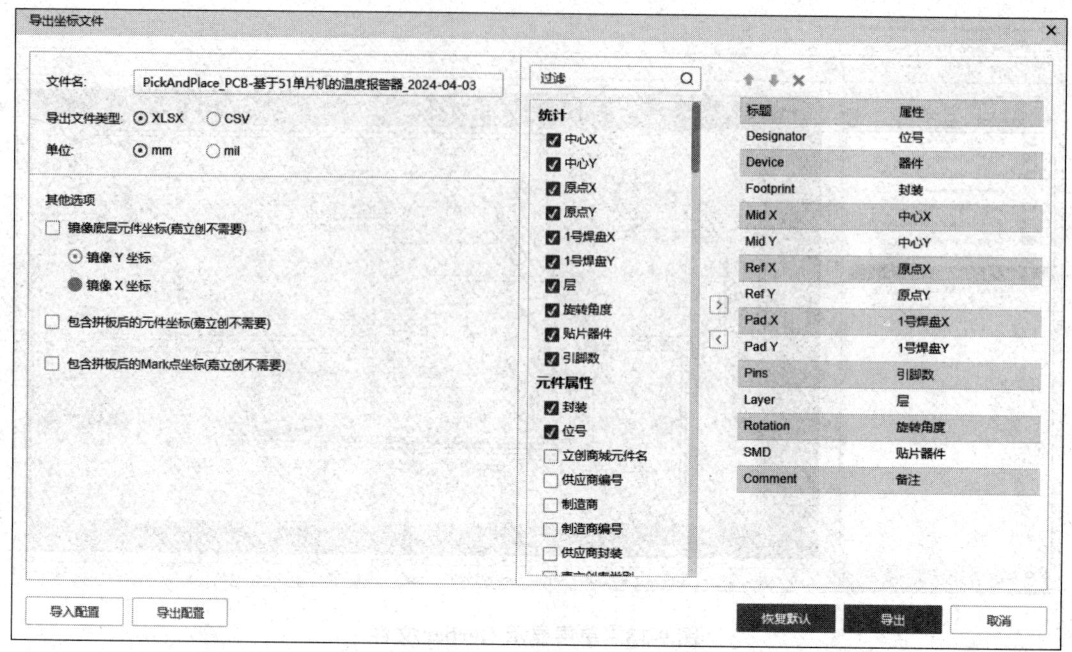

图 9-19 “导出坐标文件”对话框

默认会勾选“引脚数”选项，导出的坐标文件包含 pins 列，含义为元件的封装焊盘数量。

“镜像底层元件坐标”“包含拼板后的元件坐标”和“包含拼板后的 Mark 点坐标”这三个选项针对的是有部分贴片厂商对坐标文件有此特殊要求，在导出坐标文件时可根据需要勾选对应选项。嘉立创打样时不需要勾选。

如图 9-19 所示过滤栏与右边的标题、属性栏的操作与导出 BOM 表类似，在此不再赘述。

（3）单击图 9-19 底部的“导出”按钮，弹出“导出”对话框，如图 9-20 所示，可设置导出的坐标文件名及保存类型，单击“保存”按钮，即可导出坐标文件。

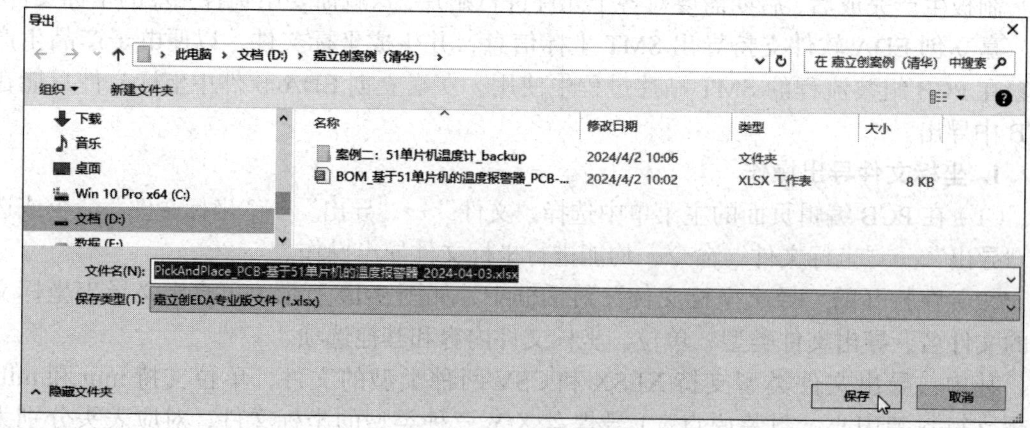

图 9-20 “导出”对话框

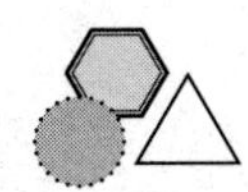

（4）找到保存坐标文件的文件夹，打开坐标文件，如图 9-21 所示，这是使用默认设置导出的坐标文件。

	A	B	C	D	E	F	G	H	I	J	K	L	M	N
1	Designator	Device	Footprint	Mid X	Mid Y	Ref X	Ref Y	Pad X	Pad Y	Pins	Layer	Rotation	SMD	Comment
2	U1	AT89S51-24PU	DIP-40_L52.3-W13.9-F	47.117mm	29.21mm	47.117mm	29.21mm	22.987mm	21.59mm	40	T	0	No	AT89S51-24PU
3	U2	DS18B20	TO-92-3_L4.9-W3.7-P1	96.901mm	14.351mm	96.901mm	14.351mm	96.901mm	15.621mm	3	T	270	No	DS18B20
4	LED1	LED_TH-R_3mm	LED_TH-3mm	7.874mm	27.051mm	7.874mm	27.051mm	7.874mm	25.781mm	2	T	90	No	LED_TH-R_3mm
5	SW1	KH-6X6X6H-TJ	SW-TH_4P-L6.0-W6.0-F	36.522mm	5.588mm	36.522mm	5.588mm	39.772mm	3.338mm	4	T	180	No	KH-6X6X6H-TJ
6	SW2	KH-6X6X6H-TJ	SW-TH_4P-L6.0-W6.0-F	50.057mm	5.588mm	50.057mm	5.588mm	53.307mm	3.338mm	4	T	180	No	KH-6X6X6H-TJ
7	SW3	KH-6X6X6H-TJ	SW-TH_4P-L6.0-W6.0-F	63.593mm	5.588mm	63.593mm	5.588mm	66.843mm	3.338mm	4	T	180	No	KH-6X6X6H-TJ
8	SW4	KH-6X6X6H-TJ	SW-TH_4P-L6.0-W6.0-F	77.128mm	5.588mm	77.128mm	5.588mm	80.378mm	3.338mm	4	T	180	No	KH-6X6X6H-TJ
9	RST1	KH-6X6X6H-TJ	SW-TH_4P-L6.0-W6.0-F	22.987mm	5.588mm	22.987mm	5.588mm	19.737mm	7.838mm	4	T	0	No	KH-6X6X6H-TJ
10	X1	B12000J233	HC-49US_L11.5-W4.5-F	67.564mm	17.78mm	67.564mm	17.78mm	70.004mm	17.78mm	2	T	180	No	12MHz
11	USB1	TYPE-C-31-M-33	USB-C-TH_TYPE-C-31-M	4.727mm	18.542mm	4.727mm	18.542mm	6.527mm	14.222mm	6	T	270	No	TYPE-C-31-M-33
12	RP1	R_3386P	RES-ADJ-TH_3P-L7.1-W	22.888mm	50.038mm	22.888mm	50.038mm	20.348mm	48.768mm	3	T	0	No	10K
13	RN1	A09-472JP	RES-ARRAY-TH_9P-P2.5	33.147mm	40.443mm	33.147mm	40.443mm	22.987mm	40.443mm	9	T	0	No	4.7kΩ
14	R1	RN1/4W10KFT/BA1	RES-TH_BD2.4-L6.3-P1	16.891mm	35.179mm	16.891mm	35.179mm	16.891mm	40.329mm	2	T	270	No	10kΩ
15	R2	RN1/4W10KFT/BA1	RES-TH_BD2.4-L6.3-P1	17.653mm	17.018mm	17.653mm	17.018mm	17.653mm	22.168mm	2	T	270	No	10kΩ
16	R3	RN1/4W10KFT/BA1	RES-TH_BD2.4-L6.3-P1	93.472mm	18.796mm	93.472mm	18.796mm	93.472mm	13.646mm	2	T	90	No	10kΩ
17	R4	RN1/4W10KFT/BA1	RES-TH_BD2.4-L6.3-P1	84.582mm	38.862mm	84.582mm	38.862mm	84.582mm	33.712mm	2	T	90	No	10kΩ
18	Q1	SS8050-TA	TO-92-3_L4.8-W3.7-P2	80.244mm	33.632mm	80.244mm	33.632mm	80.244mm	31.092mm	3	T	90	No	SS8050-TA
19	power1	SK-12E12-G5	SW-TH_SK-12E12-G5	2.921mm	37.465mm	2.921mm	37.465mm	2.921mm	34.29mm	5	T	180	No	SK-12E12-G5
20	H1	PZ254V-11-04P_C4924(	HDR-TH_4P-P2.54-V-M	97.155mm	26.416mm	97.155mm	26.416mm	97.155mm	22.606mm	4	T	90	No	PZ254V-11-04P
21	C1	KM106M025D11RR0VH2FF	CAP-TH_BD5.0-P2.00-D	8.904mm	39.319mm	8.904mm	39.319mm	8.904mm	40.319mm	2	T	270	No	10uF
22	C3	KM106M025D11RR0VH2FF	CAP-TH_BD5.0-P2.00-D	14.732mm	4.445mm	14.732mm	4.445mm	14.732mm	3.445mm	2	T	90	No	10uF
23	C2	100nF	CAP-TH_L5.0-W2.5-P5.	13.335mm	37.846mm	13.335mm	37.846mm	13.335mm	35.346mm	2	T	90	No	100nF
24	C4	CC1H470JC74DCH4B10MN	CAP-TH_L4.5-W3.0-P5.	72.39mm	13.081mm	72.39mm	13.081mm	74.89mm	13.081mm	2	T	180	No	47pF
25	C5	CC1H470JC74DCH4B10MN	CAP-TH_L4.5-W3.0-P5.	62.691mm	13.081mm	62.691mm	13.081mm	60.191mm	13.081mm	2	T	0	No	47pF
26	BUZZER1	SUN-12095-5VPA7.6	BUZ-TH_BD12.0-P7.60-	93.631mm	37.995mm	93.631mm	37.995mm	93.631mm	41.795mm	2	T	270	No	2.7kHz
27	TP1	M3螺钉	M3螺钉	3.564mm	51.564mm	3.627mm	51.5mm	3.564mm	51.564mm	1	T	0	No	M3螺钉
28	TP2	M3螺钉	M3螺钉	96.564mm	51.564mm	96.627mm	51.5mm	96.564mm	51.564mm	1	T	0	No	M3螺钉
29	TP3	M3螺钉	M3螺钉	3.564mm	3.564mm	3.627mm	3.5mm	3.564mm	3.564mm	1	T	0	No	M3螺钉
30	TP4	M3螺钉	M3螺钉	96.564mm	3.564mm	96.627mm	3.5mm	96.564mm	3.564mm	1	T	0	No	M3螺钉
31	LCD1	LCM1602K-NSW-BBW	MODULE-TH_LCM1602K	36.957mm	44.958mm	36.957mm	44.958mm	17.907mm	44.958mm	16	T	0	No	LCM1602K-NSW-BB

图 9-21　使用默认设置导出的坐标文件

2. 坐标文件表头说明

在嘉立创 EDA 软件中使用默认设置导出的坐标文件包含 Designator、Device、Footprint、Mid X、Mid Y、Ref X、Ref Y、Pad X、Pad Y、Pins、Layer、Rotation、SMD、Comment 等栏目，它们的含义如表 9-3 所示。

表 9-3　坐标文件表头说明

序　　号	栏目名称	含　　义
1	Designator	位号
2	Device	器件的名称，一般是元件的制造商编号
3	Footprint	器件绑定的封装名
4	Mid X、Mid Y	封装的中心坐标
5	Ref X、Ref Y	封装的原点坐标
6	Pad X、Pad Y	封装第一个焊盘的坐标
7	Pins	器件的引脚数量
8	Layer	封装所在的层
9	Rotation	封装的旋转角度
10	SMD	设置封装是否属于全贴片
11	Comment	器件的参数

9.4　PCB 下单

嘉立创 EDA 软件除了支持元件下单，还支持 PCB 下单。该功能方便将绘制好的 PCB 文档直接下单给嘉立创进行加工生产，实现设计和制板的无缝衔接。

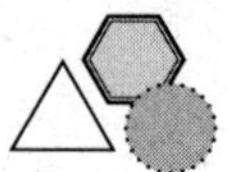

PCB 下单操作的步骤如下。

（1）在 PCB 编辑页面的主菜单中选择“下单”→“PCB 下单”命令，或在图 9-11 中单击“PCB 下单”按钮，可进行 PCB 下单操作。打开“警告”对话框，提示是否先进行 DRC 检查，如果能确保 PCB 设计正确，单击“否，继续导出”按钮。

（2）打开“PCB 下单”对话框，如图 9-22 所示，单击该对话框中的“确认”按钮，可打开“PCB 在线下单平台”页面，如图 9-23 所示（嘉立创 EDA 软件会根据当前打开的 PCB 生成 Gerber、坐标文件、BOM 文件并上传服务器）。

图 9-22 “PCB 下单”对话框

（3）在“PCB 在线下单平台”页面中，可根据需要进行板材类型、板子尺寸、板子数量、板子层数、产品类型等基本信息设置，如图 9-23 所示。

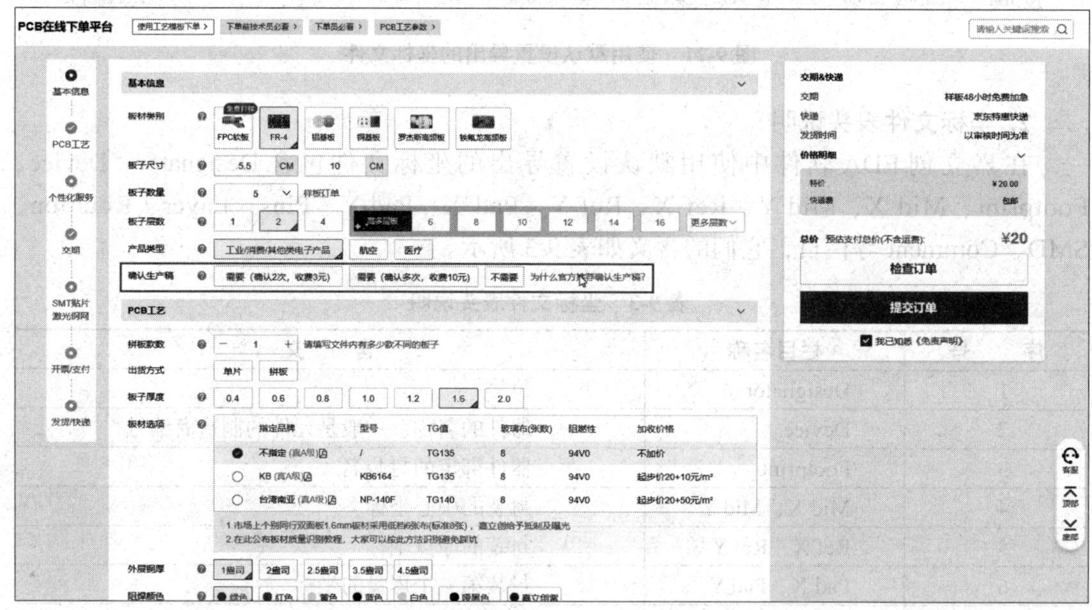

图 9-23 “PCB 在线下单平台”页面中的基本信息设置

（4）在“PCB 在线下单平台”页面中有一项“确认生产稿”较为重要，如图 9-23 所示。单击“为什么官方推荐确认生产稿？”选项，弹出的对话框如图 9-24 所示。

（5）在“PCB 在线下单平台”页面中，还可对拼板款数、出货方式、板子厚度、板材选项、外层铜厚、阻焊颜色、字符颜色、阻焊覆盖、焊盘喷镀、最小孔径 / 外径、金（锡）手指斜边、线路测试等 PCB 工艺信息进行设置，如图 9-25 所示。

（6）在“PCB 在线下单平台”页面中，嘉立创还提供了丰富的个性化服务选择。可以看出嘉立创目前支持指定的 PCB 生产基地有多个，如图 9-26 所示。

图 9-24　官方推荐确认生产稿的说明

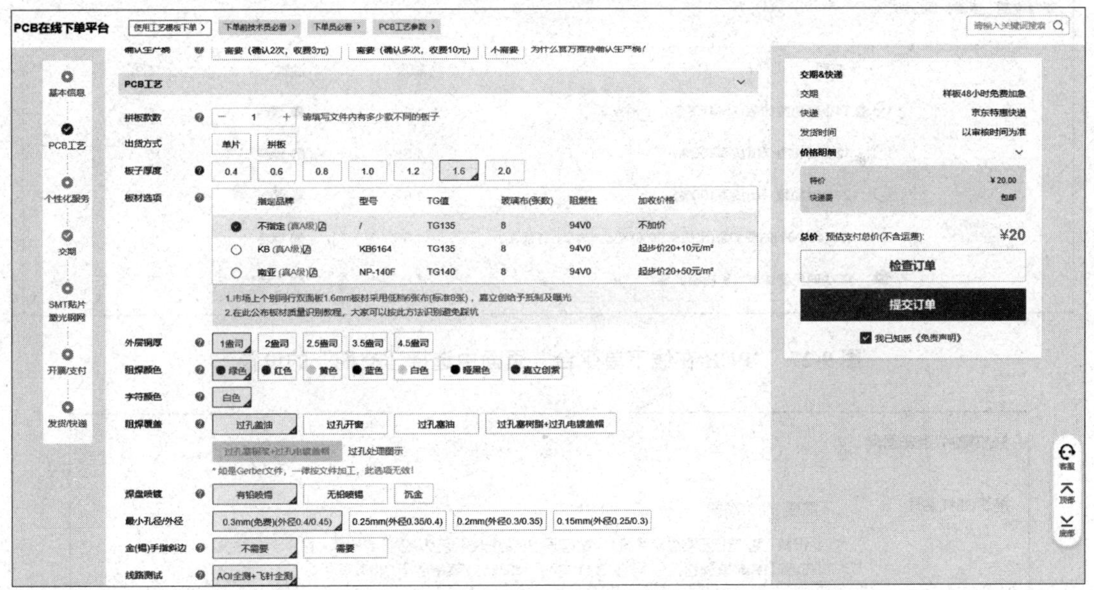

图 9-25　“PCB 在线下单平台”页面中“PCB 工艺”信息的设置

（7）在“PCB 在线下单平台”页面中还可选择“交期”，默认是“48 小时免费加急”（出货率 98%），如图 9-27 所示。

（8）针对 SMT 生产中的锡膏印刷和 SMT 贴片流程，在“PCB 在线下单平台”页面中还可进行是否 SMT 贴片和是否开钢网等选择，如图 9-28 所示。

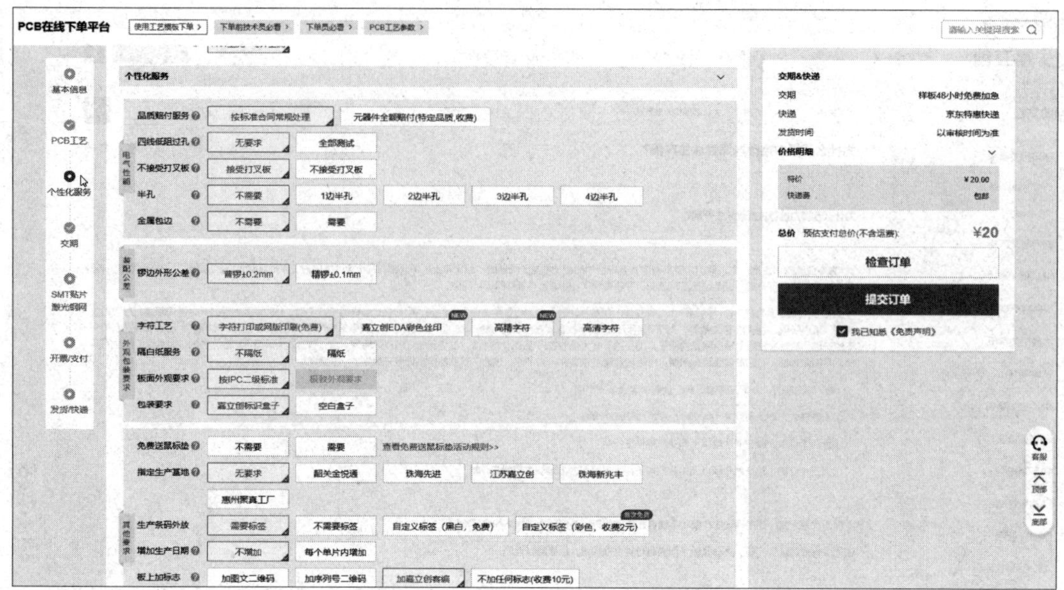

图 9-26 “PCB 在线下单平台”页面中“个性化服务”的设置

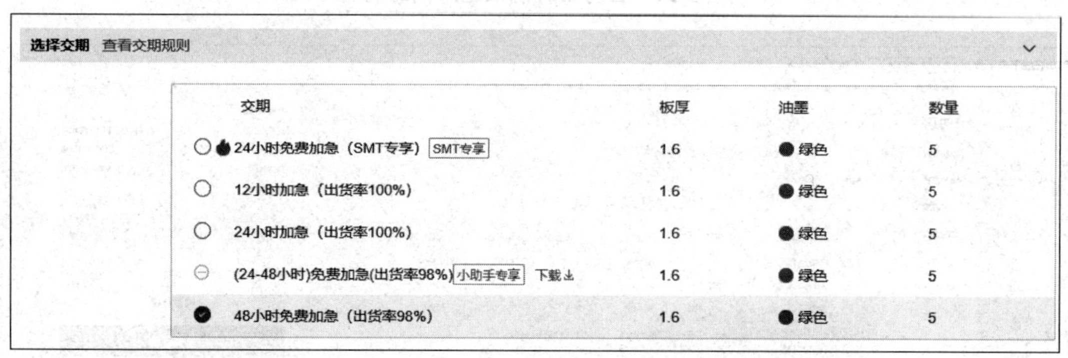

图 9-27 “PCB 在线下单平台”页面中选择“交期”的设置

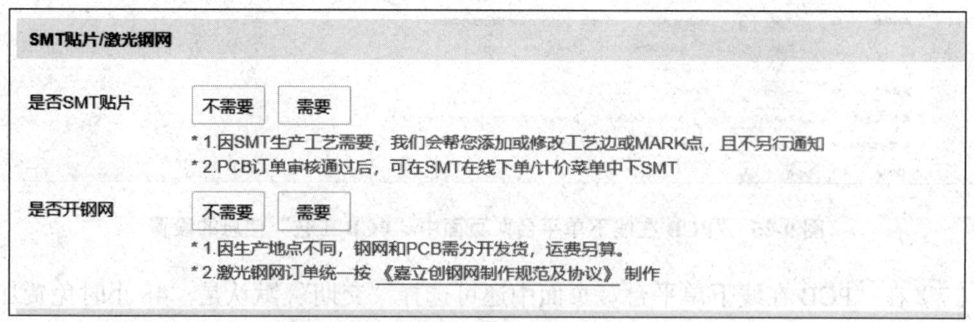

图 9-28 “PCB 在线下单平台”页面中“SMT 贴片 / 激光钢网”选项

（9）设置完成后，单击“PCB 在线下单平台”页面右侧的“提交订单”按钮，如图 9-26 所示，然后完成相应支付流程，即可完成 PCB 下单。

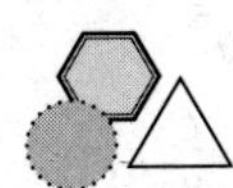

9.5　PDF 文件导出

PDF 是一种电子文件格式。PDF 文件是以 PostScript 语言图像模型为基础，无论在哪种打印机上都可保证精确的颜色和准确的打印效果。PDF 将忠实地再现原稿的每一个字符、颜色以及图像。PDF 文件不管是在 Windows、UNIX 还是在苹果公司的 macOS 操作系统中都是通用的。

嘉立创 EDA 软件支持 PCB 导出 PDF 文件的功能，该功能与原理图导出 PDF 文件有所不同，但操作相似。可单独支持导出图层和对象，设置导出镜像以及透明度等。

1. PDF 文件导出操作

（1）在 PCB 编辑页面的主菜单中选择“文件”→“导出”→“PDF/ 图片”命令或选择“导出”→“PDF/ 图片”命令，均能进行 PDF 文件导出操作。

（2）在弹出的“导出文档”对话框中可设置导出文件的文件名称、输出方式、颜色、PDF 页、导出层、导出对象等相关内容；也可以在“导出文档”对话框的左下角进行 PDF 操作的“导入配置”和“导出配置”，方便快速完成导出设置，如图 9-29 所示。

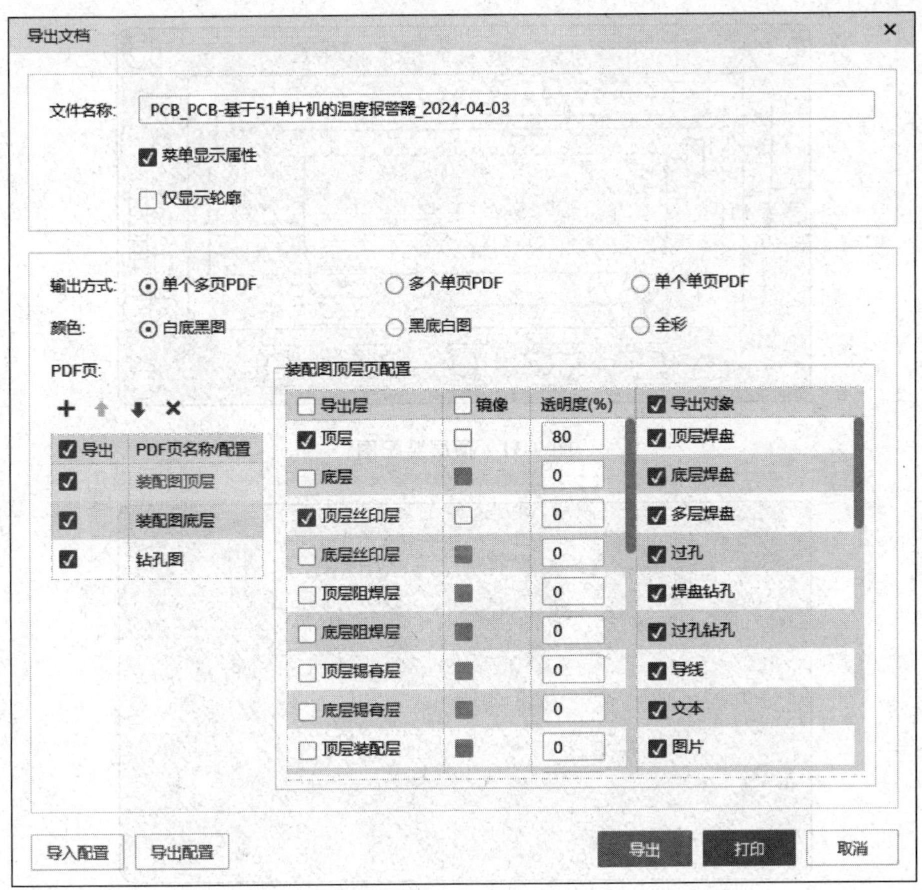

图 9-29　“导出文档”对话框

（3）在“导出文档”对话框中用默认设置，左侧自动勾选“导出”“装配图顶层”“装配图底层”“钻孔图”等选项，单击“导出”按钮后，弹出“导出”对话框，如图 9-30 所示；单击“保存”按钮，导出 PDF 文件。找到保存 PDF 文件的文件夹，用系统默认的 PDF 阅读器打开该文件，如图 9-31~ 图 9-33 所示。

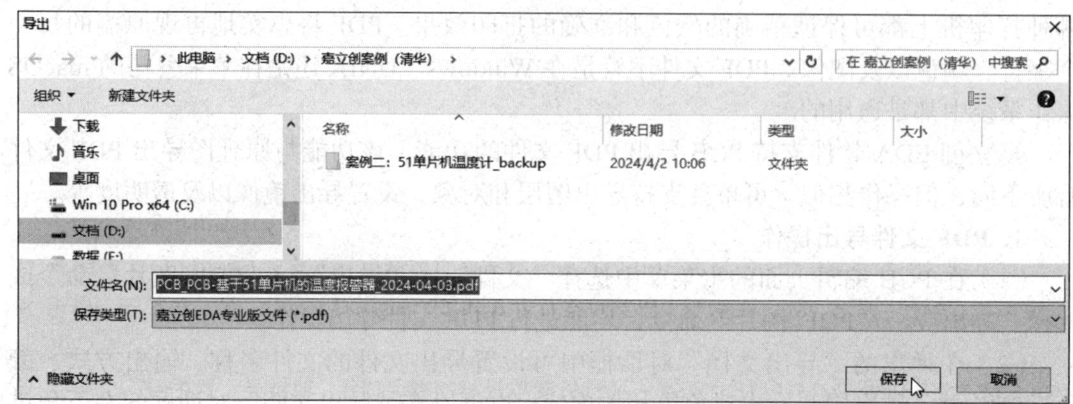

图 9-30 “导出”对话框

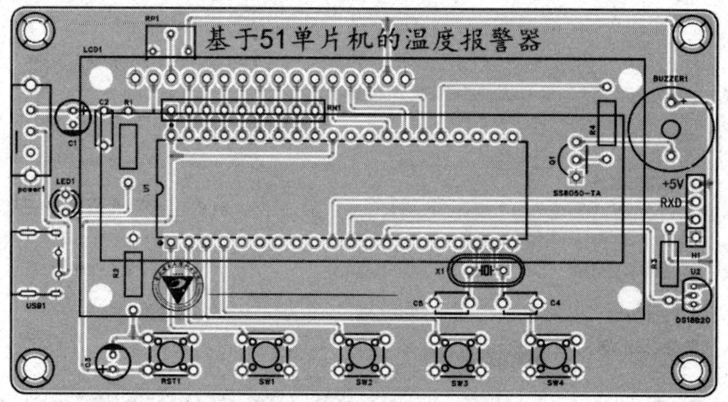

图 9-31 顶层装配图

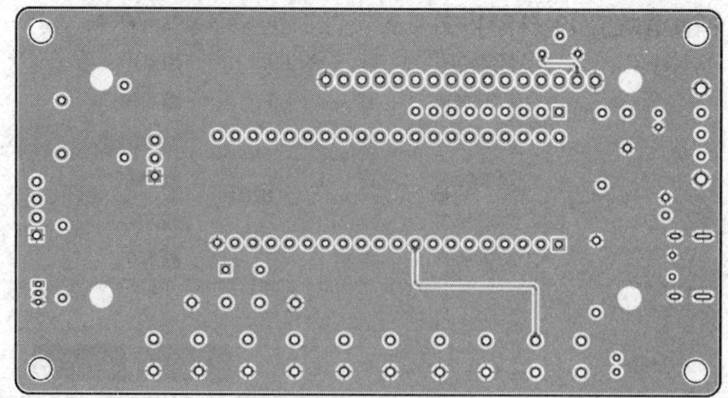

图 9-32 底层装配图

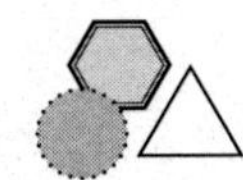

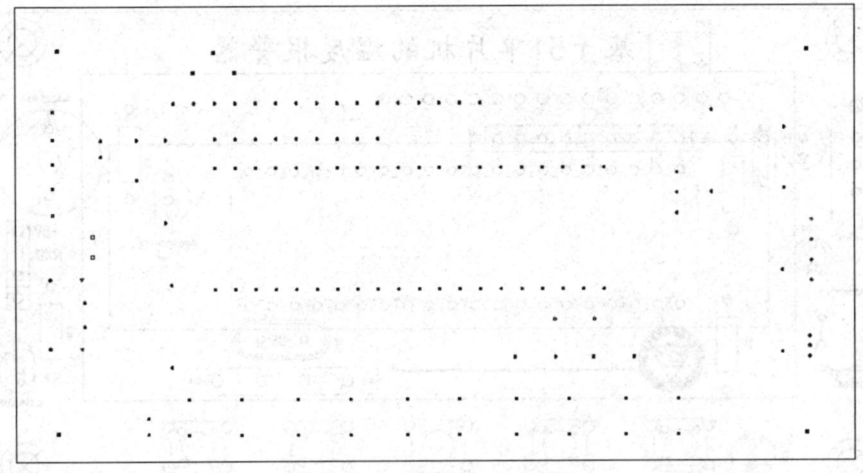

图 9-33　钻孔图

2. PDF 文件设置

根据需要可以在弹出的“导出文档”对话框中勾选“仅显示轮廓”选项，如图 9-34 所示。在导出的 PDF 文件中，焊盘、导线、轮廓等图元都只显示轮廓，如图 9-35 所示。

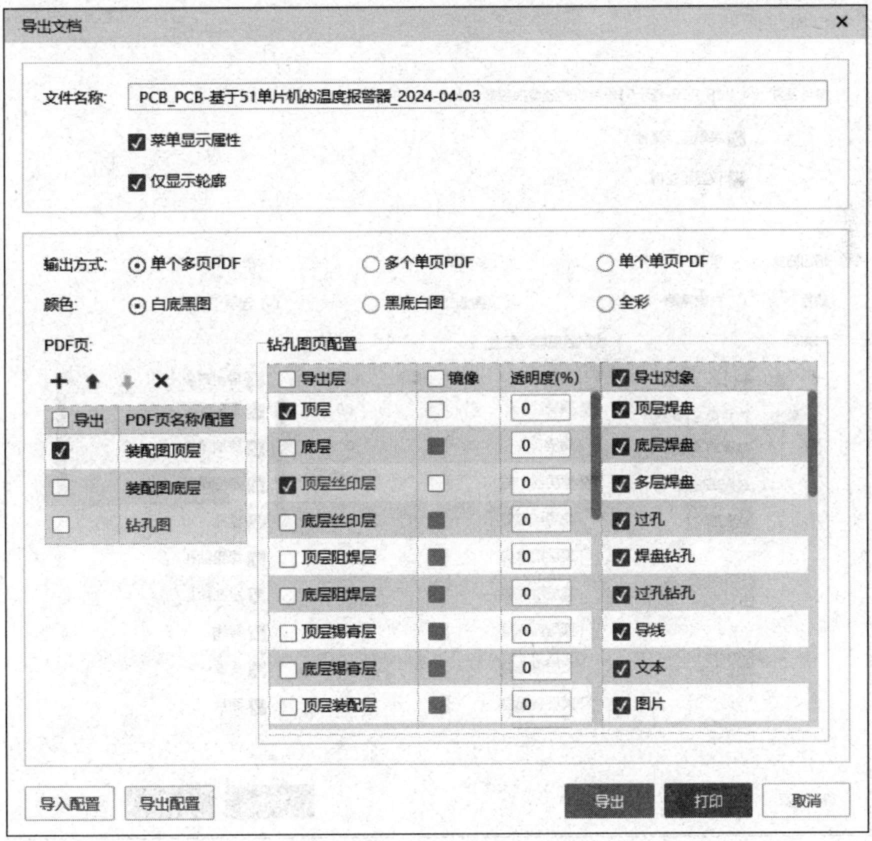

导出文档

文件名称: PCB_PCB-基于51单片机的温度报警器_2024-04-03

☑ 菜单显示属性

☑ 仅显示轮廓

输出方式: ⊙ 单个多页PDF　○ 多个单页PDF　○ 单个单页PDF

颜色: ⊙ 白底黑图　○ 黑底白图　○ 全彩

PDF页:

导出	PDF页名称/配置
☑	装配图顶层
☐	装配图底层
☐	钻孔图

钻孔图页配置

☐ 导出层	☐ 镜像	透明度(%)	☑ 导出对象
☑ 顶层	☐	0	☑ 顶层焊盘
☐ 底层	■	0	☑ 底层焊盘
☑ 顶层丝印层	☐	0	☑ 多层焊盘
☐ 底层丝印层	■	0	☑ 过孔
☐ 顶层阻焊层	■	0	☑ 焊盘钻孔
☐ 底层阻焊层	■	0	☑ 过孔钻孔
☐ 顶层锡膏层	■	0	☑ 导线
☐ 底层锡膏层	■	0	☑ 文本
☐ 顶层装配层	■	0	☑ 图片

导入配置　导出配置　导出　打印　取消

图 9-34　勾选“仅显示轮廓”选项

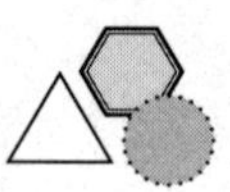

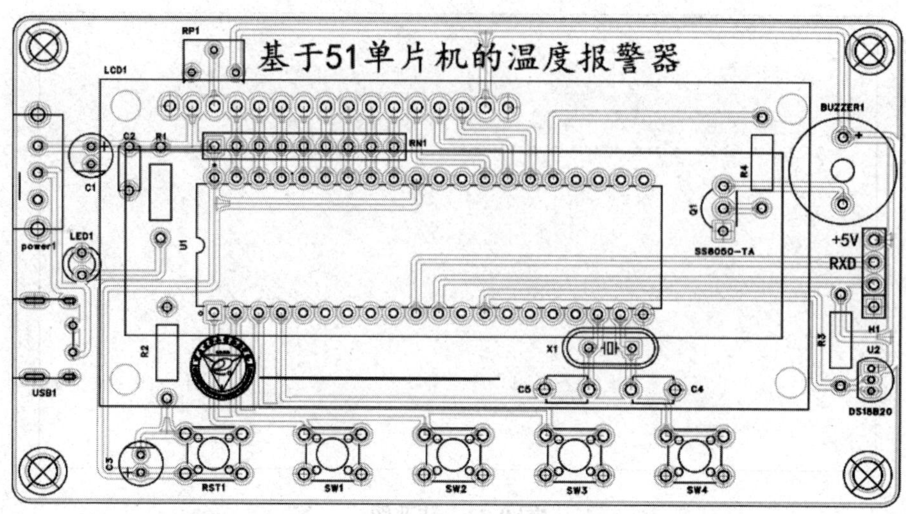

图 9-35　勾选“仅显示轮廓”选项后导出的 PDF 文件

使用默认设置导出的 PDF 文档是白底黑图。如果将“导出文档”对话框里的“颜色”设置为“全彩”，如图 9-36 所示，就可以导出彩色的 PDF 文档，如图 9-37 所示。

导出文档

文件名称：PCB_PCB-基于51单片机的温度报警器_2024-04-03

菜单显示属性

仅显示轮廓

输出方式：单个多页PDF　多个单页PDF　单个单页PDF

颜色：白底黑图　黑底白图　全彩

PDF页：

导出	PDF页名称/配置
☑	装配图顶层
☐	装配图底层
☐	钻孔图

装配图顶层页配置

导出层	镜像	透明度(%)	导出对象
顶层		80	顶层焊盘
底层		0	底层焊盘
顶层丝印层		0	多层焊盘
底层丝印层		0	过孔
顶层阻焊层		0	焊盘钻孔
底层阻焊层		0	过孔钻孔
顶层锡膏层		0	导线
底层锡膏层		0	文本
顶层装配层		0	图片

导入配置　导出配置　导出　打印　取消

图 9-36　“全彩”选项

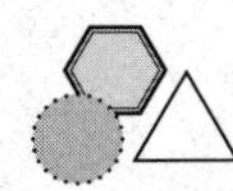

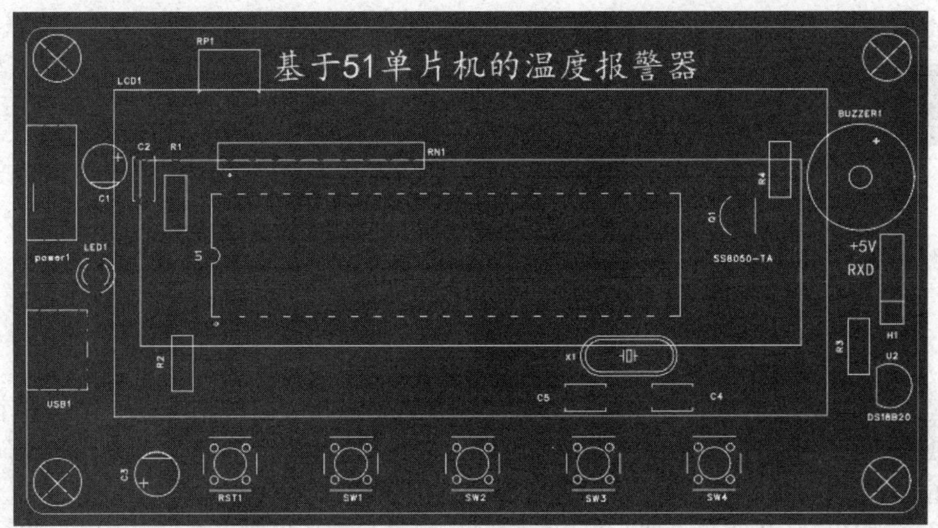

图 9-37　勾选"全彩"选项后导出的 PDF 文件

本章小结

本章主要介绍了生产文件的导出与使用，包含物料清单（BOM）导出、Gerber 文件导出、坐标文件导出、PDF 文件导出、元件下单、PCB 下单等内容。使用嘉立创 EDA 软件能方便快捷地实现电子产品设计、元器件采购、制板和生产的无缝衔接。同时，建议实际应用时，在生成 Gerber 等生产文件前多与供应商和制板厂沟通，确认生产稿，避免出错。

习题

1. 导出基于 51 单片机的温度计设计项目的产生物料清单（BOM）。
2. 导出基于 51 单片机的温度计设计项目 PCB 图的 Gerber 文件。
3. 导出基于 51 单片机的温度计设计项目 PCB 图的坐标文件。
4. 尝试在立创商城进行 PCB 下单和元件下单。

第 10 章

温度计的外壳设计

经过前面的学习，基于 51 单片机温度计的 PCB 设计已经完成。外壳作为电子产品不可缺少的一部分，在产品设计过程中同样占据着重要地位。本章将主要介绍如何在嘉立创 EDA（专业版）中使用 3D 建模功能为温度计设计 3D 外壳。本章还介绍 3D 外壳的设计、螺丝柱的放置与设置、顶层 / 底层与侧面开槽的设置、顶层 / 底层与侧面实体的设置、3D 外壳文件的导出与生产等内容。

10.1 3D 外壳设计背景

3D 外壳设计是电子产品设计中的重要组成部分。随着 3D 打印技术的兴起，外壳生产的成本也相应降低，加上外壳之后，这个裸露的电路板更像一个小型的电子产品。外壳设计软件有很多，常用的有 SolidWorks、Fusion 360、Blender 等软件，这些专业的建模软件可以设计精细的三维立体模型结构，可随之而来的也是学习成本高、上手难的问题。而嘉立创 EDA 提供的 3D 外壳设计功能恰好解决了这个问题，为了帮助初学者快速地去学习 3D 产品设计，在 PCB 设计软件里面集成了 3D 外壳建模功能，将 PCB 外壳设计简单化。与 PCB 边框结合可以快速设计外壳，适合入门学习，验证模型结构并通过 3D 打印制作出实物。温度计 3D 外壳与安装渲染图如图 10-1 和图 10-2 所示。

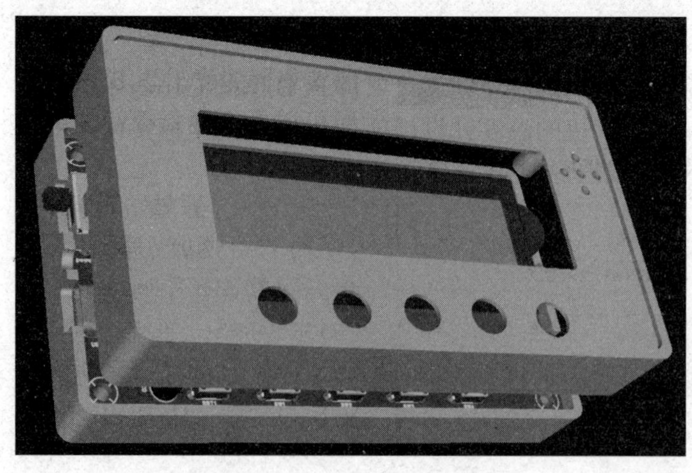

图 10-1　温度计 3D 外壳预览图

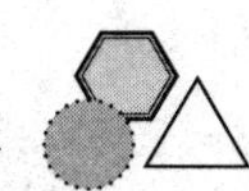

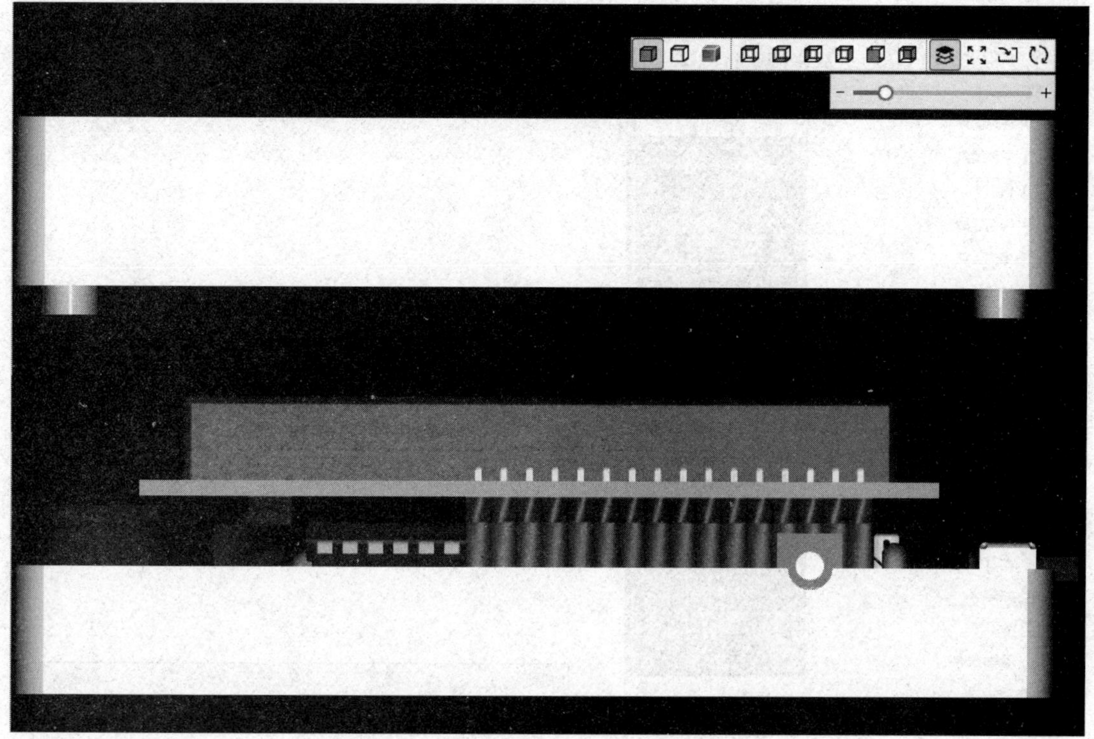

图 10-2　温度计 3D 外壳安装渲染图

10.2　3D 外壳功能简介

3D 外壳设计

在嘉立创 EDA（专业版）中进行外壳的设计可以分为以下几个步骤：①外壳边框设置；②螺丝孔放置；③开槽；④实体放置。其中开槽与实体两个步骤可根据实际需要进行设计。

10.2.1　圆形外壳设计

新建一个 PCB，熟悉外壳的设计。选择“新建”→“PCB”命令，新建一个 PCB。在工具栏将 PCB 的单位换为公制（mm）。

（1）在新建的 PCB 编辑界面中选择“放置”→“3D 外壳 - 边框”→“圆形”命令，如图 10-3 所示，弹出“提示”对话框，如图 10-4 所示，再单击“立即打开”按钮，弹出“3D 外壳预览”窗口，如图 10-5 所示。

（2）在 PCB 编辑界面下，单击圆心，移动鼠标再单击半径（显示半径的尺寸），如图 10-6 所示，右击退出绘制模式，圆形外壳绘制成功。可以在“3D 外壳预览”窗口查看绘制的圆形外壳，如图 10-7 所示。

（3）实时预览工具条。在 3D 外壳预览窗口右上角可看到图 10-8 所示的视图预览工具条，在预览 3D 效果时可方便查看不同视角的图像情况。部分图标的说明如下。

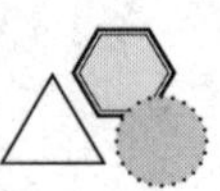

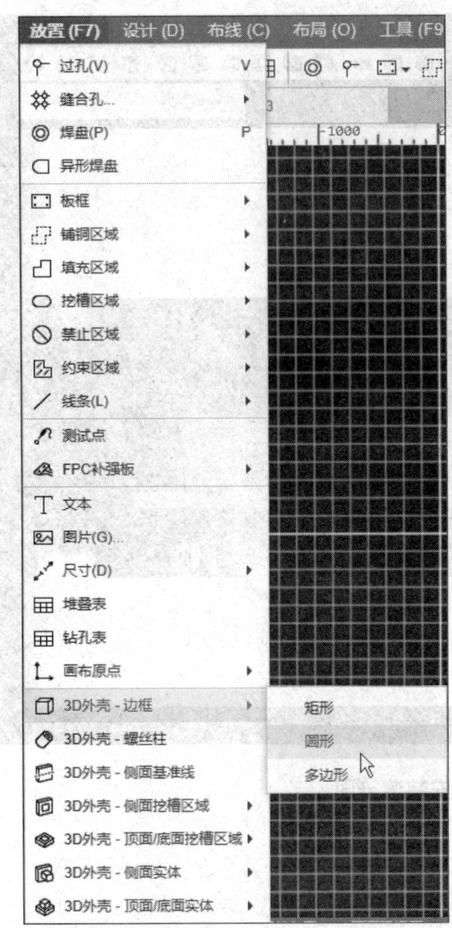

图 10-3　3D 外壳设计常用命令

提示

是否同时打开3D外壳预览窗口？后续可通过：顶部菜单 - 视图 - 3D外壳预览打开

不再提示　立即打开　稍后

图 10-4　“提示”对话框

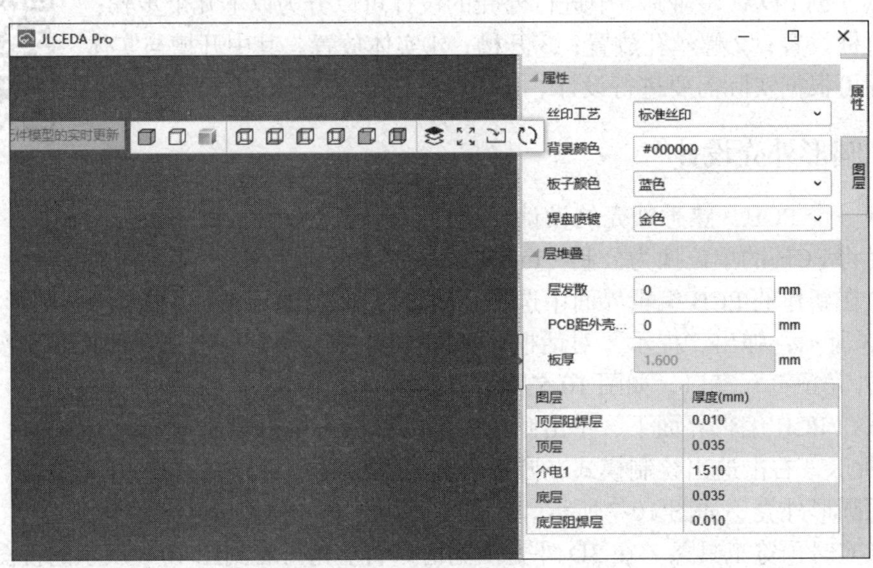

图 10-5　“3D 外壳预览”窗口

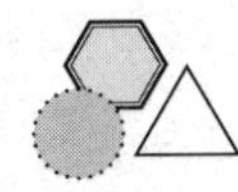

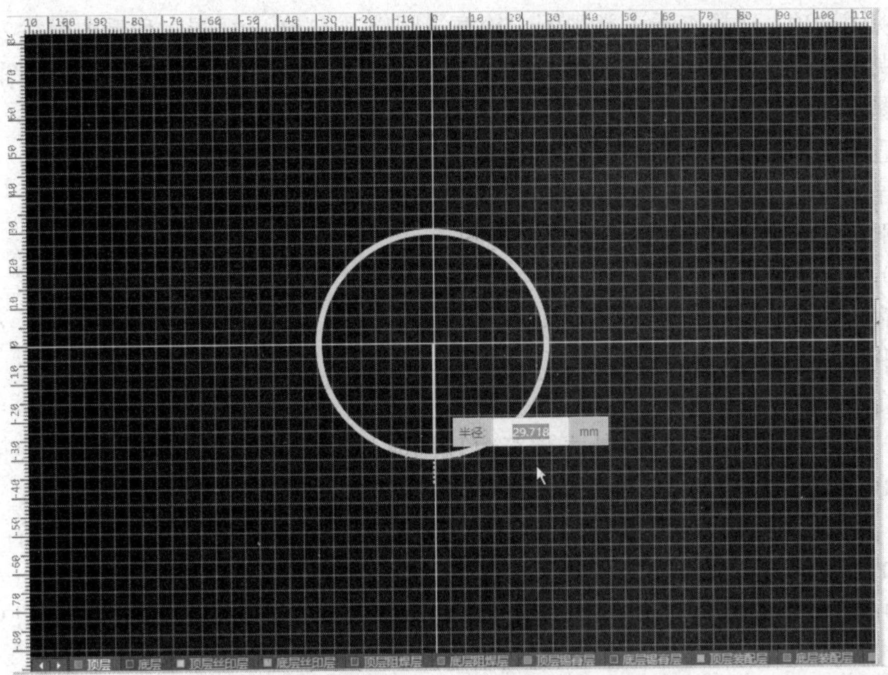

图 10-6　绘制圆形外壳

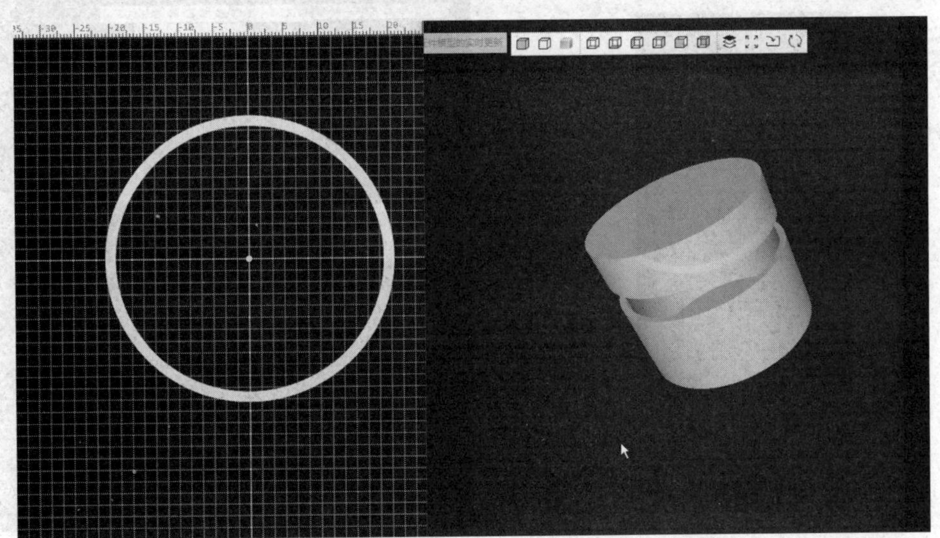

图 10-7　“3D 外壳预览”窗口中查看 3D 外壳

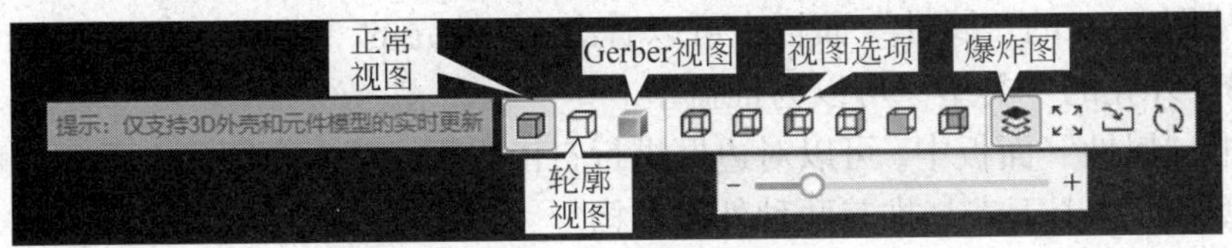

图 10-8　实时预览工具条

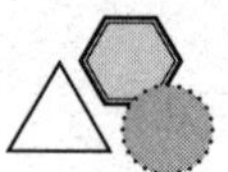

- 视图选项：选择查看正常视图、轮廓视图以及 Gerber 视图三种看图模式。
- 视角选项：可以选择正视图、俯视图、左侧图、右侧图、前视图及后视图视角。
- 爆炸图：通过滑条可以拖动拉开上壳和下壳的间距，模拟组合效果。
- 适应全部：可保持最佳视图效果。
- 导入变更：PCB 更新时预览效果自动更新，也可手动导入更新。
- 刷新：刷新整个 3D 预览窗口视图。

（4）对 3D 显示画面的控制。其主要内容包括以下方面。

- 缩放：滚动鼠标滚轮。
- 平移、上下移：右击。
- 旋转：按住鼠标左键。

（5）PCB 编辑窗口与 3D 外壳预览窗口同时显示。为了方便调整 3D 外壳的尺寸，需要将 PCB 编辑窗口与 3D 外壳预览窗口同时显示。选中 PCB 编辑窗口，按 Win+←组合键，PCB 编辑窗口停靠在屏幕的左边；选中“3D 外壳预览”窗口，按 Win+→组合键，“3D 外壳预览”窗口停靠在屏幕的右边，如图 10-9 所示。

（6）在 PCB 编辑界面中选中外壳，在右边“属性”面板可以调整外壳的尺寸，把“下壳内壁高度”设为 2mm，3D 预览效果如图 10-9 所示。

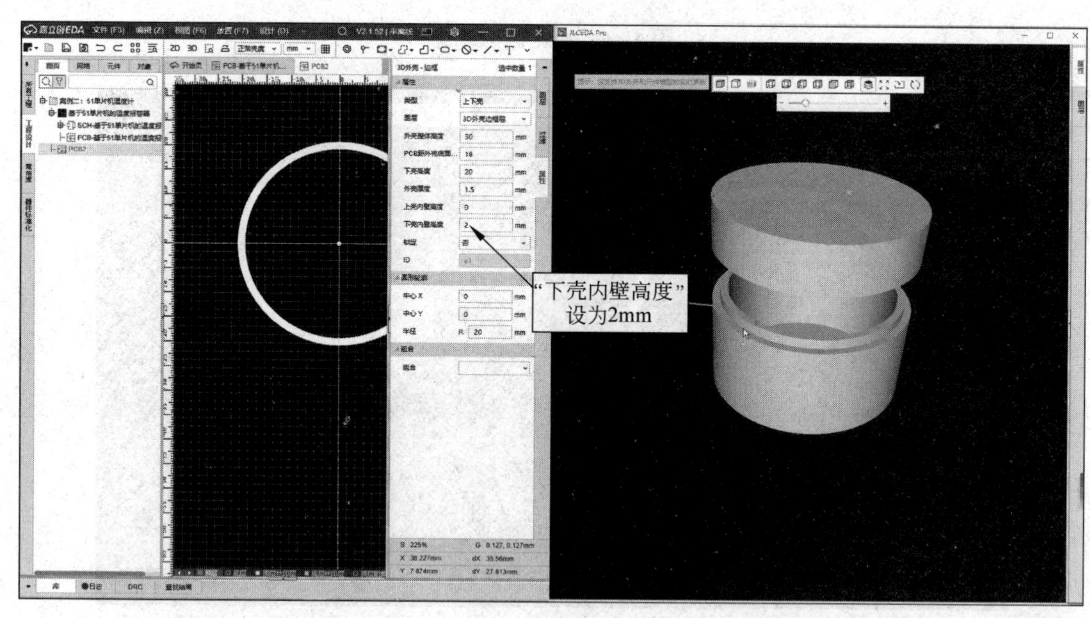

图 10-9 “下壳内壁高度”设为 2mm

（7）从图 10-9 的“属性”面板中可以看出 3D 外壳的“类型”为上下壳；如果是矩形外壳，3D 外壳的“类型”可以为推盖型。

在边框“属性”面板中，可以对边框进行自由设置，下面介绍几个重要参数的设置。

- 类型：可选上下壳与推盖两种外壳结构。
- 外壳整体高度：包含下壳和顶壳高度，实际高度需结合 3D 预览效果图查看尺寸

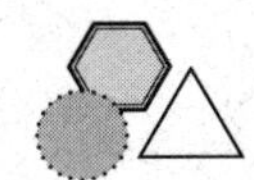

是否合适。

- PCB 距外壳底面高度：PCB 放置在底壳中距离底部的高度，悬空后需用螺丝柱或实体进行支撑。
- 下壳高度：底部壳子高度，顶壳高度为外壳整体高度减去下壳高度。
- 上壳 / 下壳内壁高度：指上壳向下凸出嵌入下壳中的厚度，下壳向上凸起可嵌入到上壳的厚度。常用于固定上壳与下壳的连接，此处为 0 则上下壳合并时水平对齐，不形成镶嵌结构。
- 圆形轮廓：3D 外壳圆形中心 X、Y 的坐标，3D 外壳圆形半径（*R*）的尺寸。

（8）如果 3D 外壳预览窗口不小心关闭了，可以在菜单栏选择“视图”→“3D 外壳预览”命令，打开 3D 外壳预览窗口。

10.2.2　矩形外壳设计

嘉立创 EDA（专业版）中提供了矩形、圆形以及多边形三种常规外壳尺寸，可以直接选择，然后在 PCB 界面根据板子形状自由绘制 3D 外壳。此放置方法自由度较高，使用多边形边框可绘制任意复杂模型结构。

在 PCB 编辑界面，选中 10.2.1 小节绘制的圆形 3D 外壳，按 Delete 键可删除圆形 3D 外壳。

（1）选择“放置”→“3D 外壳 - 边框”→“矩形”命令，单击左上角确定矩形的一个顶点，再单击右下角确定矩形的另一个顶点，右击即可退出绘制模式。

（2）在 PCB 编辑界面中选中绘制的矩形，在“属性”面板中可以调整外壳的尺寸，把“类型”设置为“推盖”，把“矩形轮廓”的圆角半径设置为 1mm，3D 预览效果如图 10-10 所示。

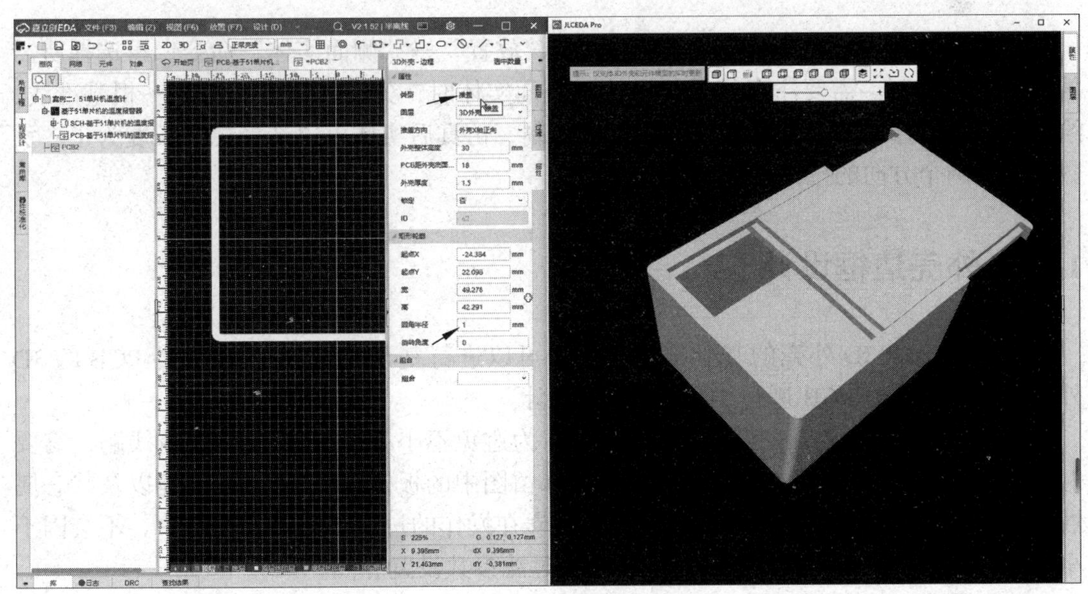

图 10-10　矩形推盖外壳设计

10.2.3 实体区域

实体区域是指在原有的外壳上添加一些凸起结构，设计时也很简单，在主菜单中选择“放置”→“3D 外壳 - 顶面 / 底面实体”→“圆形”命令，单击圆心，再单击半径，绘制完成，右击退出。选中绘制的圆形，在“属性”面板设置“拉伸长度”为 −20mm，外壳拉伸效果如图 10-11 所示。从 3D 预览图看出实体区域如果选择拉伸长度为正负数，可以实现两个方向的拉伸实体结构。

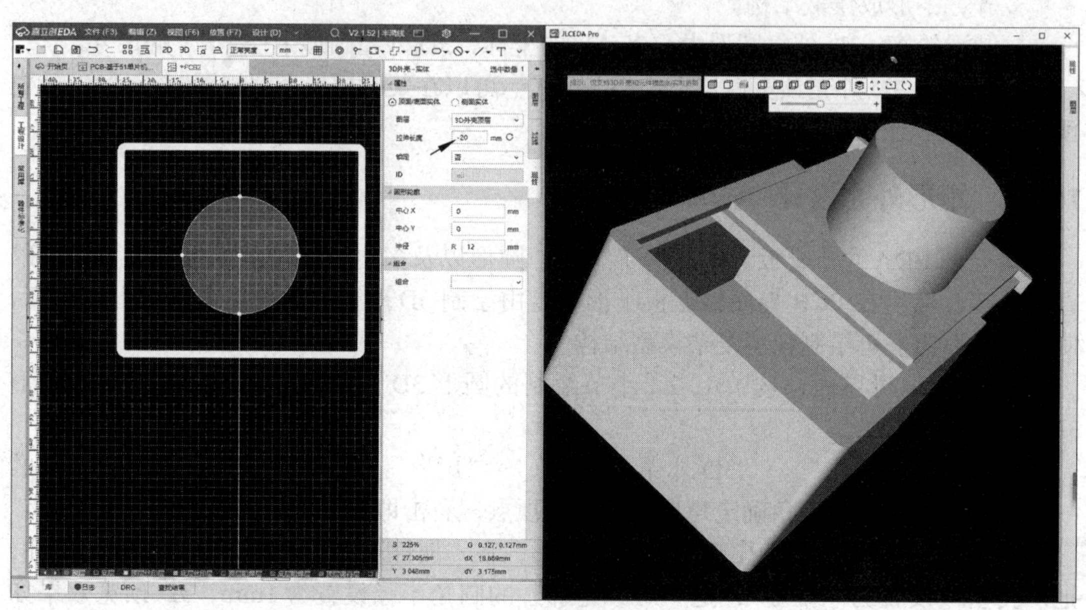

图 10-11 3D 外壳实体拉伸效果示意图

如果是侧面放置实体，在主菜单中选择“放置”→“侧面实体”命令，再选择所需的形状进行绘制。需要注意的是，在绘制侧面实体时，先在所需侧面放置一根基准线，绘制时需要先选取参考基准线，然后进行绘制，仿真后实体可以选择拉伸长度为正、负数，实现两个方向的拉伸实体结构。

10.3 外壳边框设计

了解了上面 3D 外壳的基础知识，用户可以进行基于 51 单片机温度计 PCB 的 3D 外壳设计，首先对 PCB 进行 3D 外壳边框设计。

（1）“过滤”功能。在设计 3D 外壳时，为避免不小心操作到原有 PCB 线路，需要打开 PCB 编辑界面右侧的“过滤”功能，保留图中的板框、线条、3D 外壳以及状态属性里的选型，其余对象属性全部过滤掉，这样在操作的过程中就不会被选中，不会因不小心影响到原有的线路。如图 10-12 所示为过滤参数设置界面。

（2）导出 PCB 的信息。为了使绘制的 3D 外壳尺寸准确，需要了解 PCB 的尺寸。在 PCB 编辑界面的主菜单中选择“导出”→“PCB 信息”命令，弹出“PCB 信息”对

开始页
PCB-基于51单片机...
基于51单片机的温度报警器
常用(默认)
重置
测试点
焊盘
过孔
缝合孔
文本
真彩图片
图片
FPC补强板
尺寸
轮廓对象
全部
板框
挖槽区域
铺铜区域(轮廓)
铺铜区域(填充)
填充区域
禁止区域
线条
约束区域
3D外壳
全部
边框
螺丝柱
侧面基准线
侧面挖槽区域
顶面/底面挖...
侧面实体
顶面/底面实体
其他
焊盘对
网络
泪滴
组合
状态
锁定
未锁定
图层
过滤
属性

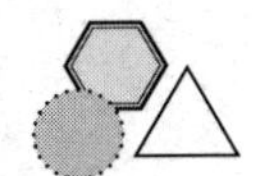

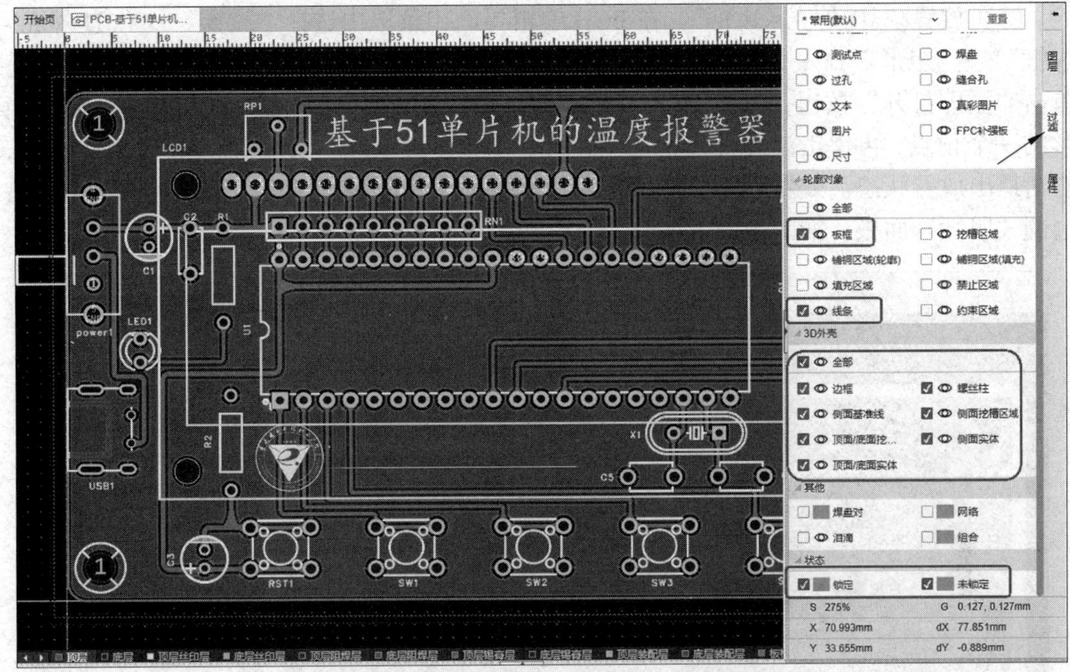

图 10-12　过滤参数设置界面

话框，如图 10-13 所示，PCB 尺寸为 100mm×55mm；为方便板子安装，放置板框时，一般外壳尺寸超出板子 1mm 即可。

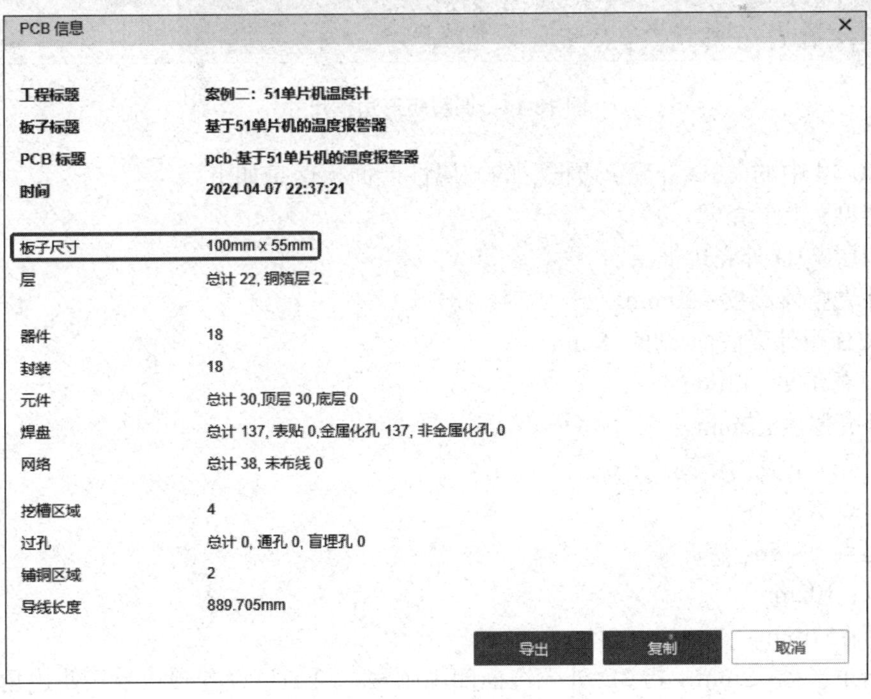

PCB 信息
工程标题　案例二：51单片机温度计
板子标题　基于51单片机的温度报警器
PCB 标题　pcb-基于51单片机的温度报警器
时间　2024-04-07 22:37:21
板子尺寸　100mm x 55mm
层　总计 22, 铜箔层 2
器件　18
封装　18
元件　总计 30,顶层 30,底层 0
焊盘　总计 137, 表贴 0,金属化孔 137, 非金属化孔 0
网络　总计 38, 未布线 0
挖槽区域　4
过孔　总计 0, 通孔 0, 盲埋孔 0
铺铜区域　2
导线长度　889.705mm
导出
复制
取消

图 10-13　PCB 信息

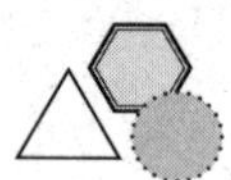

（3）放置“3D 外壳 - 边框”。在 PCB 编辑界面主菜单中选择“放置”→“3D 外壳 - 边框”→“矩形”命令，打开“提示”对话框，提示是否同时打开 3D 外壳预览窗口。单击“立即打开”按钮，返回 PCB 编辑界面，单击温度计 PCB 边框的左上角，确定矩形的一个顶点；再单击温度计边框的右下角，确定矩形的另一个顶点，放置矩形边框，右击退出放置状态。放置后可以调整矩形边框的大小，要精确调整边框的尺寸，单击右边的“属性”面板，如图 10-14 所示。

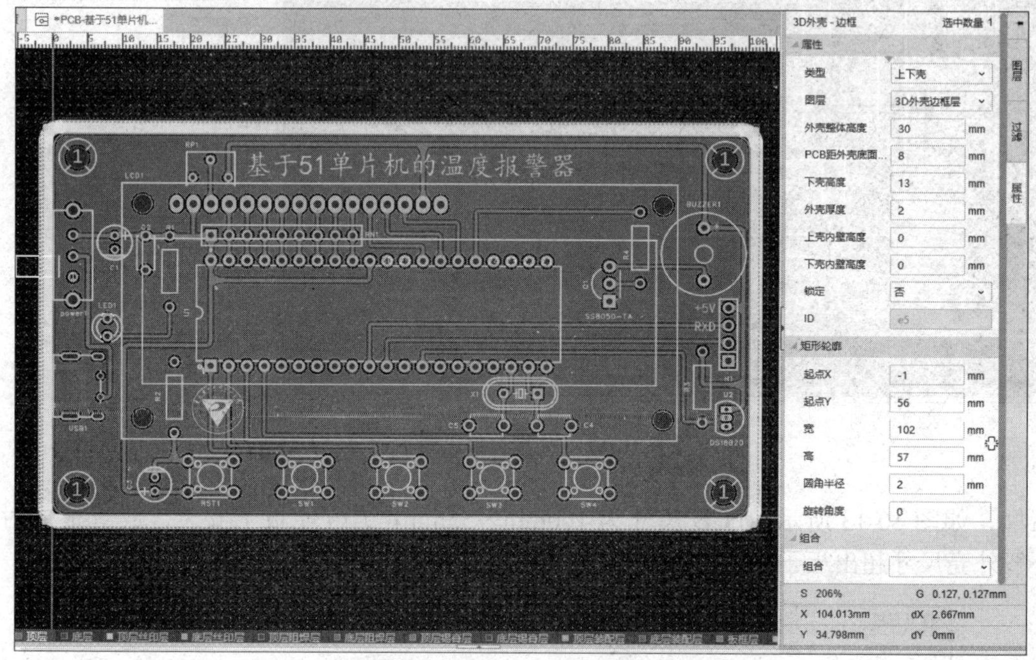

图 10-14　调整矩形边框尺寸

图 10-14 中的“3D 外壳 - 边框”的“属性”面板信息如下。

- 类型：上下壳。
- 图层：3D 外壳边框层。
- 外壳整体高度：30mm。
- PCB 距外壳底面高度：8mm。
- 下壳高度：13mm。
- 外壳厚度：2mm。
- 上壳 / 下壳内壁高度：0。
- 起点 X：−1。
- 起点 Y：56。
- 宽：102mm。
- 高：57mm。
- 圆角半径：2mm（指 3D 外壳边框四周圆角，可通过设置圆角半径使边角圆滑）。

在左边的编辑窗口修改尺寸后，右边 3D 外壳预览窗口同时显示更新了的外壳，如

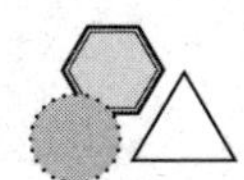

图 10-15 所示。3D 外壳预览窗口会实时同步修改的模型情况。

（4）在 3D 实时预览窗口中还可以设置显示图层，在进行 3D 建模时可选择性隐藏顶层外壳或底层外壳，便于观察 3D 模型结构绘制情况。在图 10-16 中隐藏了顶层 3D 外壳。

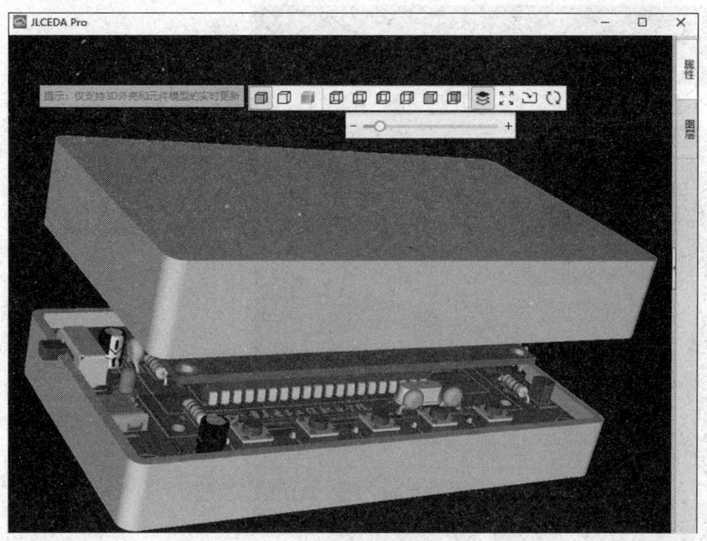

图 10-15　预览 3D 外壳

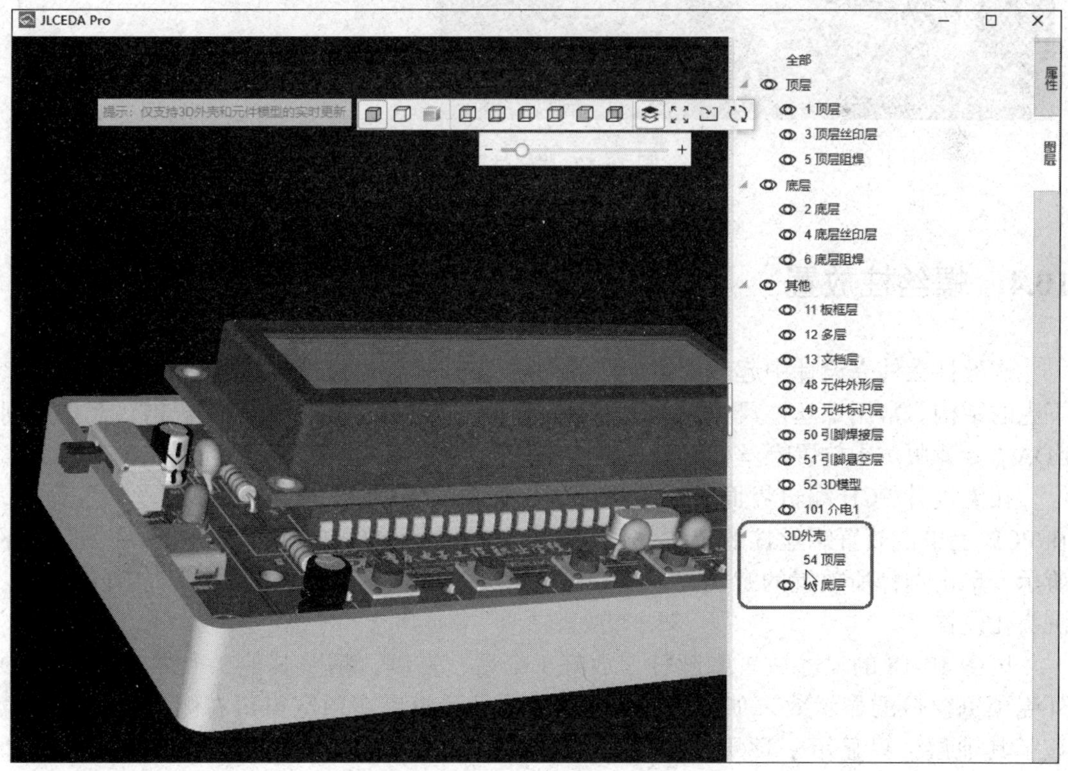

图 10-16　隐藏了顶层 3D 外壳

（5）在 3D 实时预览窗口右边的“属性”面板中可以设置背景颜色、板子颜色、焊盘喷镀等信息，如图 10-17 所示。

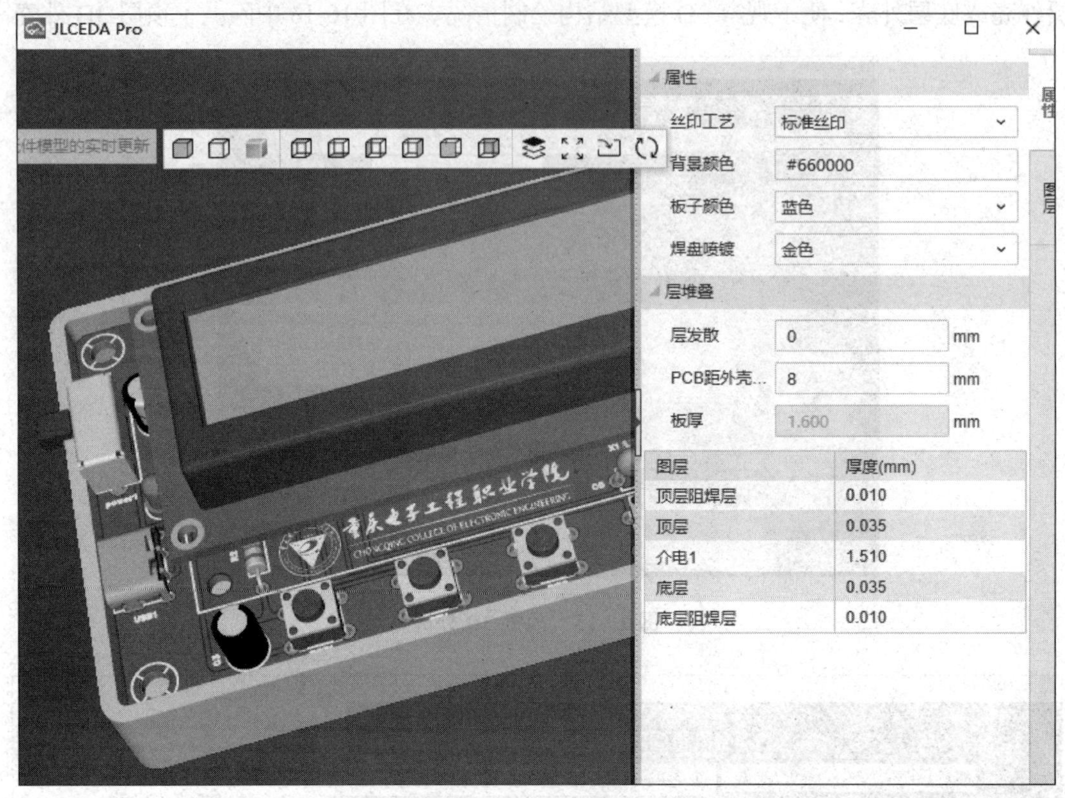

图 10-17 “属性”面板

10.4 螺丝柱放置

螺丝柱在外壳设计中起着固定连接的作用，3D 外壳通过螺丝柱连接固定 PCB 与上下壳的结构。常用螺丝柱尺寸为 M2（2mm 直径）与 M3（3mm 直径）规格，在嘉立创 EDA（专业版）中放置螺丝柱时可分别放在外壳顶层（上壳）以及外壳底层（下壳）。

在温度计 PCB 编辑界面中激活顶层，选择“放置”→“3D 外壳 - 螺丝柱”命令，在 PCB 上单击放置螺丝柱的位置，位置应与 PCB 预留的定位孔位置重合，如图 10-18 所示。单击选择所放置的螺丝柱，在右侧属性中可以查看螺丝柱的属性、加强筋设置、沉头孔设置。

按图 10-18 的尺寸放置螺丝柱，放好 1 个后，复制、粘贴其他 3 个螺丝柱；在 3D 外壳预览窗口的显示效果如图 10-19 所示，该显示效果在预览窗口右侧“图层”中隐藏了其他层，只显示了顶层。按鼠标左键旋转视图的角度，可以更方便地查看设计效果。

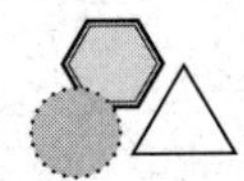

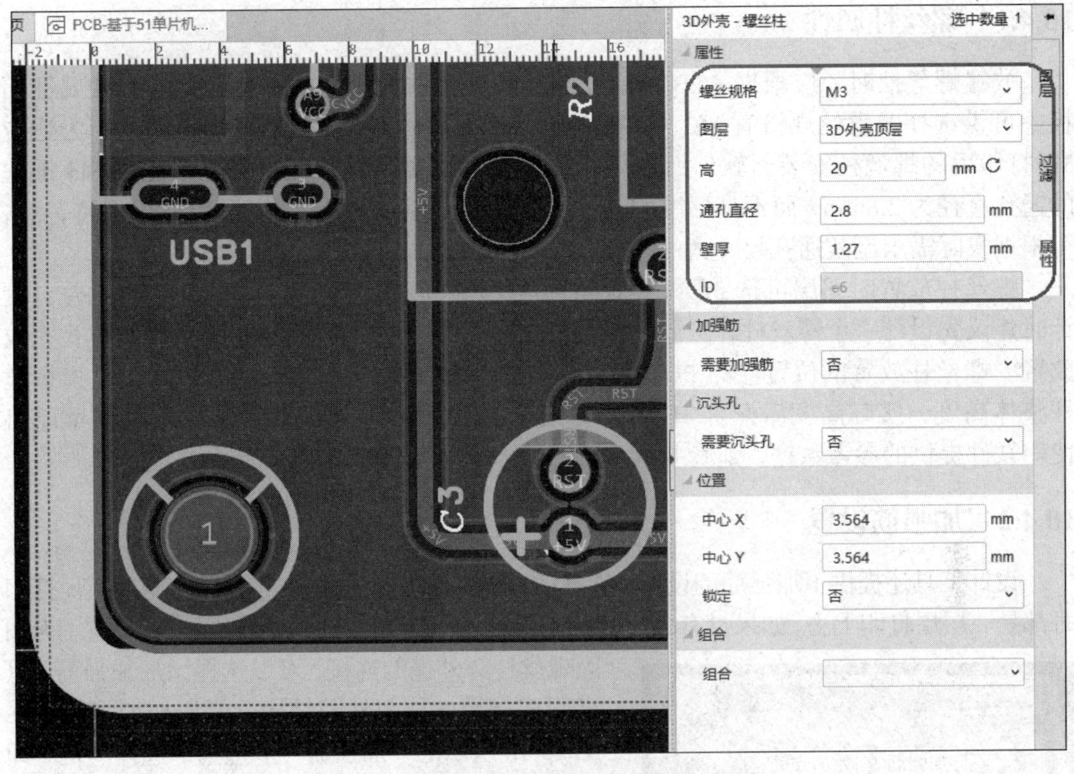

图 10-18　放置螺丝柱

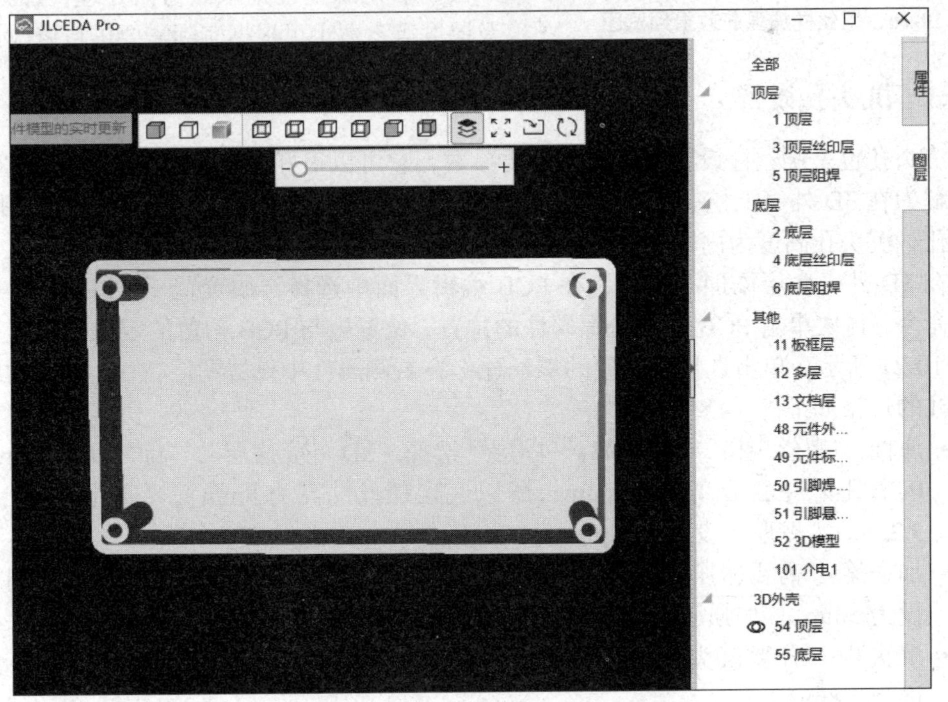

图 10-19　顶层放置了 4 个螺丝柱

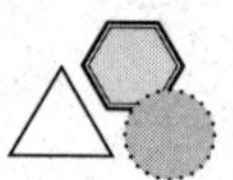

10.4.1 螺丝柱属性

放置螺丝柱时，应根据 PCB 预留安装孔位大小选择合适的螺丝柱尺寸，在属性面板中可供选择的螺丝规格有 M2、M3、M4、M5、M6 以及自定义螺丝柱尺寸。为适应 3D 打印后的螺丝柱安装，软件所提供的参考尺寸比实际尺寸偏小一点，比如 M3 螺柱的通孔直径为 2.8mm，而不是标准的 3mm。如果是使用 CNC 切割，那尺寸应保持一致，可根据实际需求调整通孔尺寸大小。

螺丝柱放置时图层可选 3D 外壳顶层或 3D 外壳底层，对于外壳的上壳与下壳，设计时建议先设计一个螺丝柱，放置一个后，其他的螺丝柱可通过复制及粘贴的方式完成放置。螺丝柱放置的位置应与 PCB 预留的定位孔位置重合。属性中的“高”是指螺丝柱整体高度，实际高度需配合 3D 外壳厚度与 PCB 结构适当调整，通孔直径与壁厚可使用软件提供的参考数据，避免打印失误。螺丝柱属性如图 10-18 所示。

10.4.2 加强筋设置

设计工具还提供了加强筋的设置，在 3D 打印结构中常用 FDM 与 SLA 工艺成型，打印时都是一层层打印上去，如果没有一个好的支撑结构，就容易造成结构件不稳的情况。为加固螺丝柱与外壳的连接，可以选择添加加强筋，以牢固连接螺丝柱与外壳结构。要添加加强筋，在图 10-18 所示的“加强筋”下选项中选择“是”即可。如图 10-20 中左侧的螺丝柱为加上加强筋的效果图，右侧螺丝柱则未做任何处理，加强筋高度及厚度等参数也可根据实际需要进行修改设置。

图 10-20 螺丝柱加强筋效果预览图

10.4.3 沉头孔设置

沉头孔也是螺丝柱设置中的一个重要参数，它可以很好地解决螺丝安装的问题，可以理解为在 3D 外壳上挖一个孔，可以把螺丝刚好放进去安装，沉入外壳内部，所以叫沉头孔。沉头孔高度为内嵌到外壳的距离，直径为内嵌尺寸直径。

在 3D 外壳底层添加沉头孔，在 PCB 编辑界面中选择“放置”→“3D 外壳 - 螺丝柱”命令，再次单击 PCB 上放置螺丝柱的位置，位置应与 PCB 预留的定位孔位置重合，如图 10-21 所示，单击选择所放置的螺丝柱，在右侧属性中设置图层在 3D 外壳的底层，螺丝柱的规格如下。

- 属性：“螺丝规格”选择 M3。“图层”选择“3D 外壳底层”，“高”设为 8mm（因 PCB 距外壳底面高度为 8mm，所以底层螺丝的高为 8mm），“通孔直径”设为 3.2mm，“壁厚”设为 1.27mm。
- 加强筋：“需要加强筋”选择“是”，“加强筋上端宽度”设为 3mm，“加强筋下端宽度”设为 5mm，“加强筋高度”设为 6mm，“加强筋厚度”设为 1.2mm。
- 沉头孔：“需要沉头孔”选择“是”，“沉头孔高度”设为 3.2mm，“沉头孔直径”设为 5.8mm。

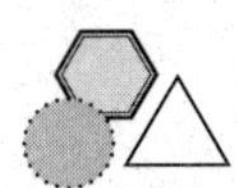

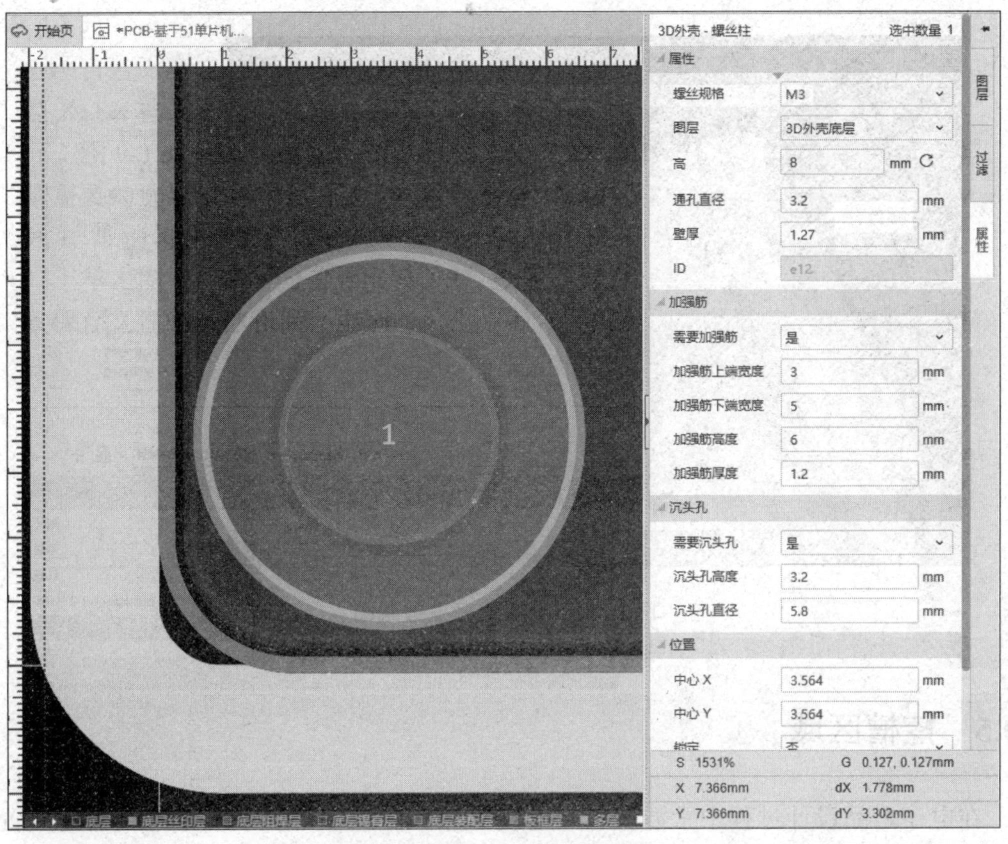

图 10-21　底层添加沉头孔

选中放置好的沉头孔并复制，其余 3 个沉头孔直接粘贴即可。沉头孔预览效果如图 10-22 和图 10-23 所示。

图 10-22　从上看底层的螺丝柱（有加强筋）

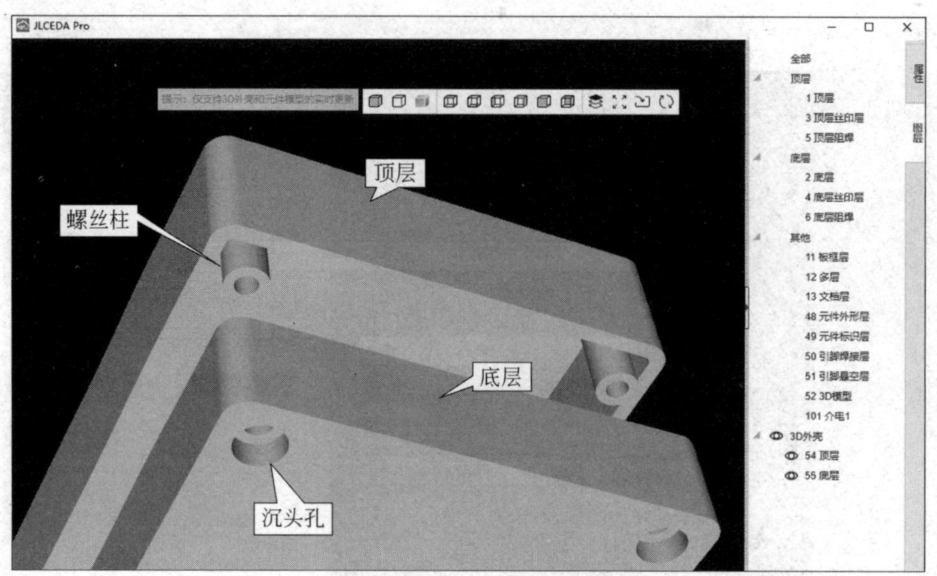

图 10-23　沉头孔预览效果图

10.5　挖槽区域

在电子产品设计过程中常涉及各类连接器件，在 PCB 布局时要求连接器需放置在板子边缘，以方便安装与测试。在 3D 外壳设计过程中根据 PCB 的结构进行开槽操作是非常重要的。这一节学习挖槽区域的放置，其中涉及侧面挖槽以及顶层 / 底层挖槽区域的放置。

10.5.1　侧面挖槽

侧面是指 3D 外壳的四周，包括上、下壳与前、后、左、右四个面。在进行侧面挖槽时需先在所需挖槽面放置一根基准线，在主菜单中选择“放置”→“3D 外壳 - 侧面基准线”命令，在所需挖槽侧面放置基准线，在基准线放置过程中可按 Shift 键，这样可水平或竖直将基准线拉出，保持基准线的水平或竖直。每个面放置一个基准线即可，若不需要，挖槽的面就不用放置基准线。

基准线放置后，开始进行侧面挖槽操作，在主菜单中选择“放置”→“3D 外壳 - 侧面挖槽区域”→“矩形”命令，首先选择基准线，单击预先放置好的基准线后，开始在基准线外侧绘制开槽形状，同时 3D 预览视图也会同步挖槽效果，如图 10-24 所示；在 PCB 编辑界面调整挖槽区域的尺寸，3D 预览视图同步显示调整的结果。如要精确调整挖槽区域的尺寸，在 PCB 编辑界面选中挖槽区域，在“属性”面板调整尺寸，还可以在属性面板给矩形倒个圆角，设置圆角半径为 1mm。

调整挖槽区域时可通过键盘上的上、下、左、右方向键移动挖槽位置，也可以直接使用鼠标拖动挖槽大小与位置。

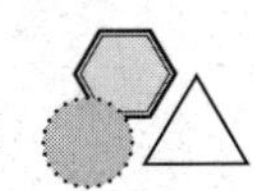

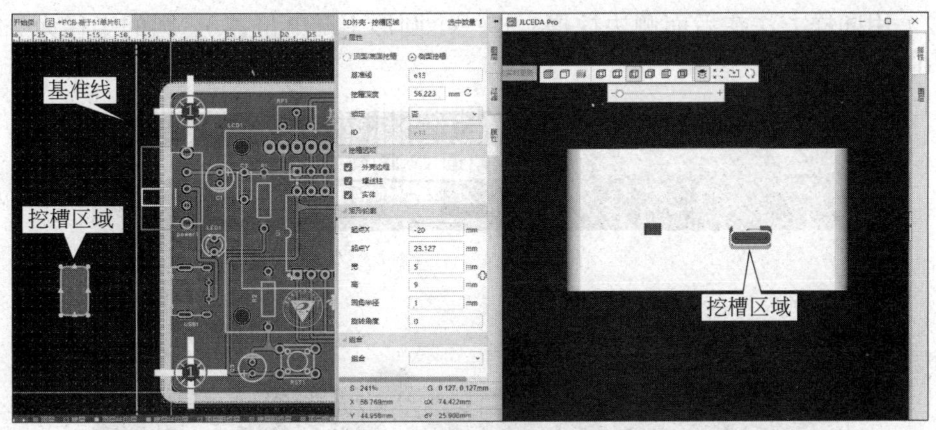

图 10-24 挖槽区域实时预览图

以下介绍几个重要参数。

- 挖槽深度：从边框外侧向内挖槽的深度，深度长一些可直接贯穿两侧边框。
- 挖槽选项：可选位置处挖槽的物体，挖槽方向上的物体都会被挖空，可以尝试在有螺丝柱的位置挖个槽看看效果。
- 矩形轮廓：在这里可以准确设置挖槽的形状大小和参数，如果想有一个圆滑点的边角，可通过设置圆角半径得到。

（1）左面侧边挖槽参考尺寸如下。

① USB 侧边挖槽区域大小：宽为 5mm，高为 9mm，圆角半径为 1mm。

② 用同样的方法挖开关的槽，宽为 5mm，高为 12mm，圆角半径为 1mm。

③ 在主菜单中选择“放置”→“3D 外壳 - 侧面挖槽区域”→“圆形”命令，挖发光二极管的圆，圆的半径为 2mm。

在实时预览图中可以将爆炸图展开或折叠，以便查看开槽区域是否合适，将爆炸图展开的效果如图 10-25 所示。

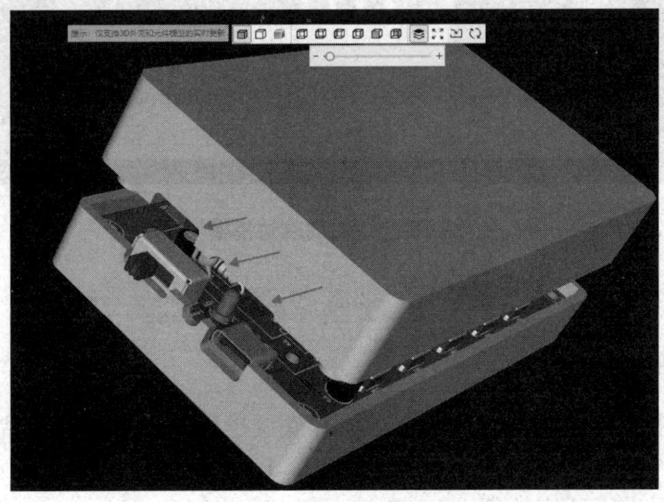

图 10-25 爆炸图展开的效果

（2）用同样方法在后面侧边挖槽，挖一个圆形（调电位器），圆的半径为 2.8mm，如图 10-26 所示。

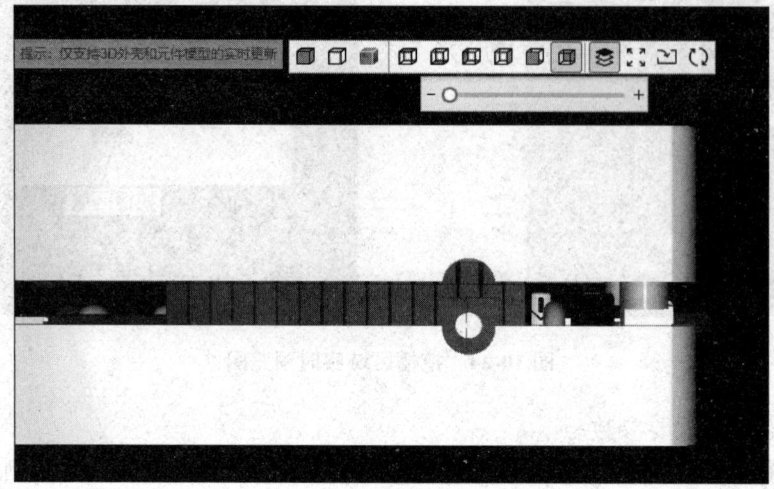

图 10-26　后面侧边挖槽

（3）用同样方法在右面侧边挖槽，挖一个矩形（用于温度传感器），宽为 6mm，高为 6mm，圆角半径为 1mm，如图 10-27 所示。

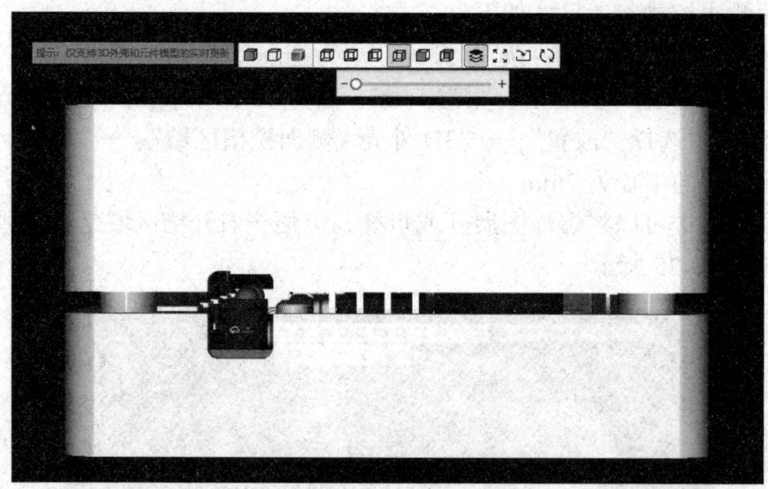

图 10-27　右面侧边挖槽

在 PCB 编辑界面查看挖槽的状况，如图 10-28 所示。

10.5.2　顶层 / 底层挖槽

在外壳设计中不仅需要侧面挖槽，顶层和底层也经常根据需要放置挖槽区域，例如屏幕区域、按键控制区域等。在温度计项目中，LCD 液晶显示屏位置、按键控制位置、蜂鸣器位置都需要进行开槽处理。

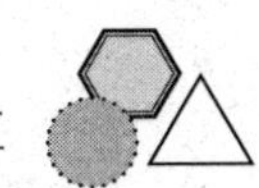

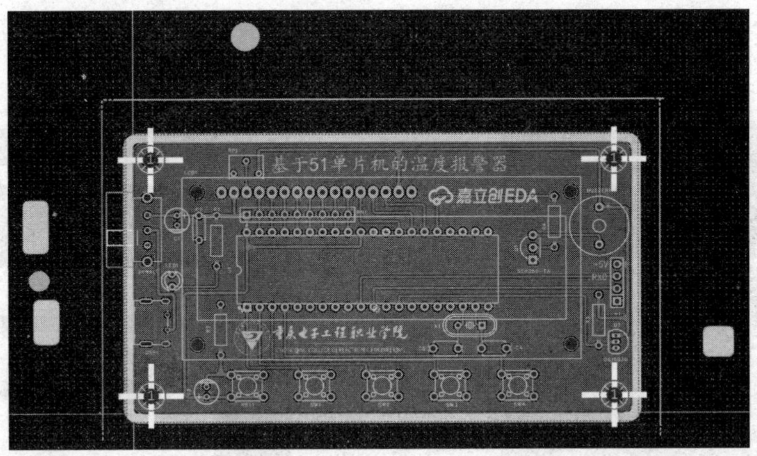

图 10-28　PCB 编辑界面查看挖槽的状况

在放置顶面和底面挖槽前要先打开 PCB 编辑界面右侧的“图层”属性。若要先放置顶面挖槽，则右侧“图层”属性需选择 3D 外壳分类中的顶层，温度计顶部挖槽示意图如图 10-29 所示。

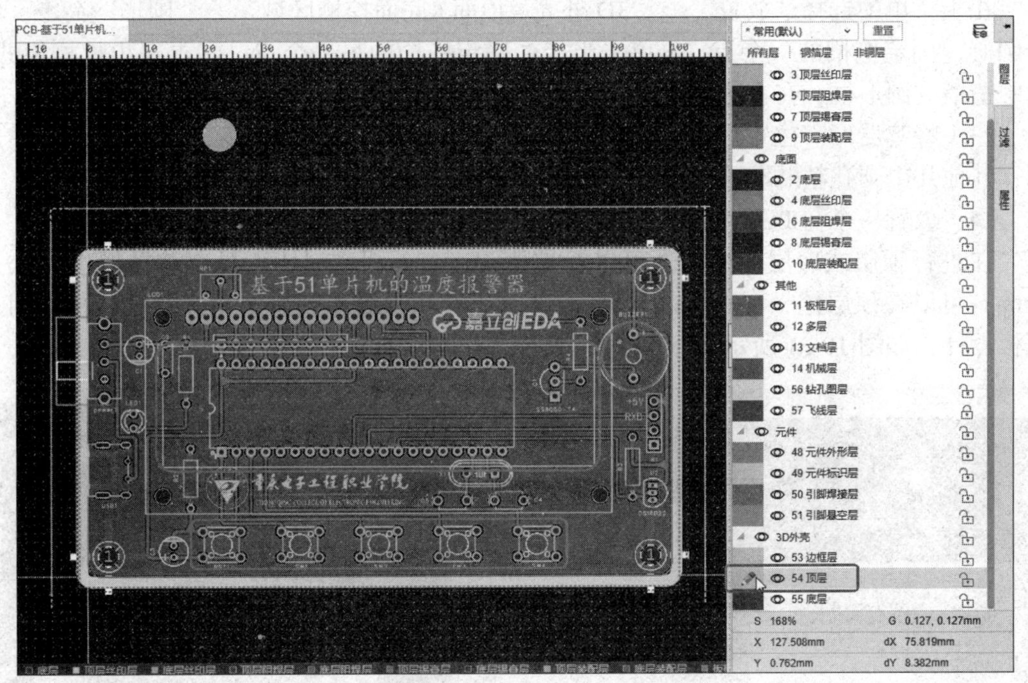

图 10-29　温度计顶部挖槽示意图

（1）LCD 液晶显示屏显示挖槽区域：宽为 72mm，高为 26mm，圆角半径为 1mm；挖槽深度选默认值。

在 PCB 编辑界面，从主菜单中选择“放置”→“3D 外壳 - 顶面 / 底面挖槽区域”→“矩形”命令，单击 LCD 液晶显示屏的左上角，确定挖槽的一个点；再单击 LCD 液晶

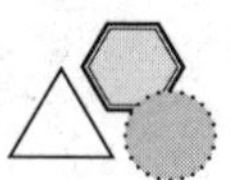

显示屏的右下角，确定挖槽的另一个点。右击退出挖槽模式。选中挖槽的矩形框，调整挖槽的尺寸，如图 10-30 所示。

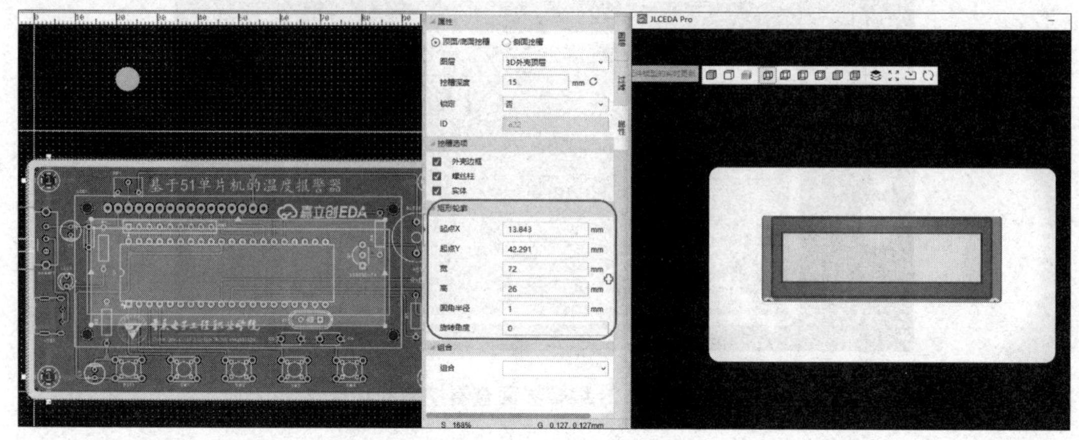

图 10-30　温度计顶层挖槽

（2）按键挖槽区域：半径为 3.5mm。

在主菜单中选择“放置”→“3D 外壳 - 顶面 / 底面挖槽区域”→“圆形”命令，单击圆心，确定挖槽的一个点；再单击半径，确定挖槽的另一个点。右击退出挖槽模式。选中挖槽的圆形框，在右边“属性”面板调整挖槽的尺寸。

（3）蜂鸣器发声位置：任意放置多个 1mm 的圆形小孔。先挖槽 1 个圆孔，选中并复制，其他几个圆孔粘贴即可。

（4）放置一个与 PCB 大小一致的顶部挖槽区域，挖槽深度为 1mm。

在进行顶层或底层挖槽时还可以对挖槽深度进行设置，由于外壳整体厚度默认是 2mm，可以在顶层挖一个 1mm 的槽孔，那么上壳顶部就出现一个内嵌的区域预留用于面板设计，如图 10-31 所示。

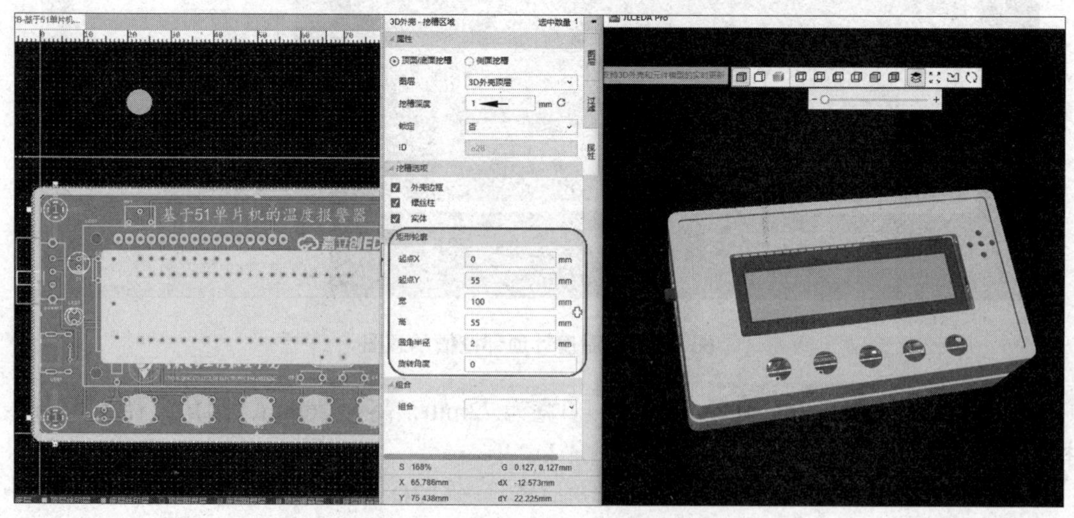

图 10-31　温度计的外壳（正面视图）

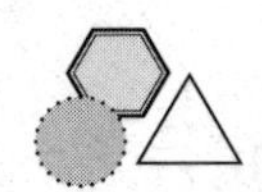

（5）在 PCB 编辑界面，在右侧“图层”属性中需选择 3D 外壳分类中的底层，主菜单选择“放置”→“3D 外壳 - 顶面 / 底面挖槽区域”→“矩形”命令，在底层为下载接口放置一个宽 3mm、高 10.5mm 的挖槽区域，如图 10-32 所示。

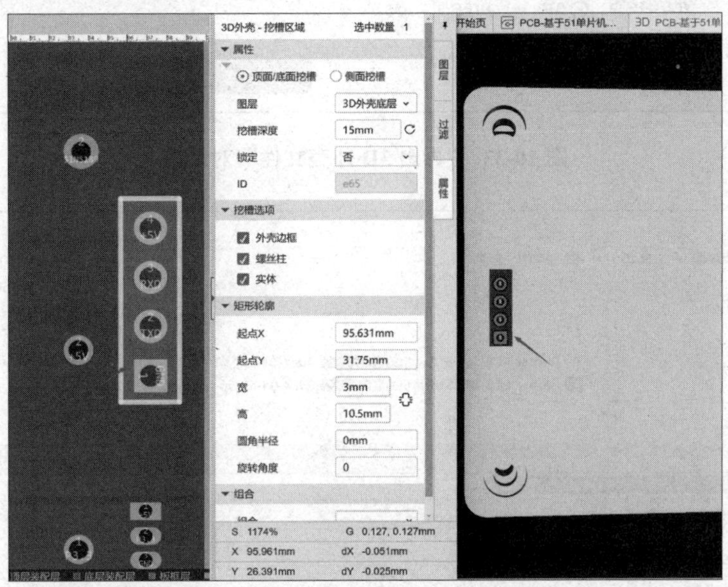

图 10-32　底部挖槽

温度计的外壳设计完成后，正面视图如图 10-31 所示。

10.6　3D 文件的导出与生产

10.6.1　3D 文件的导出

3D 文件的导出与生产

完成 3D 外壳设计后，下一步需要进行生产文件的导出与生产，这里的生产文件指的是 3D 打印所需的 STL 文件格式。如果需进行下一步处理，还可以导出 STEP 文件格式。在 PCB 编辑界面的主菜单中选择“导出”→“3D 外壳文件”命令，弹出“导出 3D 外壳文件”对话框，如图 10-33 所示。其中“导出文件类型”各选项说明如下。

（1）STL 格式：STL 文件是在计算机图形应用系统中用于表示三角形网格的一种文件格式。STL 是用三角网格来表现 3D CAD 模型，常在 3D 打印文件格式中使用。

（2）STEP 格式：兼容 .stp 格式，应用于计算机辅助设计行业的数据交换格式，各种 CAD 软件都可以支持该文件格式。

（3）OBJ 格式：也是一种 3D 文件格式，兼容多种 CAD 软件，但其文件内容不带材质特性和贴片路径等信息。

“导出文件类型”选择 STL 选项，单击“导出”按钮，弹出“导出”对话框，如图 10-34 所示。选择正确的路径，单击“保存”按钮，即可将设计好的外壳文件进行导出。

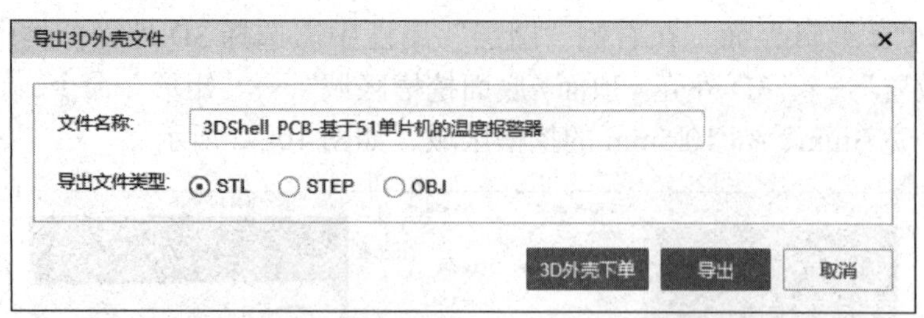

图 10-33 “导出 3D 外壳文件”对话框

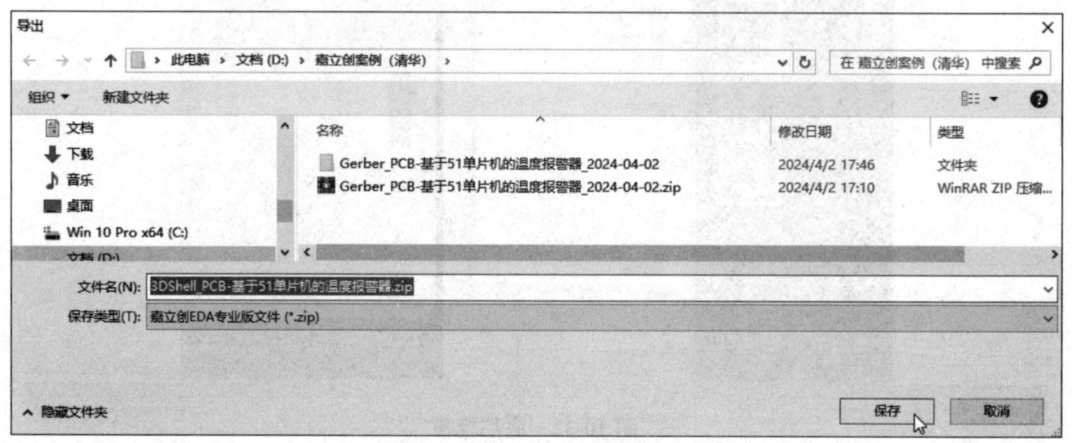

图 10-34 导出 3D 文件图

10.6.2 3D 文件的生产

嘉立创 EDA（专业版）软件还提供了 3D 外壳下单功能，不用进行文件导出，在 PCB 编辑界面中选择“下单”→“3D 外壳下单”命令，系统会自动生成下单数据，弹出“3D 外壳下单”对话框，如图 10-35 所示，单击“确认”按钮，即可跳转到嘉立创 3D 打印下单平台进行外壳的打印，嘉立创 3D 打印下单流程如图 10-36 所示。

图 10-35 “3D 外壳下单”对话框

在进行 3D 打印前，需要先了解一下 3D 打印包含的技术。

（1）FDM 技术。FDM 的材料一般是热塑性材料，如蜡、ABS、尼龙等，以丝状供料。材料在喷头内被加热熔化，喷头沿零件截面轮廓和填充轨迹运动，同时将熔化的材料挤出，材料迅速凝固，并与周围的材料凝结。目前市面上个人及实验室采购的 3D 打印机

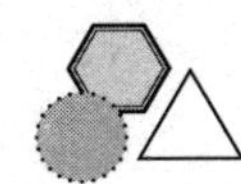

都以 FDM 为主。

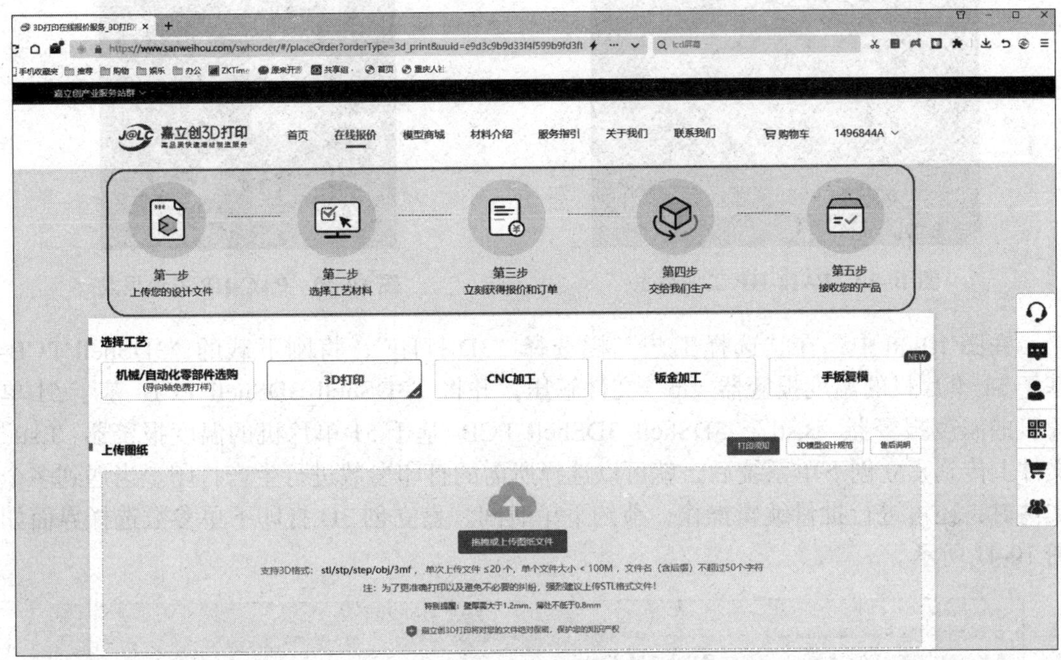

图 10-36　嘉立创 3D 打印下单流程

（2）SLA 技术。SLA 技术全称为立体光固化成型法（stereo lithography appearance），是用激光聚焦到光固化材料表面，使之由点到线、由线到面顺序凝固，周而复始，这样层层叠加构成一个三维实体。

（3）DLP 技术。DLP 激光成型技术和 SLA 立体平版印刷技术比较相似，不过它是使用高分辨率的数字光处理器（DLP）投影仪来固化液态光聚合物，逐层地进行光固化。由于每层固化时通过幻灯片似的片状固化，因此速度比同类型的 SLA 立体平版印刷技术速度更快。

（4）SLS 技术。SLS（selective laser sintering，选择性激光烧结）和 SLA 类似，SLS 也使用激光，但 SLS 用的不是液态的光敏树脂，而是粉末。激光的能量让粉末产生高温，并与相邻的粉末发生烧结反应后再连接在一起。

常见 3D 打印效果如图 10-37~ 图 10-40 所示。

图 10-37　8001- 透明树脂材质

图 10-38　8111X- 光敏树脂

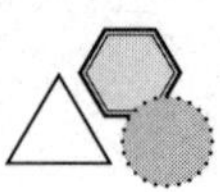

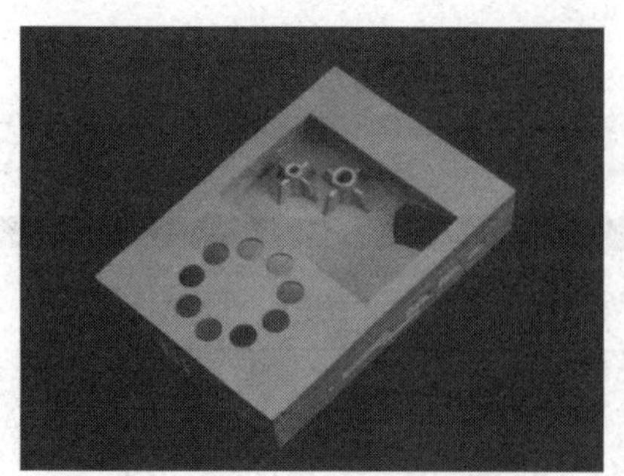

图 10-39　PA12-HP 工业尼龙

图 10-40　PAC-HP 彩色尼龙

在图 10-36 中，在“选择工艺”栏选择“3D 打印”，将刚下载的“3DShell_PCB-基于 51 单片机的温度报警器 .zip”文件解压，并将“3DShell_3DShell_PCB- 基于 51 单片机的温度报警器 _B.stl”“3DShell_3DShell_PCB- 基于 51 单片机的温度报警器 _T.stl”文件上传到嘉立创下单系统后，就可以选择所需的打印参数进行生产打印。当遇到多个文件时，还可进行批量编辑操作，节约下单时间。嘉立创 3D 打印下单参数选择界面如图 10-41 所示。

图 10-41　嘉立创 3D 打印下单参数选择界面

在图 10-41 中选择材料，单击“提交订单”按钮，等待工作人员对生产文件进行审核，审核通过后即可进行付款生产。生产都会存在生产工艺限制与要求，在进行生产前还需对厂家工艺参数进行了解，以及加工文件的规范要求，这些说明在嘉立创官网可以找到对应的工艺参数要求，以下举例说明常见尺寸生产公差。

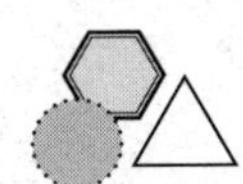

嘉立创 3D 打印各类材料孔径的公差说明如下。

- 树脂：± 0.3mm，树脂孔一般会收缩在 0.3mm 以内。
- 尼龙：± 0.3mm，尼龙孔打印出来误差在 ± 0.1~0.2mm，受摆放位置和冷却的影响，孔综合公差一般也会收缩在 0.3mm 以内。
- 工程塑料：± 0.4mm，ABS 一般孔会收缩 0.2~0.4mm。
- 金属：± 0.2~ ± 0.35mm，金属 1mm 以上的孔实际打印出来会小 0.2mm，1mm 以下的孔实际打印出来会小 0.35mm，0.8mm 以下的孔加 0.35mm 就能打印出来实际值。比如，零件上有 0.8mm 的孔，修改成 1.15mm 后，打印出来就是 0.8mm。

注意：

（1）通常孔一般都是收缩变小的，变大的情况较少。

（2）金属件，如果对孔的公差要求较高，建议在源文件中设置孔径增大 0.15~0.2mm（1mm 以上的孔）或 0.25~0.35mm（1mm 以下的孔）。

本章小结

本章介绍了在嘉立创 EDA（专业版）中如何绘制 3D 外壳的方法，讲解了外壳的设计背景，以及圆形外壳、矩形外壳的设计；说明了螺丝柱、加强筋、沉头孔的设置；介绍了侧面挖槽、顶层 / 底层挖槽的方法、实体填充的绘制以及 3D 文件的导出与生产，为电子设计产品化提供了一种方法和思路。

习题

1. 掌握边框绘制的方法，绘制一个半径为 40mm，厚度为 2.5mm，下壳高度为 10mm，上壳内壁为 2mm 的圆形外壳。参考图如图 10-42 所示。

2. 根据 10.3 节的内容完成温度计外壳设计。

3. 掌握螺丝柱的放置方法，完成温度计上壳 4 个螺丝柱的放置，螺丝柱参数设置见本章案例。

4. 掌握螺丝柱加强筋与沉头孔的放置方法，完成温度计下壳 4 个螺丝柱的放置，螺丝柱参数设置见本章案例。

5. 掌握挖槽区域的放置方法，完成温度计的顶层挖槽操作，参数设置见本章案例，设计好的温度计的 3D 外壳如图 10-1 所示。

图 10-42 习题 1 参考图

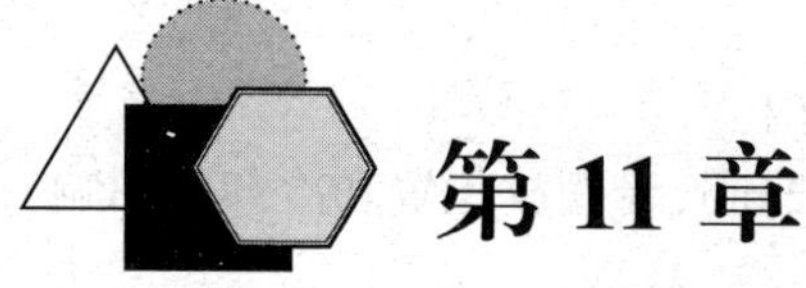

第 11 章

温度计的面板设计

本章主要内容讲解如何使用嘉立创 EDA（专业版）创建面板工程，完成面板设计和生产。以图 11-1 为例，进行官方示例工程、创建面板、面板绘制、面板下单等相关知识点的介绍。通过本章的学习，设计者能进行简单亚克力面板的设计，熟悉掌握面板生产工艺等知识。

图 11-1　温度计外壳及面板实物图

11.1　官方示例工程

官方为了用户能快速了解嘉立创 EDA（专业版）的主要功能，提供了 5 个方面的官方示例工程，如图 11-2 所示，用户可以根据功能需要查看相应的示例工程。可以单击“示例工程 _ 面板打印设计”，如图 11-3 所示，查看创建的面板及说明，了解面板设计的基本功能。

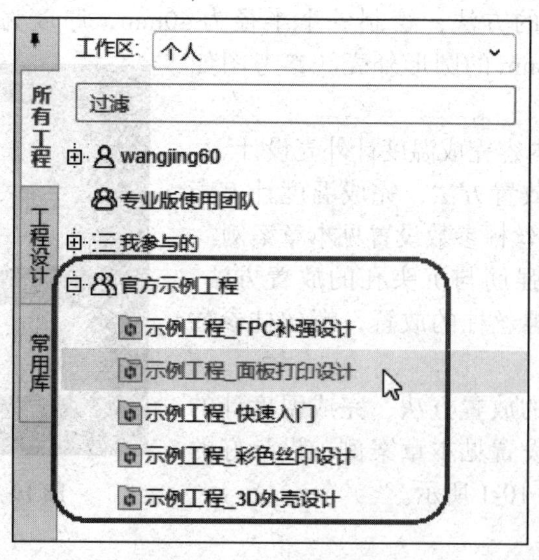

图 11-2　官方示例工程

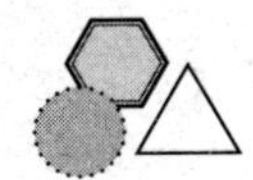

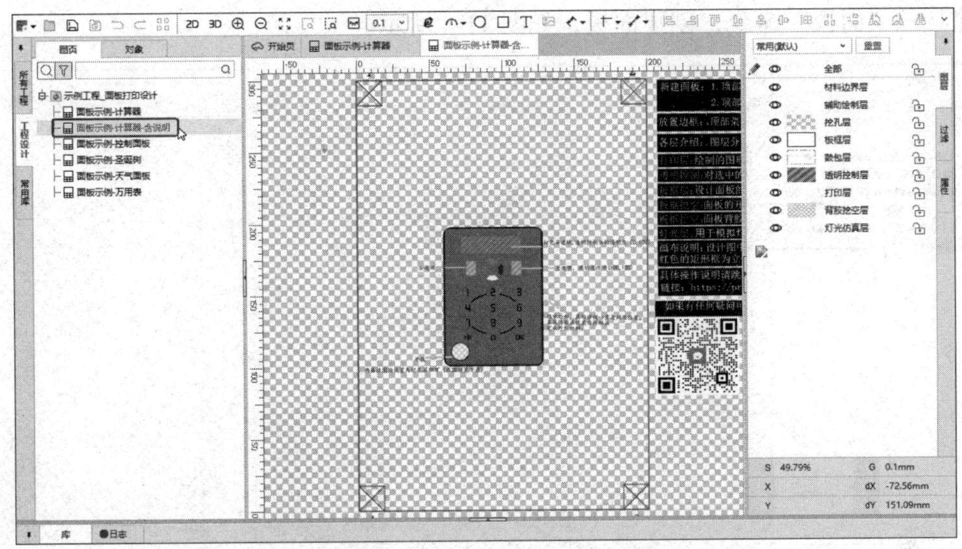

图 11-3 “示例工程 _ 面板打印设计”

11.2　面板介绍

完成整体 PCB 设计后，为了使作品更加美观实用，用户会常常加一些面板作为装饰，如外壳面板、显示窗片、触摸面板等。在日常生活所用的电子产品中最常见的面板为亚克力面板和 PVC 薄膜面板两种。

（1）亚克力面板。亚克力又称特殊处理的有机玻璃，而亚克力面板是基于亚克力原材料，是通过印刷添加颜色、图案、文字、标识指示等信息，后期再进行钻孔、外形切割工艺制作得到的满足设计要求的面板。亚克力面板既可用于设备装饰外观，也能做透光遮光及防水防尘的用途，可以广泛应用于仪器仪表零件（做面板和视窗），其特点是耐性好，不易破损，修复性强，透光率高，清晰美观，色彩鲜艳。同时，其符合环保要求，对人体无辐射等危害。

（2）PVC 薄膜面板。薄膜面板使用 PVC、PC、PET 等原材料，是通过印刷添加颜色、图案、文字、标识指示等信息，后期再进行钻孔、外形切割工艺制作的具有一定功能的操作面板。PVC 薄膜面板既可用于设备装饰外观，也能做透光遮光及防水防尘的用途，常用于家用电器、通信设备、仪器仪表、工业控制等领域。

11.3　创建面板

11.3.1　创建面板的方法

在半离线模式下，打开 51 单片机温度计的工程（面板不能单独新建，需要新建一个工程后才能新建面板设计图，工程用于管理面板文件）。在主菜单中选择“文件”→

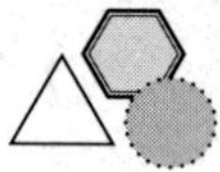

"新建"→"面板"命令，创建面板，如图 11-4 所示。

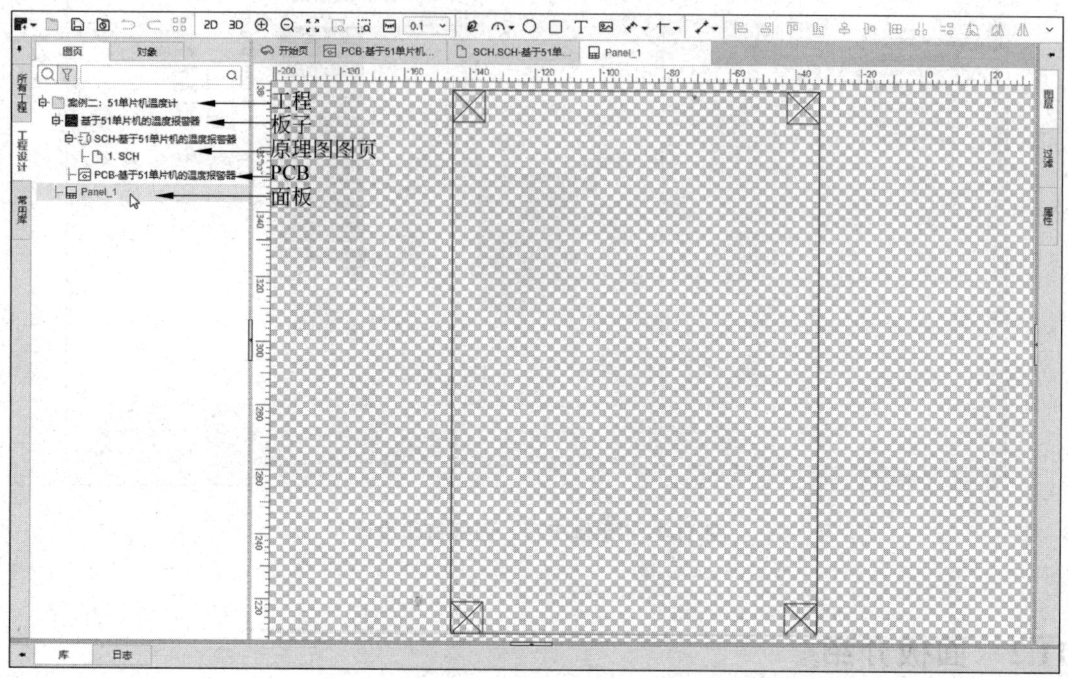

图 11-4　面板工程界面

右击"面板"图标，弹出快捷菜单，从中选择"重命名"命令，将面板的名称修改为"基于 51 单片机的温度报警器 面板"，如图 11-5 所示。

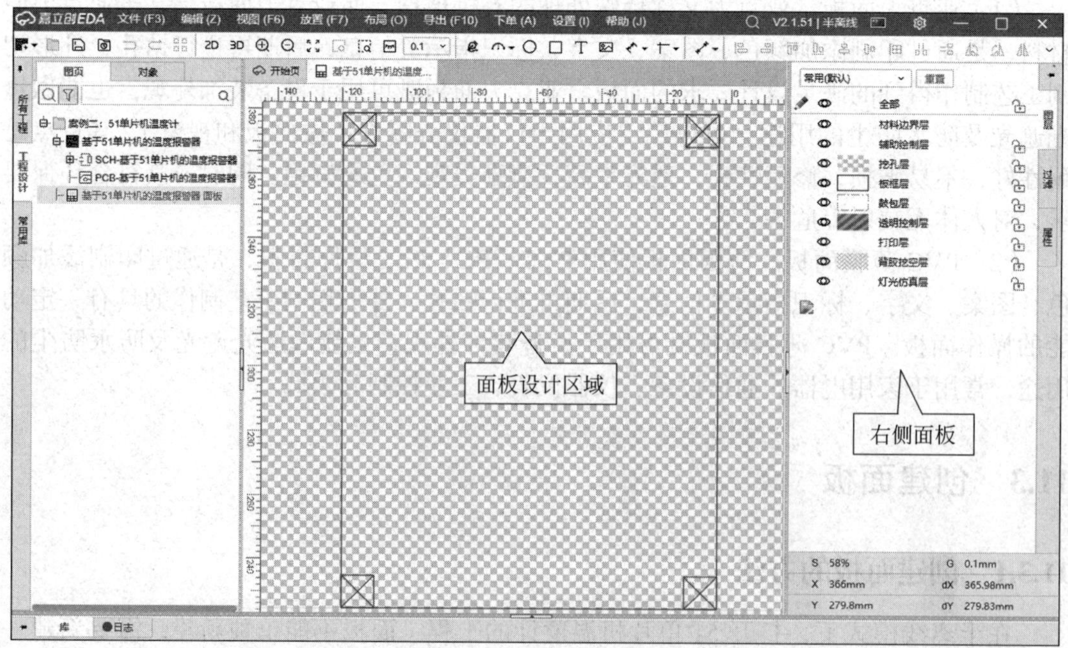

图 11-5　面板编辑界面

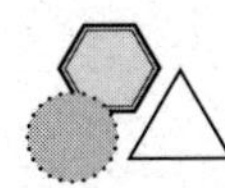

11.3.2　面板编辑界面介绍

（1）右侧面板：又称属性面板，该面板主要用于设置面板图层属性、面板元件属性、图纸属性等。右侧面板在设计中使用非常频繁，该区域功能会较多。

（2）面板设计区域：面板设计区域默认是一张纵向 200mm×300mm 的设计图纸，这个也是材料的打印面积，在设计面板时不要超出这个区域。如需修改为更大的图纸，可以在右侧“图页”面板的“属性”中将“宽 × 高”修改，如图 11-6 所示；面板设计区域的方向有“横向”“纵向”，可以在“属性”面板的“方向”栏修改。设计区域边上的 4 个小矩形区域是给生产机器作为定位使用，在设计时也不要占用，如图 11-7 所示。

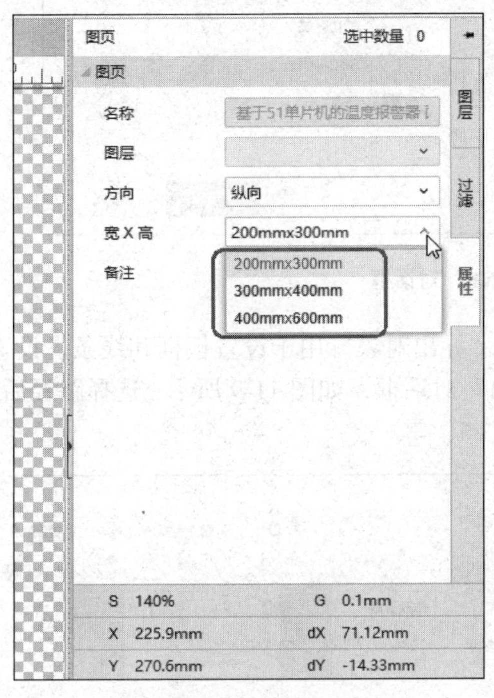

图 11-6　图纸修改

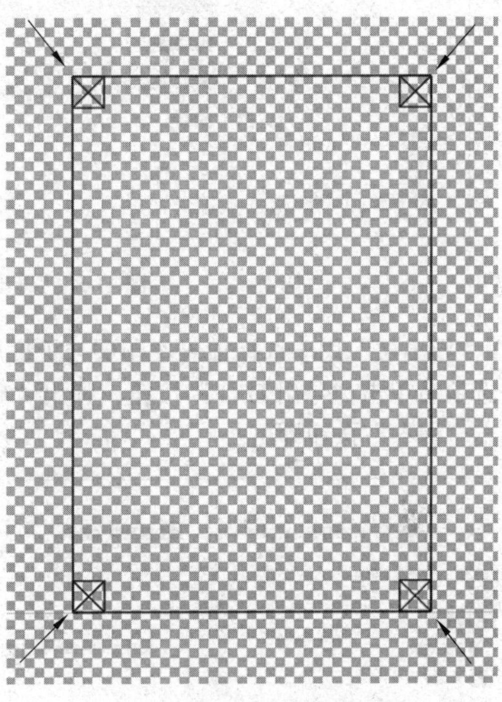

图 11-7　设计区域定位点

11.4　面板绘制

在设计面板前，用户需要从 PCB 或外壳中拿取到外形文件的数据，这样才能方便、准确、快速地设计面板。

面板设计

11.4.1　导出 / 导入 DXF

1. 导出 DXF

回到 PCB 编辑界面中，在主菜单中选择“导出”→ DXF 命令，弹出“导出 DXF”对话框，如图 11-8 所示。

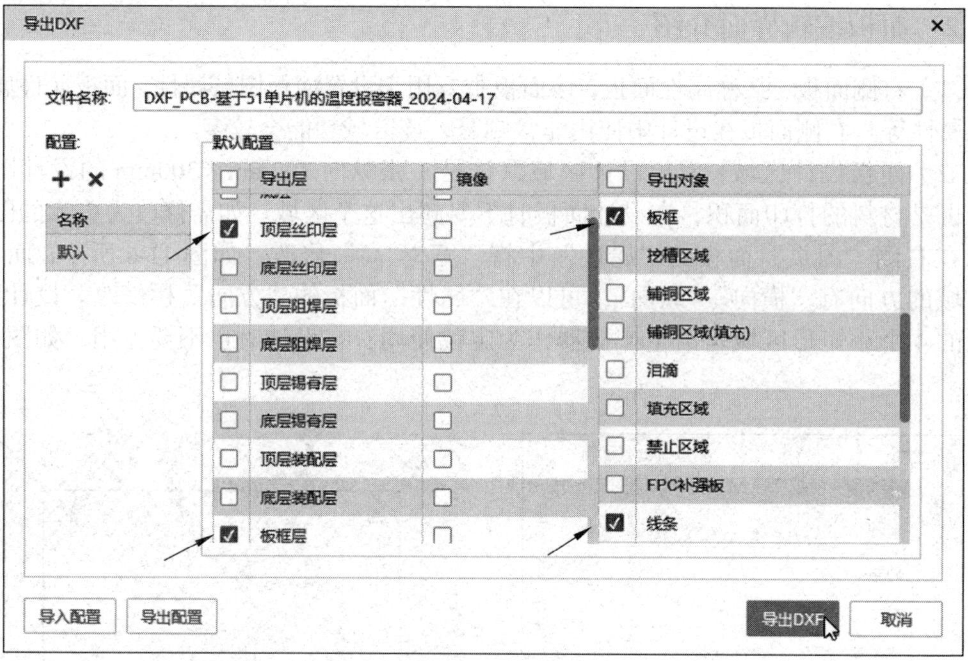

图 11-8 “导出 DXF”对话框

“导出层”用于选择顶层丝印层与板框层，“导出对象”用于设置板框和线条。设置好选项后单击“导出 DXF”按钮，弹出“导出”对话框，如图 11-9 所示；选择路径后，单击“保存”按钮即可。

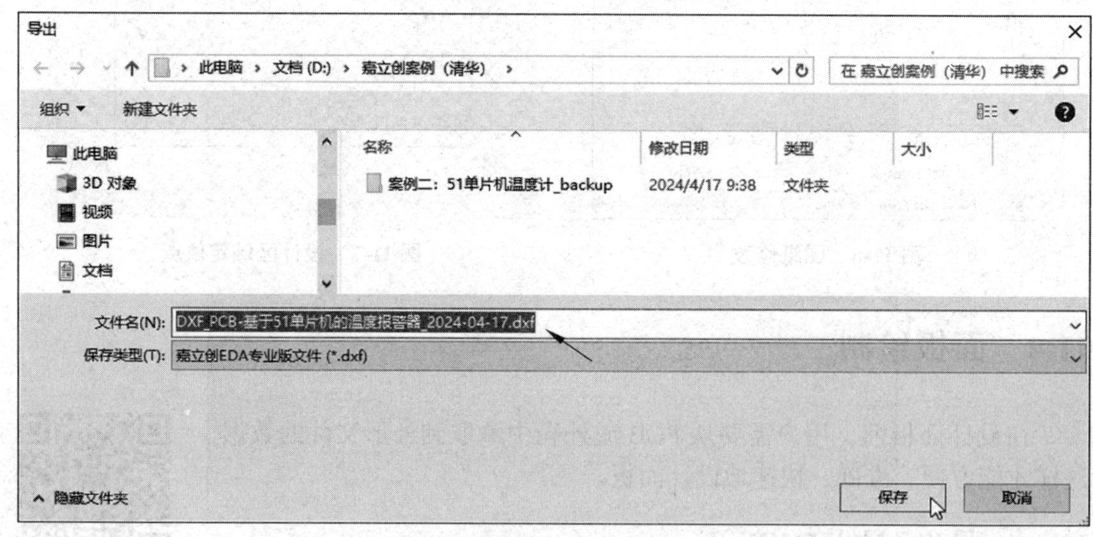

图 11-9 “导出”对话框

2. 导入 DXF

在面板编辑界面中，将刚导出的 DXF 文件导入面板中。在主菜单中选择“文件”→

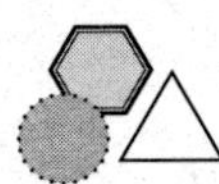

“导入”→ DXF 命令，弹出“打开”对话框，如图 11-10 所示，选择刚导出的“DXF_PCB- 基于 51 单片机的温度报警器 _2024-04-17.dxf”文件，单击“打开”按钮，弹出“导入 DXF”对话框，如图 11-11 所示，按照默认配置单击“导入”按钮即可。

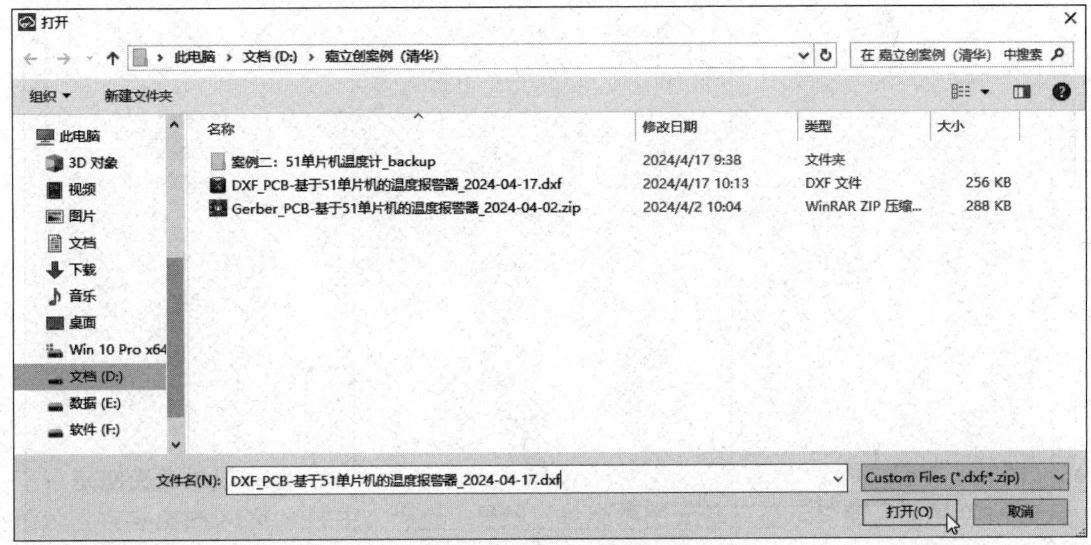

图 11-10　“打开”对话框

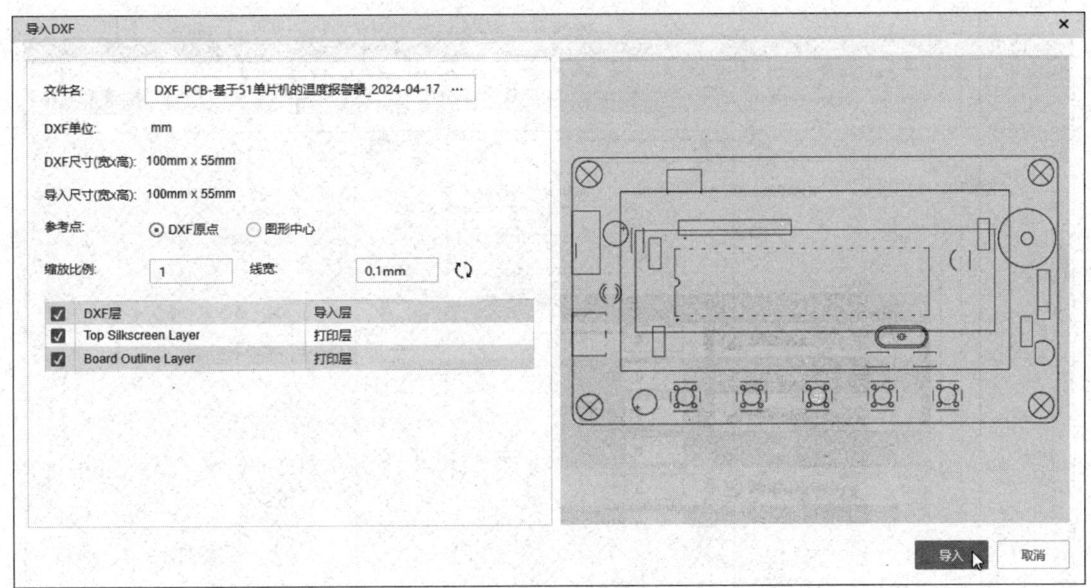

图 11-11　“导入 DXF”对话框

单击“导入”按钮后，鼠标光标会变成一个大的十字形状，如图 11-12 所示，十字光标的矩形框就是 DXF 文件的大小预览，需要单击才能放置在画布上，确定好的效果如图 11-13 所示。

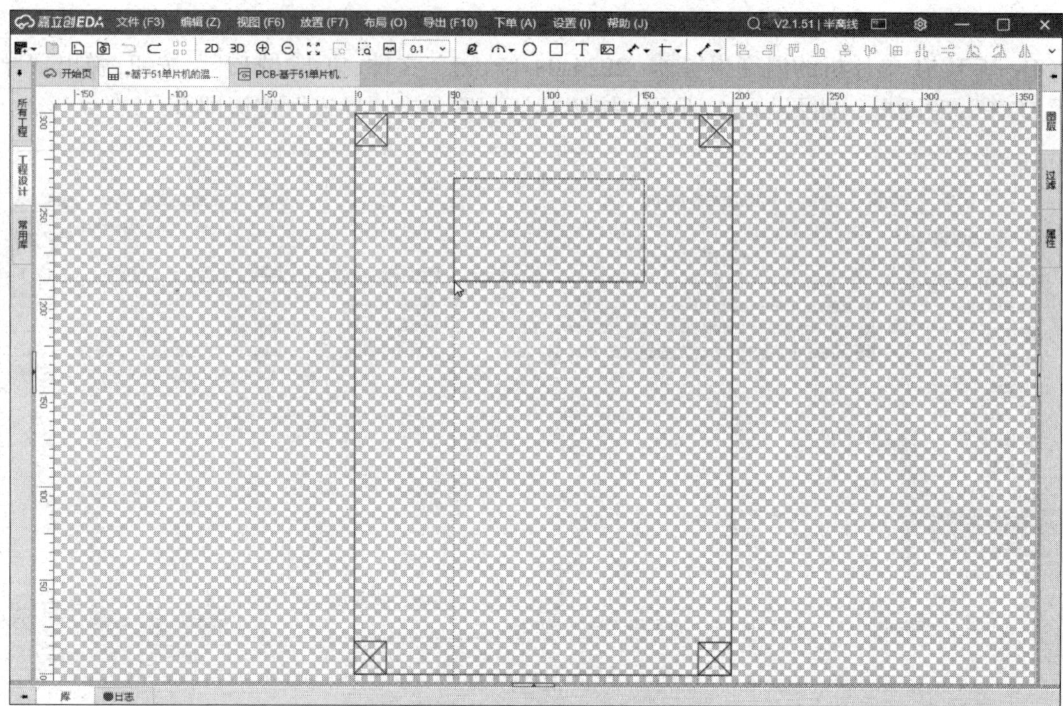

图 11-12　大十字光标的矩形框

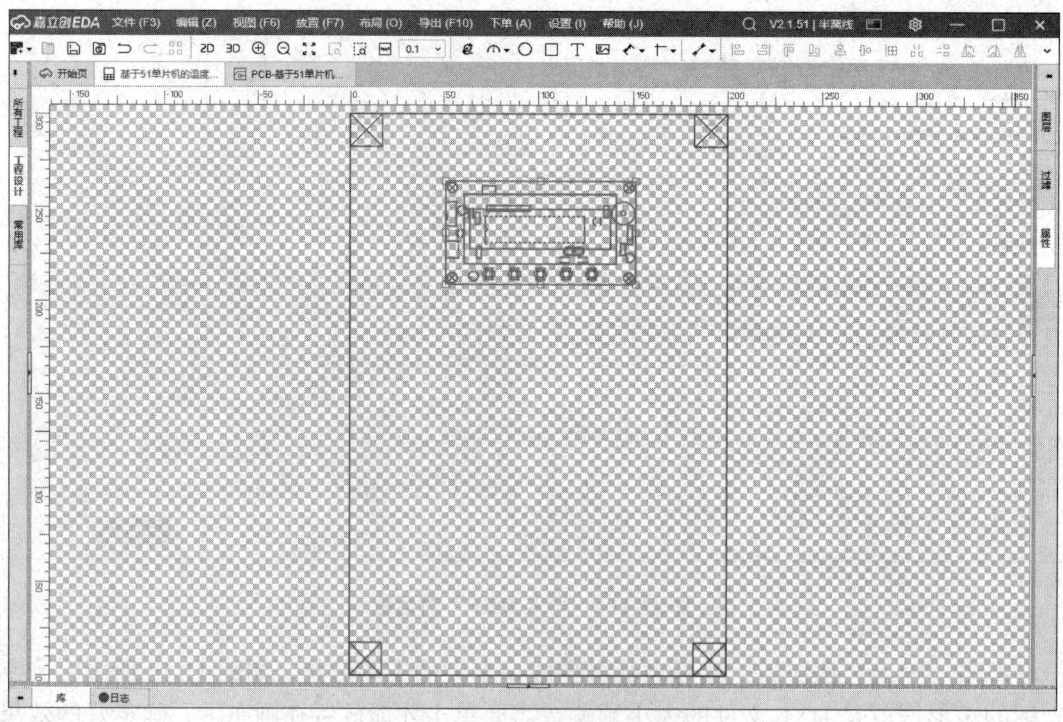

图 11-13　导入后的 DXF 文件

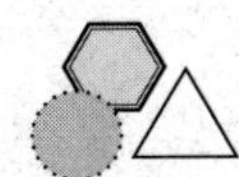

11.4.2 整理面板对象

1. 绘制板框

板框的大小决定生产出来的面板面积，在导入的 DXF 中已经带有板框的数据，所以用户只需将“板框”转换到“板框层”即可。选中“板框”，单击右侧的“属性”面板，在“图层”栏选择“板框层”即可，如图 11-14 所示。转换后需要进行板框层锁定，避免后续设计时误操作，在右侧“图层”面板单击“板框层”右边的小锁即可锁定，如图 11-15 所示。

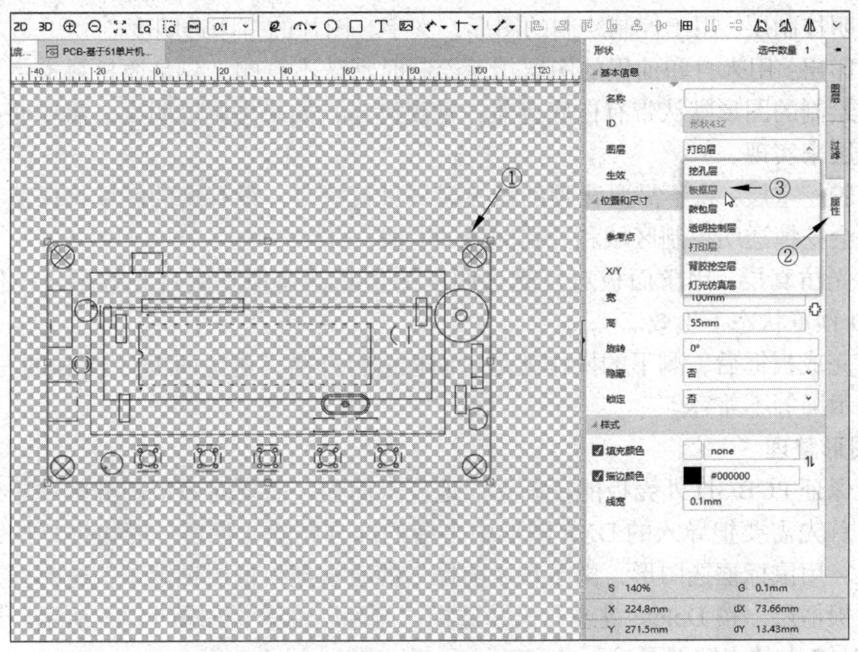

图 11-14 板框转换

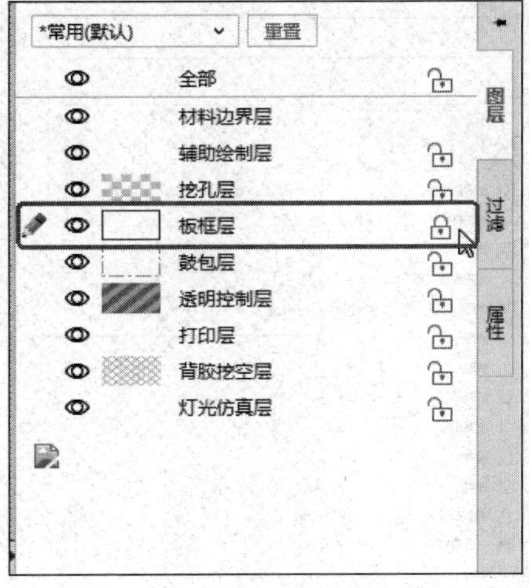

图 11-15 锁定板框层

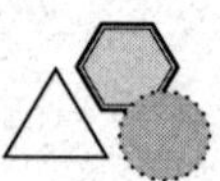

部分图层作用说明如下。

- 材料边界层：表示画布内最大的设计面积，如超出该区域，绘制的内容则无法打印。
- 辅助绘制层：智能尺寸、辅助线、辅助点、尺寸都是只能位于辅助绘制层的辅助图元，该层图元在实际生产时都是不生效的。
- 挖孔层：用于面板中的挖孔，如螺丝孔、开槽等。
- 板框层：用来绘制需要切割的外形图，可以切割异型、波浪形，路径需要闭合。位于板框层图元以外的内容不能导出。
- 鼓包层：用于制作带按键图层面板，仅限于薄膜面板工艺使用。
- 透明控制层：用于控制绘制的图形、文字、图片的打印透明度。
- 打印层：用来打印油墨的图层，无绘制时默认不打印，只是原材料本色。在打印层绘制的图形默认带有白底遮盖，常规遮光，如果想调透明度，需要通过透明控制层来实现。
- 背胶挖空层：将不需要背胶的面板区域进行挖空，没有挖的区域将保留背胶。默认会挖掉透明控制区域和开孔区域的背胶。
- 灯光仿真层：用于面板对灯光透明度的仿真，模拟真实灯光效果，该仿真仅在 3D 预览状态下生效。

确定完成板框后，剩下的操作就是对面板进行开槽，避免面板对 PCB 的一些接口、按键、显示屏等不兼容。

2. 图形整理

为了保证 PCB/3D 外壳板能正确无误地放入面板，需要对面板部分区域进行开槽挖孔处理。首先需要把导入的 DXF 图形中多余的部分删除，保留外壳边框、按键、蜂鸣器等图形。用鼠标框选图形，由于在之前操作的时候把板框层锁定了，这时框选的时候不会选中板框层。按 Delete 键或右击并选择“删除”命令，如图 11-16 所示。删除到只剩下图 11-17 中的内容即可。

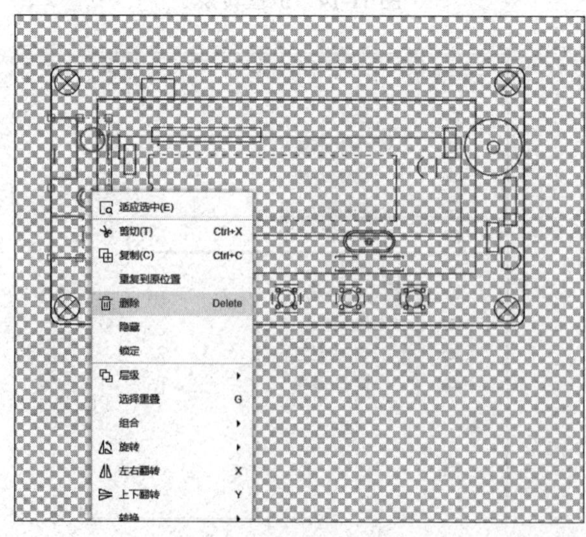

图 11-16 删除图形

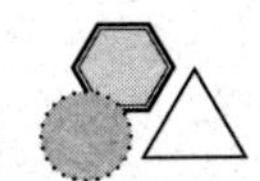

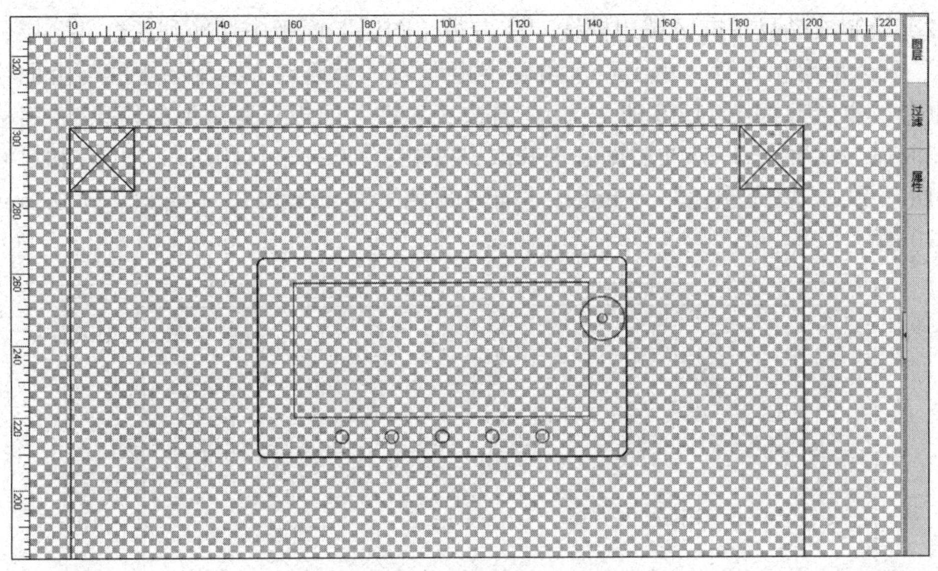

图 11-17 保留的图形

3. 液晶显示屏区域

（1）绘制液晶显示屏区域，在右边“图层”面板中切换到“背胶挖空层”，选择“放置”→“矩形”命令，单击左上角确定矩形的一个顶点，再单击右下角确定矩形的另一个顶点，右击退出绘制模式，在右边“属性”面板精确调整矩形的尺寸，如图 11-18 所示。最后将原来保留的线条删除。

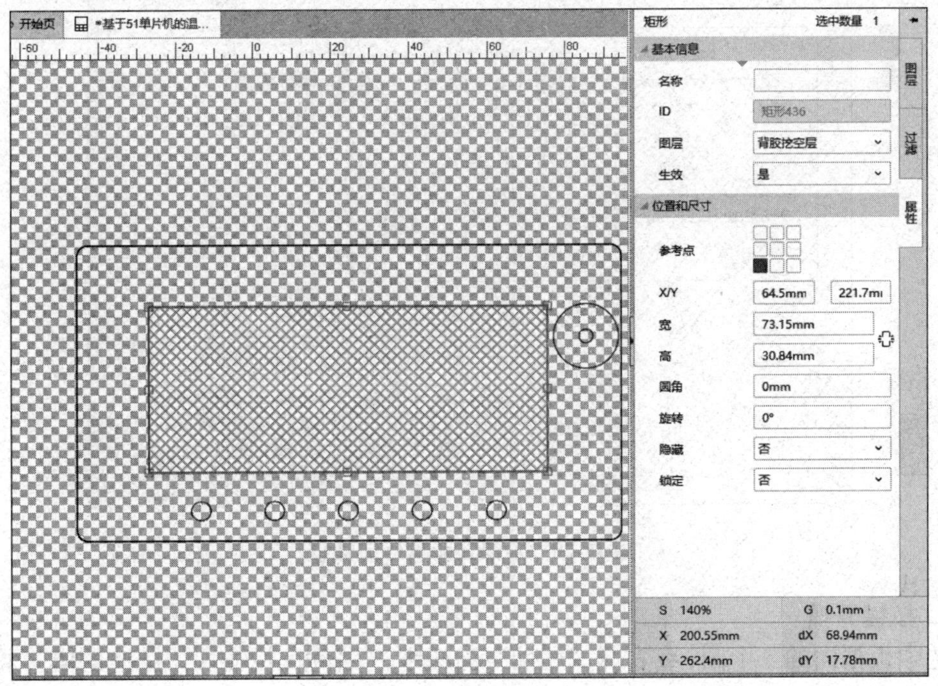

图 11-18 液晶显示屏区域

（2）绘制液晶显示屏区域边框线。在右边“图层”面板中切换到“全部”层，选择“放置”→“矩形”命令，单击左上角确定矩形的一个顶点（绘制的矩形与上面绘制的矩形重合，重合点如图 11-19 所示），在右边“属性”面板设置矩形的信息，“名称”栏输入“液晶显示屏”，以方便后面管理修改，“图层”选择“打印层”，“位置和尺寸”与图 11-18 一致，“填充颜色”为 none，“描边颜色”为 #5588FF，“线宽”为 0.3mm，如图 11-20 所示。

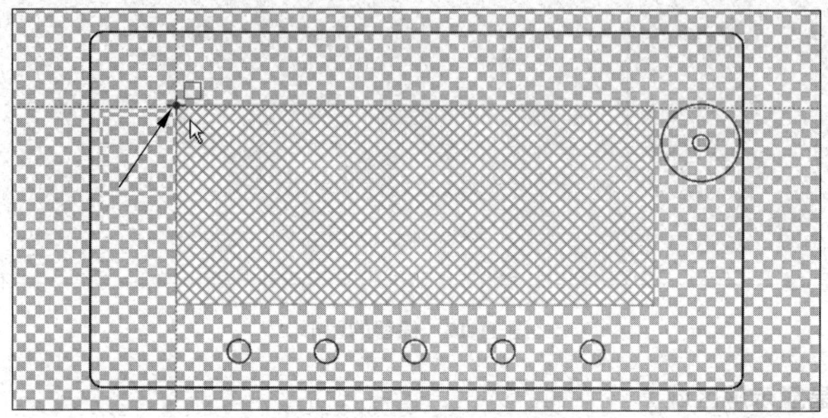

图 11-19　绘制的矩形与图 11-8 中绘制的矩形重合

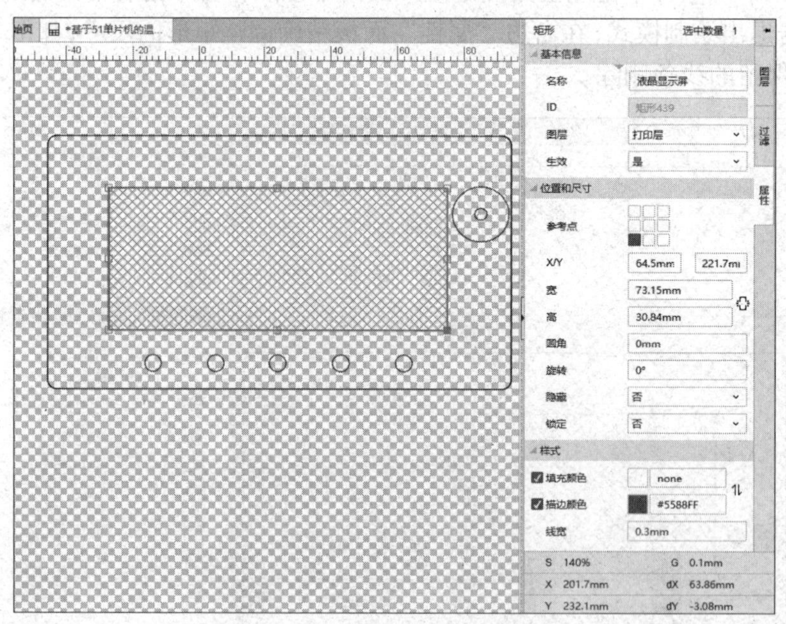

图 11-20　液晶显示屏区域边框

4. 按键开槽

选中板框内的 5 个圆，在右侧“属性”面板中，“名称”栏输入“按键挖槽”，将“图层”改为“挖孔层”，“参考点”选择中心，“宽”和“高”改为 7mm，如图 11-21 所示。

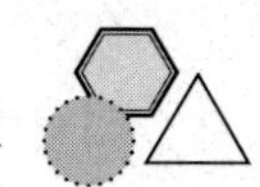

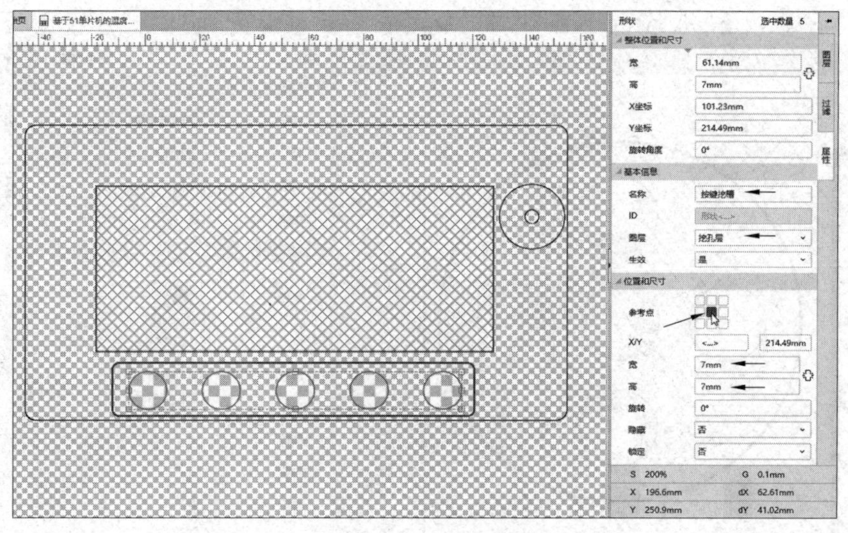

图 11-21　按键挖槽

5. 蜂鸣器接口开槽

为了使蜂鸣器在整体外壳装配时还能保证声音响亮，用户需要在外壳上开几个孔，保证蜂鸣器的声音能够从外壳内透出。

选中蜂鸣中间的小圆，在右侧“属性”面板中，将小圆的“图层”修改为“挖孔层”，“名称”栏输入“蜂鸣器挖槽”，如图 11-22 所示。

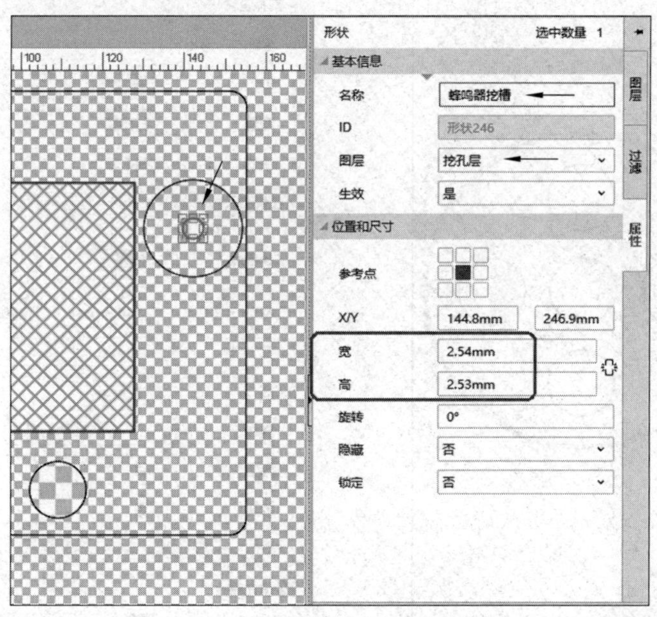

图 11-22　蜂鸣器挖槽

修改完成后再次单击蜂鸣器的小圆，右击并选择“复制”命令，或按 Ctrl+C 组合键进行复制，然后将复制好的圆形粘贴 4 个，如图 11-23 所示。

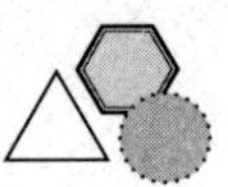

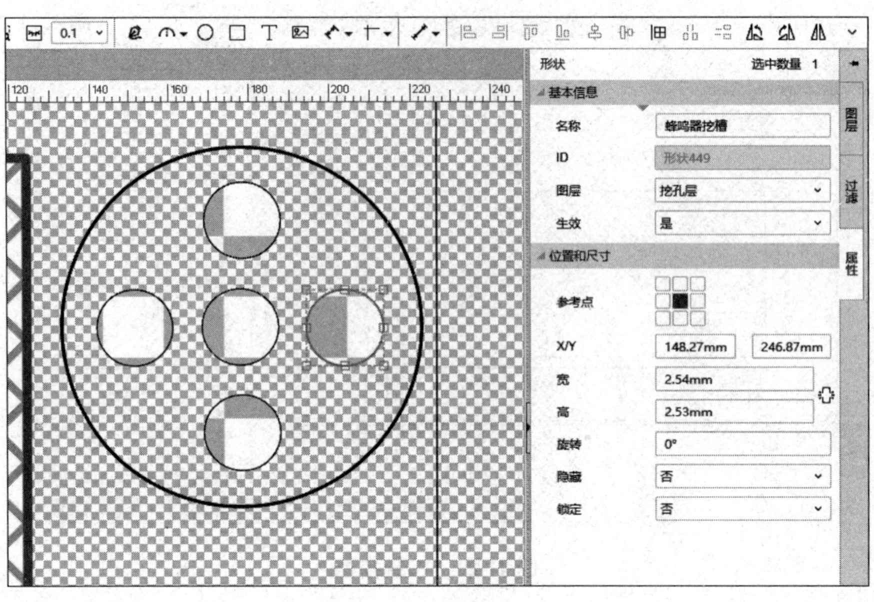

图 11-23　粘贴圆形

选中蜂鸣器的大圆，在右边的“属性”面板中，将“图层”设为“打印层”，“描边颜色”设为 #5588FF，“线宽”设为 0.2mm，如图 11-24 所示。

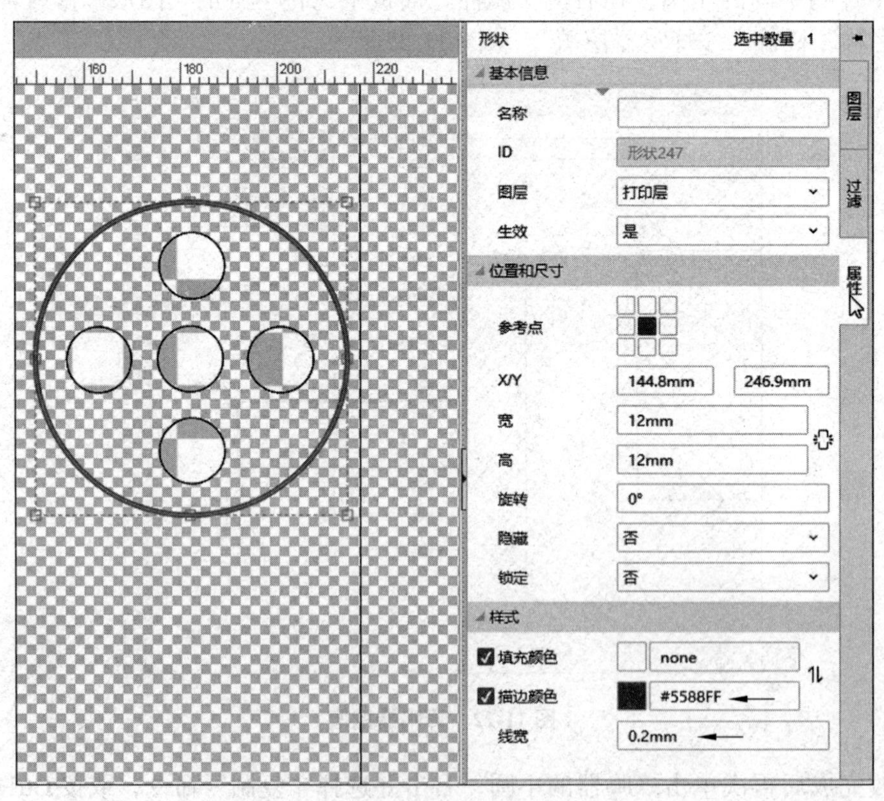

图 11-24　修改描边颜色

6. 添加文字打印标识

为了使作品外壳有着更好看和更明显的操作，一般用户都会在面板上加上一些标识，例如，按键加上按键说明，对蜂鸣器位置进行标识，也可以加上自己的一个项目名称，以及个人的 Logo 或一些好看的标识。

在右边“图层”面板中切换到“打印层”，在主菜单中选择“放置”→“文本”命令，在弹出的“文本”对话框中的“文本”框内输入要标识的文字，如图 11-25 所示。修改好对应的字体大小和颜色，这个可以自定义，修改完成后单击“放置”按钮，并将其放置到对应的按键挖槽位置，如图 11-27 所示。

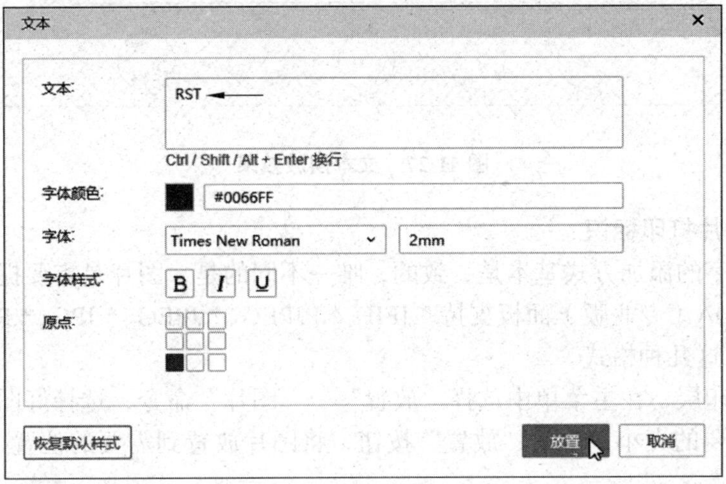

图 11-25　“文本”对话框

选中放置好的文字 RST，复制、粘贴到其他按键放文字的位置，修改为正确的文字（TH+、TH−、TL+、TL−）即可，如图 11-27 所示。用同样的方法放置文本“蜂鸣器”，文字“蜂鸣器”的设置信息如图 11-26 所示。

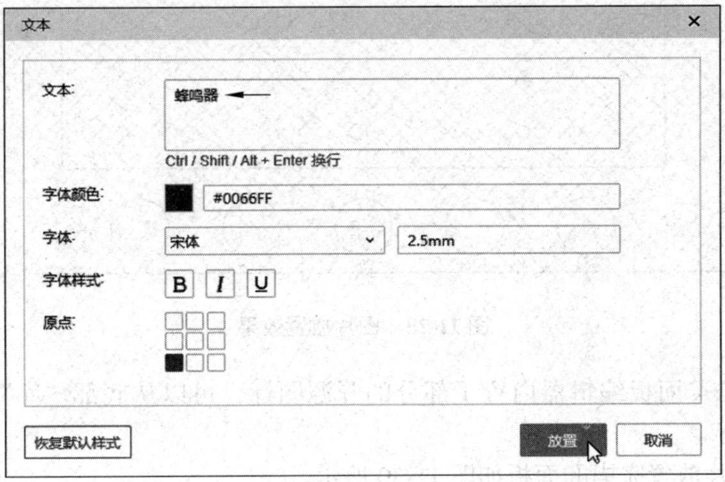

图 11-26　文本“蜂鸣器”的设置信息

图 11-27　文本摆放效果

7. 添加图片打印标识

图片与文字的添加方式基本是一致的，唯一不同的是，图片是需要提前准备好的。

嘉立创 EDA（专业版）面板支持 *.JFIF、*.PJPEG、*.JPEG、*.JPG、*.PNG、*.WEBP、*.SVG、*.GIF 这几种格式。

还是在打印层，在主菜单中选择"放置"→"图片"命令，选择好图片后，将尺寸修改为自己需要的大小，单击"放置"按钮，将图片放置到需要的位置上，单击即可，如图 11-28 所示。

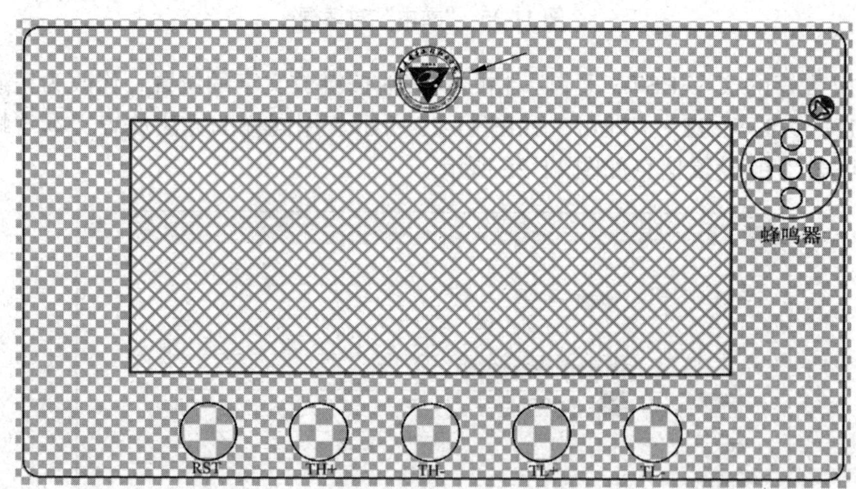

图 11-28　图片放置效果

嘉立创 EDA 面板编辑器内置了部分的开源图标，可以从底部"库"面板中放置，如图 11-29 所示。

文字、图片放置完毕的面板如图 11-30 所示。

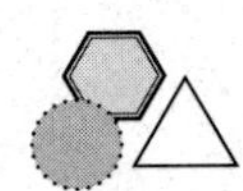

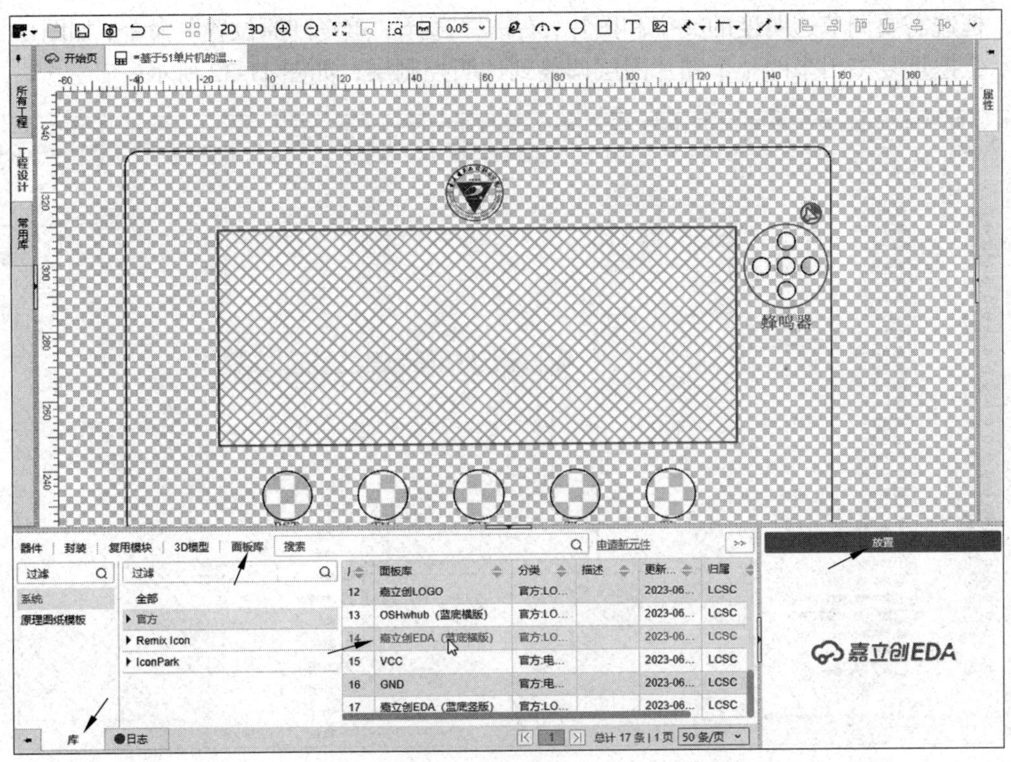

图 11-29　“库”面板

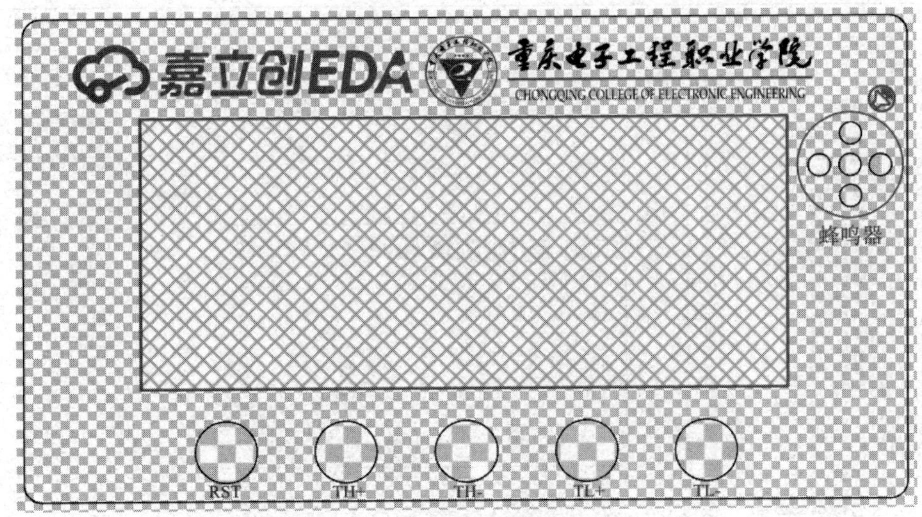

图 11-30　文字、图片放置完毕的面板

8. 文字、图片透明度调节

不同透明度的文字和图片显示效果是不一样的，透明度越高，文字和图片在灯光下显示得会更亮；透明度越低，显示效果越不明显。如果有这种需求，可在面板编辑器中对文字和图片进行透明度调节控制。

框选需要调节透明度的文字和图片，右击并选择“重复到原位置”命令，如图 11-31 所示，把重复多出来的一个图片图层调整到透明控制层，如图 11-32 所示。

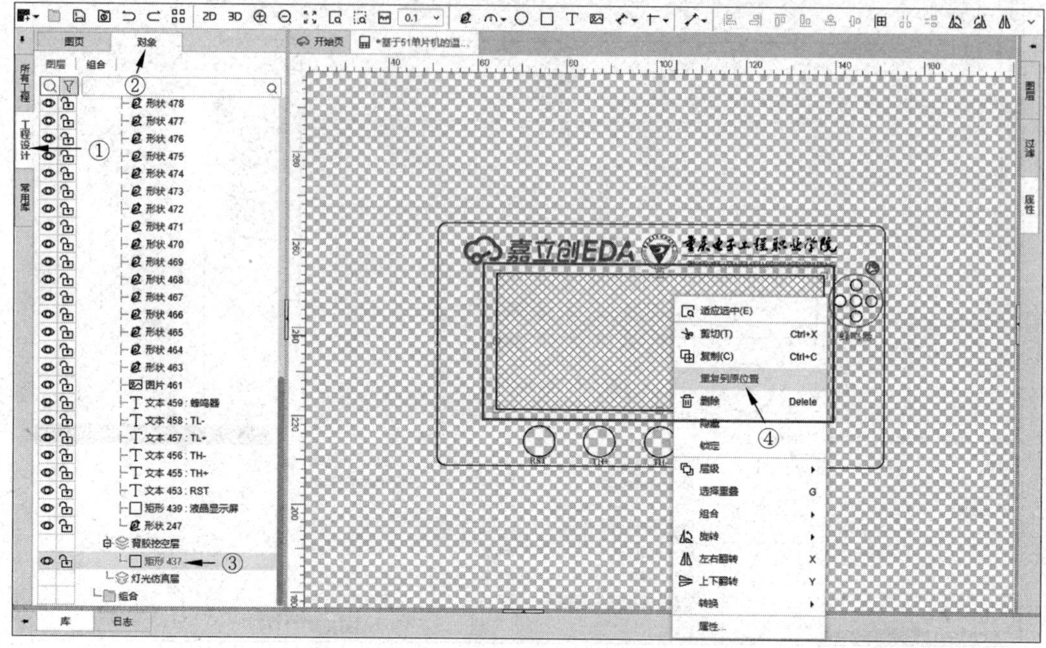

图 11-31　选择透明的对象并复制到原位置

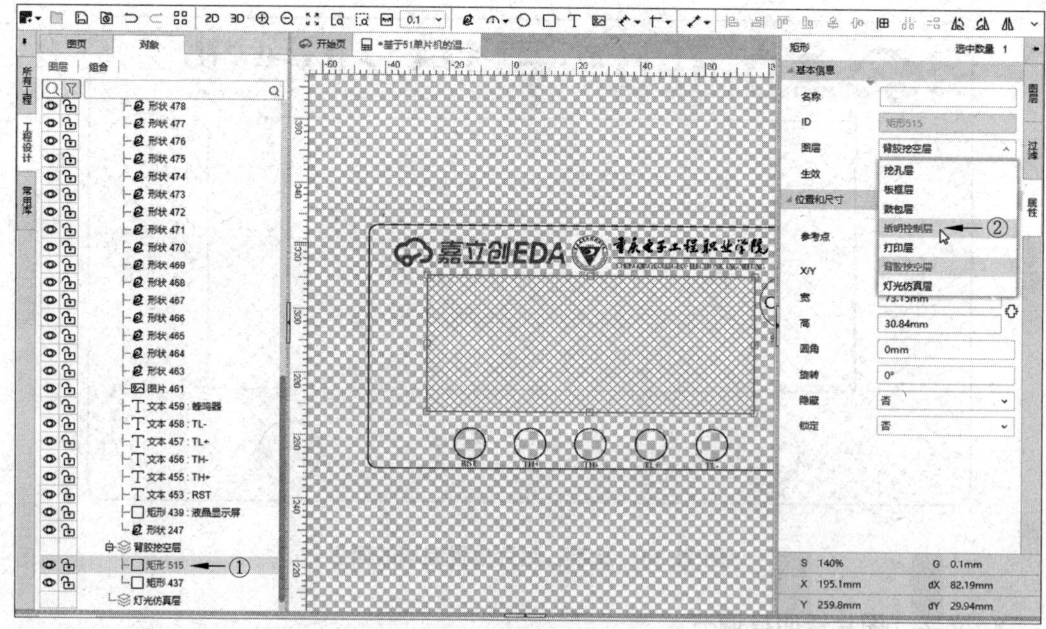

图 11-32　切换到透明控制层

选中透明控制层的图片，在右侧“属性”面板的“透明度（打印层、白底）”选项

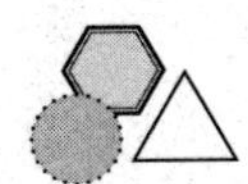

中调节透明度，如图 11-33 所示。“透明度（打印层、白底）”用于设置打印层和白底层的透明效果，可以直接输入具体数值，也可以通过下面的坐标选择器快捷设置相关透明参数，数值越高越透明，其中（100,100）为全透明，（0,0）为不透明。

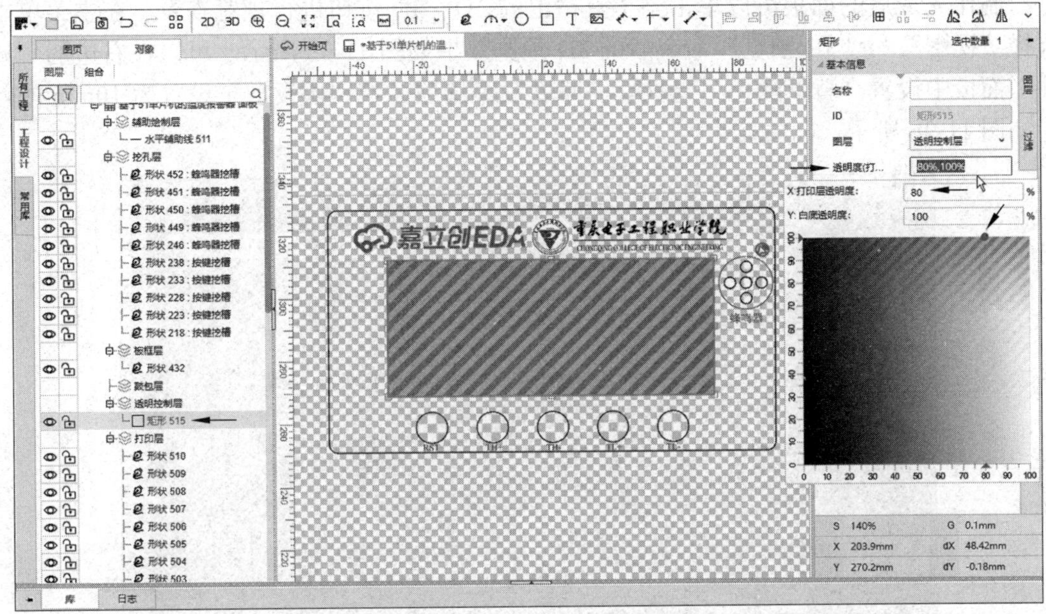

图 11-33　调节透明度

（1）打印层透明度：调节“打印层透明度”属性可以使表面的文字透明度降低或提高，但会有一层浅白色的遮罩，建议调整时把白底设置为 100%，显示效果会更好。

（2）白底透明度：位于打印层底部，用于控制遮光，如果需要使文字透明等，建议将这个图层设置为 100% 透明，详情可以查看图 11-34 的图层说明。

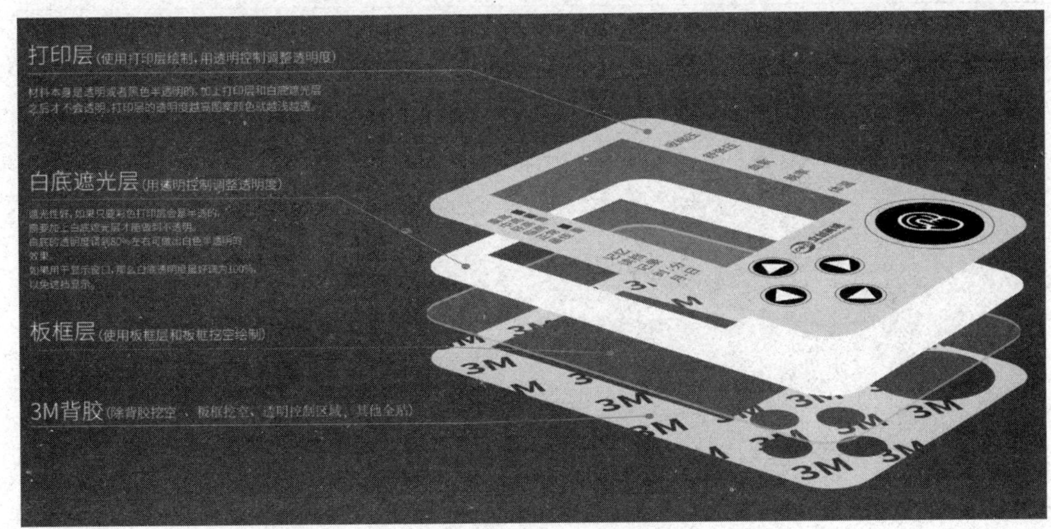

图 11-34　图层说明

提示：图片透明度调节目前仅支持 SVG 格式的矢量图，其他格式暂不支持。

11.4.3　2D、3D 预览

制作完成后的面板可以单击主工具栏上的 2D、3D 按钮进行预览查看。在主菜单中选择“视图”→“3D 预览”命令后的 3D 预览效果如图 11-35 所示。可以在右边的“属性”面板中设置“背景颜色”“材质”“厚度”等选项，将“层发散”设置为 10mm 的效果如图 11-36 所示。

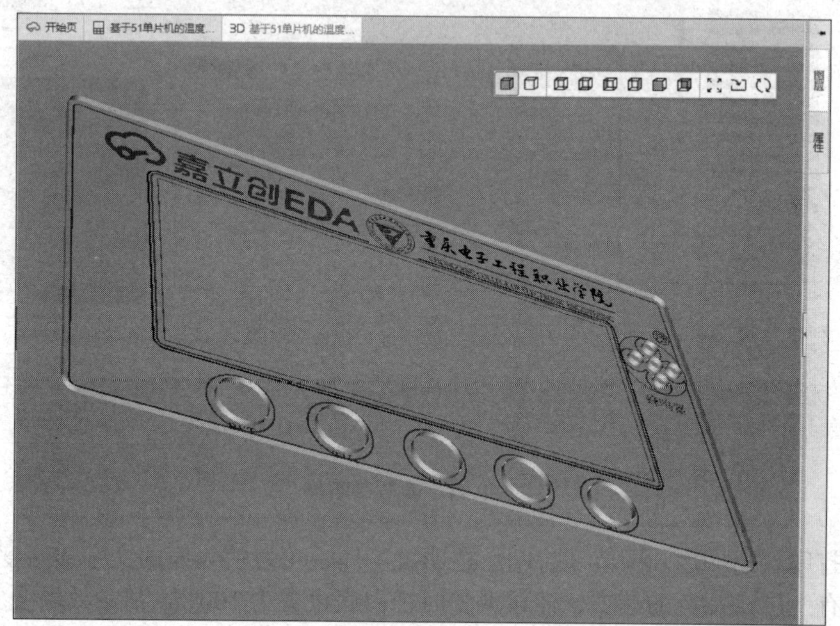

图 11-35　面板 3D 预览

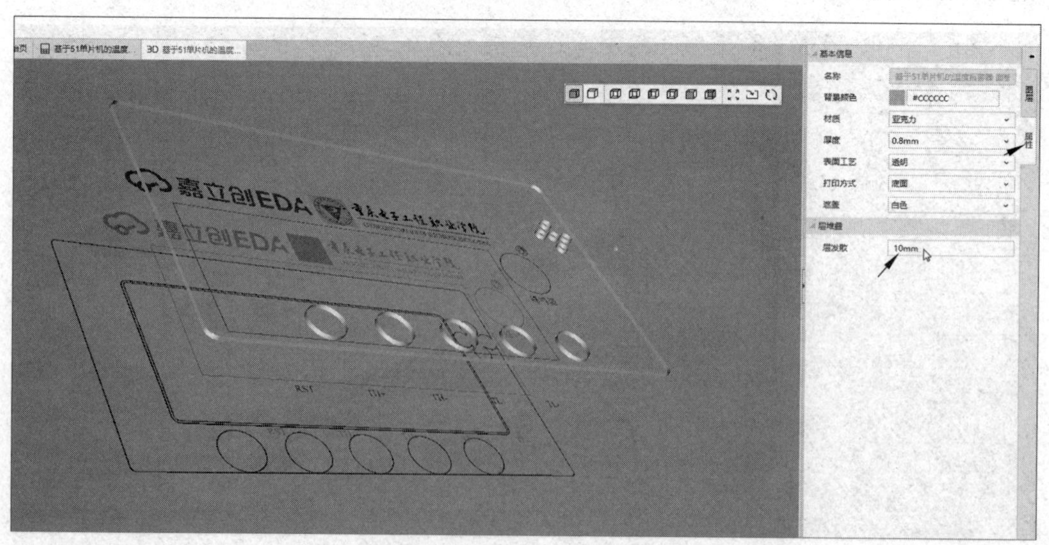

图 11-36　“层发散”参数为 10mm

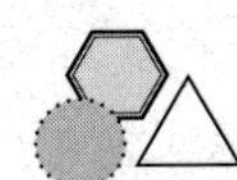

11.5　面板下单制作

11.5.1　导出面板制造文件

面板下单

嘉立创 EDA（专业版）面板编辑器支持一键导出 .epanm 的面板制造文件。

在主菜单中选择“文件”→“导出”→“面板制造文件”命令或选择“导出”→“面板制造文件”命令，弹出“导出生产文件”对话框，如图 11-37 所示。

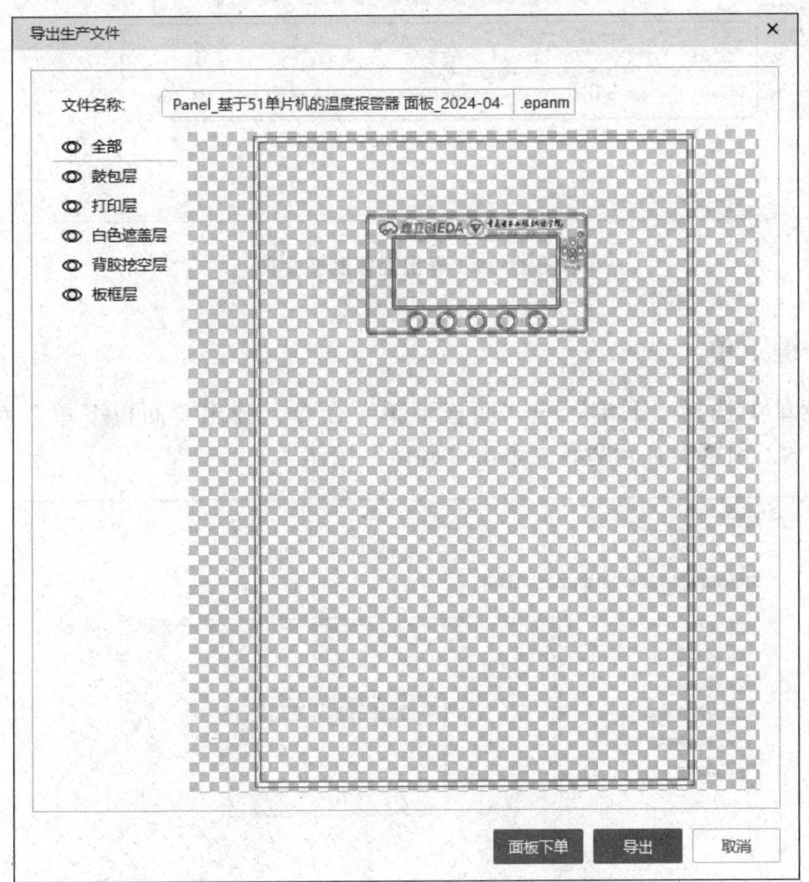

图 11-37　“导出生产文件”对话框

预览没有问题后，设置文件名，单击“导出”按钮，得到面板制造文件（epanm 格式），如图 11-38 所示。

导出制造文件前会进行文件规则检查，如果有问题，会在“日志”里面提示，根据提示修改即可；如果没有错误，就可以单击“保存”按钮，得到面板制造文件。

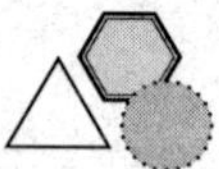

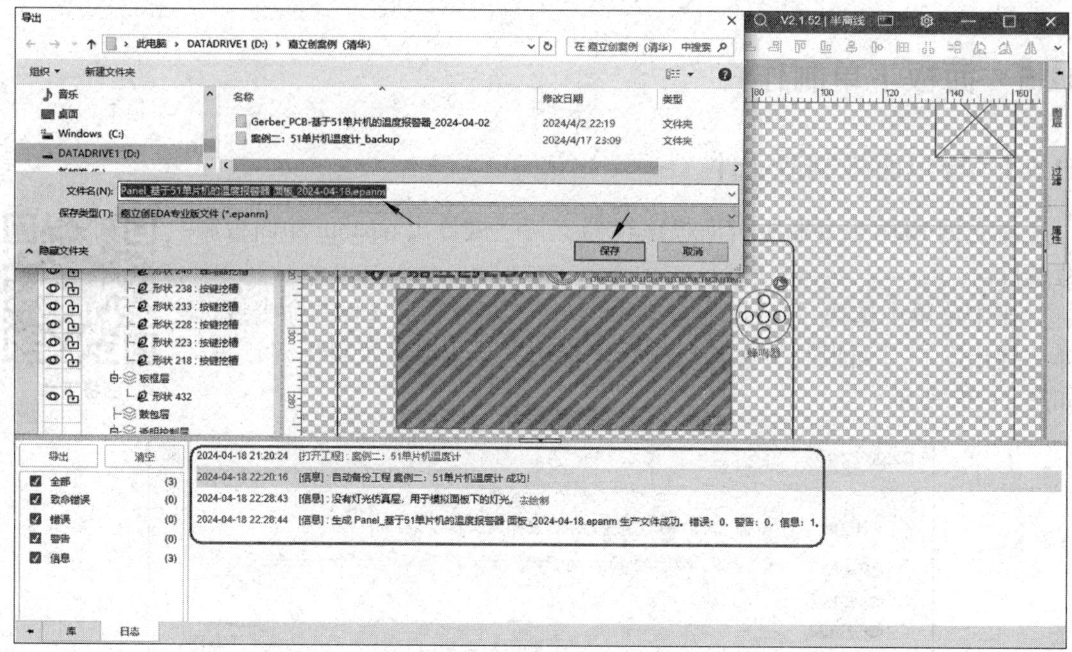

图 11-38　导出面板制造文件

11.5.2　一键下单

在主菜单中选择“下单”→“面板下单”命令，弹出“面板下单”对话框，如图 11-39 所示，预览没有问题后，单击“确认”按钮。

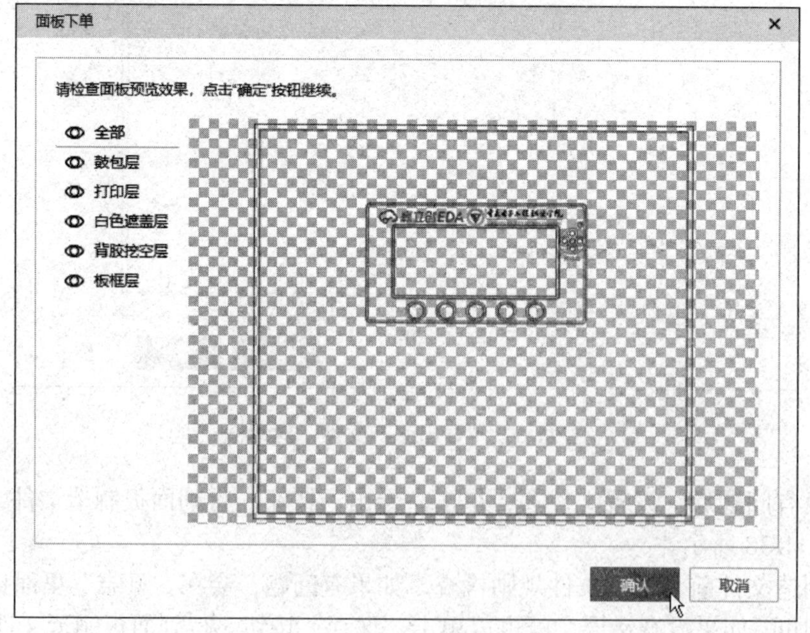

图 11-39　“面板下单”对话框

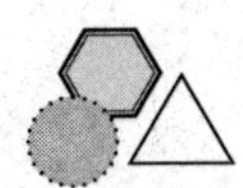

待下单数据生成完后，弹出“提示”对话框，如图 11-40 所示，单击“确定”按钮即可跳转至立创商城面板的下单页面，如图 11-41 所示，将工艺选择好后即可下单。

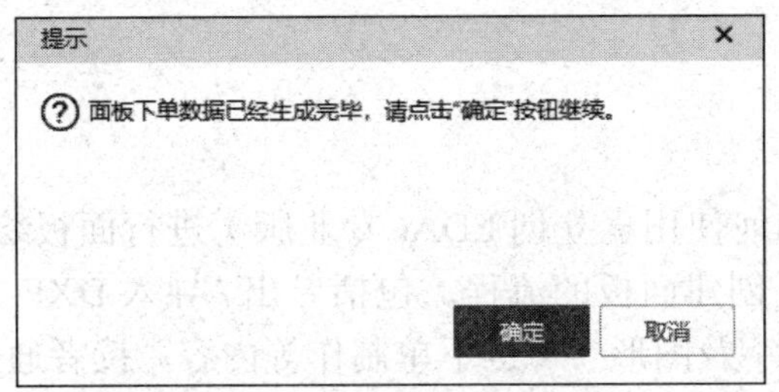

图 11-40　“提示”对话框

图 11-41　立创商城下单页面

11.5.3　导出文件下单

在“导出生产文件”对话框中单击“面板下单”按钮，重复 11.5.1 小节的步骤，待下单数据生成完后，弹出“提示”对话框，单击“确定”按钮即可跳转至立创商城面板的下单页面，如图 11-41 所示，将工艺选择好后即可下单。

提示：导出制造文件的格式是 epanm，它属于嘉立创 EDA（专业版）的专用格式。面板导出的文件仅限在立创面板中打印使用，其他生产厂家不能够使用这个文件进行面板打印生产。

从图 11-39 中可以看出，一张 200mm×300mm 的图纸打印到一张面板会比较浪费，可以拼接多个面板进行打印。

本章小结

本章主要介绍了如何使用嘉立创 EDA(专业版）进行面板绘制。从官方示例工程、面板介绍入手，介绍了创建面板的流程，包括导出 / 导入 DXF 文件、绘制板框、整理面板对象、添加打印文字及图形、一键下单制作等内容。读者通过该章内容的学习，能制作满意的面板。

习题

根据图 11-42 的图片，使用嘉立创 EDA 面板编辑器绘制一个手机支架。

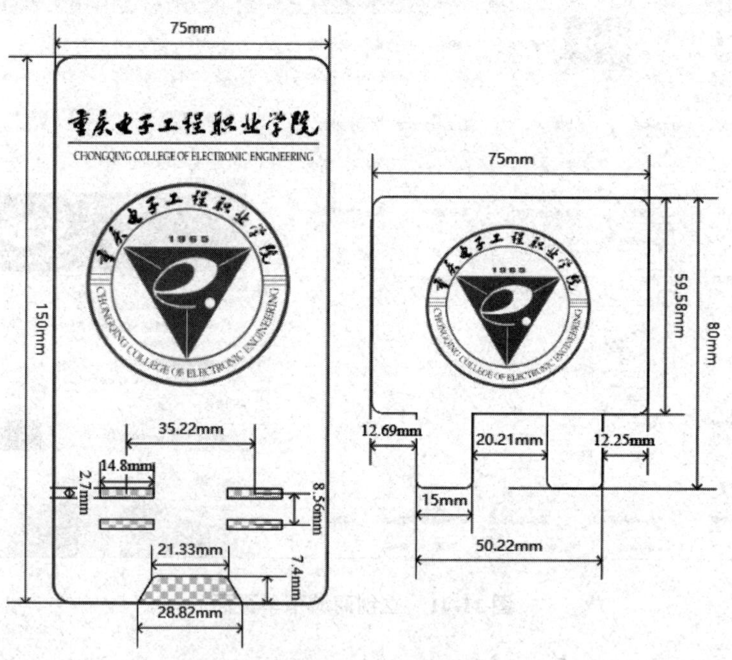

图 11-42　手机支架面板

第 12 章

多页原理图设计

常规原理图设计是将整个原理图绘制在一张原理图纸上，这种设计方法对小规模、简单的电路图较为适合。当设计大规模，复杂的电路图时，整个原理图绘制在一张图纸上，就会使图纸尺寸变得很大，可读性差，不利于电路的分析。

嘉立创 EDA（专业版）支持多页原理图设计，可以有效解决这个问题。可以采用多页原理图设计来简化电路，使电路的各个功能部分更加清晰，增强电路图的可读性。

本章将以第十四届蓝桥杯 EDA 国赛真题电路为例，介绍嘉立创 EDA（专业版）的多页原理图及 PCB 设计方法。

12.1 绘制多页原理图

本书前面介绍的常规原理图设计方法是将整个原理图绘制在一张原理图纸上，这种设计方法对于规模较小且较为简单的电路图的设计提供了方便的工具支持。但当设计大型、复杂系统的电路原理图时，若将整个图纸设计在一张图纸上，就会使图纸变得幅面很大，不利于分析和检错。

多页原理图设计 1

目前，嘉立创 EDA 的原理图图页如果放置器件数量过多会比较卡顿，所以增加了数量检测，建议一页放置 150 个以下元件。如果一个原理图的元件超过 150 个，可以通过创建分页来放置其他器件。多页原理图设计的关键在于正确地传递各图页之间的信号，多页原理图之间靠“网络端口（输入、输出、双向端口）”进行连接。

多页原理图绘制的方法与单页原理图绘制的方法类似，唯一不同之处是多页原理图之间靠“网络端口”进行连接，如图 12-1~ 图 12-3 所示。

12.1.1 新建工程及多页原理图

（1）启动嘉立创 EDA（专业版），在主菜单栏中选择“文件”→“新建”→“工程”命令，弹出“新建工程”对话框，如图 12-4 所示，填写工程名称“案例三：第十四届蓝桥杯 EDA 国赛真题”及描述等信息，单击“保存”按钮，完成新建工程，如图 12-5 所示。

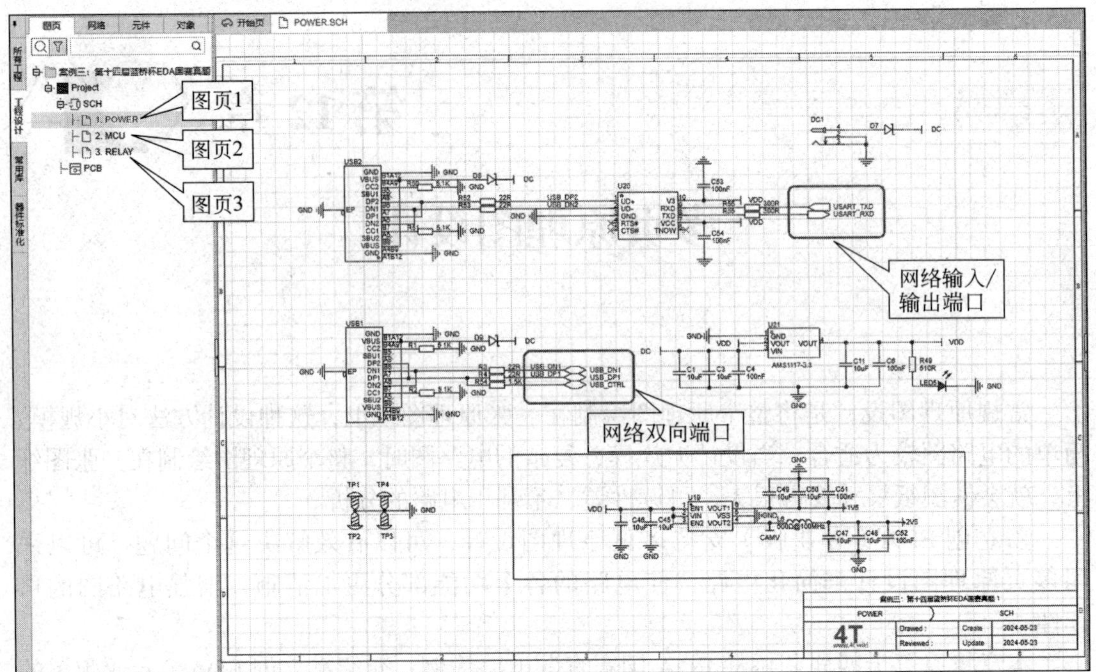

图 12-1　图页 1

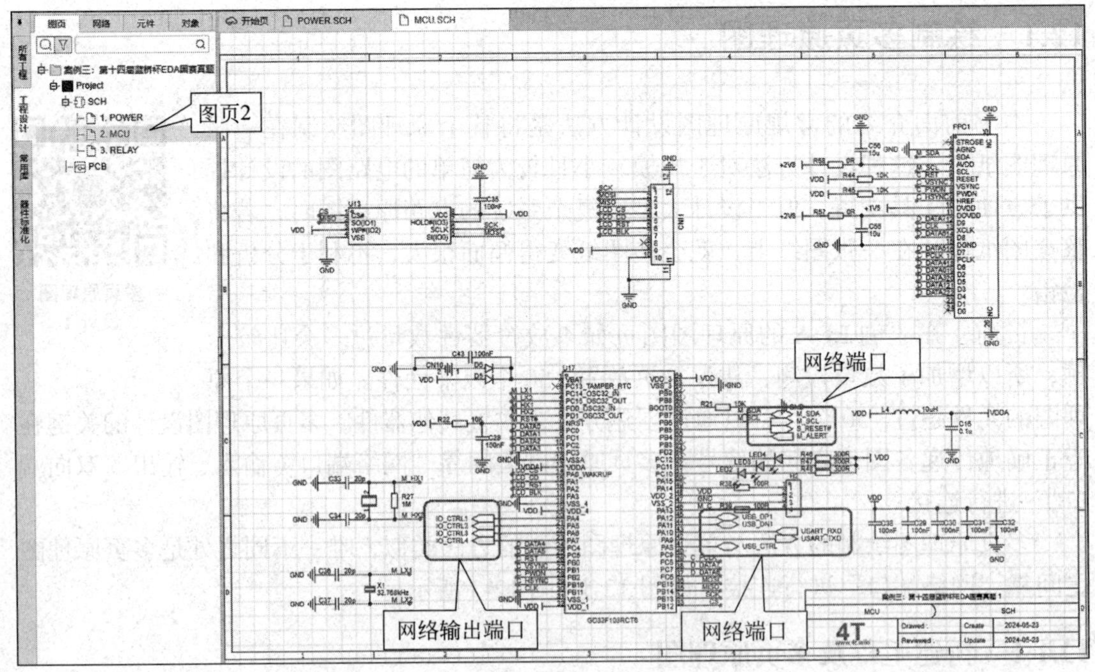

图 12-2　图页 2

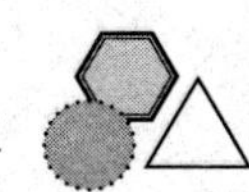

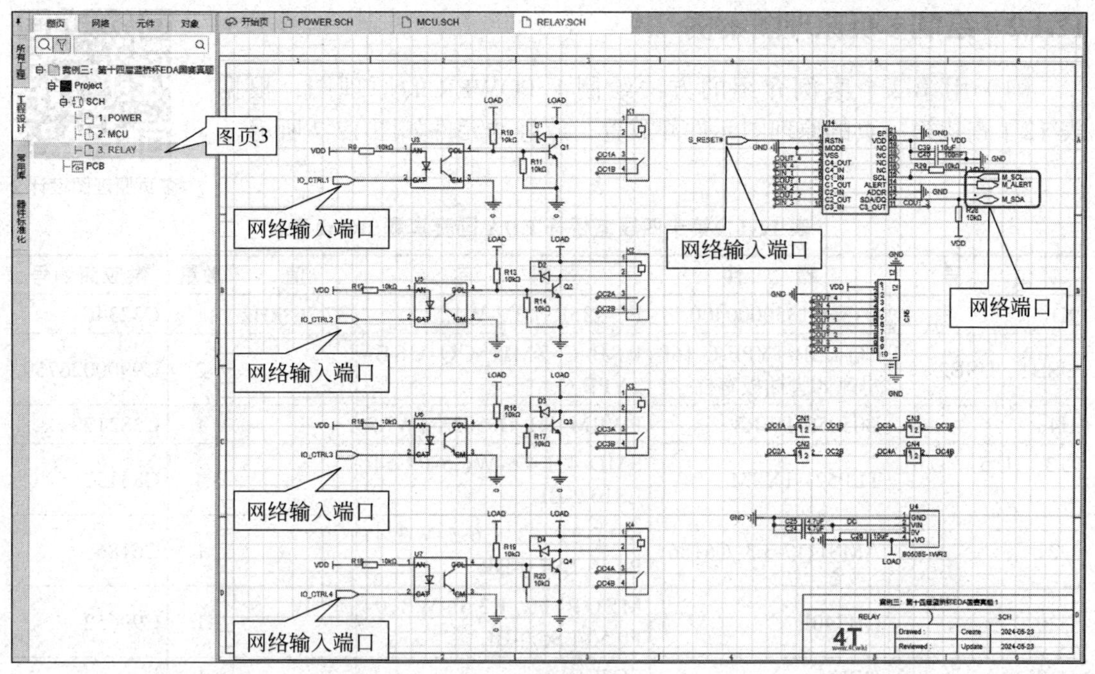

图 12-3　图页 3

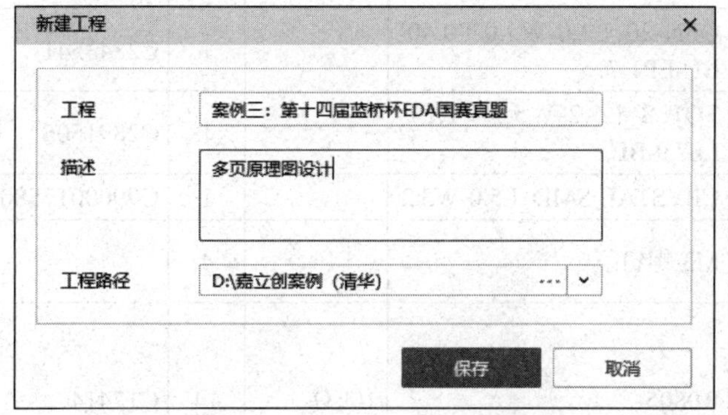

图 12-4　“新建工程”对话框

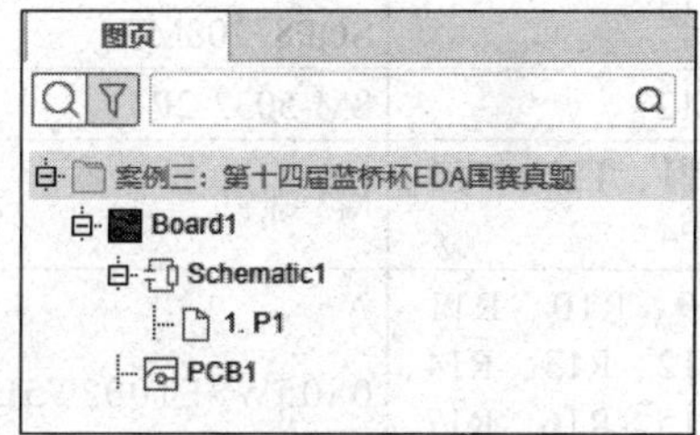

图 12-5　完成新建工程

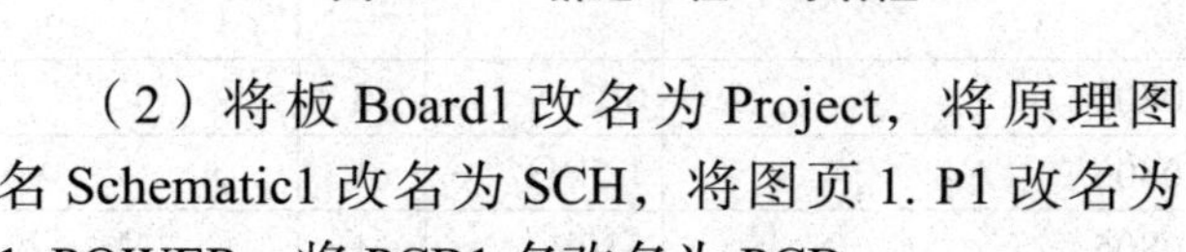

（2）将板 Board1 改名为 Project，将原理图名 Schematic1 改名为 SCH，将图页 1. P1 改名为 1. POWER，将 PCB1 名改名为 PCB。

（3）选择“文件”→“新建”→“图页”命令，新建 2. P2 图页，把它更名为 2. MCU。

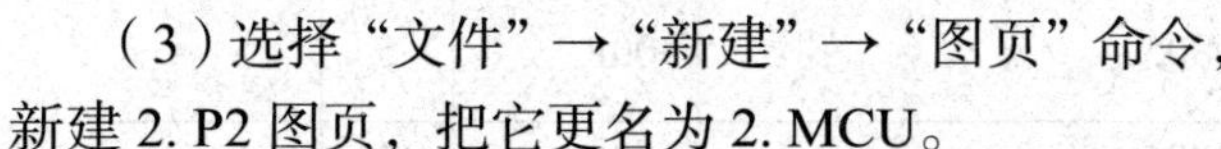

（4）选择“文件”→“新建”→“图页”命令，新建 3. P3 图页，把它更名为 3. RELAY，如图 12-6 所示。

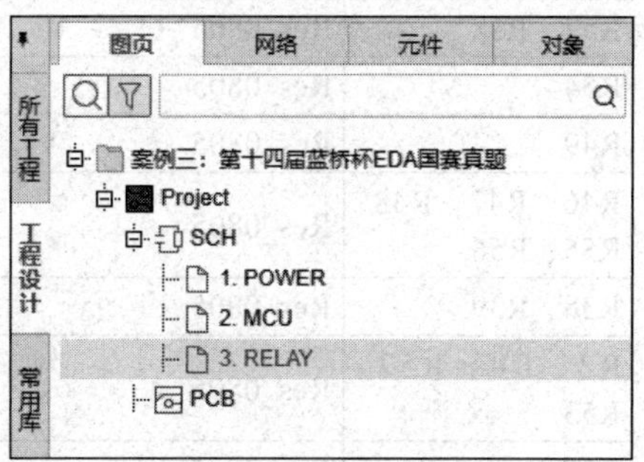

图 12-6　多页原理图

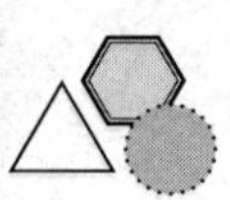

12.1.2 绘制多页原理图案例

多页原理图设计 2

（1）用第 2 个案例介绍的方法绘制 1. POWER 的原理图，根据表 12-1 查找第一页的原理图元件并放置，放好的元件如图 12-7 所示。

表 12-1 第十四届蓝桥杯 EDA 国赛真题 BOM 表

位 号	器 件	封 装	值	数量	供应商编号
X1	Q13FC1350000400	FC-135R_L3.2-W1.5	32.768kHz	1	C32346
USB1、USB2	CQ-USB-TYPE-C 16P 母座四脚插板有柱	USB-C-SMD_CQ-USB-TYPE-C		2	C9900026759
U4	B0505S-1WR3	PWRM-TH_B0503S-1WR3		1	C382179
U3、U5、U6、U7	TLP521-1XSM	SMD-4_L4.6-W6.5-P2.54-LS10.2-BL		4	C83157
U21	AMS1117-3.3_C6186	SOT-223-3_L6.5-W3.4-P2.30-LS7.0-BR		1	C6186
U20	CH340E	MSOP-10_L3.0-W3.0-P0.50-LS5.0-BL		1	C99652
U19	DPV	SOT_DPV		1	
U17	GD32F103RCT6	LQFP-64_L10.0-W10.0-P0.50-LS12.0-BL		1	C80687
U14	MDC04	QFN-20_L3.0-W3.0-P0.40-BL-EP1.7		1	C2843541
U13	GD25Q16CSAG-SOP8_208MIL	SOP-8_L5.2-W5.3-P1.27-LS7.9-BL		1	C2891506
U12	8M-5032-2P	CRYSTAL-SMD_L5.0-W3.2		1	C9900017580
TP1、TP2、TP3、TP4	M3 螺钉	M3 螺钉		4	
R9、R10、R11、R12、R13、R14、R15、R16、R17、R18、R19、R20、R28、R29	0805W8F1002T5E_C17414	R0805	10kΩ	14	C17414
R57、R58	Res_0805	R0805	0R	2	
R54	Res_0805	R0805	1.5kΩ	1	
R49	Res_0805	R0805	510R	1	
R46、R47、R48、R55、R56	Res_0805	R0805	300R	5	
R38、R39	Res_0805	R0805	100R	2	
R3、R4、R52、R53	Res_0805	R0805	22R	4	
R27	Res_0805	R0805	1MΩ	1	
R21、R22、R44、R45	Res_0805	R0805	10kΩ	4	

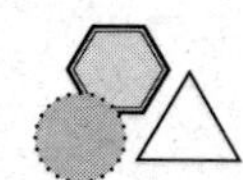

续表

位　号	器　件	封　装	值	数量	供应商编号
R1、R2、R50、R51	Res_0805	R0805	5.1kΩ	4	
Q1、Q2、Q3、Q4	SS8050_C2150	SOT-23_L2.9-W1.3-P1.90-LS2.4-BR		4	C2150
LED5	LED_0805-R	LED_0805		1	
LED2、LED3、LED4	LED_0805-G	LED_0805		3	
L6	BLM18AG601SN1D	L0603		1	C19330
L4	L_0805	L0805	10μH	1	
K1、K2、K3、K4	HF49FD/012-1H12	RELAY-TH_HF49FD-×××-1H12-×××		4	C399491
H2	2.54-1*4P	HDR-TH_4P-P2.54-V-F		1	C2718488
FPC1	F-FPC0M24P-C310	FPC-SMD_P0.50-24P_XJ-FGS		1	C132514
DC1	DC-005_2.0	DC-2.0		1	
D7、D8、D9	SS34	SMA_L4.3-W2.6-LS5.0-RD		3	C9900023345
D5、D6	1N4148WS_C2128	SOD-323_L1.8-W1.3-LS2.5-RD		2	C2128
D1、D2、D3、D4	SS14_C2480	SMA_L4.2-W2.6-LS5.3-RD		4	C2480
CN5、CN11	KH-A1251WF-10A	CONN_SMD_10P-P1.25_KINGHELM_KH-A1251WF-10A		2	C4943304
CN10	CR1220_B	BAT-SMD_CR1220-2ZX		1	C9900012049
CN1、CN2、CN3、CN4	KF128L-5.08-2P（蓝色）	TH_KF128L-5.08-2P		4	C2916931
C55、C56	CAP_0805	C0805	10μF	2	
C4、C6、C28、C29、C30、C31、C32、C35、C38、C40、C43、C51、C52、C53、C54	CAP_0603、CAP_0805	C0805	100nF	15	
C33、C34、C36、C37	CAP_0603	C0805	20pF	4	
C24、C25	CAP_0805	C0805	4.7μF	2	
C16	CAP_0805	C0805	0.1μF	1	
C1、C3、C11、C26、C39、C45、C46、C47、C48、C49、C50	CAP_0805	C0805	10μF	11	

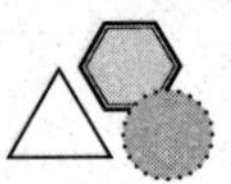

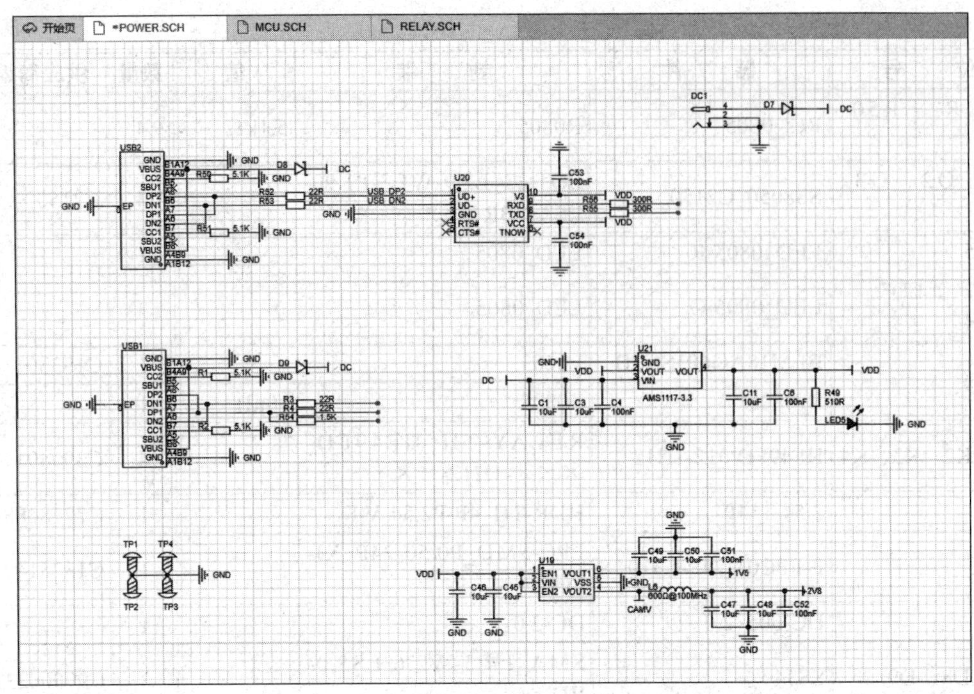

图 12-7　1.POWER 原理图（未放置网络端口）

（2）选择“放置”→“网络端口”→“输入”命令，放置输入端口 NET1，在“属性”面板将名称更名为 USART_TXD，如图 12-8 所示。

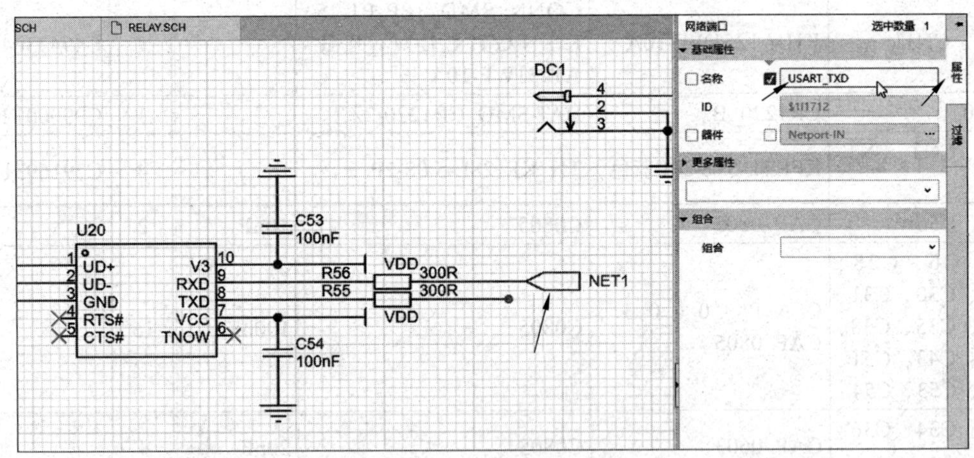

图 12-8　放置网络输入端口

（3）选择“放置”→“网络端口”→“输出”命令，放置输出端口 NET2，在“属性”面板将名称更名为 USART_RXD，如图 12-9 所示。

（4）选择“放置”→“网络端口”→“双向”命令，放置输出端口 NET3、NET4、NET5，在“属性”面板将端口名称更名为 USB_DN1、USB_DP1、USB_CTRL，如图 12-10 所示。

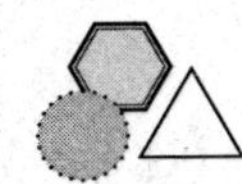

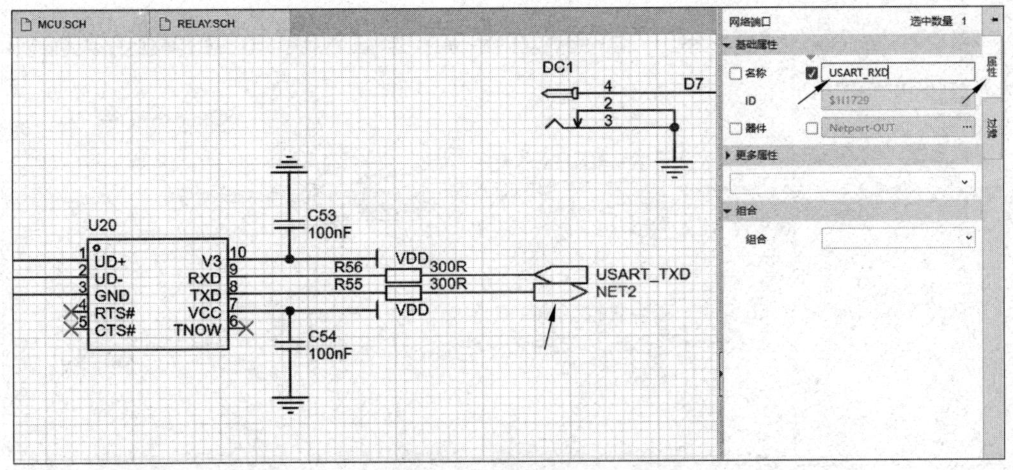

图 12-9　放置网络输出端口

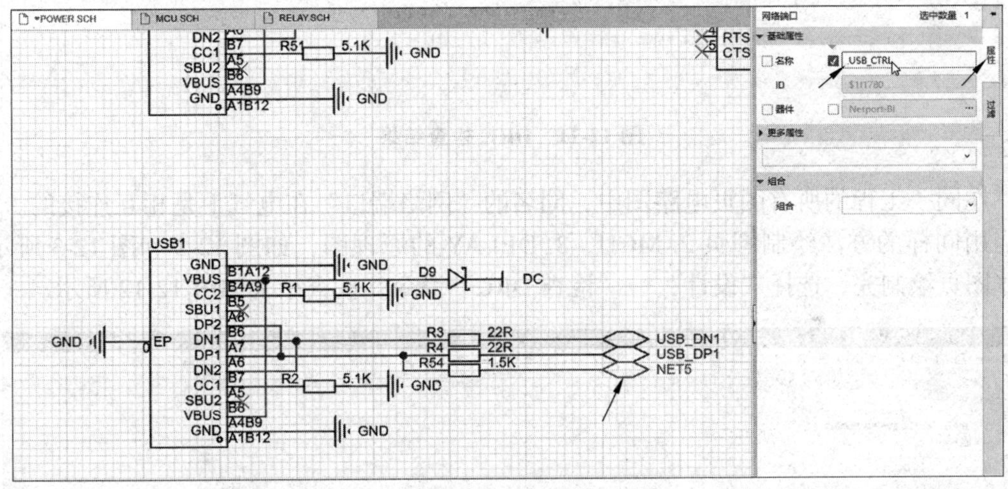

图 12-10　放置网络双向端口

（5）3 个双向网络端口及输入 / 出端口添加完后，图页 1. POWER 原理图绘制完成。选择“设计”→“检查 DRC”命令，检查结果，如图 12-11 所示。提示放置的 5 个网络端口是单网络，仅连接了一个元件引脚。这是因为用户还没有完成图页 2. MCU、图页 3. RELAY 的原理图设计。

注意： 网络端口一定是成对出现的，如果网络端口 USART_TXD 在图页 1. POWER 中是“输入”端口，那它在图页 2. MCU 的原理图中出现时，一定是“输出”网络端口 USART_TXD；USART_RXD 在图页 1. POWER 中是“输出”端口，那它在图页 2. MCU 的原理图中出现时，一定是“输入”网络端口 USART_RXD；网络端口 USB_DN1、USB_DP1、USB_CTRL 在图页 1. POWER 中是“双向”网络端口，那它在图页 2. MCU 的原理图中出现时，一定是“双向”网络端口，并且名字相同。各个图页之间正是靠“同名”的“网络端口”进行连接，只是连接的端口方向要发生改变。

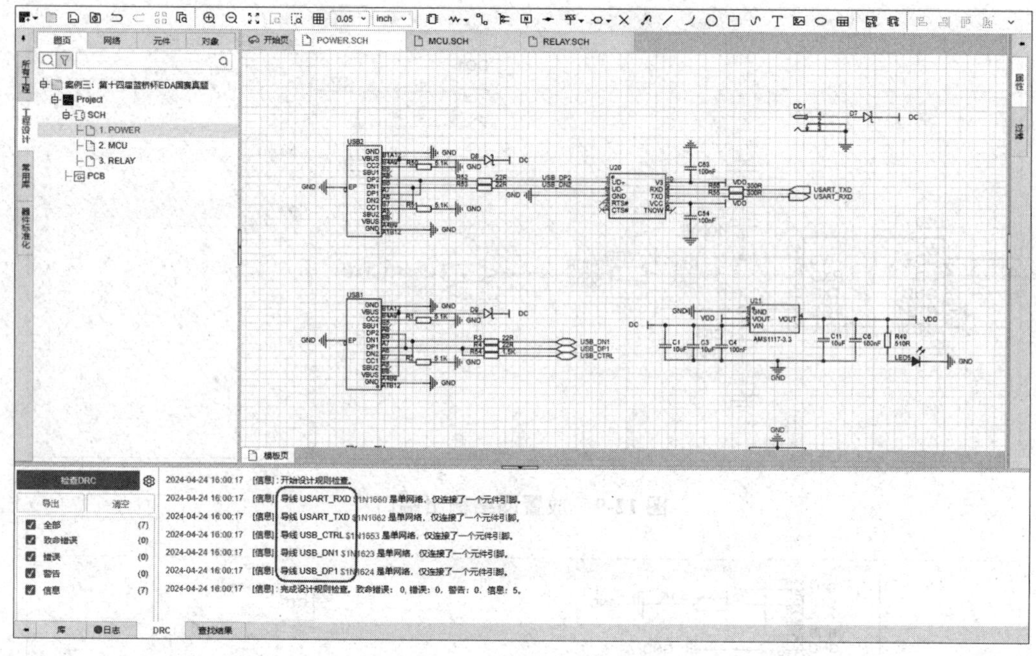

图 12-11　DRC 检查结果

在同一工程的所有图页电路图中，同名的“网络端口”在电气上是相互连接的。

用同样的方法绘制图页 2. MCU、3. DELAY 的原理图，如图 12-2 和图 12-3 所示。三张图页绘制完，选择“设计”→“检查 DRC”命令，检查结果如图 12-12 所示。

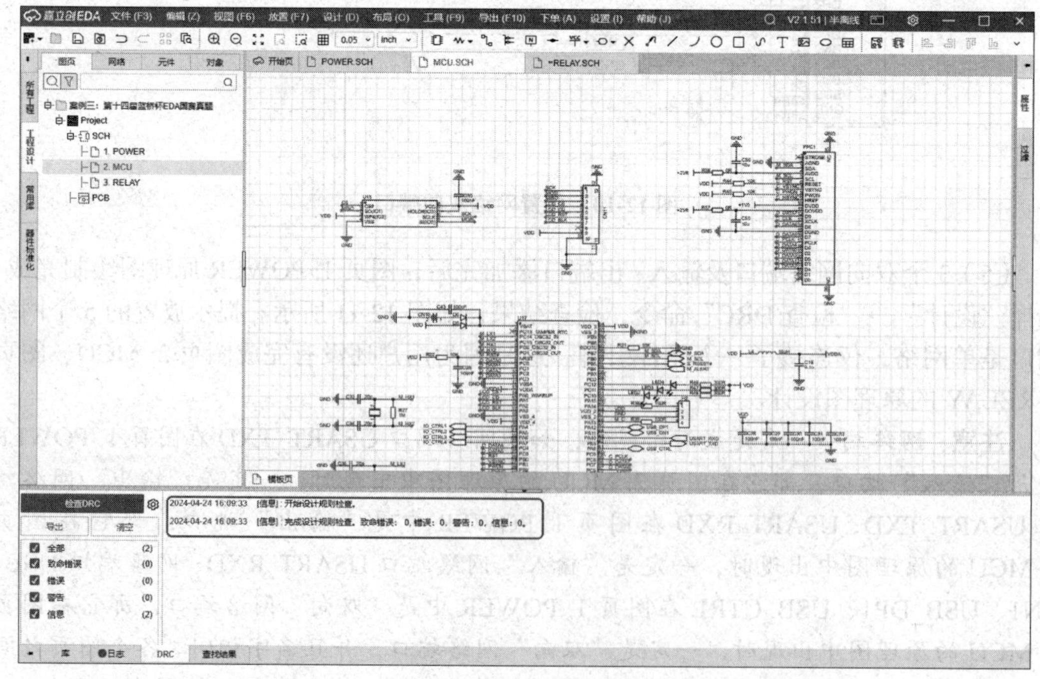

图 12-12　三张图页绘制完的 DRC 检查结果

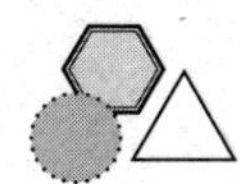

从检查结果可以看出，所有的网络端口都匹配，设计没有错误，没有警告信息。

12.2　常见的元器件封装技术

要知道，封装的好坏将直接影响到芯片自身性能的发挥和与之连接的 PCB 设计和制造，所以，封装技术至关重要。

1. SOP/SOIC

SOP（small outline package，小外形封装）如图 12-13 所示。SOP 技术由菲利浦公司于 1968—1969 年开发成功，以后逐渐派生出 SOJ（J 型引脚小外形封装）、TSOP（薄型小外形封装）、VSOP（甚小外形封装）、SSOP（缩小型 SOP）、TSSOP（薄的缩小型 SOP）、SOT（小外形晶体管）、SOIC（小外形集成电路）。

2. DIP

DIP（double in-line package，双列直插式封装）如图 12-14 所示。DIP 是插装型封装之一，引脚从封装两侧引出，封装材料有塑料和陶瓷两种。DIP 是最普及的插装型封装，应用范围包括标准逻辑 IC、存储器 LSI、微机电路等。

3. PLCC

PLCC（plastic leaded chip carrier，塑封 J 引线芯片封装）如图 12-15 所示。PLCC 外形呈正方形，32 脚封装，四周都有管脚，外形尺寸比 DIP 封装小得多。PLCC 适合用 SMT 表面安装技术在 PCB 上安装布线，具有外形尺寸小、可靠性高的优点。

图 12-13　SOP

图 12-14　DIP

图 12-15　PLCC

4. TQFP

TQFP（thin quad flat package，薄塑封四角扁平封装）如图 12-16 所示。四边扁平封装工艺能有效利用空间，从而降低对印刷电路板空间大小的要求。由于缩小了高度和体积，这种封装工艺非常适合对空间要求较高的应用，如 PCMCIA 卡和网络器件。几乎所有 ALTERA 的 CPLD/FPGA 都有 TQFP。

5. PQFP

PQFP（plastic quad flat package，塑封四角扁平封装）如图 12-17 所示。PQFP 的芯片引脚之间距离很小，管脚很细。一般大规模或超大规模集成电路采用这种封装形式，其引脚数一般都在 100 个以上。

6. TSOP

TSOP（thin small outline package，薄型小尺寸封装）如图 12-18 所示。TSOP 一个

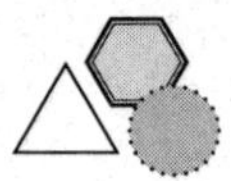

典型特征就是在封装芯片的周围做出引脚。TSOP 适合用 SMT（表面安装）技术在 PCB 上安装布线。

图 12-16　TQFP　　图 12-17　PQFP　　图 12-18　TSOP

TSOP 寄生参数（电流大幅度变化时，引起输出电压扰动）减小，适合有高频的应用场合，操作比较方便，可靠性也比较高。

7. BGA

BGA（ball grid array package，球栅阵列封装）如图 12-19 所示。20 世纪 90 年代，随着技术的进步，芯片集成度不断提高，I/O 引脚数急剧增加，功耗也随之增大，对集成电路封装的要求也更加严格。为了满足发展的需要，BGA 开始被应用于实际生产中。

采用 BGA 技术的内存，可以在体积不变的情况下使其容量提高两到三倍。BGA 与 TSOP 相比，具有更小的体积，更好的散热性和电性能。BGA 技术使每平方英寸的存储量有了很大提升。另外，与传统 TSOP 技术相比，BGA 有更加快速和有效的散热途径。

BGA 的 I/O 端子以圆形或柱状焊点按阵列形式分布在封装下面。BGA 技术的优点是 I/O 引脚数虽然增加了，但引脚间距并没有减小反而增加了，从而提高了组装成品率。虽然它的功耗增加，但 BGA 能用可控塌陷芯片法焊接，从而可以改善它的电热性能。厚度和重量都较以前的封装技术有所减少；寄生参数减小，信号传输延迟小，使用频率大大提高；组装可用共面焊接，可靠性高。

8. QFP

QFP（quad flat package，小型方块平面封装）如图 12-20 所示。QFP 在早期的显卡上使用比较频繁，但少有速度在 4ns 以上的 QFP 显存，因为工艺和性能的问题，目前已经逐渐被 TSOP-Ⅱ和 BGA 所取代。QFP 在颗粒四周都带有针脚，识别起来相当明显。QFP 四侧引脚采用扁平封装，表面采用贴装型封装，引脚从四个侧面引出并呈海鸥翼（L）形。

图 12-19　BGA　　图 12-20　QFP

基材有陶瓷、金属和塑料三种。从数量上看，塑料封装占绝大部分。当没有特别表

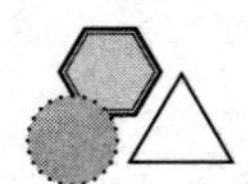

示出材料时，多数情况为塑料 QFP。塑料 QFP 是最普及的多引脚 LSI 封装，不仅用于微处理器、门阵列等数字逻辑 LSI 电路，而且也用于 VTR 信号处理、音响信号处理等模拟 LSI 电路。

引脚中心距有 1.0mm、0.8mm、0.65mm、0.5mm、0.4mm、0.3mm 等多种规格。0.65mm 中心距规格中最多引脚数为 304。

12.3　多页原理图的 PCB 设计

多页原理图的 PCB 设计 1

完成多页原理图绘制后，需要把所有的电路信息传到一张 PCB 内。从主菜单中选择“工具”→“封装管理器”命令，弹出“封装管理器”对话框，如图 12-21 所示，检查所有元件的封装是否正确。

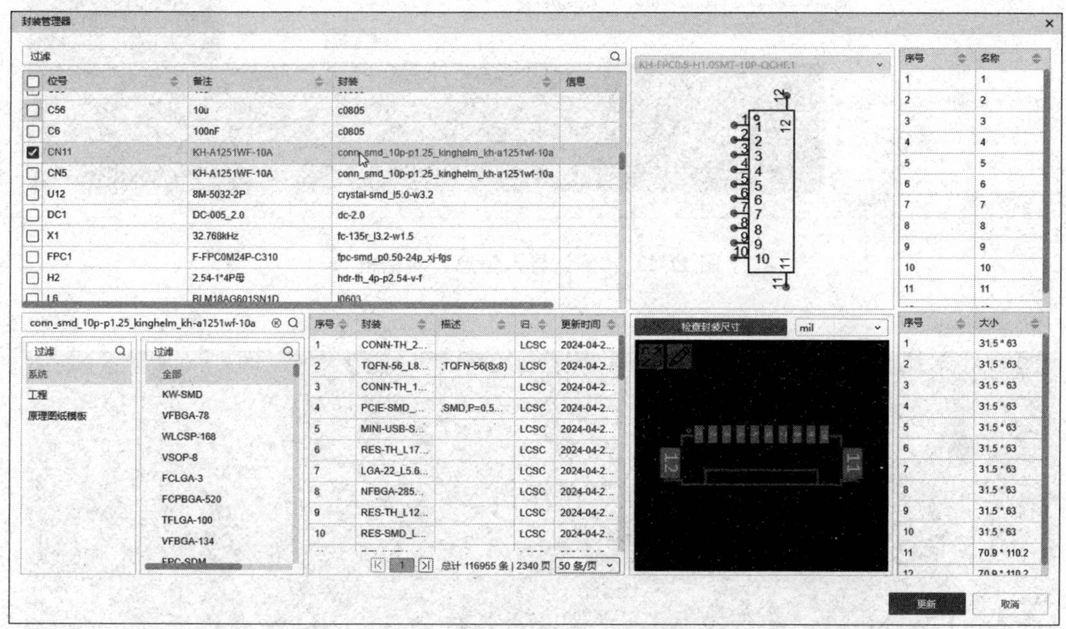

图 12-21 “封装管理器”对话框

多页原理图的 PCB 设计 2

如果元件的封装都正确，选择“设计”→“更新 / 转换原理图到 PCB”命令，会自动跳转到工程 PCB 界面并弹出“确认导入信息”对话框，如图 12-22 所示。单击“应用修改”按钮，完成将原理图信息转入 PCB 的工作，如图 12-23 所示。

12.3.1　模块化布局

在 PCB 编辑器设置单位为 mm，在板框层绘制一个高为 60mm、宽为 100mm、圆角半径为 3mm 的矩形板框，如图 12-24 所示，并把螺钉放置在 PCB 的 4 个角上。

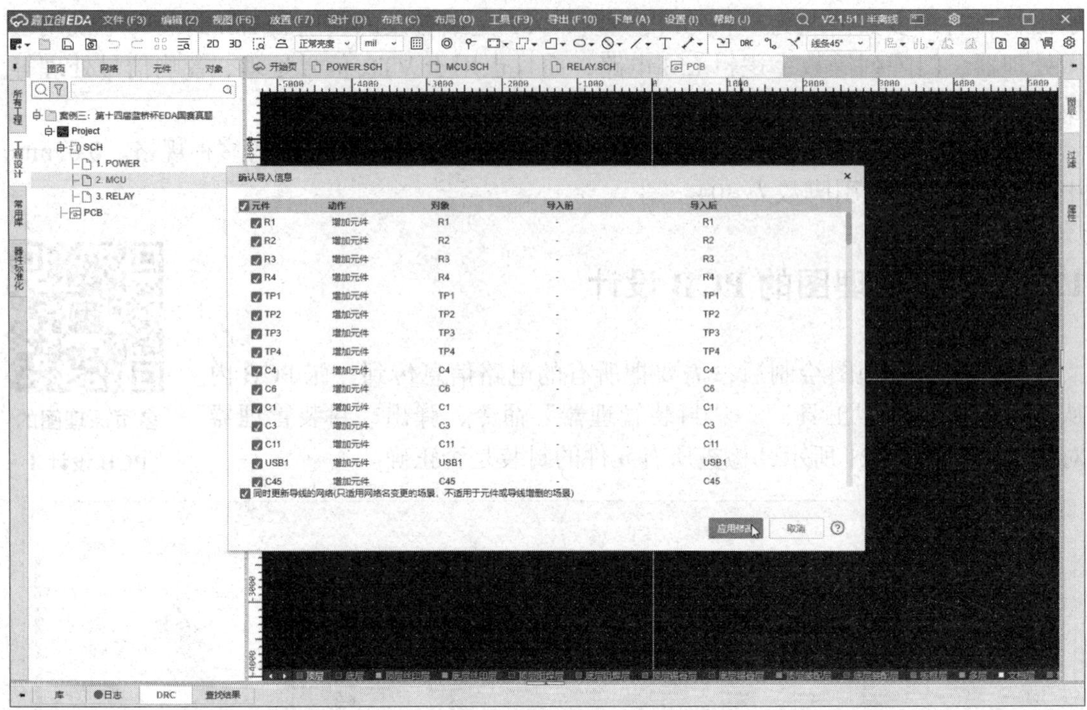

图 12-22 “确认导入信息”对话框

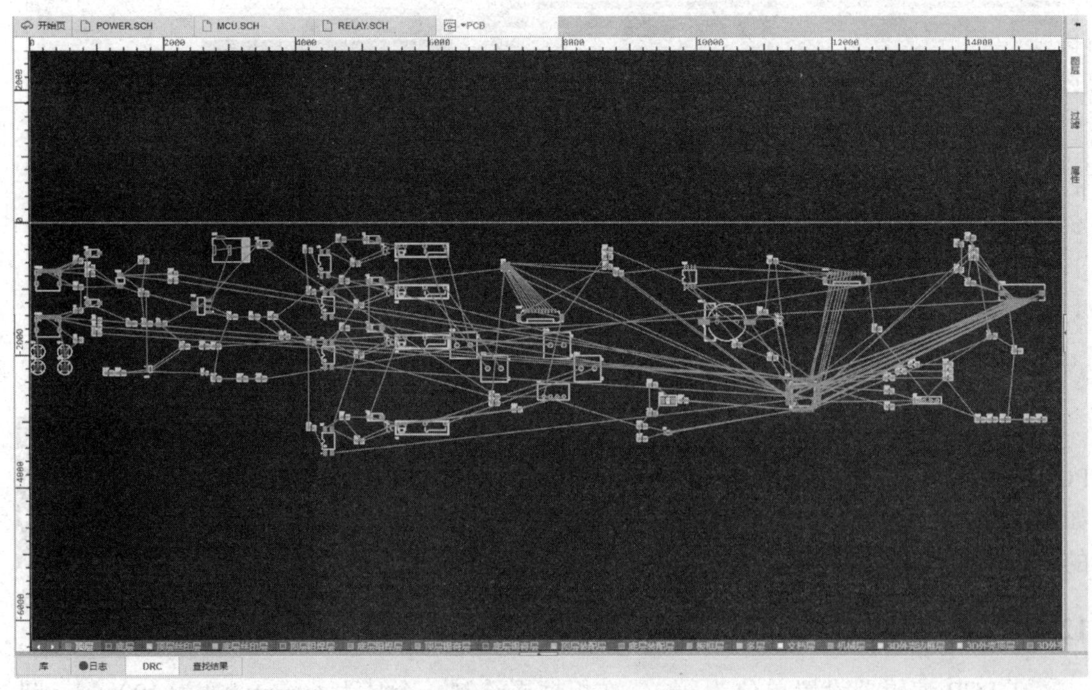

图 12-23 元器件 PCB 导入图

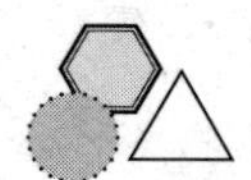

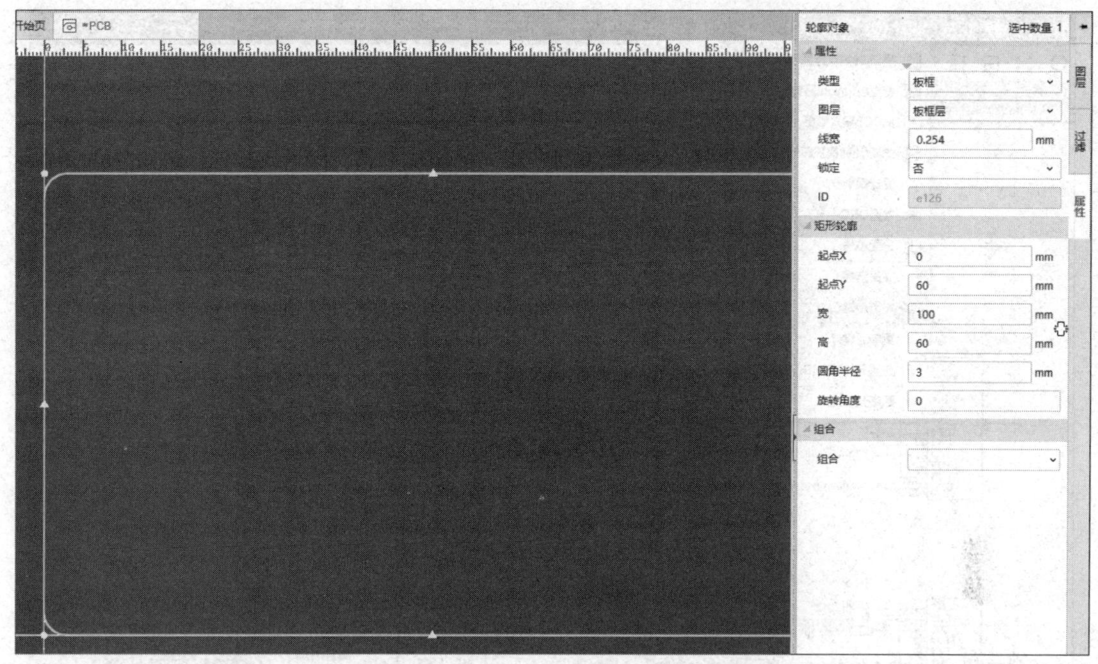

图 12-24　绘制圆角矩形板框

1. 原理图与 PCB 的交叉选择

在 7.4.3 小节介绍了原理图与 PCB 的交叉选择，利用交叉式布局可以比较快速地定位元件，从而缩短设计时间，提高工作效率。

如果当前 PCB 是打开的，用户需要在另一个窗口打开原理图，在需要打开的原理图上右击，从快捷菜单中选择“在新窗口打开”命令即可。原理图在屏幕的左边，PCB 在屏幕的右边。

2. 布局传递

在 3.6.1 小节讲解了布局传递，这是一个非常实用的功能。读者在手动布局的时候，其实大部分情况下，都会按照原理图的各个元件摆放位置在 PCB 中放置元件。用布局传递命令可以实现一键把原理图中的布局传递到 PCB 中，使得单元电路的元器件都按照原理图中的相对位置摆放，不用读者一个一个元器件寻找和拖拽，大大提高了布局效率。

（1）在原理图中选中要布局的元件，选择“设计”→“布局传递”命令或按 Ctrl+Shift+X 组合键，如图 12-25 所示。打开“提示”对话框，显示“检测到另一个窗口打开了 PCB，是否传递到另一个窗口使用该功能?”，单击“是”按钮，选中的元件按原理图的布局位置在 PCB 中显示，在合适位置单击即可放置，如图 12-26 所示。

（2）用以上方法在原理图中选择需要放置的元件模块并按 Ctrl+Shift+X 组合键，将 PCB 上的元件按功能模块大致排列在 PCB 的周围，如图 12-27 所示，然后仔细进行元件布局。

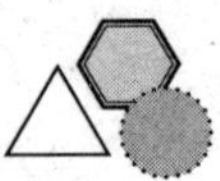

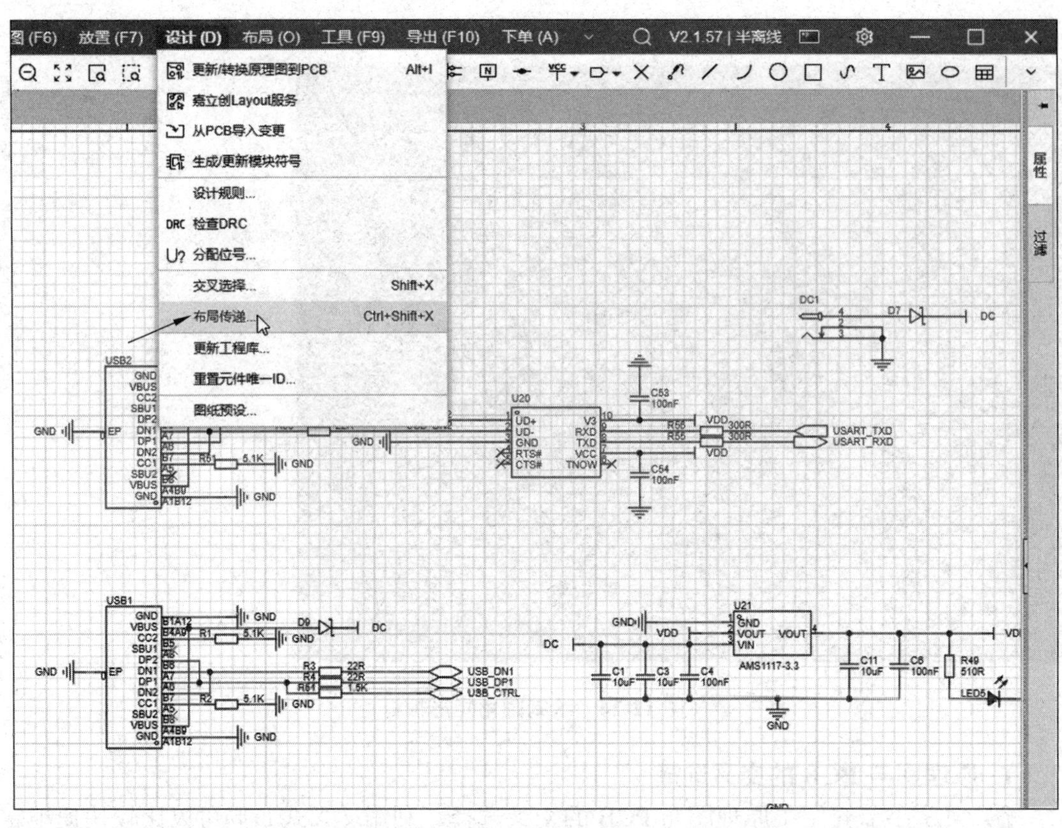

图 12-25　选择“布局传递”命令

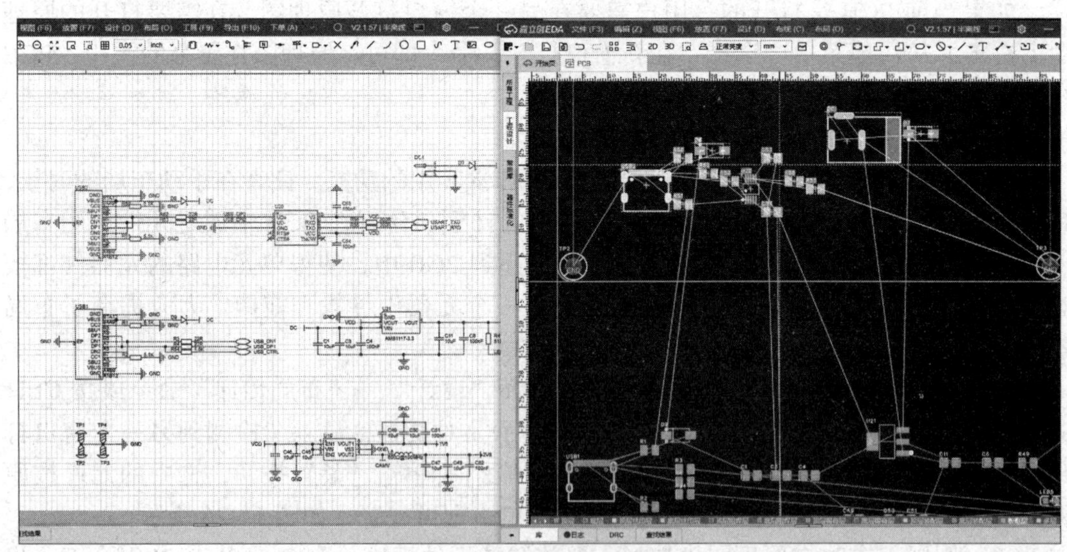

图 12-26　布局传递的结果

（3）按前面两个案例介绍的方法对 PCB 进行手动布局，初步布局的 PCB 如图 12-28 所示（隐藏了飞线）。

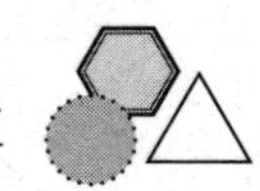

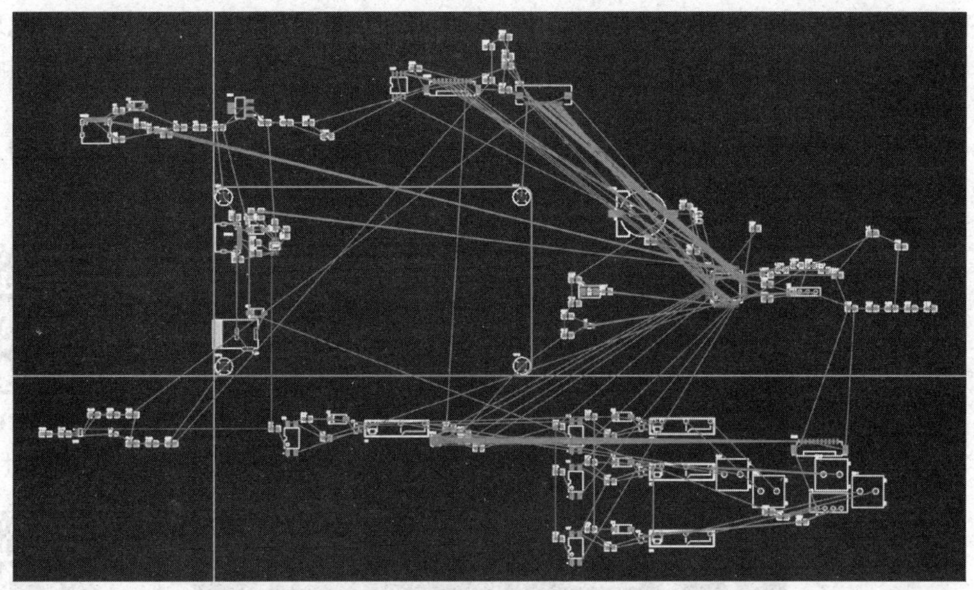

图 12-27　元件按功能模块大致排列在 PCB 的周围

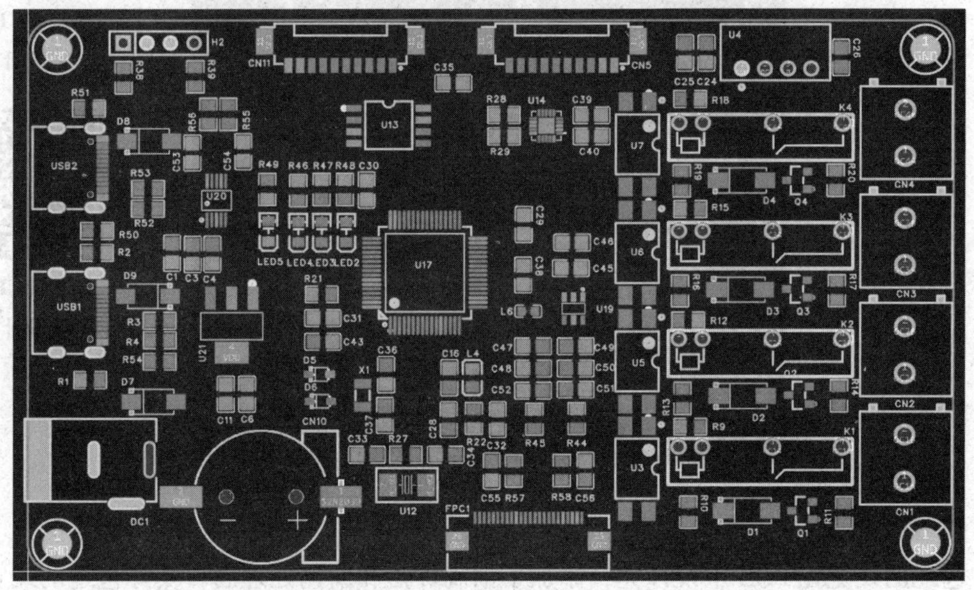

图 12-28　初步布局的 PCB

12.3.2　布线

经过以上内容的学习，大家已经会进行布线操作。这里讲解一下前面章节没有介绍的内容。

1. 包地

包地就是要把 PCB 整条信号线周围用地包起来。包地的主要作用是为了减少串扰。

在一些非高频的单片机布线中，晶振、串口、重要的信号线，中断信号等要进行包地处理。包地线的宽度要尽量宽，最好在信号宽度的两倍以上；同时多打过孔，过孔间距小于信号波长 1/5。

按快捷键 W 开始单路布线，布线的普通线宽是 10mil，包地的线宽改为 15mil，在包地线上按快捷键 V 放置一些过孔，如图 12-29 所示。

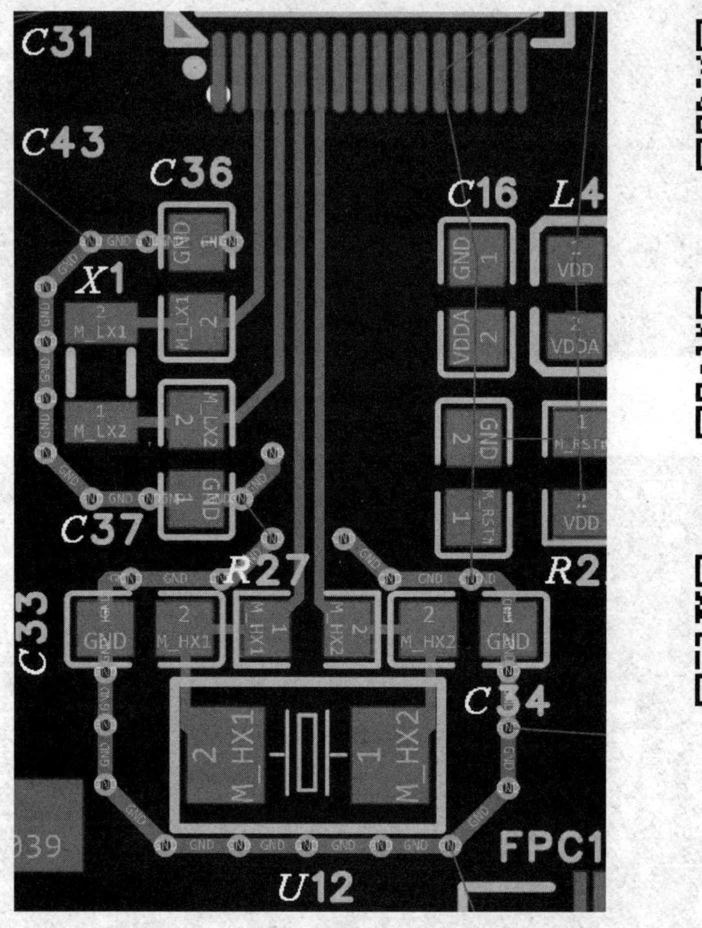

图 12-29　包地

多页 PCB 布线设计 1

多页 PCB 布线设计 2

多页 PCB 布线设计 3

包地的线宽在 PCB 中设计完，添加了泪滴焊盘和铺铜处理后，实际包地的线宽要增大。

2. 创建差分对

差分对布线是一项要求在印刷电路板上创建利于差分信号（对等和反相的信号）平衡的传输系统的技术。差分线路一般与外部的差分信号系统相连接，差分信号系统是采用双绞线进行信号传输的，双绞线中的一条信号线传送原信号，另一条传送的是与原信号反相的信号。差分信号是为了解决信号源和负载之间没有良好的参考地连接而采用的方法，它对电子产品的干扰起到固有的抑制作用。差分信号的另一个优点是它能减小信号线对外产生的电磁干扰（EMI）。

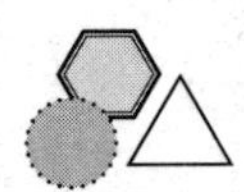

该 PCB 可以创建 2 个差分对，第 1 对是单片机 U17 的 44 脚（USB_DN1）、45 脚（USB_DP1），第 2 对是 U20 的 1 脚（USB_DP2）、2 脚（USB_DN2）。

当需要差分对布线时，先创建差分对。下面创建第 1 对差分对 USB_DN1/ USB_DP1。

从主菜单中选择“设计”→“差分对管理器”命令，或在左面“工程设计”的“网络”面板上单击“差分对”右边的⊕图标，如图 12-30 所示，弹出“差分对管理器”对话框，可以单击选中网络或通过下拉按钮⌄选择网络，选择好后单击“确认”按钮即可。

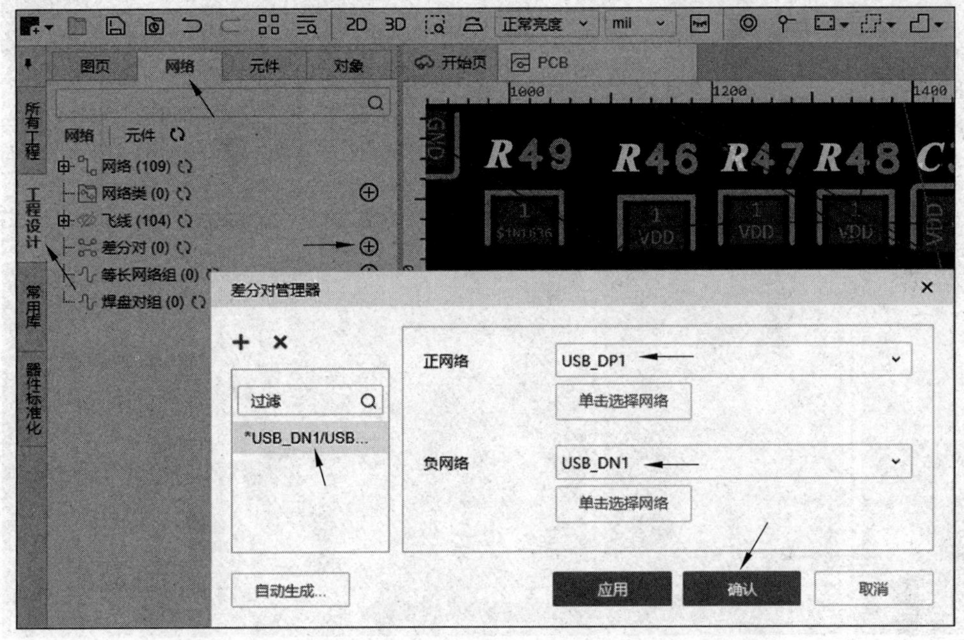

图 12-30　添加差分对

用同样的方法建立差分对 USB_DN2/USB_DP2（U20 的 1、2 脚），如图 12-31 所示。

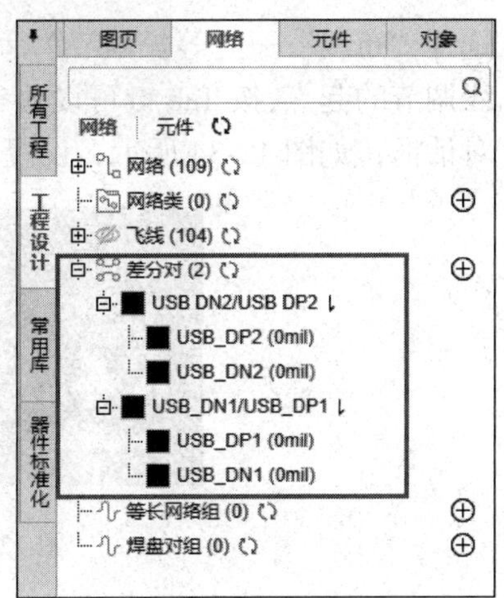

图 12-31　差分对添加成功

3. 差分对布线及等长调节

（1）差分对布线。在主菜单中选择“布线”→“差分对布线”命令，单击需要布线的差分对的焊盘（R3 或 R4 的 2 脚），就可以开始布差分线，如图 12-32 所示。

在布线过程中还可以实时查看布线长度和差异；绘制过程中可以通过按空格键切换路径走向，使用快捷键 T、B 可以切换层；在布线过程中，光标右上角会提示布线误差和是否符合规则，如图 12-32 所示。

（2）等长调节。如果差分对的两根线长度不一致，可以进行差分对线的等长调节，将短的线加长。

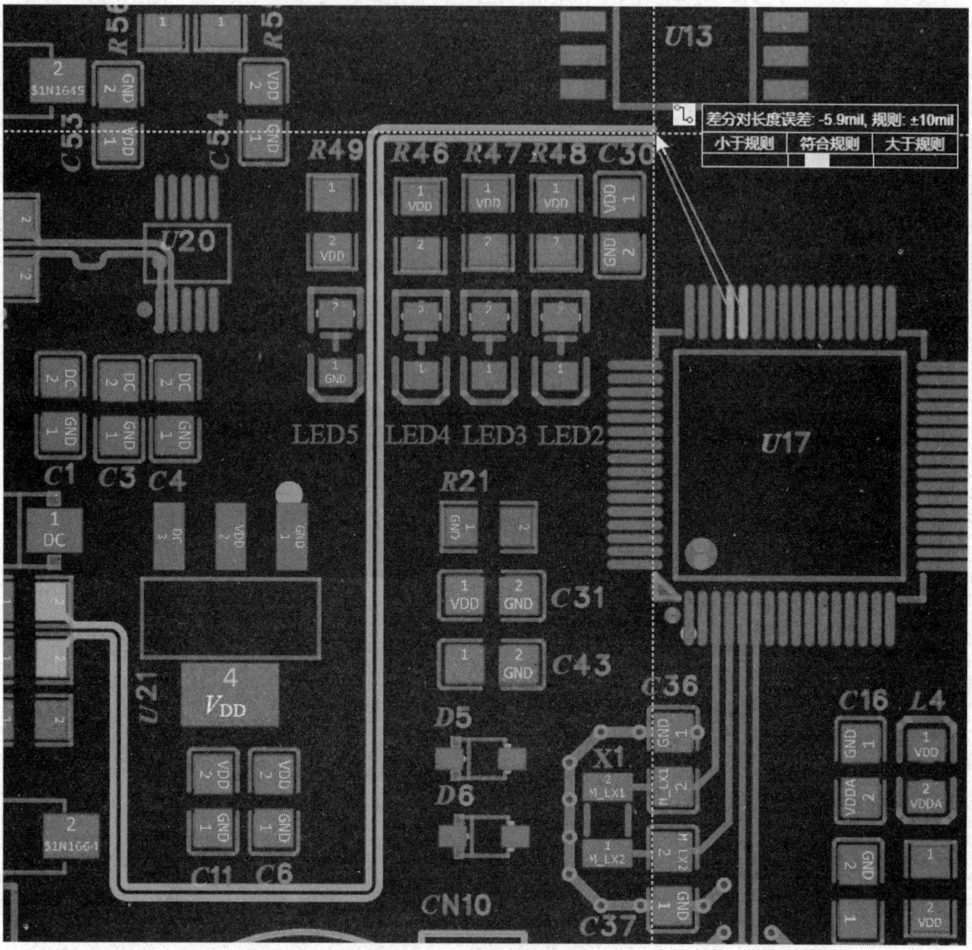

图 12-32　差分对布线

选择“布线”→“等长调节”命令，进入等长调节模式，光标悬浮提示“请单击选择导线调节的起点,按 Tab 键可设置参数。”如图 12-33 所示。按 Tab 键,弹出“等长调节设置”对话框，如图 12-34 所示，设置“拐角”为“圆弧 90°”。

图 12-33　鼠标光标的悬浮提示信息 1

单击需要调节线长的起点，再单击终点，直到光标悬浮提示“符合规则”为止，如图 12-35 所示。

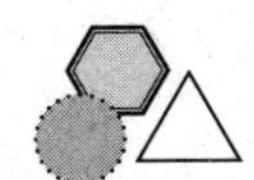

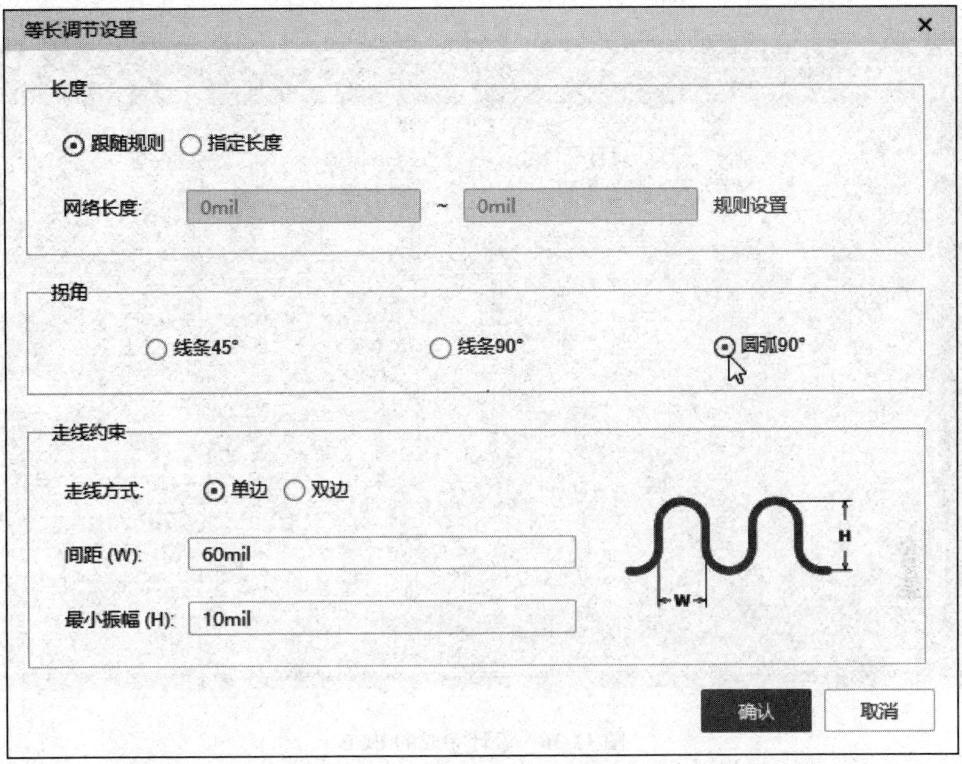

等长调节设置
长度
跟随规则
指定长度
网络长度:
0mil
~
0mil
规则设置
拐角
线条45°
线条90°
圆弧90°
走线约束
走线方式:
单边
双边
间距 (W):
60mil
最小振幅 (H):
10mil
H
W
确认
取消

图 12-34　“等长调节设置”对话框

USB_DN1
USB_DP1
差分对长度误差: -2.5mil, 规则: ±10mil
小于规则
符合规则
大于规则
网络长度: 2781.8mil
1
VDD
2
$2N2157
GND
USB_DP1
USB_DN1

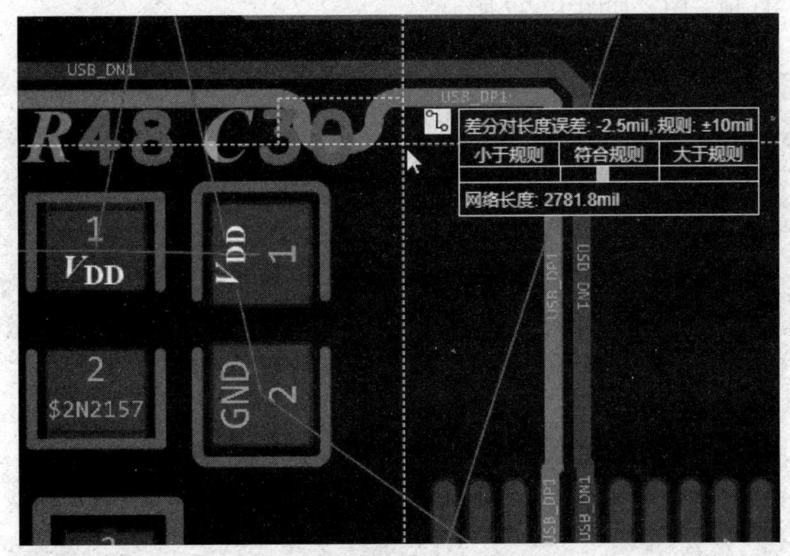

图 12-35　悬浮提示“符合规则”

用以上方法进行差分对布线。差分对的布线与普通的布线可以混合使用，按模块进行布线，布线时可以调整元件的位置。布线完成后，进行设计规则检查，没有错误后，添加泪滴焊盘，进行铺铜等操作，设计完成的 PCB 如图 12-36 所示。

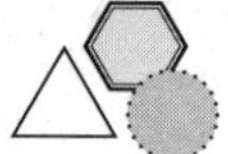

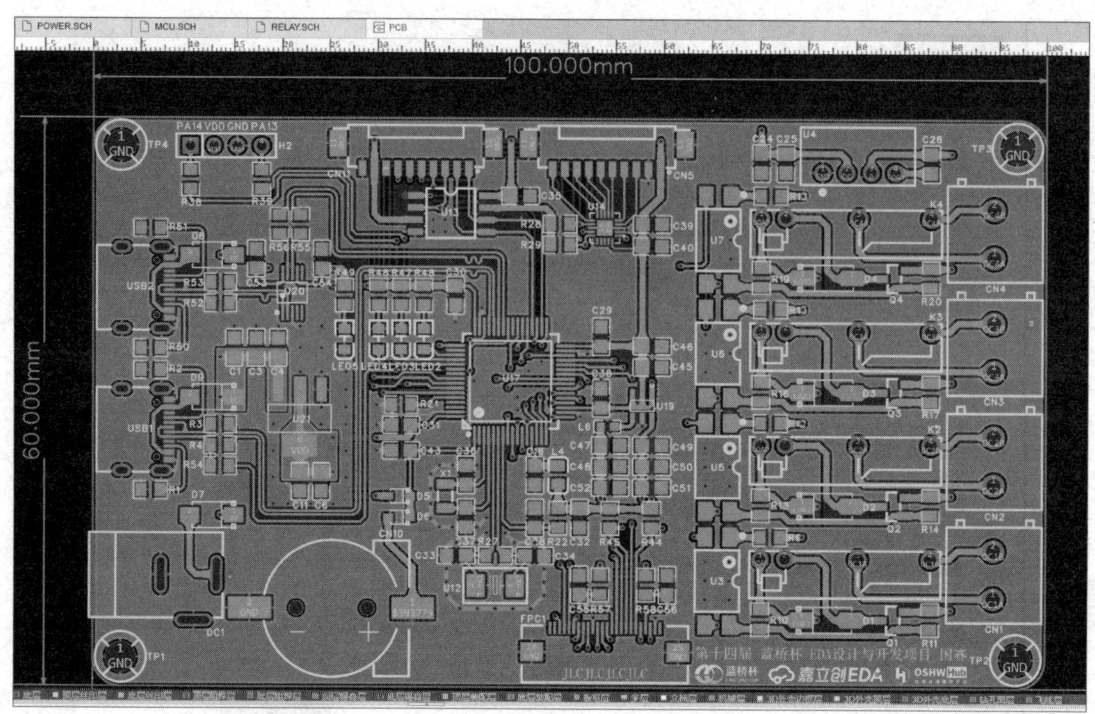

图 12-36 设计完成的 PCB

在主菜单中选择“视图”→“3D 预览”命令，或在主工具栏中单击 3D 预览图标查看板子的 3D 预览图，如图 12-37 所示。

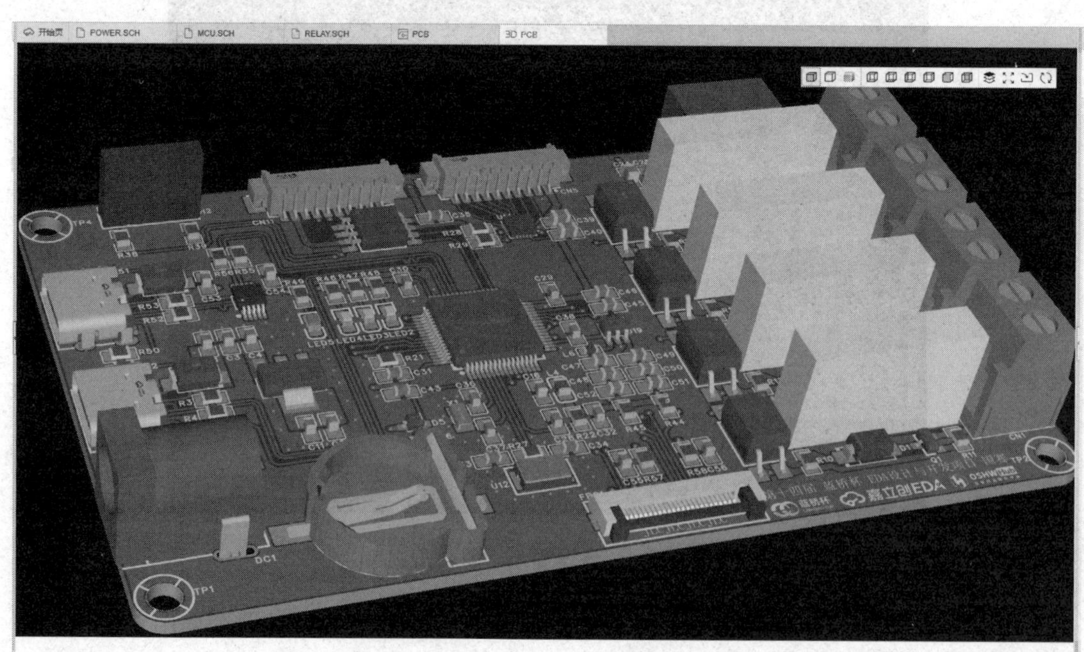

图 12-37 第十四届蓝桥杯 EDA 国赛真题电路板的 3D 显示图

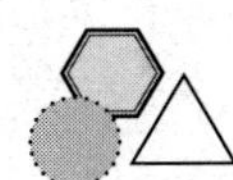

本章小结

本章以第十四届蓝桥杯 EDA 国赛真题电路为例介绍了将复杂的原理图按功能模块分为各个独立的子模块，每个子模块用一张图页来绘制原理图，多个图页之间的原理图是靠“网络端口”进行连接的。“网络端口”必须成对出现，在同一工程的所有图页电路图中，同名的“网络端口”在电气上是相互连接的。PCB 设计介绍了包地处理、差分对布线、等长调节等内容。通过本章的学习，设计者能完成复杂电路的 PCB 设计。

习题

1. 简述多页原理图设计的优点。
2. 绘制完成第十四届蓝桥杯 EDA 国赛真题电路的多页原理图及 PCB 设计。

参 考 文 献

[1] 唐浒，韦然，等 . 电路设计与制作实用教程——基于立创 EDA[M]. 北京：电子工业出版社，2019.

[2] 王静，莫志宏，等 . 电子产品设计案例教程（微课版）——基于嘉立创 EDA（专业版）[M]. 北京：中国水利水电出版社，2023.

[3] 钟世达 . 立创 EDA（专业版）电路设计与制作快速入门 [M]. 北京：电子工业出版社，2022.

[4] 王静，陈学昌，等 . Altium Designer 22 PCB 设计案例教程（微课版）[M]. 北京：清华大学出版社，2022.

[5] 孟瑞生，杨中兴，吴封博 . 手把手教你学做电路设计——基于立创 EDA[M]. 北京：北京航空航天大学出版社，2019.